P. Hagedorn

Technische Schwingungslehre

Band 2
Lineare Schwingungen kontinuierlicher mechanischer Systeme

Unter Mitarbeit von K. Kelkel

Mit 132 Abbildungen

Springer-Verlag Berlin Heidelberg NewYork
London Paris Tokyo 1989

Peter Hagedorn

Dr./Univ. de São Paulo, Professor für Mechanik an der
Technischen Hochschule Darmstadt

Klaus Kelkel

Zahnradfabrik, Abteilung TF-W, 7900 Friedrichshafen

ISBN-13: 978-3-540-50869-4   e-ISBN-13: 978-3-642-83732-6
DOI: 10.1007/978-3-642-83732-6

CIP-Titelaufnahme der Deutschen Bibliothek
Hagedorn, Peter:
Technische Schwingungslehre / P. Hagedorn.
Berlin ; Heidelberg ; New York ; London ; Paris ; Tokyo : Springer.
Bd. 1 verf. von P. Hagedorn u. S. Otterbein
Bd. 2. Lineare Schwingungen kontinuierlicher mechanischer Systeme /
unter Mitarb. von K. Kelkel. – 1989

Vorwort

Hiermit liegt der 2. Band der "Technischen Schwingungslehre" vor. In Weiterführung des ersten Bandes von Hagedorn/Otterbein werden nach den *diskreten* die linearen Schwingungen *kontinuierlicher* mechanischer Systeme behandelt. Der Inhalt entspricht der Vorlesung "Technische Schwingungslehre II", die während der letzten fünfzehn Jahre regelmäßig vom ersten und zeitweilig auch vom zweiten Autor an der Technischen Hochschule Darmstadt für Studenten der Fachrichtungen Mechanik, Maschinenbau, Bauingenieurwesen, Elektrotechnik, Physik und Mathematik gehalten wurde. Neben der üblichen Behandlung der stationären freien und erzwungenen Schwingungen mit den zugehörigen Eigenwertaufgaben wird auch die Wellenausbreitung in festen Körpern und die Akustik angesprochen. Dabei richtet sich das Buch nicht nur an Studenten, sondern auch an den Ingenieur in der Praxis. Es ist in fünf Kapitel gegliedert.

Das erste Kapitel behandelt mechanische Probleme, die durch die eindimensionale Wellengleichung beschrieben werden können. Es werden zunächst die Bewegungsgleichungen für eine vorgespannte Saite auf elementarem Wege und auch aus dem HAMILTONschen Variationprizip hergeleitet. Dann werden das sich daraus ergebende Eigenwertproblem für unterschiedliche Randbedingungen gelöst und in der Schwingungslehre häufig verwendete Näherungsverfahren, wie das RITZsche und das GALERKINsche sowie der RAYLEIGHsche Quotient erklärt. Nach den freien werden auch die erzwungenen Schwingungen behandelt. Alle Ergebnisse gelten analog auch für die Längsschwingungen eines Stabes und die Torsionsschwingungen einer Welle. Im Anschluß an die Behandlung der Randwertprobleme ist ein wesentlicher Teil des ersten Kapitels der *Wellenausbreitung* gewidmet. Dies entspricht guter Darmstädter Tradition: Bei vielen Schwingungsproblemen ist es nämlich von Vorteil, nicht nur in Eigenfrequenzen und Eigenschwingungsformen, sondern auch in Ausbreitungsvorgängen zu denken. Hier werden insbesondere die Reflexionen und die Zwangserregung am Rande und der Energietransport untersucht. Einen Sonderfall bilden Probleme, bei denen die Randbedingungen die Form gewöhnlicher Differentialgleichungen annehmen.

Das zweite Kapitel ist den Balkenschwingungen gewidmet; es wird zunächst wieder das Eigenwertproblem für die freien, ungedämpften Schwingungen des EULER-BERNOULLI-Balkens formuliert und für Standardfälle gelöst. Auch die im ersten Kapitel schon eingeführten Näherungsverfahren werden angewendet. Beachtung finden hier auch die Biegeschwingungen eines Balkens unter Normalkraft. Schließlich wird die Ausbreitung der hier dispersiven Biegewellen besprochen. Ausführlich wird auch der TIMOSHENKO-Balken behandelt, dessen Bewegungsgleichungen in die Normalform hyperbolischer Systeme gebracht werden. Dabei zeigt sich, daß er für die Wellenausbreitung das passendere (und auch einfachere) Rechenmodell ist. Auch Beispiele anderer Systeme, die auf ähnliche Gleichungen vom hyperbolischen Typ führen, werden besprochen. Der mit den Biegeschwingungen verbundene Energietransport wird für beide Balkenmodelle ausführlich untersucht. Außer den freien ungedämpften werden auch gedämpfte und erzwungene Schwingungen behandelt.

Das dritte Kapitel befaßt sich mit der mehrdimensionalen Wellengleichung. In zwei Dimensionen beschreibt sie die Schwingungen einer Membran, deren Bewegungsgleichung zunächst elementar hergeleitet wird. Für die Rechteckmembran und die Kreismembran wird das Eigenwertproblem gelöst. Anschließend werden Ebene Wellen und Kreiswellen behandelt und als Anwendung das Kondensatormikrophon und die Kesselpauke besprochen. Die Wellengleichung in drei Dimensionen beschreibt die räumliche Akustik. Zunächst wird die Wellengleichung für die Schallausbreitung in einem gasförmigen Medium hergeleitet, Ebene Wellen, Kugel- und Zylinderwellen sowie Rohrwellen werden besprochen und Reflexion und Brechung ausführlich untersucht. Besondere Beachtung findet hier der Fall der totalen Reflexion.

Die Biegeschwingungen von Platten werden im vierten Kapitel behandelt. Dabei werden hier die Schwingungsgleichungen nicht hergeleitet, sondern im Zusammenhang mit den Gleichungen der Plattenstatik nur plausibel gemacht und erklärt. Für verschiedene Randbedingungen werden freie und erzwungene Schwingungen von Rechteck- und Kreisplatten untersucht. Auch die Wellenausbreitung wird besprochen. Für Platten nicht konstanter Dicke werden die Bewegungsgleichungen angegeben, die in der Literatur gelegentlich nicht ganz korrekt wiedergegeben werden. Schließlich wird die Schallabstrahlung von unendlich ausgedehnten, schwingenden Platten behandelt und der akustische Kurzschluß erklärt.

Das fünfte Kapitel ist als mathematischer Hintergrund der Theorie der Randwertprobleme und deren Lösungsverfahren gewidmet. Zunächst wird die Eigenwerttheorie für selbstadjungierte Randwertprobleme behandelt, der Entwicklungssatz formuliert und das Eigenwertproblem mittels der GREENschen Funktion durch eine Integralgleichung beschrieben. Verschiedene Verfahren zur Konstruktion von Schranken für die Eigenwerte werden erläutert. Im Anschluß daran werden inhomogene Randprobleme untersucht und dazu auch die GREENsche Resolvente verwendet. Schließlich werden von einem übergeordneten Standpunkt aus nochmals die verschiedenen Diskretisierungsverfahren für freie und erzwungene Schwingungen behandelt und ihre Zusammenhänge erläutert, wobei auch die Finite-Elemente-Methode als Sonderfall des RITZ-Verfahrens eingeführt wird.

Am Ende der ersten vier Kapitel werden Übungsaufgaben gestellt, gelegentlich mit Hinweisen zur Lösung. Ein Großteil dieser Aufgaben stammt aus den zu den Darmstädter Vorlesungen gehörenden Hausübungen. Die Literatur ist ebenfalls nach Kapiteln getrennt angegeben.

Eine Reihe von jetzigen und früheren Mitarbeitern des Instituts waren an der Entstehung dieses Buch beteiligt. Die Anfänge des Manuskriptes schließen an eine Vorlesung an, die Dr.-Ing. G. Kemper mehrfach in Darmstadt gehalten hat. Später haben die Herren Dr.-Ing. K. Krapf, Dipl.-Ing. U. Neumann, Dr.-Ing. J. Schmidt, Dipl.-Ing. S. Sparschuh und Dr.-Ing. J. Wallaschek an den Vorlesungen und den Übungen mitgewirkt und Verbesserungsvorschläge gemacht. Die Institutssekretärin, Frau L. Kolb hat mit der ihr eigenen Sorgfalt das Manuskript geschrieben. Für die Hilfsbereitschaft und Mitarbeit und für das Engagement aller bedanken wir uns herzlich. Dem Springer-Verlag danken wir für die gute Zusammenarbeit.

Darmstadt, im März 1989   P. Hagedorn, K. Kelkel

Inhaltsverzeichnis

1 Saite, Dehn- und Torsionsstab: Die eindimensionale Wellengleichung

1.1 Elementare Herleitung der Bewegungsgleichungen für freie, ungedämpfte Schwingungen von Saite und Stab

Als Saite bezeichnen wir ein vorgespanntes, fadenförmiges, elastisches Kontinuum, das keine Biegesteifigkeit besitzt. Die Vorspannung ist dabei so groß, daß die durch kleine Querauslenkungen verursachten Spannungsänderungen vernachlässigt werden können. Die Saite selbst ist von relativ geringem technischen Interesse, sie ist aber wohl das anschaulichste Modell zur Untersuchung der Schwingungen kontinuierlicher Systeme und der Wellenausbreitung.

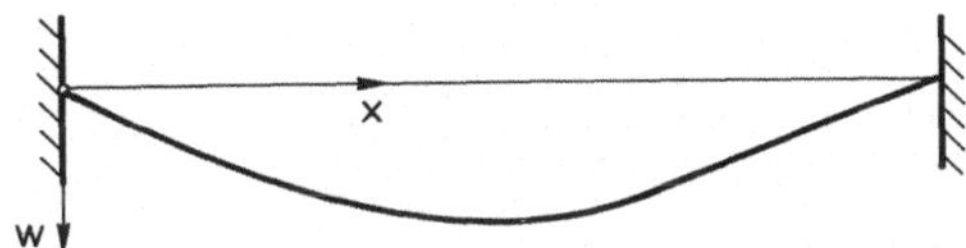

Abb.1.1   Zu den Querschwingungen einer Saite

In der Ruhelage sei die Saite längs der x-Achse (Abb.1.1) gespannt; die Querauslenkung wird mit $w(x,t)$ bezeichnet, wobei t die Zeit ist. Für ein aus der Saite zwischen den Stellen x und $x + \Delta x$ herausgeschnittenes Stück wird nun die Bewegungsgleichung aufgestellt. Dabei nehmen wir an, daß äußere Kräfte lediglich in x-Richtung wirken, die entsprechende Verteilung der Kraft pro Längeneinheit beziehen wir z.B. auf die Bogenlänge s und bezeichnen sie mit $n(s)$. Ist $T(x,t)$ die Längskraft an der Stelle x zum Zeitpunkt t und Δm die Masse des betrachteten Saitenelements, so gilt gemäß Abb.1.2

$$\Delta m \; \ddot{w}(x+\theta\Delta x,t) = T(x+\Delta x,t)\,\sin\alpha(x+\Delta x,t) - T(x,t)\,\sin\alpha(x,t), \qquad (1.1)$$

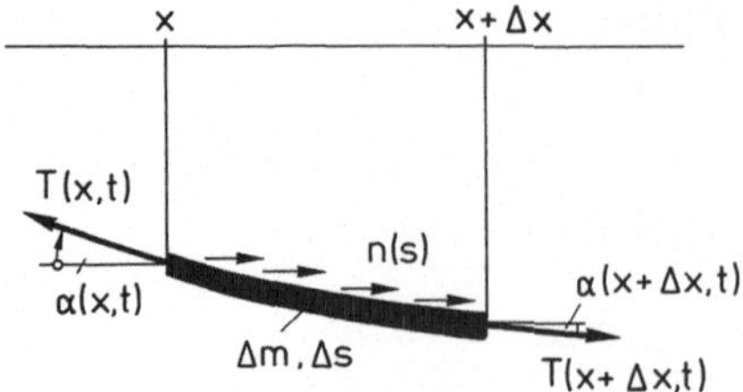

Abb.1.2   Zu den Bewegungsgleichungen einer Saite

wobei $\ddot{w}(x+\theta\Delta x,t)$ mit $0 \leq \theta \leq 1$ die Schwerpunktbeschleunigung des Elements in Querrichtung ist (partielle Ableitungen nach t kennzeichnen wir durch einen Punkt, Ableitungen nach x durch einen Strich).

Bei Vernachlässigung der Beschleunigung in x-Richtung, d.h. bei Vernachlässigung der entsprechenden Trägheitskräfte gilt auch

$$T(x+\Delta x,t) \cos \alpha(x+\Delta x,t) - T(x,t) \cos \alpha(x,t) = - \Delta P \qquad (1.2)$$

mit ΔP als der Resultierenden der in x-Richtung wirkenden Kräfte. Aus (1.2) folgt

$$\frac{T(x+\Delta x,t) \cos \alpha(x+\Delta x,t) - T(x,t) \cos \alpha(x,t)}{\Delta x} = - \frac{\Delta P}{\Delta s} \frac{\Delta s}{\Delta x} \qquad (1.3)$$

mit Δs als Bogenlänge des Seilelementes, und der Grenzübergang $\Delta x \to 0$ liefert mit

$$\cos \alpha = \frac{1}{\sqrt{1+\tan^2\alpha}} = \frac{1}{\sqrt{1+w'^2}} \quad \text{und} \quad \Delta s = \sqrt{\Delta w^2+\Delta x^2} \quad \text{den Ausdruck}$$

$$\frac{\partial}{\partial x}\left[T \frac{1}{\sqrt{1+w'^2}}\right] = -n(s) \sqrt{1+w'^2}(x,t). \qquad (1.4)$$

Bei den hier betrachteten Saitenschwingungen setzen wir voraus, daß $w'^2 \ll 1$ ist, und berücksichtigen nur lineare Terme in der Verschiebung und deren Ableitungen , so daß (1.4) durch

$$\frac{\partial T(x,t)}{\partial x} = - n(x) \qquad (1.5)$$

ersetzt werden kann. Bei der beidseitig eingespannten Saite der Abb.1.1 ist $n(x) \equiv 0$, so daß T hier nicht von x abhängt. In anderen Fällen ist $n(x) \neq 0$; dies gilt z.B. für ein lotrecht hängendes Seil unter Eigengewicht wie in Abb.1.3, wobei dann die Längskraft von x abhängt. Eine Abhängigkeit der Normalkraft T von der *Zeit* ist prinzipiell möglich, soll aber in diesem Kapitel ausgeschlossen werden. Sie führt auf parametererregte Schwingungen, wie sie etwa beim Balken in Kapitel 2 behandelt werden.

Die Normalkraft T hängt also in der hier betrachteten Näherung lediglich von x und nicht von t oder w' ab. Sie kann daher mittels (1.5) in der Gleichgewichtslage $w(x,t) \equiv 0$ berechnet und dann in (1.1) eingesetzt werden; auch schreiben wir dort jetzt $T(x)$ anstelle von $T(x,t)$. Aus der Annahme $w'^2(x,t) \ll 1$ folgt wegen $\tan \alpha = w'$ auch $\sin \alpha \approx w'$, so daß man aus (1.1) nach Teilen durch Δx

$$\frac{\Delta m}{\Delta x} \ddot{w}(x+\theta\Delta x, t) = \frac{1}{\Delta x} \left[T(x+\Delta x)\, w'(x+\Delta t) - T(x)\, w'(x,t) \right] \tag{1.6}$$

erhält. Der Grenzübergang $\Delta x \to 0$ führt schließlich auf

$$\rho A(x)\, \ddot{w}(x,t) = \frac{d}{dx} \left[T(x)\, w'(x,t) \right] \tag{1.7}$$

mit ρ als der Dichte des Materials und $A(x)$ als der Querschnittsfläche der Saite. Hängt die Normalkraft nicht von x ab, so kann man

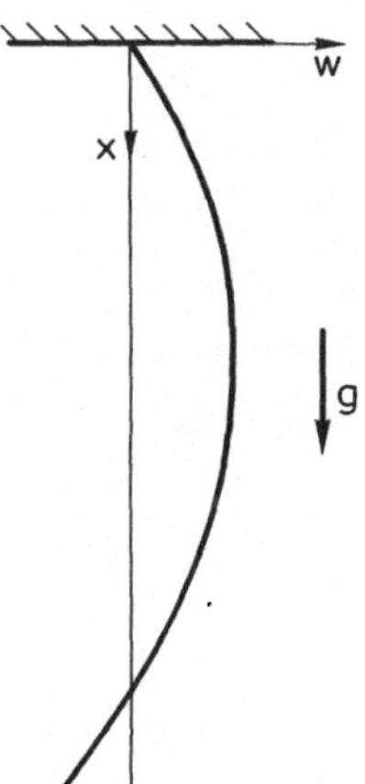

Abb.1.3   Das lotrecht hängende Seil

$$\rho A(x)\,\ddot{w}(x,t) = \left[T(x)\,w'(x,t)\right]' \qquad (1.8)$$

auch durch

$$\rho A(x)\,\ddot{w}(x,t) = T\,w''(x,t) \qquad (1.9)$$

mit $T = $ const ersetzen. Für $\rho A(x) = $ const schreibt man diese partielle Differentialgleichung mit $c^2 := T/\rho A$ auch als

$$\ddot{w}(x,t) = c^2 w''(x,t). \qquad (1.10)$$

Die Differentialgleichung (1.10) wird als *Wellengleichung* bezeichnet. Der Parameter c besitzt die Dimension einer Geschwindigkeit, und wir werden in Abschnitt 1.6 sehen, daß die physikalische Bedeutung dieser Größe der Ausbreitungsgeschwindigkeit von Querwellen in der Saite entspricht.

Für das lotrecht hängende, schwere Seil gemäß Abb.1.3 ist die Normalkraft nicht konstant, sondern durch $T(x) = \rho A\, g(1-x)$ gegeben, mit g als der Fallbeschleunigung (dies folgt auch mit $n(x) = \rho A g$ aus (1.5)). Damit schreibt sich dann für konstantes ρA die Gleichung (1.8) als

$$\ddot{w}(x,t) = g\,\left[(1-x)\,w'(x,t)\right]'. \qquad (1.11)$$

Wir werden auf diese Differentialgleichung später noch zurückkommen.

Nicht nur die Querschwingungen einer Saite, sondern auch die Längs- und Torsionsschwingungen eines Stabes werden durch partielle Differentialgleichungen der Art (1.8) beschrieben. Wir zeigen dies zunächst für die Längsschwingungen eines Stabes. Dazu betrachten wir den elastischen, geraden Stab der Abb.1.4, dessen Achse in x-Richtung zeigt. Mit A(x) bezeichnen wir wieder die Querschnittsfläche an der Stelle x, mit u(x,t) die Verschiebung dieses Querschnitts in x-Richtung. Schneiden wir aus diesem Stab nach Abb.1.5 ein Stück der Länge Δx heraus und bezeichnen die Normalkraft mit N(x,t), so ergibt das Grundgesetz der Dynamik für dieses Stabelement

$$\Delta m\,\ddot{u}(x+\theta\Delta x,t) = N(x+\Delta x,t) - N(x,t), \qquad (1.12)$$

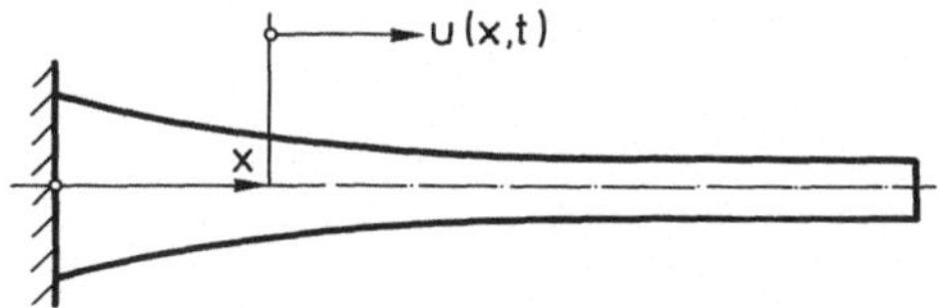

Abb.1.4   Zu den Längsschwingungen eines elastischen Stabes

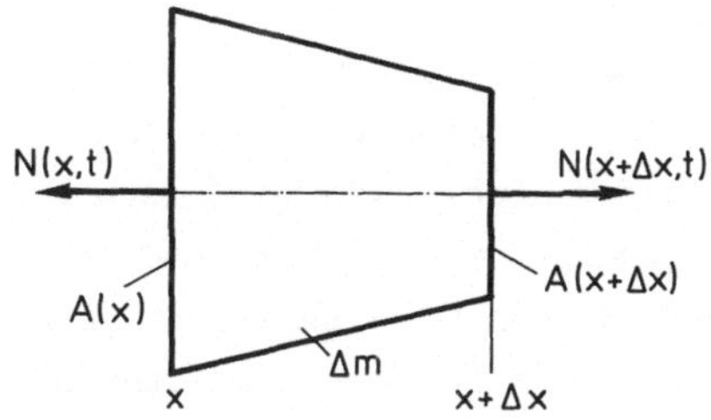

Abb.1.5   Zu den Bewegungsgleichungen eines Dehnstabes

wobei $\ddot{u}(x+\theta\Delta x,t)$ mit $0 \leq \theta \leq 1$ die Schwerpunktbeschleunigung ist. Die Normalkraft im Zugstab hängt mit der Spannung $\sigma(x,t)$ gemäß

$$N(x,t) = \sigma(x,t)\,A(x) \tag{1.13}$$

zusammen, und das HOOKEsche Gesetz[1] liefert

$$\sigma(x,t) = E\,\epsilon(x,t) = E\,u'(x,t), \tag{1.14}$$

mit ϵ als der Dehnung, so daß auch

$$N(x,t) = EA(x)\,u'(x,t) \tag{1.15}$$

gilt. Teilt man (1.12) durch Δx, so folgt damit

$$\frac{\Delta m}{\Delta x}\,\ddot{u}(x+\theta\Delta x,t) = \frac{EA(x+\Delta x)\,u'(x+\Delta x,t) - EA(x)\,u'(x,t)}{\Delta x}, \tag{1.16}$$

---

[1]Nach dem Physiker und Naturforscher Robert HOOKE, *1635 in Freshwater (Isle
of Wight), +1703 in London.

6

und der Grenzübergang $\Delta x \to 0$ liefert

$$\rho A(x)\, \ddot{u}(x,t) = \left[EA(x)\, u'(x,t)\right]', \tag{1.17}$$

was vollständig analog zu (1.8) ist. Für einen homogenen Stab konstanten Querschnitts ergibt sich wieder die Wellengleichung (1.10), jetzt mit $c^2 = E/\rho$.

Schließlich stellen wir noch die Bewegungsgleichung für die Torsionsschwingungen eines Stabes mit Kreisquerschnitt auf. Dazu betrachten wir ein Stück der Länge Δx des Torsionsstabes mit der Querschnittsfläche $A(x)$ (Abb.1.6 und Abb.1.7). Mit $\varphi(x,t)$ bezeichnen wir den Verdrehwinkel des Querschnitts an der Stelle x. Auf den Schnittflächen an den Stellen x und $x + \Delta x$ wirken jetzt als Schnittgrößen die Torsionsmomente $M_T(x,t)$ und $M_T(x+\Delta x,t)$, so daß der Drallsatz für das Stabelement der Abb.1.7

$$\int_x^{x+\Delta x} \rho I_P(\bar{x})\, \ddot{\varphi}(\bar{x},t)\, d\bar{x} = M_T(x+\Delta x,t) - M_T(x,t) \tag{1.18}$$

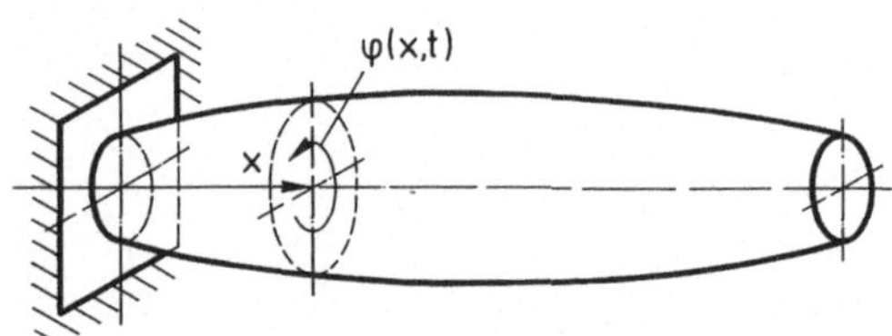

Abb.1.6   Zu den Torsionsschwingungen eines elastischen Stabes

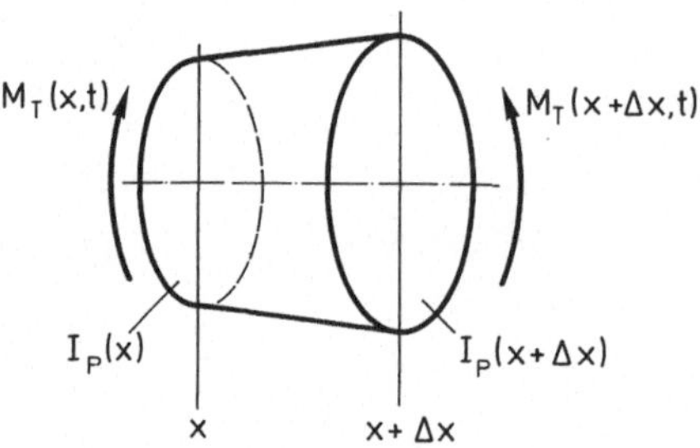

Abb.1.7   Zu den Bewegungsgleichungen eines Torsionsstabes

ergibt, mit $I_p(x)$ als dem polaren Flächenträgheitsmoment des Querschnitts an der Stelle x. Aus der Festigkeitslehre wissen wir, daß

$$M_T(x,t) = GI_p(x) \, \varphi'(x,t) \tag{1.19}$$

gilt, mit G als dem Schubmodul. Teilen von (1.18) durch Δx ergibt daher

$$\frac{1}{\Delta x} \int_x^{x+\Delta x} \rho I_p(\bar{x}) \, \ddot{\varphi}(\bar{x},t) \, d\bar{x} = \frac{GI_p(x+\Delta x) \, \varphi'(x+\Delta x,t) - GI_p(x) \, \varphi'(x,t)}{\Delta x} \tag{1.20}$$

und der Grenzübergang $\Delta x \to 0$ liefert schließlich

$$\rho I_p(x) \, \ddot{\varphi}(x,t) = \left[GI_p(x) \, \varphi'(\bar{x},t) \right]' ; \tag{1.21}$$

dies ist vollkommen analog zu (1.8) und zu (1.17). Für Stäbe konstanter Torsionssteifigkeit $GI_p = const$ und konstanter Drehträgheit $\rho I_p(x) = const$ ergibt sich auch hier wieder die Wellengleichung (1.10) mit $c^2 = G/\rho$.

Wir haben also gesehen, daß die Querschwingungen einer Saite und die Längs- und Torsionsschwingungen eines Stabes durch die gleiche partielle Differentialgleichung beschrieben werden. Dabei sind lediglich die auftretenden Funktionen sowie (bei homogenen Stäben bzw. bei Saiten unter konstanter Normalkraft) der Parameter c jeweils anders zu definieren. Bei der Saite wächst die *Wellengeschwindigkeit* c mit der Quadratwurzel der Normalkraft T, bei den Längs- und Torsionsschwingungen von Stäben dagegen ist c eine Materialkonstante, die durch $\sqrt{E/\rho}$ bzw. $\sqrt{G/\rho}$ gegeben ist. Da für die meisten Materialien $E/G \approx 3$ ist, ist die Wellengeschwindigkeit der Longitudinalwellen etwa um den Faktor $\sqrt{3}$ größer als die der Torsionswellen. In der Tabelle 1 sind Anhaltswerte für c bei Longitudinalwellen sowie für die Größe $Z = \rho c$ (*Wellenwiderstand*), die später noch benötigt wird, angegeben.

Dabei entspricht der für Luft angegebene Wert von c der Schallgeschwindigkeit bei etwa 15°C und Normaldruck (auch die Schallausbreitung wird durch eine zu (1.10) analoge Differentialgleichung beschrieben).

8

<u>Tabelle 1:</u> Wellengeschwindigkeit und Wellenwiderstand für verschiedene Materialien

	Wellengeschwindigkeit c für Longitudinalwellen (Körperschall bzw. Luftschall) in m/s	Wellenwiderstand $Z = \rho c$ in Ns/m^3
Stahl	5000	$39 \cdot 10^6$
Aluminium	5100	$13 \cdot 10^6$
Glas	5200	$13,8 \cdot 10^6$
Beton	4000	$8 \cdot 10^6$
Wasser	1450	$1,45 \cdot 10^6$
Kork	500	$0,1 \cdot 10^6$
Gummi	40–150	$0,04{-}0,3 \cdot 10^6$
Luft	340	410

1.2 Das Eigenwertproblem: Eigenfrequenzen und Eigenschwingungsformen
Die BERNOULLIsche Lösung

Wir behandeln hier zunächst das Problem der freien ungedämpften Schwingungen einer Saite unter konstanter Vorspannung, die an ihren beiden Enden fest gelagert ist (Abb.1.1); dies bedeutet, daß die Funktion $w(x,t)$ die Randbedingungen

$$w(0,t) = 0, \quad w(1,t) = 0, \quad \forall\, t \tag{1.22}$$

erfüllt. (Hier und im folgenden bedeutet das Zeichen $\forall$: "für alle Werte von".) Zuerst suchen wir spezielle Lösungen von

$$\ddot{w}(x,t) = c^2\, w''(x,t) \tag{1.23}$$

mit dem Ansatz der Trennung der Veränderlichen

$$w(x,t) = W(x)\, p(t). \tag{1.24}$$

Dieser Ansatz liefert

$$W(x)\,\ddot{p}(t) = c^2\,W''(x)\,p(t),\tag{1.25}$$

bzw.

$$\frac{\ddot{p}(t)}{p(t)} = c^2\,\frac{W''(x)}{W(x)}\ .\tag{1.26}$$

Die linke Seite von (1.26) hängt höchstens von t, die rechte höchstens von x ab; daraus können wir schließen, daß Lösungen gemäß (1.24) nur existieren für Funktionen W(x) und p(t), für die (1.26) konstant ist[2]. Wir bezeichnen diese noch zu bestimmende Konstante mit $-\,\omega^2$, so daß

$$\frac{\ddot{p}(t)}{p(t)} = c^2\,\frac{W''(x)}{W(x)} = -\,\omega^2\tag{1.27}$$

auf

$$\ddot{p}(t) + \omega^2\,p(t) = 0,\tag{1.28}$$

$$W''(x) + \frac{\omega^2}{c^2}\,W(x) = 0\tag{1.29}$$

führt. Die allgemeine Lösung von (1.28) ist

$$p(t) = C\,\cos\omega t + S\,\sin\omega t\tag{1.30}$$

mit den Integrationskonstanten C und S; analog erhält man als allgemeine Lösung von (1.29)

$$W(x) = D\,\cos\frac{\omega}{c}\,x + E\,\sin\frac{\omega}{c}\,x,\tag{1.31}$$

wobei ω zunächst noch unbestimmt ist. Aus den Randbedingungen (1.22) folgt, daß die Funktion W(x) die Bedingungen

$$W(0) = 0,\quad W(1) = 0\tag{1.32}$$

---

[2] Diese Schlußweise geht auf den Schweizer Naturwissenschaftler Daniel BERNOULLI (*1700 in Groningen, +1782 in Basel) zurück.

erfüllen muß. Die erste dieser Bedingungen ergibt $D = 0$, womit dann aus der zweiten Bedingung

$$E \sin \frac{\omega}{c} l = 0 \qquad (1.33)$$

folgt. Der Fall $E = 0$ führt auf die *triviale Lösung* $W(x) \equiv 0$, d.h. auf die Gleichgewichtslage. *Nichttriviale* Lösungen existieren nur für

$$\sin \frac{\omega}{c} l = 0. \qquad (1.34)$$

Die *charakteristische Gleichung* (1.34) stellt eine Bedingung dar, die uns die möglichen Werte der Kreisfrequenz ω liefert; (1.34) hat die Wurzeln

$$\omega_k = k\pi \, \frac{c}{l} \, , \qquad k = 0,1,2,\ldots \qquad (1.35)$$

Dabei beschränken wir uns hier und im folgenden auf die nichtnegativen Wurzeln ω_k, da die negativen Eigenfrequenzen auf keine zusätzlichen Lösungen führen. Zu jedem dieser *Eigenwerte* (= Eigenkreisfrequenzen) gehört eine entsprechende *Eigenfunktion*

$$W_k(x) = E_k \sin \frac{\omega_k}{c} x = E_k \sin \frac{k\pi x}{l} \, . \qquad (1.36)$$

Allerdings liefert im vorliegenden Fall der Wert $k = 0$ wieder die triviale Lösung $W(x) \equiv 0$, so daß nichttriviale Lösungen sich aus (1.35), (1.36) nur für $k = 1,2,\ldots$ ergeben. Durch (1.35) ist auch die Kreisfrequenz in (1.30) bestimmt, so daß wir mit dem Ansatz (1.24) Lösungen der Art

$$w_k(x,t) = \left[C_k \cos \omega_k t + S_k \sin \omega_k t \right] E_k \sin \frac{\omega_k}{c} x, \qquad k = 1,2,\ldots \qquad (1.37)$$

von (1.23) gefunden haben. Ohne Einschränkung der Allgemeinheit können wir dabei die Konstante E_k gleich Eins setzen.

Partikuläre Lösungen der Art (1.37) bezeichnet man als *Eigen-* oder *Hauptschwingungen*. In jeder Hauptschwingung schwingen alle Punkte der Saite harmonisch mit der gleichen Kreisfrequenz ω_k. Die Form, in der die Saite schwingt, wird dabei durch die zugehörige Eigenfunktion $W_k(x)$ beschrieben und

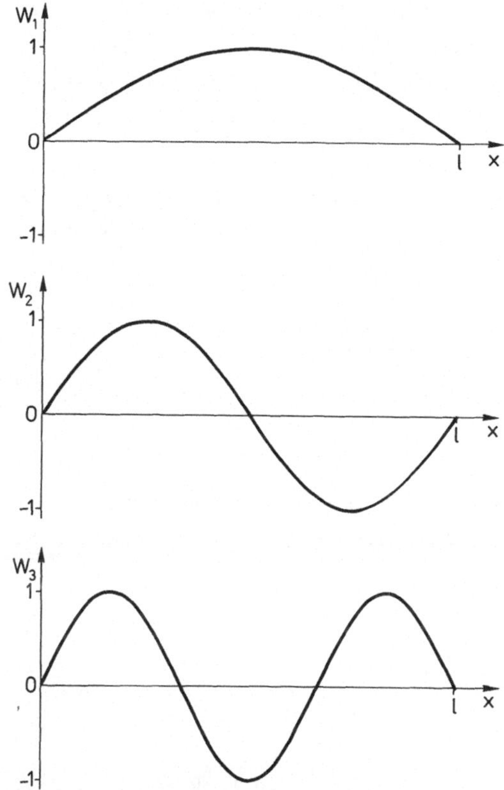

Abb.1.8   Die ersten drei Eigenschwingungsformen der beidseitig festen Saite (Normierung: $\max_{x} \left\{ W_i(x) = 1 \right\}$)

auch als *Eigenschwingungsform* bezeichnet. In Abb.1.8 sind die ersten drei Eigenschwingungsformen der Saite dargestellt. Sie sind zunächst nur bis auf einen konstanten Faktor bestimmt und können noch auf verschiedene Arten normiert werden (z.B. so, daß $\max_{0 \leq x \leq l} \left\{ W_k(x) \right\} = 1$ oder $\frac{1}{l} \int_0^l W_k^2(x)\ dx = 1$ ist). Man erkennt, daß der Index k hier gerade der Anzahl der "Schwingungsbäuche" und k-1 der Anzahl der "Schwingungsknoten" in der betrachteten Eigenschwingungsform entspricht.

Während bei diskreten Systemen mit n Freiheitsgraden gerade n Hauptschwingungen existieren, gibt es also bei der Saite unendlich viele. Wie im diskreten Fall liefert eine Überlagerung von zwei oder mehr Hauptschwingungen

12

auch wieder eine Lösung der Schwingungsgleichung (diese Lösung ist dann aber keine Hauptschwingung!). Die Differentialgleichung (1.23) ist ja linear in $w(x,t)$ und die Randbedingungen (1.22) sind homogen, so daß die Superposition gilt: Sind $w_1(x,t)$ und $w_2(x,t)$ zwei beliebige Lösungen des durch (1.22), (1.23) beschriebenen Randwertproblems, so ist auch $w(x,t) = K_1w_1(x,t) + K_2w_2(x,t)$ für beliebige Werte der Konstanten K_1 und K_2 eine Lösung. Diese Überlagerung gilt nicht nur für zwei, sondern auch für beliebig viele Lösungen, so daß auch

$$w(x,t) = \sum_{k=1}^{\infty} \left[(C_k \cos \omega_k t + S_k \sin \omega_k t) \sin \frac{k\pi x}{l} \right] \tag{1.38}$$

eine Lösung des Randwertproblems ist und zwar für beliebige Konstanten C_k, S_k, für die die Summe konvergiert. Natürlich kann man (1.38) auch alternativ in der Form

$$w(x,t) = \sum_{k=1}^{\infty} A_k \cos(\omega_k t + \alpha_k) \sin \frac{k\pi x}{l} \tag{1.39}$$

mit den neuen Integrationskonstanten A_k, α_k schreiben. Die Funktionen (1.38), (1.39) stellen sogar die *Allgemeine Lösung* des Problems (1.23), (1.22) dar, d.h., *jede* Lösung kann in der Form (1.38), bzw. (1.39) geschrieben werden, wie wir später zeigen.

Sind Anfangsauslenkung und Anfangsgeschwindigkeit gegeben:

$$w(x,0) = w_0(x), \quad 0 \le x \le 1, \tag{1.40}$$

$$\dot{w}(x,0) = v_0(x), \quad 0 \le x \le 1, \tag{1.41}$$

so kann man damit ohne weiteres die Integrationskonstanten bestimmen. Aus (1.38) folgt nämlich

$$w_0(x) = \sum_{k=1}^{\infty} C_k \sin \frac{k\pi x}{l} \,, \tag{1.42}$$

$$v_0(x) = \sum_{k=1}^{\infty} S_k \omega_k \sin \frac{k\pi x}{l} \,. \tag{1.43}$$

13

Es gilt aber

$$\int_0^1 W_i(x)\, W_k(x)\ dx = \int_0^1 \sin\frac{i\pi x}{l}\,\sin\frac{k\pi x}{l}\ dx = 0 \qquad \text{für } i \neq k \qquad (1.44)$$

und

$$\int_0^1 W_k(x)\, W_k(x)\ dx = \int_0^1 \sin\frac{k\pi x}{l}\,\sin\frac{k\pi x}{l}\ dx = \frac{1}{2}\ . \qquad (1.45)$$

Gleichung (1.44) kann man als *Orthogonalitätsbedingung* für die Eigenfunktionen interpretieren: das durch das Integral des Produktes definierte Skalarprodukt der Eigenfunktionen $W_i(x)$ und $W_k(x)$, die zu verschiedenen Eigenwerten gehören, ist gleich Null. Wir werden später sehen, daß ganz allgemein bei Schwingungsproblemen die Eigenfunktionen entsprechende Orthogonalitätsbedingungen erfüllen, die uns ja von den diskreten Systemen schon bekannt sind. Natürlich kann man, wie schon erwähnt, die $W_k(x)$, $k = 1,2,\ldots$ auch so normieren, daß das Skalarprodukt von $W_k(x)$ mit sich selbst eins ergibt, anstelle von 1/2 wie in (1.45).

Multipliziert man nun (1.42) mit $\sin(i\pi x/l)$ und integriert beide Seiten über x von 0 bis 1, so folgt zumindest formal bei Vertauschung der unendlichen Summe mit dem Integral

$$\int_0^1 w_0(x)\,\sin\frac{i\pi x}{l}\ dx = \sum_{k=1}^{\infty} C_k \int_0^1 \sin\frac{i\pi x}{l}\,\sin\frac{k\pi x}{l}\ dx = C_i\,\frac{1}{2} \qquad (1.46)$$

wegen (1.44), (1.45). Ganz entsprechend gilt

$$\int_0^1 v_0(x)\,\sin\frac{i\pi x}{l}\ dx = \sum_{k=1}^{\infty} \left[S_k \omega_k \int_0^1 \sin\frac{i\pi x}{l}\,\sin\frac{k\pi x}{l}\ dx \right] = S_i \omega_i\,\frac{1}{2}\ , \qquad (1.47)$$

womit die Konstanten C_k, S_k bestimmt sind. Aus der Theorie der FOURIERreihen[1] wissen wir, daß die Reihen (1.42), (1.43) unter sehr allgemeinen Bedingungen konvergieren und daß die Darstellung eindeutig ist.

---

[1] Nach dem Mathematiker Jean Baptiste Joseph FOURIER, *1768 in Auxerre, +1830 in Paris.

14

Verwendet man nun noch den Satz über die Eindeutigkeit der Lösungen des Randwertproblems (1.23), (1.22), der besagt, daß zu zwei gegebenen hinreichend glatten Funktionen $w_0(x)$, $v_0(x)$ die Lösung $w(x,t)$ eindeutig ist, so erkennt man, daß (1.38) in der Tat die allgemeine Lösung des Randwertproblems darstellt.

Als Beispiel behandeln wir die Schwingungen einer Saite für folgende Anfangsbedingungen: Wir nehmen an, daß die Saite zunächst durch eine lotrechte Kraft F in der Mitte belastet wird (Abb.1.9); gesucht sind die Schwingungen, die sich einstellen, wenn die Kraft F von der sich in der Gleichgewichtslage befindenen Saite plötzlich entfernt wird. Die Anfangsgeschwindigkeit $v_0(x)$ ist also Null, die Anfangsauslenkung $w_0(x)$ kann leicht berechnet werden. Gemäß Abb.1.9 gilt nämlich

$$2T\, w_0'(0) = F, \tag{1.48}$$

so daß $w_0(x)$ durch

$$w_0(x) = \frac{F}{2T}\, x, \qquad 0 \leq x \leq 1/2, \tag{1.49a}$$

$$w_0(x) = \frac{F}{2T}\, (1 - x), \qquad 1/2 \leq x \leq 1 \tag{1.49b}$$

gegeben ist. Setzt man nun $w_0(x)$ in (1.46) ein, so kann man – durch einfache, stückweise Integration – die Integrationskonstanten C_k, $k = 1,2,\ldots$ berechnen. Die Konstanten S_k, $k = 1,2,\ldots$ sind alle gleich Null, da $v_0(x)$ verschwindet.

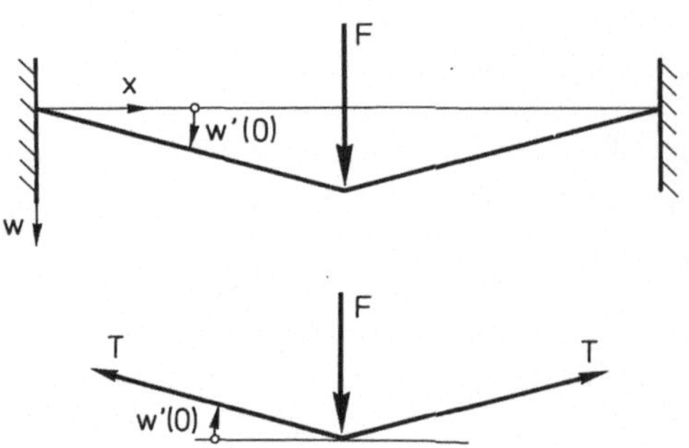

Abb.1.9   Durch Einzelkraft in der Mitte statisch belastete Saite

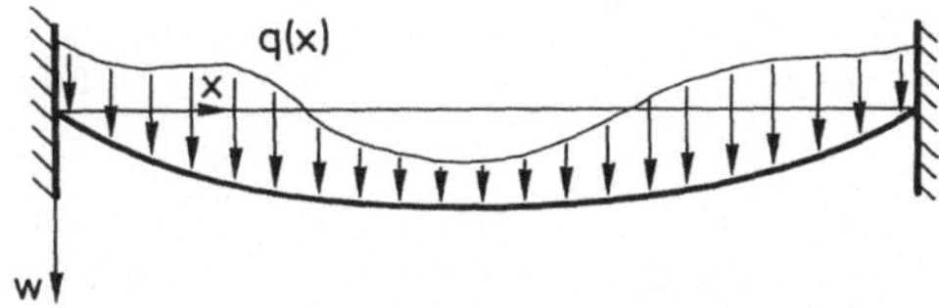

Abb.1.10   Statisch durch eine Streckenlast q(x) belastete Saite

Es ist allerdings bequemer, die Anfangsauslenkung $w_0(x)$ direkt in Form einer Reihe der Art (1.42) zu bestimmen. Hierzu betrachten wir zunächst das statische Problem einer durch die Streckenlast q(x) belasteten Saite (Abb.1.10). Die Gleichung

$$T\ w''(x) = -\ q(x) \tag{1.50}$$

zur Bestimmung der Gleichgewichtslage w(x) ist ohne weiteres einsichtig und kann analog zur Wellengleichung hergeleitet werden. Die oben behandelte mittige Einzellast F kann aber mit der DIRACschen Deltafunktion[4] durch die Streckenlast

$$q(x) = F\ \delta(x-\tfrac{1}{2}) \tag{1.51}$$

dargestellt werden. Wir suchen nun Lösungen von

$$T\ w''(x) = -\ F\ \delta(x-\tfrac{1}{2}) \tag{1.52}$$

in der Form

$$w(x) = \sum_{k=1}^{\infty} C_k \ \sin \frac{k\pi x}{l} \ . \tag{1.53}$$

Einsetzen von (1.53) in (1.52) und gliedweise Differentiation ergibt

---

[4]Nach dem Physiker Paul Adrien Maurice DIRAC, *1902 in Bristol, +1984 in Florida, USA.

$$- T \sum_{k=1}^{\infty} \left[(\tfrac{k\pi}{1})^2 \, C_k \, \sin \frac{k\pi x}{1} \right] = - F \, \delta(x - \tfrac{1}{2}), \qquad (1.54)$$

und Multiplikation mit sin (iπx/1) und Integration über x führt unter Berücksichtigung von (1.44), (1.45) und der Ausblendeigenschaft der Deltafunktion auf

$$C_k = \frac{2F}{T1} \left(\frac{1}{k\pi} \right)^2 \sin \frac{k\pi}{2} , \qquad k = 1,2,\ldots \qquad (1.55)$$

Für gerade k sind die Konstanten C_k also gleich Null, für ungerade k sind sie durch

$$C_k = - \frac{2F}{T1} \left(\frac{1}{k\pi} \right)^2 (-1)^{\frac{k+1}{2}} , \qquad k = 1,3,5,\ldots \qquad (1.56)$$

gegeben. Damit ist aber nicht nur die FOURIERreihe für die Anfangsauslenkung $w_0(x)$ bestimmt, sondern mit (1.38) auch die Lösung $w(x,t)$ für die freien Schwingungen

$$w(x,t) = - \frac{2F1}{T\pi^2} \sum_{k=1,3,5,\ldots} \left[\frac{1}{k^2} (-1)^{\frac{k+1}{2}} \cos \omega_k t \, \sin \frac{k\pi x}{1} \right] . \qquad (1.57)$$

Das Beispiel ist damit abgeschlossen.

Als nächstes ändern wir die Randbedingungen (1.22) der beidseitig festen Saite der Abb.1.1. Damit ergibt sich ein neues Eigenwertproblem, dessen Lösung wir im folgenden besprechen. Wir betrachten eine Saite gemäß Abb.1.11, deren linkes Ende in Querrichtung frei verschieblich und deren rechtes Ende wieder fest ist. Die freie Verschieblichkeit am linken Ende bedeutet, daß die Lagerung dort nur Kräfte in x-Richtung, nicht aber quer dazu aufnimmt, so daß $T\,w'(0,t) \equiv 0$ ist. Dies ist eine sogenannte *dynamische* oder *natürliche Randbedingung*, da sie aus einer Betrachtung über Kräfte folgt; im Gegensatz

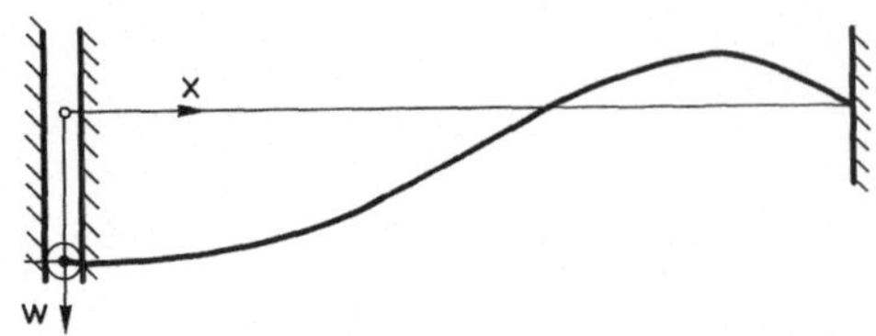

Abb.1.11   Die frei-feste Saite

dazu ist $w(1,t) \equiv 0$ eine *geometrische Randbedingung*. Die Randbedingungen (1.22) werden also jetzt durch

$$w'(0,t) \equiv 0, \quad w(1,t) \equiv 0, \quad \forall\, t \tag{1.58}$$

ersetzt. Der Ansatz (1.24) der Trennung der Veränderlichen in (1.23) führt auch hier wieder auf (1.30),(1.31). Jetzt folgt allerdings aus $W'(0) = 0$, daß die Konstante E in (1.31) verschwindet, so daß sich mit $W(1) = 0$ die charakteristische Gleichung

$$\cos \frac{\omega}{c}\, 1 = 0 \tag{1.59}$$

ergibt. Die Wurzeln von (1.59) sind

$$\frac{\omega}{c}\, 1 = \frac{\pi}{2}\,(2k-1), \quad k = 1,2,\ldots, \tag{1.60}$$

bzw.

$$\omega_k = \frac{c}{1}\,\frac{\pi}{2}\,(2k-1), \quad k = 1,2,\ldots \tag{1.61}$$

Mit (1.61) sind nicht nur die Eigenkreisfrequenzen ω_k bekannt, sondern gemäß (1.31) auch die Eigenfunktionen

$$W_k(x) = \cos \frac{\pi}{2}(2k-1)\frac{x}{1}\,, \quad k = 1,2,\ldots \tag{1.62}$$

und damit auch die allgemeine Lösung

$$w(x,t) = \sum_{k=1}^{\infty} \left[(C_k \cos \omega_k t + S_k \sin \omega_k t) \cos \frac{\pi}{2}(2k-1)\frac{x}{1} \right]. \tag{1.63}$$

Man beachte, daß die Eigenkreisfrequenzen ω_k nicht mehr wie im ersten Fall gleich dem k-fachen von ω_1 sind; sie sind aber nach wie vor Vielfache, nämlich (2k-1)-fache von ω_1.

Die ersten Eigenschwingungsformen der frei-festen Saite sind in Abb.1.12 dargestellt. Die Eigenfunktionen erfüllen hier Orthogonalitätsbeziehungen der Art

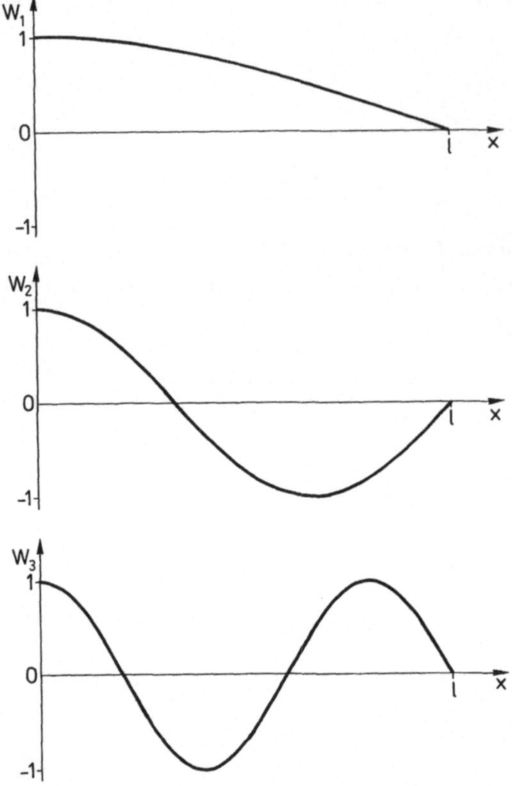

Abb.1.12   Die ersten drei Eigenschwingungsformen der einseitig freien
(querverschieblichen) Saite

(Normierung: $\max\limits_{x} \left\{ W_i(x) = 1 \right\}$)

$$\int_0^1 W_i(x)\, W_k(x)\, dx = \int_0^1 \cos \tfrac{\pi}{2}(2i-1)\tfrac{x}{l} \cos \tfrac{\pi}{2}(2k-1)\tfrac{x}{l}\, dx = 0 \qquad \text{für } i \neq k, \qquad (1.64)$$

wie man leicht nachrechnen kann, und auch hier kann man die Integrationskonstanten ohne weiteres aus den Anfangsbedingungen

$$w_0(x) = \sum_{k=1}^{\infty} C_k \cos \tfrac{\pi}{2}(2k-1)\tfrac{x}{l} \ . \qquad (1.65a)$$

$$v_0(x) = \sum_{k=1}^{\infty} S_k \omega_k \, \cos \frac{\pi}{2}(2k-1)\frac{x}{l} \qquad (1.65b)$$

mit Hilfe der Orthogonalitätsbeziehungen berechnen.

In den beiden bisher untersuchten Fällen (fest-feste, bzw. frei-feste Saite) war die Normalkraft in der Saite konstant, so daß die Bewegung durch die Wellengleichung (1.23) beschrieben wurde. Wir behandeln nun noch eine Saite mit veränderlicher Normalkraft, wie sie dem hängenden Seil der Abb.1.3 entspricht. Die Bewegungsgleichung ist jetzt gemäß (1.11)

$$\ddot{w} = g \left[(1 - x) \, w' \right]'. \qquad (1.66)$$

Die geometrische Randbedingung am oberen Ende ist

$$w(0,t) \equiv 0, \quad \forall \, t, \qquad (1.67)$$

und das Verschwinden der Kraftkomponente in Querrichtung am unteren Ende liefert

$$T(l) \, w'(l,t) \equiv 0, \quad \forall \, t; \qquad (1.68)$$

da aber $T(l) = 0$ ist, ist diese Bedingung automatisch erfüllt (sofern nur $w'(l,t)$ endlich bleibt!). Wir haben also hier lediglich die eine Randbedingung (1.67), sowie die Bedingung der Beschränktheit für $w'(l,t)$ vorliegen. Allerdings hatten wir ja bei der Herleitung der Schwingungsgleichung für die Saite sowieso schon $w'^2 \ll 1$ vorausgesetzt. Der Ansatz der Trennung der Veränderlichen

$$w(x,t) = W(x) \, p(t) \qquad (1.69)$$

in (1.66) führt auf

$$W(x) \, \ddot{p}(t) = g \left[(1-x) \, W'(x) \right]' p(t) \qquad (1.70)$$

bzw.

$$\frac{\ddot{p}(t)}{p(t)} = \frac{g \left[(1-x) \, W'(x) \right]'}{W(x)} = -\,\omega^2, \qquad (1.71)$$

was den beiden gewöhnlichen Differentialgleichungen

$$\ddot{p}(t) + \omega^2 p(t) = 0, \tag{1.72}$$

$$(1-x)\,W''(x) - W'(x) + \frac{\omega^2}{g}\,W(x) = 0 \tag{1.73}$$

entspricht. Während in den vorhergehenden Fällen konstanter Normalkraft die Differentialgleichung für $W(x)$ konstante Koeffizienten besaß und somit elementar lösbar war (vergl. (1.29)), ergibt sich jetzt für $W(x)$ eine Differentialgleichung mit nichtkonstanten Koeffizienten, die allerdings hier noch geschlossen lösbar ist. Führt man nämlich in (1.73) die neue unabhängige Variable

$$s := 2\sqrt{\frac{1-x}{g}}\,, \qquad x = 1 - \frac{g}{4}\,s^2, \qquad 0 \le x \le 1 \tag{1.74}$$

anstelle von x ein, so folgt mit $\widetilde{W}(s(x)) := W(x)$ wegen

$$\frac{dW}{dx} = \frac{d\widetilde{W}}{ds}\,\frac{ds}{dx}\,, \tag{1.75a}$$

$$\frac{d^2W}{dx^2} = \frac{d^2\widetilde{W}}{ds^2}\left(\frac{ds}{dx}\right)^2 + \frac{dW}{ds}\,\frac{d^2 s}{dx^2} =$$

$$= \frac{d^2W}{ds^2}\,\frac{1}{g}\,\frac{1}{1-x} - \frac{dW}{ds}\,\frac{1}{2\sqrt{g}}\,\frac{1}{\sqrt{(1-x)^3}}\,, \tag{1.75b}$$

aus (1.73)

$$\frac{1}{\omega^2}\,\frac{d^2\widetilde{W}}{ds^2} + \frac{1}{\omega^2}\,\frac{1}{s}\,\frac{d\widetilde{W}}{ds} + \widetilde{W} = 0. \tag{1.76}$$

Diese Differentialgleichung (1.76) ist vom BESSELschen Typ[1], ihre allgemeine Lösung kann als

---

[1] Nach dem Astronomen Friedrich Wilhelm BESSEL, *1784 in Minden, +1846 in Königsberg. Die BESSELsche Differentialgleichung der Ordnung n ist gegeben durch $x^2 y''(x) + x\,y'(x) + (x^2 - n^2)\,y(x) = 0$ mit $n \in R$. Ein Fundamentalsystem ist für nicht ganzzahlige n durch J_n, J_{-n} für ganzzahlige n durch J_n, Y_n definiert. Die BESSEL-Funktionen J_n und die BESSEL-Funktionen zweiter Art Y_n (auch NEUMANN- oder WEBER-Funktionen) besitzen eine Reihe wichtiger und relativ einfach zu formulierender Eigenschaften.

$$\tilde{W}(s) = D\, J_0(\omega s) + E\, Y_0(\omega s) \tag{1.77}$$

geschrieben werden, mit $J_0(\omega s)$ als der BESSEL-Funktion erster Art und $Y_0(\omega s)$ als der BESSEL-Funktion zweiter Art (oder NEUMANN-Funktion) und nullter Ordnung. Die Funktionen $J_0(\omega s)$ und $Y_0(\omega s)$ sind in Abb.1.13 dargestellt. Die Funktion $Y_0(\omega s)$ besitzt für $\omega s = 0$ eine Unendlichkeitsstelle (dies entspricht der Singularität der Differentialgleichung (1.76) an der Stelle $s = 0$). Damit $w(x,t)$ endlich bleibt, muß also die Integrationskonstante E gleich Null gesetzt werden. Die Randbedingung $W(0) = 0$, bzw. $W(2\omega\sqrt{1/g}) = 0$ liefert damit die charakteristische Gleichung

$$J_0\!\left(2\omega\sqrt{\tfrac{1}{g}}\,\right) = 0. \tag{1.78}$$

Die Eigenfrequenzen ω_k ergeben sich also aus den Wurzeln der BESSEL-Funktion J_0. Bezeichnen wir die k-te positive Wurzel der BESSEL-Funktion mit γ_k, so daß $J_0(\gamma_k) = 0$ ist, so gilt

$$\omega_k = \frac{\gamma_k}{2}\sqrt{\frac{g}{1}}\,, \qquad k = 1,2,\ldots, \tag{1.79}$$

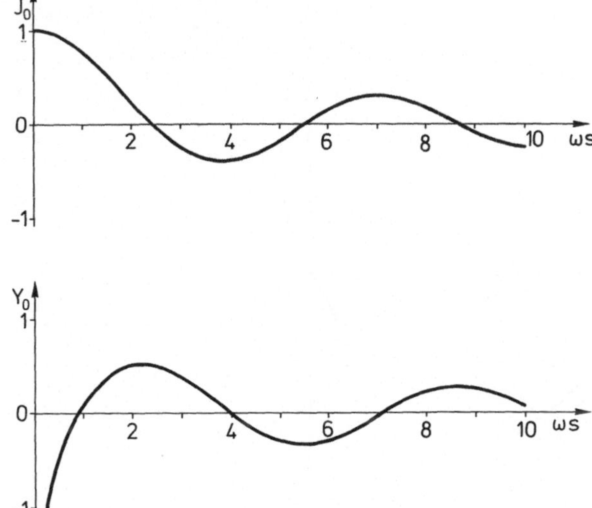

Abb.1.13   Die BESSEL-Funktionen $J_0(\omega s)$ und $Y_0(\omega s)$

22

wobei $\gamma_1 \approx 2,409$, $\gamma_2 \approx 5,521,\ldots$ ist, wie man aus Abb.1.13 ersieht. Die erste Eigenkreisfrequenz $\omega_1 \approx 1,204\ \sqrt{g/l}$ eines schweren, lotrecht hängenden Seiles, ist also größer als die eines mathematischen Pendels der Länge l und gleicher Masse, d.h. das Seil schwingt schneller als das mathematische Pendel. Aus (1.77) folgt, daß die zu ω_k gehörende Eigenfunktion

$$W_k(x) = J_0 \left[\gamma_k \sqrt{1 - \frac{x}{l}} \right] , \quad k = 1,2,\ldots \tag{1.80}$$

ist. Da hier nur der Bereich $0 \leq x \leq l$ interessiert, liegt das Argument von J_0 in $[0,\gamma_k]$, wobei die Nullstelle γ_k gerade dem Aufhängepunkt des Seiles entspricht. Man kann sich daher anhand von Abb.1.13 die Eigenschwingungsformen leicht veranschaulichen, indem man in dieser Abbildung die Skala der Abzissenachse entsprechend verzerrt. Die ersten Eigenfunktionen sind in Abb.1.14 dargestellt.

Die allgemeine Lösung des Problems (1.66), (1.67) ist durch

$$w(x,t) = \sum_{k=1}^{\infty} \left\{ J_0 \left[2\omega_k \sqrt{(l-x)/g} \right] (C_k \cos \omega_k t + S_k \sin \omega_k t) \right\} \tag{1.81}$$

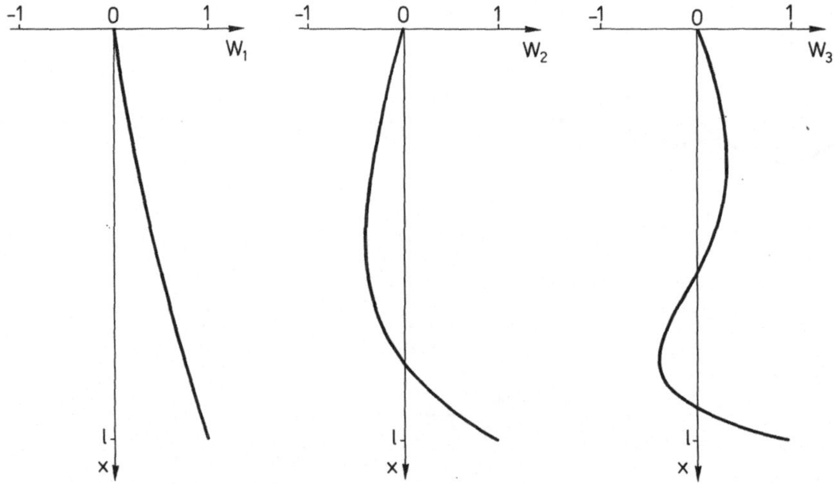

Abb.1.14   Die ersten drei Eigenschwingungsformen des schweren Seiles der Abb.1.3 (Normierung: $\max_x \left\{ W_i(x) = 1 \right\}$)

gegeben, wo die Integrationskonstanten C_k und S_k wieder aus den Anfangs-bedingungen zu bestimmen sind. Dazu können auch hier Orthogonalitäts-bedingungen verwendet werden, die jetzt die Form

$$\int_0^l W_i(x)\, W_k(x)\, dx = \int_0^l J_0\left[\delta_i\sqrt{1-\frac{x}{l}}\,\right] J_0\left[\delta_K\sqrt{1-\frac{x}{l}}\,\right] dx = 0 \qquad (1.82)$$

und

$$\int_0^l \left[(1-x)\, W_i'\,(x)\right]'\, W_k(x)\, dx = 0 \quad \text{für } i \neq k \qquad (1.83)$$

haben. Die Richtigkeit der Beziehungen (1.82), (1.83) kann anhand der Eigen-schaften der BESSEL-Funktionen überprüft werden; wir werden aber später auch noch sehen, wie man diese Eigenschaften der Eigenfunktionen direkt an der Formulierung des Eigenwertproblems erkennen kann.

Bisher haben wir in diesem Abschnitt lediglich die freien Schwingungen von Saiten, nicht aber die elastischer Stäbe behandelt. Natürlich können wir aber die Ergebnisse ohne weiteres für die Längsschwingungen von Stäben über-nehmen. So entspricht das Beispiel der Abb.1.1 dem Dehnstab konstanten Quer-schnitts mit festen Enden, wobei lediglich $w(x,t)$ durch $u(x,t)$ zu ersetzen und c^2 entsprechend zu interpretieren ist. Das Beispiel der Abb.1.11 entspricht einem Dehnstab mit festem Ende an der Stelle $x = 1$, der am Ende $x = 0$ frei ist (Abb.1.15). Am linken Ende dieses Stabes ist die Normalkraft immer gleich Null, d.h. die Dehnung $u'(x,t)$ muß hier verschwinden. Für das dritte Beispiel eines schweren, lotrecht aufgehängten Seiles kann nicht auf einfache Weise ein analoger Dehnstab angegeben werden (man müßte einen veränderlichen Elastizi-tätsmodul oder eine veränderliche Dichte zusätzlich zu dem veränderlichen Querschnitt annehmen). Allerdings ist der Dehnstab der Abb.1.16 mit linear veränderlicher Querschnittsfläche $A(x) = A_0\,(1-x)/1$ dem lotrecht hängenden Seil sehr ähnlich. Auch hier gibt es nur eine Randbedingung $(u(0,t) \equiv 0)$ und

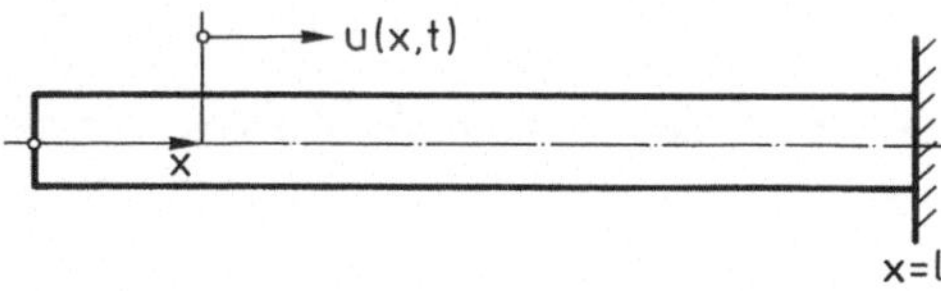

Abb.1.15   Der einseitig eingespannte Dehnstab

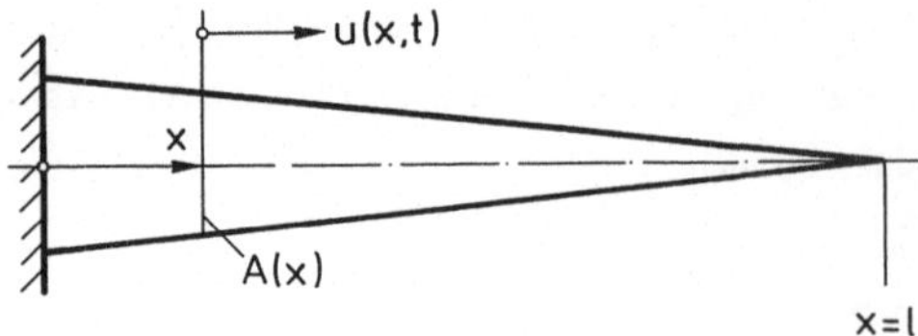

Abb.1.16   Dehnstab mit linear veränderlichem Querschnitt (Breite konstant, Höhe linear in x)

das Eigenwertproblem führt auf die BESSELsche Differentialgleichung. Analoge Probleme für Torsionsstäbe können auch ohne weiteres angegeben werden.

1.3   Variationsmethoden und Näherungsverfahren

1.3.1 Herleitung der Bewegungsgleichungen aus dem HAMILTONschen Prinzip

Ähnlich wie bei den diskreten konservativen mechanischen Systemen können auch die Bewegungsgleichungen mechanischer Kontinua aus dem HAMILTONschen Prinzip[6]

$$\delta \int_{t_1}^{t_2} L \; dt = 0 \tag{1.84}$$

gewonnen werden, mit

$$L = T - U, \tag{1.85}$$

worin T die kinetische und U die potentielle Energie des Systems bezeichnet (das Formelzeichen T wird auch für die Normalkraft einer Saite verwendet, die Gefahr einer Verwechslung ist hier aber wohl ausgeschlossen). Im diskreten Fall hing die LAGRANGE-Funktion[7] $L(q,\dot{q})$ bei konservativen Systemen vom Vektor

---

[6]Nach dem Mathematiker Sir William Rowan HAMILTON, *1805 in Dublin, +1865 ebenda.

[7]Nach dem Mathematiker Joseph Louis de LAGRANGE, *1736 in Turin, +1813 in Paris.

q der verallgemeinerten Koordinaten und dessen Zeitableitung $\dot{q}$ ab. Das HAMILTONsche Prinzip (1.84) führt in diesem Fall auf die LAGRANGEschen Gleichungen

$$\frac{d}{dt} \frac{\partial L}{\partial \dot{q}_i} - \frac{\partial L}{\partial q_i} = 0 \ , \qquad i = 1,2,\ldots,n \tag{1.86}$$

mit n als der Anzahl der Freiheitsgrade des Systems.

Kontinua besitzen unendlich viele Freiheitsgrade, so daß L nicht mehr eine Funktion zweier Vektoren eines endlichdimensionalen Vektorraumes ist, sondern vielmehr eine Funktion zweier unendlichdimensionaler Vektoren, bzw. zweier Funktionen. So erhält man z.B. für die Longitudinalschwingungen eines Dehnstabes die kinetische Energie

$$T = \frac{1}{2} \int_0^l \rho A \ \dot{u}^2 dx \tag{1.87}$$

und die potentielle Energie

$$U = \frac{1}{2} \int_0^l EA \ u'^2 \ dx, \tag{1.88}$$

wobei der Ausdruck (1.88) als elastische Deformationsenergie aus der Festigkeitslehre wohlbekannt ist. Analoge Ausdrücke gelten für die Saite und für den Torsionsstab. Aus (1.84) folgt daher für den Dehnstab

$$\delta \int_{t_1}^{t_2} \int_0^l (\frac{1}{2} \rho A \ \dot{u}^2 - \frac{1}{2} EA \ u'^2) \ dx \ dt = 0. \tag{1.89}$$

Wir formen nun die Variationen der beiden Energieausdrücke in (1.89) getrennt um. Zunächst gilt

$$\delta \int_{t_1}^{t_2} \int_0^l \frac{1}{2} \rho A \ \dot{u}^2 \ dx \ dt = \int_{t_1}^{t_2} \int_0^l \rho A \ \dot{u} \ \delta\dot{u} \ dx \ dt =$$

$$= \int_0^l \left[\rho A \ \dot{u} \ \delta u \Big|_{t_1}^{t_2} \right] dx - \int_{t_1}^{t_2} \int_0^l \rho A \ \ddot{u} \ \delta u \ dx \ dt, \tag{1.90}$$

wobei wir partiell bezüglich t integriert haben. Das HAMILTONsche Prinzip besagt aber, daß die Variation $\delta u(x,t)$ für $t = t_1$ und für $t = t_2$ identisch, d.h. für alle x verschwindet; damit verschwindet dann auch das erste Integral auf der rechten Seite von (1.90). Für die potentielle Energie in (1.89) gilt

$$\delta \int_{t_1}^{t_2} \int_0^l \frac{1}{2} EA\, u'^2\ dx\ dt = \int_{t_1}^{t_2} \int_0^l EA\, u'\delta u'\ dx\ dt =$$

$$= \int_{t_1}^{t_2} \left[EA\, u'\ \delta u \Big|_0^l \right] dt - \int_{t_1}^{t_2} \int_0^l (EA\, u')'\delta u\ dx\ dt, \qquad (1.91)$$

wobei wir jetzt partiell bezüglich x integriert haben. Damit schreibt sich (1.89) als

$$\int_{t_1}^{t_2} \left\{ \int_0^l \left[-\rho A\, \ddot{u} + (EA\, u')' \right] \delta u\ dx - EA\, u'\ \delta u \Big|_0^l \right\} dt = 0. \qquad (1.92)$$

Da (1.92) für beliebige t_1 und t_2 gilt, muß der Integrand des Integrals über t verschwinden, so daß sich

$$\int_0^l \left[-\rho A\, \ddot{u} + (EA\, u')' \right] \delta u\ dx - EA\, u'\ \delta u \Big|_0^l = 0 \qquad (1.93)$$

ergibt. Wegen der Willkür von $\delta u(x,t)$ folgt aber aus dem Fundamentalsatz der Variationsrechnung, daß der Ausdruck in der eckigen Klammer in (1.93) und die Randterme für sich verschwinden, d.h. es gilt

$$\rho A\, \ddot{u} = (EA\, u')', \qquad \text{für } 0 \leq x \leq l, \quad \forall\, t \qquad (1.94)$$

und

$$EA\, u'\delta u \Big|_0^l = 0, \qquad \forall\, t. \qquad (1.95)$$

Wir haben also mit (1.94) wieder die Differentialgleichung der Bewegung und außerdem noch die Bedingung (1.95) erhalten, die etwas über die Werte von u und u' am Rand aussagt. Es zeigt sich, daß alle bisher betrachteten Randbedingungen, für die die mechanische Energie des schwingenden Stabes erhalten bleibt, die Gleichung (1.95) erfüllen. So ist zum Beispiel in dem Fall des an beiden Enden festen Stabes $u(0,t) \equiv 0$ und $u(1,t) \equiv 0$; daraus folgt aber, daß δu an den Stellen $x = 0$ und $x = 1$ verschwindet, so daß (1.95) gilt. Für den Stab mit einem festen Ende an der Stelle $x = 0$ und einem freien Ende für $x = 1$ gilt die geometrische Randbedingung $u(0,t) \equiv 0$ bzw. $\delta u(0,t) \equiv 0$. Am anderen Ende ist dagegen u nicht vorgegeben, so daß $\delta u(1,t)$ frei wählbar ist. Daher muß also $u'(1,t)$ verschwinden, und diese dynamische Randbedingung folgt aus (1.95).

Die Tatsache, daß das Variationsprinzip nicht nur die Bewegungsgleichungen, sondern außerdem auch noch Aussagen über die Randbedingungen liefert, ist zwar beim Stab und bei der Saite nicht weiter aufregend, kann aber bei komplizierten Systemen und Tragwerken, zum Beispiel schon bei der Platte, außerordentlich nützlich sein. Die in (1.85) vorkommenden Energieausdrücke können oft ohne weiteres, leichter als die Bewegungsgleichungen und die dynamischen Randbedingungen angegeben werden. Wir werden später noch sehen, daß auch verschiedene Näherungsverfahren eng mit Variationsprinzipien zusammenhängen.

1.3.2 Das RITZsche und das GALERKINsche Verfahren

Führt man in (1.89) die Variation nicht bezüglich beliebiger Funktionen u aus, die nur hinreichend oft differenzierbar sein müssen, sondern schränkt die Klasse der Funktionen $u(x,t)$ ein, so kann man hoffen, eine Näherungslösung für die Schwingungen des Systems zu erhalten. Wir wollen hier Funktionen $u(x,t)$ zulassen, die von der Art

$$u(x,t) = \sum_{i=1}^{n} F_i(x)\, p_i(t) \tag{1.96}$$

sind (auch $n \to \infty$ ist möglich). Dabei sind die Ortsfunktionen $F_i(x)$, $i = 1,2,\ldots,n$ vorgegeben, die Zeitfunktionen $p_i(t)$, $i = 1,2,\ldots,n$ dagegen noch zu bestimmen. Der Ansatz entspricht einer Diskretisierung des Kontinuums, das dadurch auf ein System mit n Freiheitsgraden abgebildet wird. Es ist klar, daß man in (1.96) die Ortsfunktionen so wählen wird, daß die interessierenden Funktionen $u(x,t)$ möglichst gut durch eine solche Funktionsreihe approximiert werden können. Je nach Art der Definition des Fehlers bzw. der Güte der Approximation können sich dabei unterschiedliche Funktionen $p_i(t)$ ergeben. Wir werden hier zunächst eine Diskretisierung über das HAMILTONsche Prinzip vornehmen und später andere Verfahren behandeln.

Schränkt man die Funktion $u(x,t)$ gemäß (1.96) ein, so bedeutet dies, daß für die Variation δu jetzt

$$\delta u(x,t) = \sum_{i=1}^{n} F_i(x)\,\delta p_i(t) \qquad (1.97)$$

gilt. Aus (1.89) folgt

$$\int_{t_1}^{t_2} \int_0^l \left[\rho A\,\dot{u}\,\dot{\delta u} - EA\,u'\,\delta u'\right]\,dx\,dt = 0 \qquad (1.98)$$

und Einsetzen von (1.96), (1.97) ergibt

$$\int_{t_1}^{t_2} \int_0^l \left[\rho A \sum_{i,j=1}^{n} F_i F_j\,\dot{p}_i\dot{\delta p}_j - EA \sum_{i,j=1}^{n} F_i'F_j'\,p_i\delta p_j\right]\,dx\,dt = 0. \qquad (1.99)$$

In (1.99) wird der erste Summand partiell bzgl. t integriert:

$$\int_{t_1}^{t_2} \dot{p}_i\,\dot{\delta p}_j\,dt = \dot{p}_i\,\delta p_j\,\Big|_{t_1}^{t_2} - \int_{t_1}^{t_2} \ddot{p}_i\,\delta p_j\,dt; \qquad (1.100)$$

dabei verschwinden aber die Randterme, da ja im HAMILTONschen Prinzip die Variationen zu den Zeitpunkten t_1 und t_2 gleich Null sind. Damit schreibt sich dann (1.99) als

$$-\int_{t_1}^{t_2} \sum_{j=1}^{n} \left[\sum_{i=1}^{n} \ddot{p}_i \int_0^l \rho A\,F_i F_j\,dx + \sum_{i=1}^{n} p_i \int_0^l EA\,F_i'F_j'\,dx\right]\delta p_j\,dt = 0 \qquad (1.101)$$

und aus dem Fundamentalsatz der Variationsrechnung folgt, daß der Ausdruck in der eckigen Klammer in (1.101) für alle $j \in \mathbb{N}$ verschwindet. Dies bedeutet, daß

$$\sum_{i=1}^{n} \ddot{p}_i \int_0^l \rho A\,F_i F_j\,dx + \sum_{i=1}^{n} p_i \int_0^l EA\,F_i'F_j'\,dx = 0, \qquad j = 1,2,\ldots,n \qquad (1.102)$$

gilt, bzw. in Matrizenschreibweise

$$M \ddot{p} + C p = 0,$$

(1.103)

mit $p = (p_1, p_2, \ldots, p_n)^T$, $M = (m_{ij})$, $C = (c_{ij})$,

$$m_{ij} = \int_0^1 \rho A \, F_i F_j \, dx,$$

(1.104)

$$c_{ij} = \int_0^1 EA \, F_i' F_j' \, dx, \quad i,j = 1,2,\ldots,n.$$

(1.105)

Die Matrizen M und C sind dabei offensichtlich symmetrisch und – wie man leicht zeigen kann – im allgemeinen auch positiv definit (M und C sind genau dann positiv definit, wenn ρA, $EA > 0$ ist und die Funktionen $F_i(\cdot)$ linear unabhängig sind.

Wir haben also mittels des Ansatzes (1.96) und unter Zuhilfenahme des HAMILTONschen Prinzips das Kontinuum diskretisiert. Dabei haben wir in (1.103) die Differentialgleichungen für ein diskretes mechanisches System mit n Freiheitsgraden erhalten, dessen Lösungen $p(t)$ in (1.96) einzusetzen sind. Über die Eigenschaften der Ansatzfunktionen $F_i(x)$, $i = 1,2,\ldots,n$ haben wir bisher noch nichts gesagt: sie müssen auf jeden Fall so sein, daß die Integrale in (1.104), (1.105) berechnet werden können. Da $\rho A(x)$ und $EA(x)$ i.a. positiv und beschränkt sind, genügt es hierzu, daß die $F_i(x)$ und $F_i'(x)$, $i = 1,2,\ldots,n$ quadratisch integrierbar sind. Wir fordern außerdem noch, daß zumindest alle geometrischen Randbedingungen von jeder einzelnen der Funktionen $F_i(x)$, $i = 1,2,\ldots n$, erfüllt werden; damit erfüllt dann auch die Summe in (1.96) automatisch diese (homogenen) Randbedingungen.

Funktionen, die einmal stetig differenzierbar sind, für die man also die Integrale in (1.104), (1.105) berechnen kann und die darüberhinaus auch noch die geometrischen Randbedingungen erfüllen, bezeichnen wir als *zulässige Funktionen* (des hier vorliegenden Problems). Man kann zeigen, daß die Variation in (1.89) über die Klasse aller zulässigen Funktionen die richtige Lösung für $u(x,t)$ liefert, d.h. nicht nur die Differentialgleichung und die geometrischen Randbedingungen, sondern auch die *natürlichen Randbedingungen* werden automatisch erfüllt. Ganz entsprechend gilt für das hier beschriebene

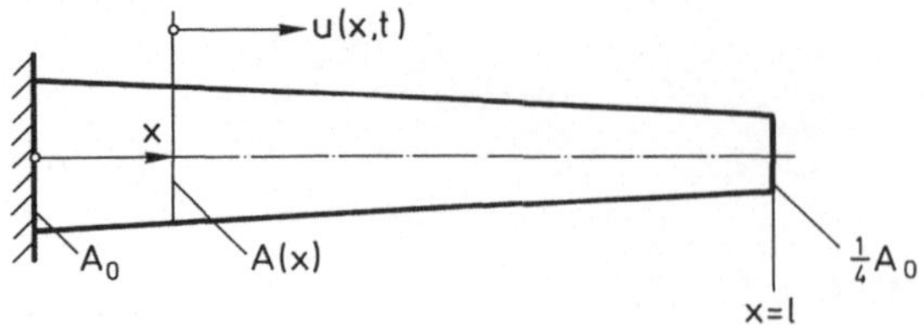

Abb.1.17 Dehnstab veränderlichen Querschnitts $A(x) = A_0(1-x/2l)^2$ (Radius linear in x)

RITZ-Verfahren[8], daß der Ansatz (1.96) mit den durch (1.103) bestimmten Zeitfunktionen $p(t)$ für $n \to \infty$ gegen die exakte Lösung des Problems konvergiert, sofern die Ansatzfunktionen eine Basis des HILBERT-Raumes[9] der zulässigen Funktionen bilden (sind u_1 und u_2 zwei zulässige Funktionen, so ist das Skalarprodukt hierbei durch $\int_0^l EA\, u_1' u_2'\, dx$ definiert).

Als Beispiel für die Anwendung des RITZ-Verfahrens berechnen wir Näherungen für die ersten Eigenfrequenzen der Längsschwingungen des Stabes der Abb.1.17 mit quadratisch in x veränderlichem Querschnitt. Dabei sollen die Dichte ρ und der Elastizitätsmodul E konstant sein, während sich die Querschnittsfläche gemäß $A(x) = A_0(1 - x/2l)^2$ ändert, so daß die Bewegungsgleichung und die Randbedingungen lauten

$$\rho A(x)\, \ddot{u}(x,t) = (EA(x)\, u'(x,t))', \quad u(0,t) = 0, \quad u'(l,t) = 0. \quad (1.106)$$

Da die Funktion $A(x)$ ein Polynom in x ist, scheint es zweckmäßig, in

$$u(x,t) = \sum_{i=1}^{n} F_i(x)\, p_i(t) \quad (1.107)$$

als Ansatzfunktionen ebenfalls Polynome zu wählen, damit die Integrale in (1.104), (1.105) leicht zu berechnen sind. Wir wählen

---

[8]Nach dem Mathematiker und Physiker Walter RITZ, *1878 in Sitten (Schweiz), +1909 in Göttingen.

[9]Nach dem Mathematiker David HILBERT, *1862 in Königsberg, +1943 in Göttingen.

$$F_i(x) = \frac{x}{l}\left(1 - \frac{x}{2l}\right)^{i-1}, \quad i = 1,2,\ldots,n, \tag{1.108}$$

so daß die Ansatzfunktionen zwar die geometrische Randbedingung $F_i(0) = 0$, nicht aber die natürliche Randbedingung $F_i'(l) = 0$, $i = 1,2,\ldots,n$, erfüllen. Die Koeffizienten des diskreten Ersatzsystems werden gemäß (1.104), (1.105) berechnet; eine Zwischenrechnung ergibt

$$m_{ij} = \rho A_0 \int_0^l \left(1 - \frac{x}{2l}\right)^{i+j}\left(\frac{x}{l}\right)^2 dx = \rho A_0 l\,\frac{2(2^{i+j+3}-1)-(i+j+3)(i+j+4)}{(i+j+1)(i+j+2)(i+j+3)2^{i+j}}, \tag{1.109a}$$

$$c_{ij} = \frac{EA_0}{l^2} \int_0^l \left(1 - \frac{x}{2l}\right)^{i+j-2}\left(1-i\frac{x}{2l}\right)\left(1-j\frac{x}{2l}\right) dx =$$

$$= \frac{EA_0}{l\,2^{i+j}} \left[2 + ij\,\frac{2(2^{i+j+1}-1)-(i+j+1)(i+j+2)}{(i+j-1)(i+j)(i+j+1)}\right] \tag{1.109b}$$

für $i = 1,2,\ldots$. Die Polynome (1.108) bilden eine Basis des betrachteten Funktionenraumes, so daß die Konvergenz des Verfahrens gesichert ist. Für eine sehr einfache Abschätzung beschränken wir uns auf einen Ansatz mit nur zwei Termen ($n = 2$); die Bewegungsgleichungen für das diskretisierte System gemäß (1.103) sind dann durch

$$\rho A_0 l \begin{bmatrix} \dfrac{2}{15} & \dfrac{7}{80} \\[2ex] \dfrac{7}{80} & \dfrac{33}{560} \end{bmatrix} \begin{bmatrix} \ddot{p}_1 \\[2ex] \ddot{p}_2 \end{bmatrix} + \frac{EA_0}{l} \begin{bmatrix} \dfrac{7}{12} & \dfrac{17}{48} \\[2ex] \dfrac{17}{48} & \dfrac{31}{120} \end{bmatrix} \begin{bmatrix} p_1 \\[2ex] p_2 \end{bmatrix} = 0 \tag{1.110}$$

gegeben. Die charakteristische Gleichung

$$\frac{81}{7}\,\omega^4 - 394\,\omega^2\,\frac{c^2}{l^2} + 1455\,\frac{c^4}{l^4} = 0 \tag{1.111}$$

zu (1.110) besitzt die beiden Wurzeln $\omega_1 = 2{,}053\sqrt{c/l}$ und $\omega_2 = 5{,}462\sqrt{c/l}$. Vergleicht man diese Näherungswerte für die Eigenfrequenzen mit den exakten Werten, so erkennt man, daß zumindest für die erste Eigenfrequenz die Übereinstimmung recht gut ist. Die exakten Werte können hier explizit ausgerechnet werden, da die Bewegungsgleichung nach Trennung der Veränderlichen wieder auf eine BESSELsche Differentialgleichung führt; sie sind $\omega_{1\ \mathrm{EXAKT}} = 2,029\sqrt{c/1}$ und $\omega_{2\ \mathrm{EXAKT}} = 4,913\sqrt{c/1}$.

Auch die Eigenfunktionen des kontinuierlichen Systems können mit dem RITZ-Verfahren näherungsweise bestimmt werden. Hierzu sind die Eigenvektoren $l_1, l_2, \ldots, l_n$ des diskretisierten Systems (1.103) zu berechnen. Die Eigenfunktionen werden dann durch

$$U_i(x) = \sum_{j=1}^{n} l_{ij}\, F_j(x), \quad i = 1,2,\ldots,n \tag{1.112}$$

approximiert (in l_{ij} bezieht sich der erste Index auf die Ordnung des Eigenvektors, der zweite auf die j-te Komponente dieses Vektors). Für das hier betrachtete Beispiel mit n = 2 sind die Eigenvektoren

$$l_1 = \begin{bmatrix} 1,000 \\ 1,457 \end{bmatrix}, \quad l_2 = \begin{bmatrix} 1,000 \\ -1,505 \end{bmatrix}, \tag{1.113}$$

so daß die ersten beiden Eigenfunktionen durch

$$U_1(x) = \frac{x}{1} + 1,457\,\frac{x}{1}\left(1 - \frac{x}{21}\right), \tag{1.114a}$$

$$U_2(x) = \frac{x}{1} - 1,505\,\frac{x}{1}\left(1 - \frac{x}{21}\right) \tag{1.114b}$$

approximiert werden. In Abb.1.18 werden die angenäherten Eigenfunktionen mit den exakten verglichen: während die erste Eigenfunktion noch ganz passabel angenähert wird, ist das für die zweite nicht mehr der Fall. Wollte man die zweite Eigenfunktion besser approximieren, müßte man mehr als zwei Ansatzfunktionen berücksichtigen. Außerdem ist der Fehler bei den Eigenfunktionen offensichtlich viel größer als bei den Eigenwerten. Dieser Zusammenhang gilt allgemein. Man kann auch beweisen, daß das RITZ-Verfahren in der hier beschriebenen Form stets eine *obere Schranke* für die erste Eigenfrequenz liefert.

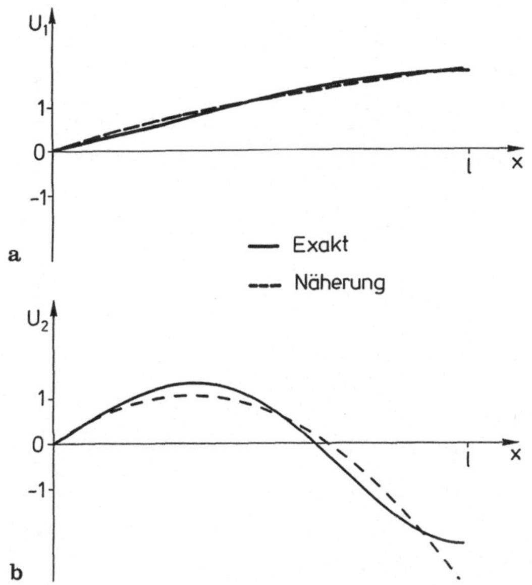

Abb.1.18   Die ersten beiden Eigenfunktionen des Dehnstabes der Abb.1.17,
exakte Lösung und Näherung nach RITZ

$$\text{(Normierung:} \int_0^l \rho A \ U_i^2 \ dx = \int_0^l \rho A \ dx \ )$$

Wir betrachten nun noch eine andere Möglichkeit zur Bestimmung der Näherungslösung nach dem Ansatz (1.96). Dazu setzen wir (1.96) zunächst in die Bewegungsgleichung

$$\rho A \ \ddot{u} - (EA \ u')' = 0 \tag{1.115}$$

ein. Da aber (1.96) im allgemeinen keine exakte Lösung von (1.115) ist, wird die linke Seite nicht gleich Null, sondern gleich einem Fehler e(x,t) sein, so daß man

$$\sum_{i=1}^{n} \left[\rho A \ F_i(x) \ \ddot{p}_i(t) - (EA \ F_i'(x))' \ p_i(t) \right] = e(x,t) \tag{1.116}$$

erhält. Der Fehler e(x,t) hängt also offensichtlich von den $p_i(t)$ ab. Zwar kann man ihn bei einer endlichen Zahl n von Ansatzfunktionen nicht zum Verschwinden bringen, man kann aber erreichen, daß

$$\int_0^l e(x,t)\, F_j(x)\, dx = 0, \quad \forall\, t, \quad j = 1,2,\ldots,n \tag{1.117}$$

wird, d.h. man kann die *Projektion* von $e(x,t)$ auf die Ansatzfunktionen annullieren. Mit der Forderung (1.117) erhält man wieder ein System gewöhnlicher Differentialgleichungen der Form

$$\mathbf{M}\,\ddot{\mathbf{p}} + \mathbf{C}\,\ddot{\mathbf{p}} = 0, \tag{1.118}$$

mit $\mathbf{M} = (m_{ij})$, $\mathbf{C} = (c_{ij})$,

$$m_{ij} = \int_0^l \rho A\, F_i F_j\, dx, \tag{1.119a}$$

$$c_{ij} = -\int_0^l (EA\, F_j')'\, F_i\, dx, \quad i,\, j = 1,2,\ldots,n. \tag{1.119b}$$

Bei dieser Art des Vorgehens sind die Voraussetzungen bezüglich der Ansatzfunktionen andere als beim RITZ-Verfahren; damit nämlich die bei der Bestimmung der c_{ij} auftretenden Integrale sinnvoll sind, müssen die F_i, $i = 1,2,\ldots,n$ höhere Differenzierbarkeitsbedingungen erfüllen; (z.B. zweimal stetig differenzierbar sein). Für die Konvergenz dieses Verfahrens ist es außerdem notwendig, daß die Ansatzfunktionen *alle*, d.h. sowohl geometrische als auch natürliche Randbedingungen erfüllen. Funktionen, die diese Eigenschaften besitzen, d.h. die zweimal stetig differenzierbar sind und allen Randbedingungen genügen, werden als *Vergleichsfunktionen* des vorliegenden Problems bezeichnet. Die hier skizzierte Vorgehensweise, bei der die Ansatzfunktionen in (1.96) Vergleichsfunktionen sind, bezeichnet man als GALERKIN-Verfahren.[10]

An die Ansatzfunktionen des GALERKIN-Verfahrens sind also höhere Anforderungen zu stellen als an die Ansatzfunktionen des RITZ-Verfahrens. Diese zusätzlichen Anforderungen sind zwar bei den bisher behandelten Schwingungsproblemen ohne weiteres zu erfüllen, bei komplizierteren Systemen ist es aber nicht immer leicht, ein vollständiges System von Vergleichsfunktionen anzu-

---

[10]Nach dem Mathematiker Boris Grigorewitsch GALERKIN, *1871 in Polotsk, +1945 in Moskau.

geben. Die Vergleichsfunktionen sind immer auch zulässige Funktionen, so daß sie immer auch als Ansatzfunktionen für das RITZ-Verfahren verwendet werden können. Mit denselben Ansatzfunktionen (Vergleichsfunktionen) liefern beide Verfahren gleiche Ergebnisse, wie man ohne weiteres erkennt. In der Tat sind die Matrizen **M** gemäß (1.109) und (1.119) identisch; für die Matrizen **C** ist das nicht ohne weiteres erkennbar. Teilintegration ergibt aber

$$- \int_0^l (EA \, F_j')' \, F_i \, dx = - EA \, F_j' F_i \Big|_0^l + \int_0^l EA \, F_i' F_j' \, dx \qquad (1.120)$$

für $i,j = 1,2,\ldots,n$, wobei die Randterme verschwinden, da ja die Ansatzfunktionen Vergleichsfunktionen sind. Aus (1.120) ersieht man dann, daß auch die Matrizen **C** in beiden Fällen gleich sind.

Als Beispiel zum GALERKIN-Verfahren betrachten wir nochmals den Dehnstab gemäß Abb.1.17 mit der Querschnittsfläche $A(x) = A_0(1-x/2l)^2$. Als Ansatzfunktionen verwenden wir wieder Polynome, und zwar

$$F_i(x) = (1 - \frac{x}{l})^{i+1} - 1, \quad i = 1,2,\ldots \qquad (1.121)$$

Diese Funktionen erfüllen die Randbedingungen $F_i(0) = 0$, $F_i'(l) = 0$, $i = 1,2,\ldots$ und sind beliebig oft differenzierbar. Sie bilden eine Basis des Raumes der Vergleichsfunktionen (es existiert kein nichttriviales Polynom erster Ordnung, das beide Randbedingungen erfüllt!). Die Koeffizienten der Matrizen **M** und **C** ergeben sich zu

$$m_{ij} = \int_0^l \rho A_0 (1- \frac{x}{2l})^2 \left[(1- \frac{x}{l})^{i+1} -1\right]\left[(1- \frac{x}{l})^{j+1}-1\right] dx$$

$$= \rho A_0 l \left[\frac{7}{12} - \frac{2i^2+12i+17}{2(i+2)(i+3)(i+4)} - \frac{2j^2+12j+17}{2(j+2)(j+3)(j+4)} + \frac{2(i+j)^2+16(i+j)+31}{2(i+j+3)(i+j+4)(i+j+5)}\right],$$

$$\qquad (1.122a)$$

$$c_{ij} = - \int_0^l EA_0 \left\{(1- \frac{x}{2l})^2\left[(1- \frac{x}{l})^{j+1}-1\right]\right\}' \left[(1- \frac{x}{l})^{i+1}-1\right] dx =$$

$$= \frac{EA_0}{l} \frac{(i+1)(j+1)[(i+j)^2+8(i+j)+7]}{2(i+j)(i+j+2)(i+j+3)} . \qquad (1.122b)$$

Beschränkt man sich der Einfachheit halber wieder auf n = 2, so erhält man für die Bewegungsgleichungen des diskretisierten Systems

$$\rho A_0 l \begin{bmatrix} \dfrac{33}{140} & \dfrac{297}{1120} \\[2mm] \dfrac{297}{1120} & \dfrac{1517}{5040} \end{bmatrix} \begin{bmatrix} \ddot{P}_1 \\[2mm] \ddot{P}_2 \end{bmatrix} + \dfrac{EA_0}{l} \begin{bmatrix} \dfrac{31}{40} & \dfrac{49}{40} \\[2mm] \dfrac{49}{40} & \dfrac{213}{140} \end{bmatrix} \begin{bmatrix} P_1 \\[2mm] P_2 \end{bmatrix} = 0 \qquad (1.123)$$

und als Eigenfrequenzen $\omega_1 = 2{,}029\sqrt{c/l}$ und $\omega_2 = 5{,}258\sqrt{c/l}$. Diese Werte liegen näher an den exakten als im vorhergehenden Fall; das verwundert nicht, da die Ansatzfunktionen jetzt *alle* Randbedingungen erfüllen.

Die angenäherten Eigenfunktionen entsprechen den Eigenvektoren

$$l_1 = \begin{bmatrix} 1{,}000 \\[2mm] -0{,}472 \end{bmatrix}, \qquad l_2 = \begin{bmatrix} 1{,}000 \\[2mm] -0{,}898 \end{bmatrix} \qquad (1.124)$$

und ergeben sich zu

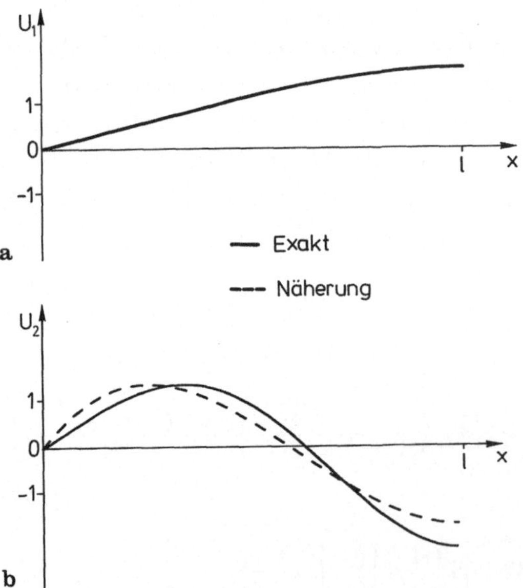

Abb.1.19   Die ersten beiden Eigenfunktionen des Dehnstabes der Abb.1.17 exakte Lösung und Näherung nach GALERKIN

$$\left(\text{Normierung:} \int_0^l \rho A\, U_i^2\, dx = \int_0^l \rho A\, dx \right)$$

$$U_1(x) = \frac{x}{l}\left(\frac{x}{l} - 2\right) + 0,472\,\frac{x}{l}\left[\left(\frac{x}{l}\right)^2 - 3\,\frac{x}{l} + 3\right], \qquad (1.125a)$$

$$U_2(x) = \frac{x}{l}\left(\frac{x}{l} - 2\right) + 0,898\,\frac{x}{l}\left[\left(\frac{x}{l}\right)^2 - 3\,\frac{x}{l} + 3\right]. \qquad (1.125b)$$

In Abb.1.19 werden die angenäherten Eigenfunktionen mit den exakten verglichen.

Aus der Tatsache, daß die Ergebnisse, die man hier mit dem GALERKIN-Verfahren erhält, z.T. "besser" sind als die aus dem RITZ-Verfahren, darf man nicht folgern, daß das erste dem zweiten überlegen ist. Die Ansatzfunktionen erfüllen ja in beiden Fällen unterschiedliche Voraussetzungen und oft sind Vergleichsfunktionen gar nicht ohne weiteres anzugeben (insbesondere bei mehrdimensionalen Problemen). Man beachte die unterschiedlichen Formeln (1.105) und (1.119) zur Bestimmung der Koeffizienten.

1.3.3 Der RAYLEIGHsche Quotient

Aus der Theorie der Schwingungen diskreter Systeme wissen wir, daß die niedrigste Eigenfrequenz eines diskreten Systems mit den Bewegungsgleichungen (1.103) die Extremalbedingung

$$\omega_1^2 = \min_{\mathbf{1}} \frac{\mathbf{1}^T \mathbf{C}\,\mathbf{1}}{\mathbf{1}^T \mathbf{M}\,\mathbf{1}} \qquad (1.126)$$

erfüllt, woraus sich auf einfache Art obere Schranken für ω_1^2 ergeben. Ähnliches ist auch für konservative kontinuierliche Systeme der Fall. Infolge Energieerhaltung gilt z.B. für die freien ungedämpften Schwingungen eines Dehnstabes

$$T + U = \frac{1}{2}\int_0^l \rho A\,\dot{u}^2(x,t)\,dx + \frac{1}{2}\int_0^l EA\,u'^2(x,t)\,dx = h, \qquad (1.127)$$

wobei die Energiekonstante h von den Anfangsbedingungen abhängt. Schwingt der Stab in einer Hauptschwingung gemäß

$$u_k(x,t) = U_k(x)\,\sin\omega_k t, \qquad (1.128)$$

38

so liefert (1.127)

$$\frac{1}{2} \omega_k^2 \cos^2\omega_k t \int_0^l \rho A \, U_k^2(x) \, dx + \frac{1}{2} \sin^2\omega_k t \int_0^l EA \, U_k'^2 (x) \, dx = h, \qquad (1.127')$$

Die Konstante h entspricht dann also gerade dem Maximalwert der kinetischen, wie auch dem der potentiellen Energie

$$h = \frac{1}{2} \omega_k^2 \int_0^l \rho A \, U_k^2(x) \, dx = \frac{1}{2} \int_0^l EA \, U_k'(x) \, dx \qquad (1.129)$$

(die beiden Maxima werden allerdings zu unterschiedlichen Zeitpunkten angenommen).

Aus (1.129) folgt

$$\omega_k^2 = \frac{\displaystyle\int_0^l EA \, U_k'^2(x) \, dx}{\displaystyle\int_0^l \rho A \, U_k^2(x) \, dx} \qquad (1.130)$$

für die zur Eigenfunktion $U_k(x)$ gehörende Eigenfrequenz ω_k. Das RAYLEIGHsche Prinzip[11] besagt nun, daß

$$\omega_1^2 = \min_{F(\cdot)} R\left[F(\cdot)\right] = \min_{F(\cdot)} \frac{\displaystyle\int_0^l EA \, F'^2(x) \, dx}{\displaystyle\int_0^l \rho A \, F^2(x) \, dx} \qquad (1.131)$$

gilt, wobei alle *zulässigen Funktionen* zum Vergleich zugelassen sind. Die das Minimum liefernde erste Eigenfunktion $U_1(x)$ erfüllt automatisch auch noch die natürlichen Randbedingungen.

---

[11]Nach dem Physiker John William Strutt, 3. Baron RAYLEIGH, *1842 in Langford (Essex), +1919 in Witham (Essex).

Wählt man für F(x) *Vergleichsfunktionen*, so kann man (1.131) wegen

$$\int_0^1 EA \; F'^2(x) \; dx = - \int_0^1 (EA \; F'(x))' \; F(x) \; dx + EA \; F'(x) \; F(x) \Big|_0^1 \qquad (1.132)$$

durch

$$\omega_1^2 = \underset{F(\cdot)}{\text{Min}} \; \frac{- \displaystyle\int_0^1 (EA \; F'(x))' \; F(x) \; dx}{\displaystyle\int_0^1 \rho A \; F^2(x) \; dx} \qquad (1.131')$$

ersetzen. Der Randterm verschwindet, da die Vergleichsfunktionen ja alle Randbedingungen erfüllen.

Für die Querschwingungen einer vorgespannten Saite und für die Torsionsschwingungen eines Stabes gelten analoge Aussagen. Als Beispiel betrachten wir
nochmals den Dehnstab der Abb.1.17 und wählen jetzt in (1.131) als zulässige
Funktion

$$F(x) = (\tfrac{x}{l})^\alpha \; , \qquad (1.133)$$

wobei der Exponent α erst später festgelegt werden soll. Der Zähler des
RAYLEIGHschen Quotienten ergibt sich dann zu

$$\int_0^1 EA \; F'^2(x) \; dx = EA_0 \int_0^1 (1 - \frac{x}{2l})^2 \; (\frac{\alpha}{l})^2 \; (\frac{x}{l})^{2\alpha-2} \; dx =$$

$$= \frac{EA_0}{l} \frac{\alpha^2}{4} \cdot \frac{(2\alpha - 1)2\alpha + 4(2\alpha + 1)}{(2\alpha - 1)2\alpha(2\alpha + 1)} \quad \text{für } \alpha > \tfrac{1}{2} \; . \qquad (1.134)$$

Für $\alpha \le \tfrac{1}{2}$ führt (1.134) auf ein divergierendes uneigentliches Integral; schon
für $\alpha < 1$ erhält man $F'(0^+) \to \infty$. Für den Nenner gilt

$$\int_0^1 \rho A \; F^2(x) \; dx = \rho A_0 \int_0^1 (1 - \frac{x}{2l})^2 \; (\frac{x}{l})^{2\alpha} \; dx =$$

$$= \rho A_0 l \; \frac{(2\alpha + 1)(2\alpha + 2) + 4(2\alpha + 3)}{4(2\alpha + 1)(2\alpha + 2)(2\alpha + 3)} \qquad (1.135)$$

und damit für den RAYLEIGHschen Quotienten

$$R\left[F(\cdot)\right] = \frac{E}{\rho l^2} f(\alpha) \tag{1.136}$$

mit

$$f(\alpha) := \frac{\alpha(2\alpha^2 + 3\alpha + 2)(2\alpha^2 + 5\alpha + 3)}{(2\alpha^2 + 7\alpha + 7)(2\alpha - 1)} . \tag{1.137}$$

Für jeden reellen Wert von α größer als 1/2 liefert (1.136) eine obere Schranke für ω_1^2. So ist z.B. $f(1) = 35/8 \approx 4{,}375$ und $f(2) = 224/29 \approx 7{,}724$. Die bestmögliche Schranke mit dem Ansatz (1.133) erhält man, wenn man in (1.136) den Minimalwert von $f(\alpha)$ einsetzt. Eine einfache numerische Auswertung zeigt, daß

$$\min_{\alpha} f(\alpha) \approx 4{,}339 \tag{1.138}$$

gilt, wobei das Minimum für $\alpha \approx 0{,}93$ angenommen wird. Damit ergibt sich

$$\omega_1^2 \leq 4{,}339 \left(\frac{c}{l}\right)^2 . \tag{1.139}$$

Der Vergleich mit dem exakten Wert zeigt eine Abweichung von etwa 5%. Daß der Fehler größer ist als bei der Näherungslösung des RITZschen Verfahrens, liegt daran, daß hier nur eine einzige Ansatzfunktion verwendet wurde (eigentlich: eine einparametrische Familie von Ansatzfunktionen). Damit ist dieses Beispiel beendet. Wir werden uns in den folgenden Kapiteln noch ausführlicher mit dem RAYLEIGHschen Quotienten befassen.

1.4   Erzwungene ungedämpfte Schwingungen

1.4.1 Harmonische Erregung

In 1.1 haben wir die Bewegungsgleichung für die freien Querschwingungen einer Saite über das Kräftegleichgewicht an einem Saitenelement hergeleitet. Diese Betrachtung kann für den Fall einer durch eine quergerichtete Streckenlast $q(x,t)$ erregte Saite nach Abb.1.20 ohne weiteres ergänzt werden, wobei sich analog zu (1.8) die Differentialgleichung

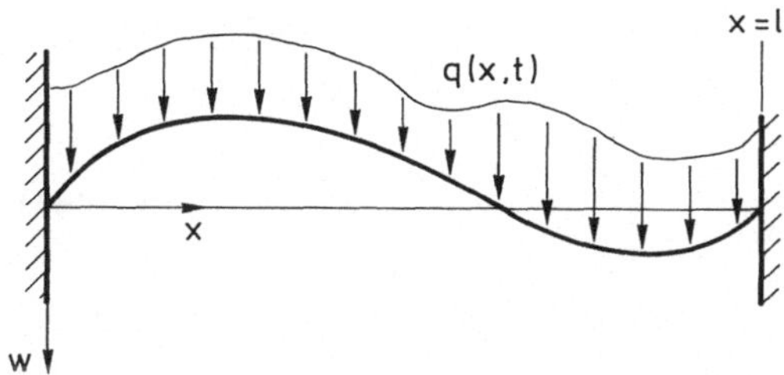

Abb.1.20   Zu den zwangserregten Querschwingungen einer Saite

$$\rho A(x)\ \ddot{w}(x,t) = \left[T(x)\ w'(x,t)\right]' + q(x,t) \tag{1.140}$$

ergibt. Auch aus dem HAMILTONschen Prinzip, das man für die Saite jetzt in der Form

$$\delta \int_{t_0}^{t_1} \int_0^l \left[\frac{1}{2}\ \rho A(x)\ \dot{w}^2(x,t) - \frac{1}{2}\ T(x)\ w'^2(x,t) + q(x,t)\ w(x,t)\right]\ dx\ dt = 0 \tag{1.141}$$

schreiben kann, folgt (1.140). Dabei besitzt die Erregerkraft das zeit-abhängige Potential

$$\int_0^l q(x,t)\ w(x,t)\ dx. \tag{1.142}$$

Im folgenden betrachten wir Wege zur Lösung von (1.140) bei homogenen Randbedingungen, wie sie in 1.1 und 1.2 auftraten. Ohne Einschränkung gilt, daß die allgemeine Lösung einer inhomogenen, linearen, partiellen Differentialgleichung mit homogenen Randbedingungen durch

$$w(x,t) = w_H(x,t) + w_P(x,t) \tag{1.143}$$

gegeben ist. Dabei ist $w_H(x,t)$ die allgemeine Lösung des homogenen Problems, d.h. hier des Problems mit $q(x,t) \equiv 0$, die wir von den freien Schwingungen her kennen, und $w_P(x,t)$ ist eine beliebige (partikuläre) Lösung des vollständigen (inhomogenen) Problems. Im allgemeinen interessiert uns – wie bei den diskreten Systemen – hauptsächlich der "eingeschwungene Zustand", der einer ganz bestimmten Funktion $w_P(x,t)$ entspricht.

In diesem Abschnitt wird zunächst der Sonderfall *harmonischer* Erregung der Form

$$q(x,t) = Q(x) \sin \Omega t \qquad (1.144)$$

behandelt. Sofern keine Resonanz vorliegt, führt der Ansatz der Trennung der Veränderlichen mit

$$w(x,t) = W(x) \sin \Omega t \qquad (1.145)$$

zum Ziel. Aus (1.140) ergibt sich damit

$$\left[T(x)\, W'(x)\right]' + \rho A(x)\, \Omega^2 W(x) = - Q(x). \qquad (1.146)$$

Die Differentialgleichung (1.146) bildet zusammen mit den entsprechenden Randbedingungen ein Randwertproblem, das die Zeit nicht mehr enthält. Dieses läßt sich auch einer statisch durch $Q(x)$ belasteten Saite zuordnen, wobei der Term $\rho A(x)\, \Omega^2 W(x)$ einer elastischen Bettung mit negativer Steifigkeit entspricht.

Die Lösung gelingt auf verschiedene Arten: Sind z.B. die Eigenfunktionen $W_i(x)$, $i = 1,2,\ldots$ des zugehörigen homogenen Problems bekannt, so kann man eine Lösung von (1.146) in der Form

$$W(x) = \sum_{i=1,2,\ldots}^{\infty} K_i W_i(x) \qquad (1.147)$$

suchen (nach dem Entwicklungssatz, den wir später noch kennenlernen werden, bilden die Eigenfunktionen eine Basis des Raumes der Vergleichsfunktionen). Aus (1.146) folgt damit

$$\sum_{i=1,2,\ldots} K_i \left[T(x)\, W_i'(x)\right]' + \Omega^2 \sum_{i=1,2,\ldots} K_i\, \rho A(x)\, W_i(x) = - Q(x). \qquad (1.148)$$

Die für die Eigenfunktionen geltenden Orthogonalitätsbeziehungen

$$\int_0^1 (T\, W_i')'\, W_k\, dx = - \int_0^1 T\, W_i'\, W_k'\, dx = 0, \qquad i \neq k, \qquad (1.149)$$

$$\int_0^l \rho A \, W_i W_k dx = 0, \qquad i \neq k \tag{1.150}$$

gestatten es, die Koeffizienten K_i, $i = 1,2,\ldots$ zu berechnen. Multipliziert man nämlich (1.148) mit $W_k(x)$ und integriert beide Seiten über x, so erhält man

$$K_k \left[\Omega^2 \int_0^l \rho A \, W_k^2 \, dx - \int_0^l T \, W_k'^2 dx \right] = - \int_0^l Q(x) \, W_k(x) \, dx. \tag{1.151}$$

Wegen

$$\omega_i^2 = \frac{\displaystyle\int_0^l T \, W_i'^2 dx}{\displaystyle\int_0^l \rho A \, W_i^2 \, dx} \tag{1.152}$$

folgt aus (1.151) für den Koeffizienten K_i

$$K_i = \frac{1}{\omega_i^2 - \Omega^2} \, \frac{\displaystyle\int_0^l Q(x) W_i(x) \, dx}{\displaystyle\int_0^l \rho A \, W_i^2 \, dx} \, , \qquad i = 1,2,3,\ldots \, , \tag{1.153}$$

womit $w_p(x,t)$ bestimmt ist (sofern Ω nicht mit einer der Eigenfrequenzen ω_i, $i = 1,2,\ldots$ übereinstimmt).

Falls z.B. $\Omega = \omega_k$ gilt, besitzt die Lösung i. a. nicht die Form (1.147); es liegt dann *Resonanz* vor, wie sie von den diskreten Systemen her bekannt ist. Es kann allerdings auch vorkommen, daß bei $\Omega = \omega_k$ eine partikuläre Lösung der Form (1.147) existiert, nämlich dann, wenn die entsprechende Eigenschwingungsform gar nicht angeregt wird, d.h. wenn

$$\int_0^l Q(x) \, W_k(x) \, dx = 0 \tag{1.154}$$

gilt. Wie man aus (1.151) direkt erkennt, ist dann in der partikulären Lösung $K_k = 0$ zu setzen ("Scheinresonanz").

Allgemein ist im Resonanzfall $\Omega = \omega_k$ eine partikuläre Lösung $w_p(x,t)$ – für $q(x,t)$ gemäß (1.144) – durch

$$w_P(x,t) = \left\{ \sum_{\substack{i=1,2,\ldots \\ i \neq k}} K_i W_i(x) \right\} \sin\Omega t - \left\{ \frac{1}{2} \frac{\int_0^l Q(x) W_k(x)\, dx}{\int_0^l \rho A\, W_k^2\, dx} \right\} t\, W_k(x)\, \cos\Omega t \qquad (1.155)$$

gegeben, wobei die K_i, $i = 1,2,\ldots$, $i \neq k$ durch (1.153) bestimmt sind.

Als Beispiel betrachten wir eine beidseitig feste Saite mit konstanter Normalkraft unter (bzgl. x) gleichförmiger, harmonischer Anregung; Gleichung (1.146) nimmt dann die Form

$$T\, W''(x) + \rho A\, \Omega^2 W(x) = -Q \qquad (1.156)$$

mit $Q = $ const an. Mit den Eigenfunktionen und -frequenzen $W_i(x) = \sin(i\pi x/l)$, bzw. $\omega_i = i\pi c/l$, $i = 1,2,3,\ldots$, folgt wegen

$$\int_0^l \sin^2 i\pi \frac{x}{l}\, dx = \frac{1}{2}, \qquad i = 1,2,3,\ldots, \qquad (1.157)$$

$$\int_0^l Q \sin i\pi \frac{x}{l}\, dx = -\frac{Ql}{i\pi}\left[(-1)^i - 1\right], \qquad (1.158)$$

daß die Konstanten K_i für gerade i verschwinden und für ungerade i durch

$$K_i = \frac{4Q}{\rho A} \frac{1}{i\pi} \frac{1}{\omega_i^2 - \Omega^2}, \qquad i = 1,3,5,\ldots \qquad (1.159)$$

gegeben sind, sofern $\Omega \neq \omega_i$, für $i = 1,3,5,\ldots$ gilt. Es werden also nur die symmetrischen Eigenschwingungsformen, d.h. die ungerader Ordnung angeregt.

Wir betrachten nun noch ein anderes Verfahren zur Lösung des durch (1.146) und die zugehörigen Randbedingungen definierten Randwertproblems. Dazu sei angenommen, daß die Lösung für $Q(x) = \delta(x-\xi)$, d.h. für den Fall einer harmonischen Einzellast an der Stelle $x = \xi$ bekannt ist. Diese Lösung $g(x,\xi,\Omega)$ bezeichnet man als GREENsche Resolvente[12] oder auch einfach GREENsche Funktion

---

[12]Nach dem englischen Mathematiker George GREEN, *1793 in Sneiton (bei Nottingham), +1841 ebenda.

des Randwertproblems (für das statische Problem der durch $Q(x)$ belasteten Saite ohne die "elastische Bettung" $- \rho A \Omega^2 W(x)$ ergibt sich natürlich eine andere GREENsche Funktion, die den Parameter Ω nicht enthält). Die Funktion $g(x,\xi,\Omega)$ ist analog zu der aus der Statik bekannten Einflußfunktion und besitzt die Symmetrieeigenschaft $g(\xi,x,\Omega) = g(x,\xi,\Omega)$ für jedes x und ξ im Intervall $0 \leq x \leq 1$, $0 \leq \xi \leq 1$. Infolge der Linearität des Problems kann mit Hilfe von $g(x,\xi,\Omega)$ die Lösung nun *für beliebige Inhomogenitäten* $Q(x)$ gemäß *Inhomogenitäten* $Q(x)$ gemäß

$$W(x) = \int_0^1 g(x,\xi,\Omega)\, Q(\xi)\, d\xi \tag{1.160}$$

berechnet werden. Vorausgesetzt ist dabei natürlich die Existenz von Lösungen des Randwertproblems (1.146), die nur im Resonanzfall nicht gegeben ist.

Die ganze Schwierigkeit liegt also hierbei im Auffinden der GREENschen Resolvente, da die sich anschließende Integration (1.160) zumindest numerisch leicht durchgeführt werden kann. Bei veränderlichen Koeffizienten erhält man i.a. keinen einfachen, geschlossenen Ausdruck für $g(x,\xi,\Omega)$, vielmehr wird man die GREENsche Resolvente höchstens in Form einer Reihe – etwa nach Eigenfunktionen oder nach anderen Funktionen entwickelt – angeben können.

Wir betrachten als Beispiel nochmals die beidseitig feste Saite unter *konstanter* Vorspannung. Die GREENsche Resolvente ist dann die Lösung von

$$T\, W''(x) + \rho A\, \Omega^2\, W(x) = -\,\delta(x-\xi), \quad W(0) = W(1) = 0. \tag{1.161}$$

Sie kann hier ohne weiteres angegeben werden. Für $x < \xi$ schreiben wir

$$W(x) = C_1 \sin \frac{\Omega x}{c} + C_2 \cos \frac{\Omega x}{c}, \quad 0 \leq x < \xi. \tag{1.162}$$

mit $c^2 = T/\rho A$. Aus der Randbedingung $W(0) = 0$ folgt dann $C_2 = 0$. Für $x > \xi$ erhält man mit

$$W(x) = C_3 \sin \frac{\Omega x}{c} + C_4 \cos \frac{\Omega x}{c}, \quad \xi < x \leq 1, \tag{1.163}$$

aus der Randbedingung $W(1) = 0$ entsprechend $C_4 = -\,C_3 \tan \frac{\Omega 1}{c}$, bzw.

46

$$W(x) = C_3(\sin \frac{\Omega x}{c} - \tan \frac{\Omega l}{c} \cos \frac{\Omega x}{c}), \quad \xi < x \leq 1. \tag{1.164}$$

Es verbleiben noch die Integrationskonstanten C_1 und C_3, die mit Hilfe der Übergangsbedingungen an der Stelle $x = \xi$ bestimmt werden. So muß die Lösung an der Stelle $x = \xi$ stetig sein:

$$W(\xi^+) = W(\xi^-); \tag{1.165}$$

weiter folgt mittels Integration von (1.161) bzgl. x von $\xi-\epsilon$ bis $\xi+\epsilon$

$$\int_{\xi-\epsilon}^{\xi+\epsilon} \left[T \, W''(x) + \rho A \, \Omega^2 \, W(x)\right] \, dx = - \int_{\xi-\epsilon}^{\xi+\epsilon} \delta(x-\xi) \, dx \tag{1.166}$$

die Übergangsbedingung

$$T \, W'(x) \Big|_{\xi-\epsilon}^{\xi+\epsilon} + \rho A \, \Omega^2 \, W(\xi+\theta\epsilon) \, 2\epsilon = - 1 \, , \quad - 1 \leq \theta \leq 1 \tag{1.166'}$$

und mit $\epsilon \to 0$ als Sprungbedingung für die Ableitung

$$T \, W'(\xi^+) - T \, W'(\xi^-) = - 1. \tag{1.167}$$

Die Stetigkeitsbedingung (1.165) liefert

$$C_1 \sin \frac{\Omega \xi}{c} = C_3 \left[\sin \frac{\Omega \xi}{c} - \tan \frac{\Omega l}{c} \cos \frac{\Omega \xi}{c}\right] \tag{1.168}$$

und weiter für (1.162)

$$W(x) = C_3 \left[1 - \tan \frac{\Omega l}{c} \cot \frac{\Omega \xi}{c}\right] \sin \frac{\Omega x}{c} \, , \quad 0 \leq x < \xi. \tag{1.169}$$

Mit (1.164) und (1.169) führt (1.167) auf

$$T \, \frac{\Omega}{c} \, C_3 \left[\cos \frac{\Omega \xi}{c} + \tan \frac{\Omega l}{c} \sin \frac{\Omega \xi}{c} - \cos \frac{\Omega \xi}{c} + \tan \frac{\Omega l}{c} \frac{\left[\cos \frac{\Omega \xi}{c}\right]^2}{\sin \frac{\Omega \xi}{c}}\right] = - 1, \tag{1.170}$$

bzw.

$$C_3 = - \frac{1}{\rho A \Omega c} \cot \frac{\Omega l}{c} \sin \frac{\Omega \xi}{c} \,. \qquad (1.171)$$

Damit ist die GREENsche Resolvente bestimmt und z.B. im Bereich $0 \leq x \leq \xi$ durch

$$g(x,\xi,\Omega) = \frac{1}{\rho A \Omega c} \left[\cos \frac{\Omega \xi}{c} - \cot \frac{\Omega l}{c} \sin \frac{\Omega \xi}{c} \right] \sin \frac{\Omega x}{c}, \qquad 0 \leq x < \xi \qquad (1.172)$$

gegeben. Für den Bereich $\xi < x \leq l$ sind lediglich auf der rechten Seite von (1.172) die Variablen x und ξ miteinander zu vertauschen.

Kommen wir auf das Beispiel der durch eine gleichförmige Streckenlast harmonisch angeregten Saite zurück. Mit $Q(x) = Q = \text{const}$ ergibt sich aus (1.160)

$$W(x) = Q \int_0^l g(x,\xi,\Omega) \, d\xi =$$

$$= \frac{Q}{\rho A \Omega c} \left[\sin \frac{\Omega x}{c} \int_x^l \left[\cos \frac{\Omega \xi}{c} - \cot \frac{\Omega l}{c} \sin \frac{\Omega \xi}{c} \right] d\xi + \right.$$

$$\left. + \left[\cos \frac{\Omega x}{c} - \cot \frac{\Omega l}{c} \sin \frac{\Omega x}{c} \right] \int_0^x \sin \frac{\Omega \xi}{c} \, d\xi \right] \qquad (1.173)$$

und nach einer kurzen Zwischenrechnung

$$W(x) = \frac{Q}{\rho A \Omega^2} \frac{1}{\sin \frac{\Omega l}{c}} \left[\sin \frac{\Omega x}{c} + \sin \frac{\Omega}{c} (l-x) - \sin \frac{\Omega l}{c} \right] \,, \qquad (1.174)$$

sofern $\Omega \neq \omega_j$, $j = 1,3,5,\ldots$ gilt. Die vorher in (1.147), (1.153) für das gleiche Beispiel angegebene Lösung ist gerade die Darstellung von (1.174) durch eine Funktionenreihe. Natürlich hätte man im vorliegenden Fall das Ergebnis (1.174) auch direkt, d.h. ohne Verwendung der GREENschen Resolventen oder der Reihenentwicklung angeben können, denn die allgemeine Lösung von (1.156) ist bei konstantem Q

$$W(x) = - \frac{Q}{\rho A \Omega^2} + S \sin \frac{\Omega x}{c} + C \cos \frac{\Omega x}{c} \,, \qquad (1.175)$$

wobei sich die Integrationskonstanten S und C aus den Randbedingungen gerade wieder wie in (1.174) angegeben bestimmen. Im Falle einer ortsveränderlichen

Streckenlast $Q(x)$ läßt sich eine entsprechende allgemeine Lösung aber nicht mehr ohne weiteres direkt angeben.

1.4.2 Beliebige Erregung

1.4.2.1 Das GALERKINsche Verfahren

Wir betrachten jetzt den Fall erzwungener Schwingungen, bei denen die verteilten Erregerkräfte $q(x,t)$ in (1.140) nicht in Form eines Produktes gemäß (1.144) geschrieben werden können. Wie bei den freien Schwingungen in 1.3.2 kann man auch in (1.140) einen Reihenansatz der Art

$$w(x,t) = \sum_{i=1}^{n} F_i(x)\, p_i(t) \tag{1.176}$$

machen, wobei die $F_i(x)$, $i = 1,2,\ldots,n$ gegebene Ansatzfunktionen und $p_i(t)$, $i = 1,2,\ldots,n$ die noch zu bestimmenden Zeitfunktionen sind. Wählt man für die Ansatzfunktionen Vergleichsfunktionen, so liefert das Nullsetzen der Projektion des Fehlers auf die Ansatzfunktionen analog zu (1.116) bis (1.119) (wobei allerdings die Ausgangsgleichung jetzt inhomogen ist)

$$\mathbf{M}\,\ddot{\mathbf{p}} + \mathbf{C}\,\mathbf{p} = \mathbf{f}(t) \tag{1.177}$$

mit $\mathbf{M} = (m_{ik})$, $\mathbf{C} = (c_{ik})$, $\mathbf{f}(t) = (f_k(t))$,

$$m_{ik} = m_{ki} = \int_0^l \rho A\, F_i F_k\, dx, \tag{1.178a}$$

$$c_{ik} = c_{ki} = - \int_0^l (T\, F_i')'\, F_k\, dx, \tag{1.178b}$$

$$f_k(t) = \int_0^l q(x,t)\, F_k\, dx \tag{1.178c}$$

Die Bewegungsgleichungen (1.177) können auf eine der üblichen Arten gelöst werden (s. z.B. HAGEDORN & OTTERBEIN). Auch hier (im inhomogenen Fall) konvergiert das GALERKINsche Verfahren mit $n \to \infty$ gegen die exakte Lösung des

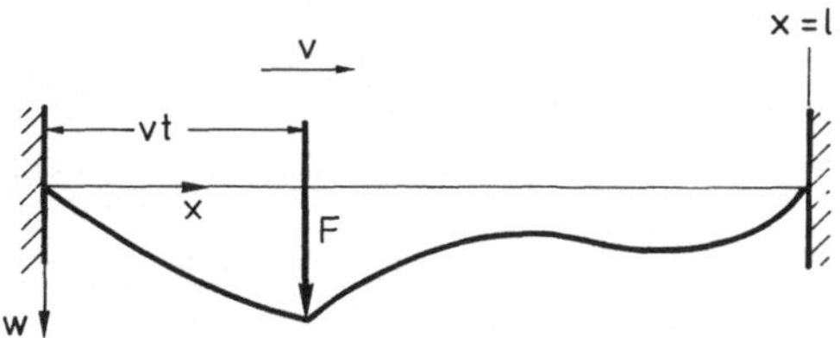

Abb.1.21   Saite unter Wanderlast

kontinuierlichen Problems, sofern das gewählte System von Vergleichsfunktionen vollständig ist.

Als Beispiel behandeln wir den Fall einer Saite unter Wanderlast nach Abb.1.21. Dabei bewegt sich eine Einzellast konstanten Betrages F mit der Geschwindigkeit v von links nach rechts über die Saite. Ein technisches Problem, das zumindest in erster Näherung hierdurch beschrieben wird, ist das der Schwingungen des Fahrdrahtes eines Schnellzuges unter Einwirkung des Stromabnehmers. Für $t = 0$ befinde sich die Last an der Stelle $x = 0$ und für $t = l/v$ verläßt sie die Saite wieder. Die Anfangsbedingungen seien

$$w(x,0) = 0, \quad \dot{w}(x,0) = 0, \quad x \in \left[0,1\right]. \tag{1.179}$$

Die Bewegungsgleichung kann für $0 \leq t \leq l/v$ in der Form

$$\rho A \, \ddot{w} = T \, w'' + F \, \delta(x-vt) \tag{1.180}$$

geschrieben werden, die genau (1.140) entspricht. Es liegt hier nahe, als Ansatzfunktionen im GALERKINschen Verfahren die Eigenschwingungsformen, d.h. die Eigenfunktionen des homogenen Problems zu wählen. Sie haben den besonderen Vorteil, daß infolge der Orthogonalitätsbeziehungen die Matrizen **M** und C in (1.177) diagonal sind (das System (1.177) wird entkoppelt).

In allgemeineren Problemen, besonders bei Differentialgleichungen mit nichtkonstanten Koeffizienten, sind die Eigenfunktionen des homogenen Problems nicht bekannt. Es ist auch keineswegs notwendig und auch nicht unbedingt vorteilhaft, sie mit größerem Aufwand vorab zu berechnen. Man verwendet dann stattdessen andere Vergleichsfunktionen, die z.B. Eigenfunktionen eines verwandten aber einfacheren Problems sind (dann hat man die Gewähr für die Vollständigkeit des Systems der Ansatzfunktionen!) und erhält in diesem Fall in (1.177) ein "echtes" (gekoppeltes) System mit n Freiheitsgraden.

Wählen wir also im vorliegenden Beispiel

$$F_i(x) = \sin \frac{i\pi x}{l} , \qquad i = 1,2,3,\dots, \tag{1.181}$$

so ergibt sich aus

$$\rho A \sum_i F_i \, \ddot{p}_i = T \sum_i F_i'' \, p_i + F \, \delta(x-vt) \tag{1.182}$$

durch Multiplikation mit $F_k(x)$ und Integration über x

$$\ddot{p}_k + \omega_k^2 \, p_k = \frac{2F}{\rho A l} \sin k\pi\frac{vt}{l} , \qquad k = 1,2,3,\dots \tag{1.183}$$

für $0 \leq t \leq l/v$. Eine partikuläre Lösung der inhomogenen Gleichung (1.183) ist mit $\omega_k = k\pi\frac{c}{l}$ (vgl. (1.35))

$$p_{kP}(t) = \left[\frac{2Fl}{\rho A k^2 \pi^2} \quad \frac{1}{c^2 - v^2} \right] \sin k\pi\frac{vt}{l} , \qquad k = 1,2,3,\dots, \tag{1.184}$$

sofern der Nenner nicht verschwindet $(v \neq c)$. Wir setzen zunächst voraus, daß keine "Resonanz" dieser Art vorliegt. Als allgemeine Lösung des Randwertproblems (1.180) erhalten wir demnach mit (1.184) den Ausdruck

$$w(x,t) = \sum_i \left[C_i \cos \omega_i t + S_i \sin \omega_i t + \frac{2Fl}{\rho A i^2 \pi^2 (c^2-v^2)} \sin i\pi\frac{vt}{l} \right] \sin i\pi\frac{x}{l} \tag{1.185}$$

für $0 \leq t \leq l/v$. Die Anfangsbedingungen (1.179) liefern

$$C_i = 0, \tag{1.186a}$$

$$S_i = - \frac{v}{c} \frac{2Fl}{\rho A i^2 \pi^2 (c^2 - v^2)} , \qquad i = 1,2,3,\dots, \tag{1.186b}$$

so daß die Lösung die Form

$$w(x,t) = \frac{2Fl}{\rho A \pi^2 (c^2-v^2)} \sum_i \frac{1}{i^2} \left[\sin i\pi\frac{vt}{l} - \frac{v}{c} \sin \omega_i t \right] \sin i\pi\frac{x}{l} , \tag{1.187}$$

für $0 \leq t \leq l/v$ annimmt. Es soll nun auch noch die Lösung für $t > l/v$ bestimmt werden, für die Zeiten also, zu denen die Wanderlast die Saite bereits wieder verlassen hat. Dafür ist anstelle von (1.183) die entsprechende homogene Differentialgleichung für $k = 1,2,3,\ldots$ zu lösen. Die Saite führt nun freie Schwingungen aus, die sich mit den (zeitlichen) Übergangsbedingungen

$$w(x,\frac{l^-}{v}) = w(x,\frac{l^+}{v}), \quad \dot{w}(x,\frac{l^-}{v}) = \dot{w}(x,\frac{l^+}{v}), \quad 0 \leq x \leq l, \qquad (1.188)$$

bzw.

$$p_k(\frac{l^-}{v}) = p_k(\frac{l^+}{v}), \quad \dot{p}_k(\frac{l^-}{v}) = \dot{p}_k(\frac{l^+}{v}), \quad k = 1,2,3,\ldots \qquad (1.189)$$

ohne weiteres berechnen lassen. Eine kurze Zwischenrechnung liefert schließlich

$$w(x,t) = \frac{2Fl}{\rho A \pi^2 (c^2 - v^2)} \frac{v}{c} \sum_i \frac{(-1)^i}{i^2} \left[\left[\cos i\pi\frac{c}{v} - (-1)^i\right] \sin \omega_i t - \right.$$
$$\left. - \sin i\pi\frac{c}{v} \cos \omega_i t \right] \sin i\pi\frac{x}{l}, \qquad (1.190)$$

für $t \geq l/v$. In Abb.1.22 sind für die Geschwindigkeitsverhältnisse $v/c = 0,25$ und $v/c = 0,90$ die Auslenkungen $w(x,t)$ der Saite zu verschiedenen Zeitpunkten angegeben.

Wir besprechen nun noch den "Resonanzfall" $v = c$. Da die Wanderlast nur in dem endlichen Zeitintervall $0 \leq t \leq l/v$ auf die Saite wirkt, kommt dieser "Resonanz" eine andere Bedeutung zu als der bei stationärer Erregung: Die Schwingungen wachsen in dem begrenzten Zeitintervall nämlich nur auf *endliche* Amplituden an. Mit $v = c$ nimmt (1.183) die Form

$$\ddot{p}_k + \left[k\pi\frac{c}{l}\right]^2 p_k = \frac{2F}{\rho Al} \sin k\pi\frac{ct}{l}, \quad k = 1,2,3,\ldots \qquad (1.191)$$

an, mit der allgemeinen Lösung

$$p_k(t) = - \frac{F}{\rho Al\omega_k} t \cos \omega_k t + C_k \cos \omega_k t + S_k \sin \omega_k t. \qquad (1.192)$$

Die Integrationskonstanten ergeben sich aus den Anfangsbedingungen zu

$$C_k = 0, \quad S_k = \frac{F}{\rho Al\omega_k^2} = \frac{Fl}{T\pi^2 k^2}, \quad k = 1,2,3,\ldots \qquad (1.193)$$

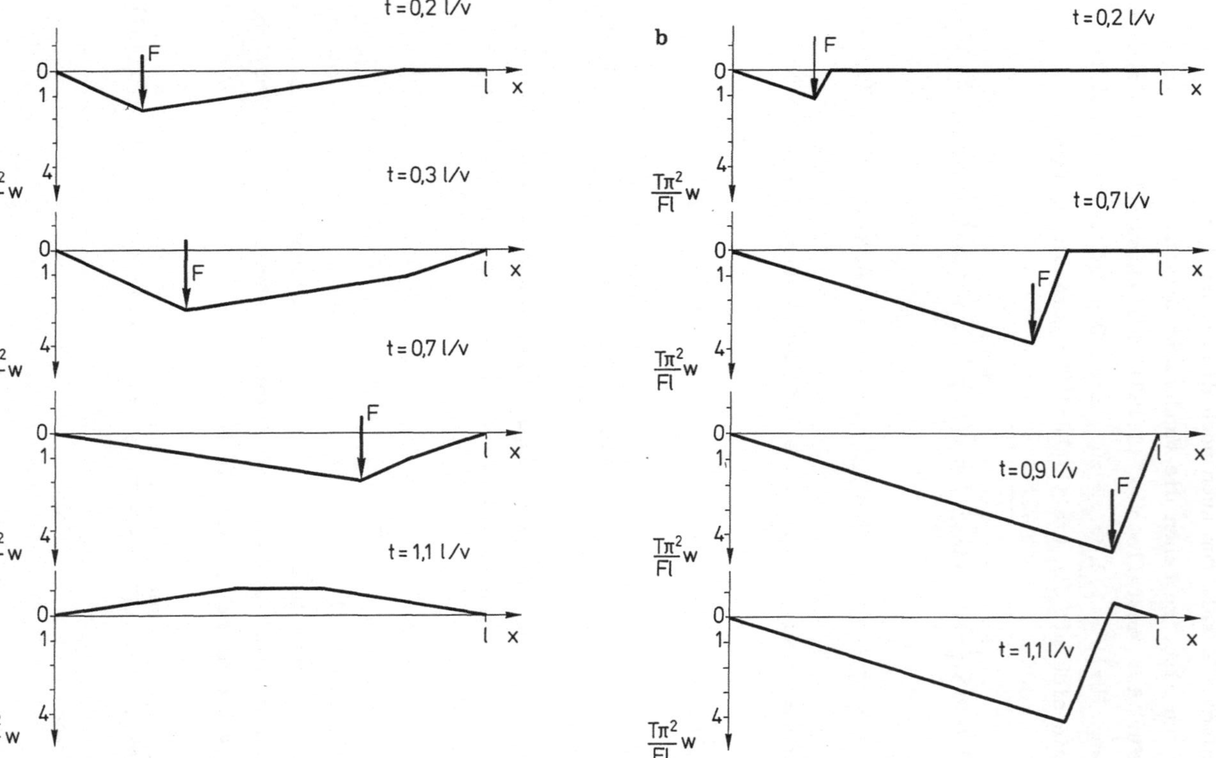

Abb. 1.22 Auslenkung einer Saite unter Wanderlast, keine Resonanz
a) v/c = 0,25, b) v/c = 0,90

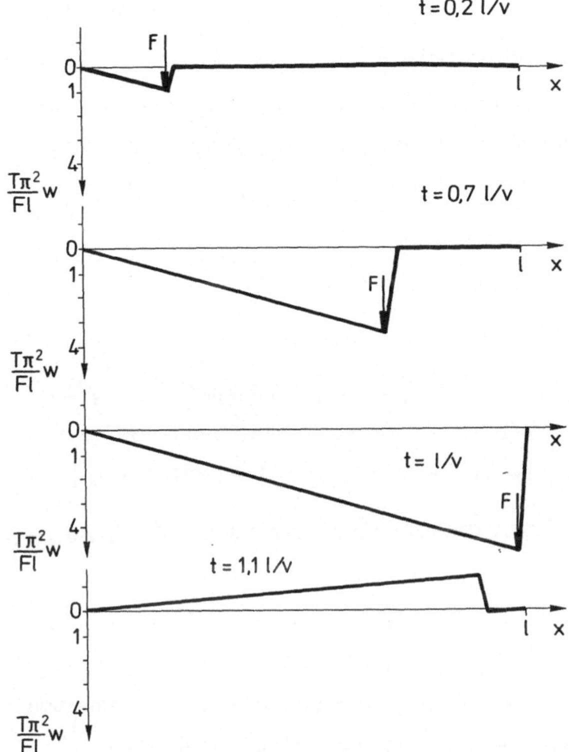

Abb.1.23   Auslenkung einer Saite unter Wanderlast im Resonanzfall

und damit die Auslenkung der Saite zu

$$w(x,t) = \frac{Fl}{T\pi^2} \sum_i \frac{1}{i^2} \left[\sin \omega_i t - \omega_i t \cos \omega_i t\right] \sin i\pi\frac{x}{l} \qquad (1.194)$$

für $0 \leq t \leq l/c$. Auch für $t \geq l/c$ kann die Lösung mit (1.188) bzw. (1.189) leicht bestimmt werden, und es ist

$$w(x,t) = -\frac{Fl}{T\pi} \sum_i \frac{1}{i} \cos \omega_i t \sin i\pi\frac{x}{l} \qquad (1.195)$$

für $t \geq l/c$. Die Auslenkung der Saite im "Resonanzfall" ist für verschiedene Zeitpunkte in Abb.1.23 dargestellt. Bemerkenswert ist, daß w(x,t) an der Stelle x = ct, also am Angriffspunkt der Wanderlast, einen Sprung aufweist.

Dieser führt in der FOURIER-Reihe (1.195) zu dem bekannten GIBBSschen Phänomen[12], das allerdings in Abb.1.23 nicht wiedergegeben ist. Die Unstetigkeit von w und die Unbeschränktheit von w' sind offensichtlich unverträglich mit den Annahmen, die bei der Herleitung der linearisierten Bewegungsgleichung gemacht wurden. Im Resonanzfall ist also zumindest in der Nachbarschaft der Stelle x = ct eine verfeinerte Beschreibung notwendig.

1.4.2.2 Das Ritz-Verfahren

Wie bei den freien Schwingungen erfolgt die Diskretisierung auch hier wieder durch eine Darstellung der Art (1.176). Mit diesem Ansatz geht man jetzt allerdings in die Variationsgleichung (1.141) ein und erhält in einer zum Fall freier Schwingungen analogen Vorgehensweise die Bewegungsgleichungen des diskretisierten Systems in der Form

$$M \ddot{p} + C p = f(t). \tag{1.196}$$

Sie unterscheiden sich von den nach dem GALERKINschen Verfahren gewonnenen Gleichungen (1.177) nur in der Matrix $C = (c_{ij})$; diese ist jetzt durch

$$c_{ik} = \int_0^l T F_i' F_k' \, dx, \qquad i, k = 1,2,3,\ldots,n \tag{1.197}$$

gegeben (vergl. (1.178b)) . Auch hier konvergiert die Lösung des diskretisierten Systems mit $n \to \infty$ gegen die Lösung für das Kontinuum, sofern die verwendeten Ansatzfunktionen eine Basis des Raumes der zulässigen Funktionen bilden. Die $F_i(x)$, i = 1,2,3,... brauchen also nur einmal differenzierbar zu sein und lediglich die geometrischen Randbedingungen zu erfüllen, d.h. sie müssen keine Vergleichsfunktion sein. Allerdings wird die Art der Konvergenz (z.B. im Sinne der L_2-Norm oder punktweise gleichmäßig) je nach verwendeten Ansatzfunktionen verschieden von der Konvergenz beim GALERKIN-Verfahren sein.

Als Beispiel behandeln wir nochmals den Dehnstab mit quadratisch veränderlicher Querschnittsfläche von Abschnitt 1.3.2, jetzt allerdings für den

---

[12] Nach dem Physiker und Mathematiker Josiah Williard GIBBS, *1839 in New Haven (Conn.), +1903 ebenda.

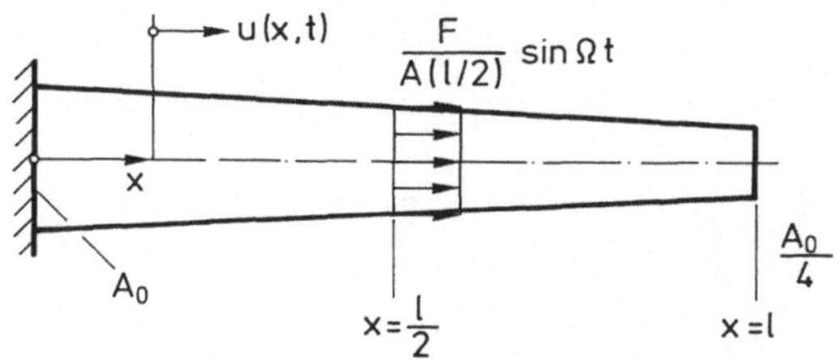

Abb.1.24　　Dehnstab veränderlicher Querschnittsfläche $A(x) = A_0(1-x/2l)^2$ mit harmonischer Kraftanregung

Fall einer periodischen Erregung gemäß Abb.1.24. Der Stab wird dabei nur an der Stelle $x = 1/2$ durch eine harmonisch pulsierende, über den Querschnitt gleichmäßig verteilte Kraft $F \sin \Omega t$ belastet. Gesucht sind Ort und Größe der maximalen Dehnungsamplitude im eingeschwungenen Zustand (stationäre Lösung) in Abhängigkeit von der Erregerfrequenz Ω. Die Bewegungsgleichung ist

$$\rho A_0 \left(1 - \frac{x}{2l}\right)^2 \ddot{u} = \left[EA_0 \left(1 - \frac{x}{2l}\right)^2 u'\right]' + F\, \delta(x - \tfrac{l}{2})\, \sin \Omega t, \qquad (1.198)$$

die Randbedingungen sind die gleichen wie vorher. Wie bei den freien Schwingungen verwenden wir als Ansatzfunktionen wieder

$$F_i(x) = \frac{x}{l} \left(1 - \frac{x}{2l}\right)^{i-1}, \qquad i = 1,2,3,\ldots,n \qquad (1.199)$$

und erhalten die Bewegungsgleichungen in der Form (1.196). Dabei sind die Matrizen $\mathbf{M}$ und $\mathbf{C}$ wie vorher durch (1.109) gegeben; hinzu kommt

$$f_k(t) = \frac{1}{2} F \left(\frac{3}{4}\right)^{k-1} \sin \Omega t, \qquad k = 1,2,3,\ldots,n. \qquad (1.200)$$

Beschränkt man sich auf $n = 2$, so erhält man

$$\rho A_0\, l \begin{bmatrix} \dfrac{2}{15} & \dfrac{7}{80} \\[2mm] \dfrac{7}{80} & \dfrac{33}{560} \end{bmatrix} \begin{bmatrix} \ddot{p}_1 \\[2mm] \ddot{p}_2 \end{bmatrix} + \frac{EA_0}{l} \begin{bmatrix} \dfrac{7}{12} & \dfrac{17}{48} \\[2mm] \dfrac{17}{48} & \dfrac{31}{120} \end{bmatrix} \begin{bmatrix} p_1 \\[2mm] p_2 \end{bmatrix} = \frac{1}{2} F \begin{bmatrix} 1 \\[2mm] \dfrac{3}{4} \end{bmatrix} \sin \Omega t.$$

$$(1.201)$$

Der Ansatz $\mathbf{p}(t) = \mathbf{l} \sin \Omega t$ führt mit $q_0 := F/\rho A(l/2)$ auf das lineare algebraische Gleichungssystem

$$(140 \frac{c^2}{l^2} - 32 \Omega^2)l_1 + (85 \frac{c^2}{l^2} - 21 \Omega^2)l_2 = \frac{135}{2} \frac{q_0}{l} , \qquad (1.202a)$$

$$(85 \frac{c^2}{l^2} - 21 \Omega^2)l_1 + (62 - \frac{c^2}{l^2} - \frac{99}{7} \Omega^2)l_2 = \frac{405}{8} \frac{q_0}{l} \qquad (1.202b)$$

in l_1 und l_2. Eine einfache Rechnung ergibt

$$l_1 = - \frac{\frac{94}{8} (\frac{c}{l})^2 - \frac{6075}{56} \Omega^2}{1455 (\frac{c}{l})^4 - 394 (\frac{c}{l})^2 \Omega^2 + \frac{81}{7} \Omega^4} \frac{q_0}{l} , \qquad (1.203a)$$

$$l_2 = - \frac{1350 (\frac{c}{l})^2 - \frac{405}{2} \Omega^2}{1455 (\frac{c}{l})^4 - 394 (\frac{c}{l})^2 \Omega^2 + \frac{81}{7} \Omega^4} \frac{q_0}{l} \qquad (1.203b)$$

und die Verschiebungen sind in dieser Näherung durch

$$u(x,t) = \left[l_1 \frac{x}{l} + l_2 \frac{x}{l} (1 - \frac{x}{2l}) \right] \sin \Omega t, \qquad (1.204)$$

die Dehnungen durch

$$u'(x,t) = \frac{1}{l} \left[l_1 + l_2 (1 - \frac{x}{l}) \right] \sin \Omega t = \epsilon_0(x) \sin \Omega t \qquad (1.205)$$

gegeben mit der Dehnungsamplitude

$$\epsilon_0(x) = \frac{(\frac{9855}{8} - 1350 \frac{x}{l})(\frac{c}{l})^2 - (\frac{5265}{56} - \frac{405}{2} \frac{x}{l}) \Omega^2}{1455 (\frac{c}{l})^4 - 394 (\frac{c}{l})^2 \Omega^2 + \frac{81}{7} \Omega^4} \frac{q_0}{\rho l^2} . \qquad (1.206)$$

Der Maximalwert von $\epsilon_0(x)$ in dem Intervall $[0,l]$ beträgt damit

$$\max_x \epsilon_0(x) = \begin{cases} \epsilon_0(0) = \frac{l_1 + l_2}{l} & \text{für } \Omega^2 < \frac{20}{3} (\frac{c}{l})^2 , \\[2ex] \epsilon_0(l) = \frac{l_1}{l} & \text{für } \Omega^2 > \frac{20}{3} (\frac{c}{l})^2 . \end{cases}$$

$$(1.207)$$

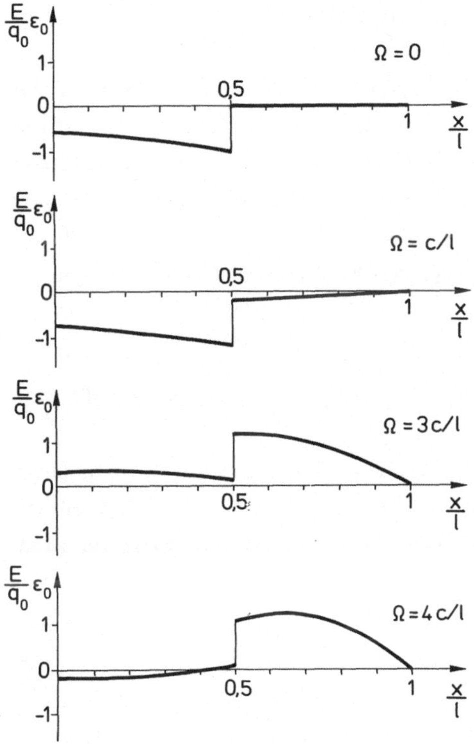

Abb.1.25   Dehnungsamplitude des Dehnstabes der Abb.1.24 in Abhängigkeit von
der Erregerfrequenz

Daß die so berechneten Maxima jeweils an den Stabenden liegen, ist in der Wahl
der Ansatzfunktionen begründet, die für die Dehnungsamplitude einen linearen
Verlauf festschreiben. Die mit Hilfe der GREENschen Funktion berechnete exakte
Lösung gemäß Abb.1.25 zeigt eine beträchtliche Abweichung von den obigen Ergebnissen (auch beim homogenen Problem war ja die Näherung in den Eigenformen
deutlich schlechter als die der Eigenfrequenzen). Richtig wiedergegeben wird
jedoch die Tatsache, daß für Erregerfrequenzen unterhalb der ersten Eigenfrequenz die maximale Dehnungsamplitude im Bereich $0 \leq x \leq 1/2$ liegt und sich
bei Erregerfrequenzen oberhalb der ersten Eigenfrequenz in den Bereich
$1/2 \leq x \leq 1$ verschiebt. Ein Grund für die schlechte Konvergenz ist die Unstetigkeit der zu approximierenden Lösung, die in den Ansatzfunktionen nicht
berücksichtigt wurde.

1.5 Gedämpfte Schwingungen, verschiedene Dämpfungsarten

Bisher haben wir freie und erzwungene *ungedämpfte* Schwingungen von Saiten und Stäben behandelt. Im folgenden betrachten wir kurz verschiedene für diese Systeme mögliche (lineare) Dämpfungsarten, ohne dabei auf den physikalischen Dissipationsprozeß näher einzugehen (s. HAGEDORN & OTTERBEIN). Der einfachste Dämpfungsmechanismus ist der einer *äußeren Dämpfung*, bei der auf die Saite eine geschwindigkeitsproportionale Dämpfungskraft wirkt. Die Bewegungsgleichung hat dann (bei Anregung) die Form

$$\rho A \, \ddot{w} = (T \, w')' - d_1 \dot{w} + q(x,t), \qquad (1.208)$$

wobei der Dämpfungskoeffizient $d_1 \geq 0$ u.U. auch eine Funktion von x sein kann. Es gibt in der Technik allerdings nur wenige Fälle, in denen bei Saiten und Stäben diese Art von Dämpfung wichtig ist. Oft ist eine *innere Dämpfung* wichtiger, wobei die Bewegungsgleichung z.B. von der Art

$$\rho A \, \ddot{w} = (T \, w')' + d_2 \dot{w}'' + q(x,t) \qquad (1.209)$$

sein kann mit $d_2 \geq 0$ (auch d_2 kann von x abhängen). Daß der Term $d_2 \dot{w}''$ in (1.209) tatsächlich einer Dämpfung, d.h. einer Energiedissipation entspricht, erkennt man anhand der Energiebilanz. Multipliziert man (1.209) mit $\dot{w}(x,t)$ und integriert über x, so ergibt sich nach Teilintegration bei allen bisher betrachteten Randbedingungen im Falle $q(x,t) \equiv 0$

$$\frac{d}{dt} \int_0^l \frac{1}{2}\left[\rho A \, \dot{w}^2 + Tw'^2\right] dx = - d_2 \int_0^l \dot{w}'^2 dx. \qquad (1.210)$$

Dabei wurde d_2 = const vorausgesetzt. Man sieht, daß die rechte Seite von (1.210) nichtpositiv ist und die mechanische Energie somit nur abnehmen kann.

Wir nehmen nun an, daß ρA und T sowie auch d_1 und d_2 in (1.208) und (1.209) konstant sind und betrachten freie Schwingungen ($q(x,t) \equiv 0$). Dann erkennt man leicht, daß zumindest bei der beidseitig festen Saite, deren Eigenfunktionen durch

$$W_i(x) = \sin \frac{i\pi x}{l} \, , \qquad i = 1,2,3,\ldots \qquad (1.211)$$

gegeben sind, die verschiedenen Schwingungsmoden durch die Dämpfung nicht miteinander gekoppelt werden. Offensichtlich führt auch der gleichzeitige Einsatz beider Dämpfungsarten, also einer Dämpfung $-d_1\dot{w} + d_2\dot{w}''$ anstelle von z.B. nur $-d_1\dot{w}$, nicht zu einer Kopplung. Dieser Sachverhalt ist uns von den Schwingungen diskreter Systeme wohlbekannt (s. HAGEDORN & OTTERBEIN). Dort war ja bei den Bewegungsgleichungen

$$M\ddot{q} + D\dot{q} + C q = 0 \qquad (1.212)$$

eine Kopplung der einzelnen Schwingungsmoden immer ausgeschlossen, wenn die Dämpfungsmatrix $D = D^T$ von einer ganz bestimmten Struktur war, etwa z.B. $D = \alpha M + \beta C$, $\forall \alpha, \beta \in \mathbb{R}$. Ganz entsprechend ist in

$$\rho A\,\ddot{w} = T\,\frac{\partial^2 w}{\partial x^2} - \left[d_1 - d_2\,\frac{\partial^2}{\partial x^2}\right]\dot{w} \qquad (1.213)$$

(bei konstantem ρA und T) der in der Dämpfung auftretende Differentialoperator eine Linearkombination des "Trägheitsoperators" ρA und des "Steifigkeitsoperators" $T\,\frac{\partial^2}{\partial x^2}$. Im allgemeinen Fall – mit veränderlicher Dichte und Normalkraft – lautet die entsprechende Bewegungsgleichung, bei der der "Dämpfungsoperator" eine Linearkombination der anderen beiden Operatoren ist,

$$\rho A(x)\,\ddot{w} = \frac{\partial}{\partial x}\left[T(x)\,\frac{\partial}{\partial x}\right]w - \left[\alpha\,\rho A(x) + \beta\,\frac{\partial}{\partial x}\left[T(x)\,\frac{\partial}{\partial x}\right]\right]\dot{w} \qquad (1.214)$$

mit $\alpha, \beta \in \mathbb{R}$. Auch dann werden – wie unschwer zu erkennen ist – die Schwingungsmoden durch die Dämpfung nicht gekoppelt.

Die rechnerische Behandlung, etwa mittels des RITZ- oder des GALERKIN-Verfahrens, verläuft analog zum ungedämpften Fall und führt auf die Schwingungsgleichungen eines gedämpften diskreten Systems

$$M\ddot{q} + D\dot{q} + C q = f(t), \qquad (1.215)$$

die uns aus der Technischen Schwingungslehre vertraut sind. Ebenso können auch erzwungene Schwingungen gedämpfter Systeme mittels einer GREENschen Resolvente behandelt werden, die sich von der des ungedämpften Falls natürlich unterscheidet.

1.6 Die D'ALEMBERTsche Lösung der Wellengleichung

Die Lösung der Wellengleichung

$$\ddot{w} = c^2 w'' \tag{1.216}$$

haben wir in 1.2 (für gegebene Randbedingungen) in Form einer Reihe (Überlagerung von Hauptschwingungen) geschrieben. Diese Lösungsdarstellung geht auf
BERNOULLI zurück und wird oft nach ihm benannt. Es gibt noch eine andere, sehr
einfache Form für die allgemeine Lösung von (1.216), die von D'ALEMBERT[13]
stammt: Ist $f_1(z)$ eine beliebige, zweimal stetig differenzierbare Funktion von
z, so ist

$$f_1(x-ct) := f_1(z)\Big|_{z=x-ct} \tag{1.217}$$

eine Lösung von (1.216). Differentiation ergibt nämlich

$$\dot{f}_1(x-ct) := - c\, f_1'(x-ct), \tag{1.218a}$$

$$\ddot{f}_1(x-ct) := c^2\, f_1''(x-ct), \tag{1.218b}$$

wobei der Strich die Ableitung der Funktion f_1 nach ihrem Argument und damit
auch gleichzeitig die Ableitung von $f_1(x-ct)$ nach x bedeutet.

Mit

$$w(x,t) = f_1(x-ct) \tag{1.219}$$

haben wir also eine Lösung der Wellengleichung, die nicht nur von einer oder
mehreren Integrationskonstanten abhängt, sondern sogar eine *willkürliche
Funktion* enthält. Die anschauliche Bedeutung von (1.219) ist folgende: Stellen
wir $w(x,t) = f_1(x-ct)$ wie in Abb.1.26 für eine beliebig gewählte Funktion

---

[13] Jean Le Rond D'ALEMBERT, *1717 in Paris, +1783 ebenda, Mathematiker,
Philosoph und Literat.

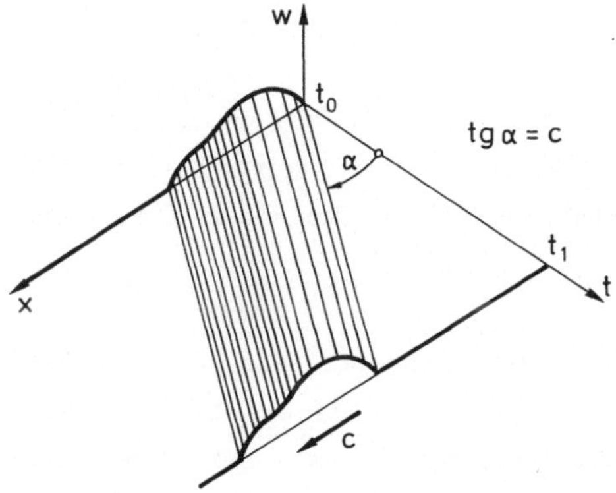

Abb.1.26   Zur D'ALEMBERTschen Lösung der Wellengleichung

$f_1(z)$ dar, so erkennen wir, daß zu jedem beliebigen Zeitpunkt $\bar{t}$ die Auslenkung $w(x,\bar{t})$ als Funktion von x die gleiche Form besitzt und mit zunehmender Zeit lediglich eine Verschiebung in Richtung positiver x stattfindet. Anders ausgedrückt: das Profil von $w(x,t)$ bzgl. x verändert sich in der Form nicht, verschiebt sich aber mit der Wellengeschwindigkeit c in Richtung der positiven x-Achse. Wir sagen daher auch, daß (1.219) eine sich längs der positiven x-Achse ausbreitende Welle beschreibt, und bezeichnen eine Lösung dieser Art daher auch mit $w_+(x,t) = f_1(x-ct)$.

Anstatt für das Argument der willkürlichen Funktion (x-ct) zu setzen, können wir auch (x+ct) wählen und erhalten so eine weitere Lösung der Wellengleichung. Man kann dies leicht überprüfen, indem man die zu (1.218) analogen Differentiationen ausführt. Es ist nämlich

$$\dot{f}_2(x+ct) = c \, f_2'(x+ct), \tag{1.220a}$$

$$\ddot{f}_2(x+ct) = c^2 \, f_2''(x+ct), \tag{1.220b}$$

und wir haben in der Tat wieder eine Lösung von (1.216). Die Lösung $w_-(x,t) = f_2(x+ct)$ stellt ebenfalls eine mit der Geschwindigkeit c laufende Welle mit unveränderlichem Profil dar, die sich jetzt allerdings in Richtung der negativen x-Achse ausbreitet. Da (1.216) linear ist, ist auch die Summe

$$w(x,t) = w_+(x,t) + w_-(x,t) = f_1(x-ct) + f_2(x+ct) \tag{1.221}$$

eine Lösung.

Man kann sogar zeigen, daß (1.221) die allgemeine Lösung der Wellengleichung ist, d.h. jede Lösung von (1.216) kann als Überlagerung einer nach rechts und einer nach links mit der Geschwindigkeit c laufenden Welle aufgefaßt werden.

Wichtig ist bei diesen Überlegungen die Tatsache, daß die Wellenausbreitungsgeschwindigkeit immer gleich dem in der Differentialgleichung (1.216) auftretenden Parameter c ist. Wir erinnern uns: Bei den Querschwingungen einer Saite war $c = \sqrt{T/\rho A}$, also von der Normalkraft abhängig. Für die Differentialgleichung der Längsschwingungen eines Stabes mit $u(x,t)$ als der Längsverschiebung:

$$\ddot{u} = c^2 u'' \qquad (1.222)$$

galt $c = \sqrt{E/\rho}$. In diesem Fall ist also c eine Materialkonstante, deren Wert in Tabelle 1 für verschiedene Materialien angegeben wurde. Betrachten wir noch den Zusammenhang zwischen Spannungen und materiellen Geschwindigkeiten der Punkte eines Dehnstabes: Dazu drücken wir in

$$\sigma = E\, u' \qquad (1.223)$$

die Dehnung u' durch die materielle Geschwindigkeit $\dot{u}$ aus. Für eine nach rechts laufende Welle $u_+(x-ct)$ ist

$$\dot{u}_+(x-ct) = -\, c\, u_+'(x-ct), \qquad (1.224)$$

so daß sich mit (1.223) zwischen der Spannung $\sigma_+(x,t)$ und der Geschwindigkeit $v_+(x,t) := \dot{u}_+(x,t)$ die Beziehung

$$\sigma_+(x,t) = -\, Z\, v_+(x,t) \qquad (1.225)$$

ergibt mit dem *Wellenwiderstand*

$$Z := E/c = \rho c. \qquad (1.226)$$

Für Longitudinalwellen in einem Dehnstab ist auch der Wellenwiderstand eine Materialkonstante, die in Tabelle 1 angegeben ist. Die Geschwindigkeit $v := \dot{u}$ der materiellen Teilchen wird häufig als *Schnelle* bezeichnet, um eine Verwechslung mit der i.a. weitaus größeren Ausbreitungsgeschwindikgkeit c zu vermeiden. Jeder *Schnellewelle* $v_+(x,t)$ entspricht also auch eine *Spannungswelle* $\sigma_+(x,t)$ und beide hängen über den Wellenwiderstand Z gemäß (1.225) zusammen. Für nach links laufende Wellen $u_-(x-ct)$ gilt entsprechend

$$\sigma_-(x,t) = Z\, v_-(x,t) \tag{1.227}$$

(man beachte das gegenüber (1.225) andere Vorzeichen!).

Eine andere, wichtige physikalische Größe bei der Wellenausbreitung ist die Energiedichte. Die Dichte der kinetischen Energie (kinetische Energie pro Längeneinheit) ist beim Dehnstab mit $v := \dot{u}$ durch

$$e_{Kin} = \frac{1}{2}\, \rho A\, v^2 \tag{1.228}$$

und die Dichte der potentiellen Energie (d.h. der elastischen Deformationsenergie) durch

$$e_{Pot} = \frac{1}{2}\frac{A}{E}\, \sigma^2 = \frac{1}{2}\, EA\, u'^2 \tag{1.229}$$

gegeben. Beide Anteile sind bei einzelnen laufenden Wellen der Art $f(x+ct)$ und $f(x-ct)$ mit

$$e_{Kin}(x,t) = \frac{1}{2}\, \rho A\, \dot{f}^2(x\pm ct) = \frac{1}{2}\, \rho A\, c^2\, f'^2(x\pm ct) =$$

$$= \frac{1}{2}\, EA\, f'^2(x\pm ct) = e_{Pot}(x,t) \tag{1.230}$$

gleich, so daß man hier für die Dichte der gesamten mechanischen Energie

$$e(x,t) = e_{Kin}(x,t) + e_{Pot}(x,t) = 2\, e_{Kin}(x,t) \tag{1.231}$$

erhält. Gleichung (1.230) gilt aber keineswegs für beliebige Lösungen der Wellengleichung, d.h. für eine Überlagerung von nach rechts und links laufenden Wellen: Vielmehr besitzt eine Lösung $u(x,t) = f_1(x-ct) + f_2(x+ct)$ die Energiedichten

64

$$e_{Kin} = \frac{1}{2}\, \rho A\, c^2 (f_1'^2 + f_2'^2 - 2\, f_1' f_2'),$$ (1.232)

$$e_{Pot} = \frac{1}{2}\, EA\, (f_1'^2 + f_2'^2 + 2\, f_1' f_2'),$$ (1.233)

woraus für deren Differenz

$$e_{Pot} - e_{Kin} = 2\, EA\, f_1' f_2'$$ (1.234)

und für die Dichte der gesamten mechanischen Energie aber wieder

$$e(x,t) = EA\, \left[f_1'^2(x-ct) + f_2'^2(x+ct) \right]$$ (1.235)

folgt.

Mit der Wellenausbreitung ist ein Energietransport, den wir in 1.10 noch genauer untersuchen, verbunden. Da die Ausbreitung mit der Geschwindigkeit c erfolgt, erhält man für die bei einer einfachen laufenden Welle (v_+ oder v_-) zum Zeitpunkt t über den Ort x fließende Energie pro Zeiteinheit

$$P(x,t) = c\, e(x,t) = c\, \rho A\, v_\pm^2(x,t).$$ (1.236)

Die Leistung $P(x,t)$ der Welle wird auch als Strahlungsleistung bezeichnet, und der Quotient

$$I(x,t) = \frac{P(x,t)}{A} = \rho c\, v_\pm^2(x,t)$$ (1.237)

gibt dann die Strahlungsleistung pro Fläche oder die Strahlungsintensität, kurz: die *Intensität* der Welle, an. Man beachte, daß in (1.237) auf der rechten Seite gerade wieder der Wellenwiderstand $Z = \rho c$ als Faktor auftritt. In Abschnitt 1.10 behandeln wir den Energietransport in etwas allgemeinerer Form.

Bisher haben wir Spannungs- und Schnellewellen am Dehnstab behandelt. Bei den Querwellen in einer Saite sind die Zusammenhänge analog. Aus (1.225) folgt jetzt mit $w(x,t)$ anstelle von $u(x,t)$

$$\frac{T}{A}\, w_+' = -\, Z\, v_+.$$ (1.238)

wobei hier $c = \sqrt{T/\rho A}$ und $v := \dot{w}$ ist und der Wellenwiderstand wie vorher als $Z = \rho c$ definiert wurde. Die linke Seite von (1.238) hat wieder die Dimension einer Spannung und oft schreibt man

$$\sigma_z := \frac{T}{A}\, w'_+, \tag{1.239}$$

wobei der Index z jetzt nicht auf "Zug" sondern auf die z-Richtung hinweisen soll. Die Größe $\sigma_z A = Tw'$ hat dann die physikalische Bedeutung einer quer zur Gleichgewichtslage der Saite wirkenden Kraft. Es ergibt sich ohne Schwierigkeiten für die Intensität wieder der Ausdruck (1.237). Allerdings ist es bei den Schwingungen einer Saite oft auch üblich direkt mit der Leistung (1.236) zu arbeiten, da der Bezug der Leistung auf die Querschnittsfläche A der Saite nicht unbedingt zweckmäßig erscheint.

Wir haben gesehen, daß die allgemeine Lösung der Wellengleichung in der D'ALEMBERTschen Form (1.221) geschrieben werden kann und anschließend einige energetische Betrachtungen zur Wellenausbreitung angestellt. Bisher haben wir aber noch nicht untersucht, wie man die zu vorgegebenen Anfangsbedingungen

$$w(x,0) = w_0(x), \quad -\infty < x < +\infty, \tag{1.240a}$$

$$\dot{w}(x,0) = v_0(x), \quad -\infty < x < +\infty \tag{1.240b}$$

passende Lösung findet, d.h. wie man die in (1.221) noch willkürlichen Funktionen f_1 und f_2 bestimmt. Wir beschränken uns dabei zunächst auf die "unendliche Saite", so daß wir uns vorläufig hier nicht um Randbedingungen zu kümmern brauchen. Aus (1.240) ergibt sich für (1.221) sofort

$$f_1(x) + f_2(x) = w_0(x), \quad -\infty < x < +\infty, \tag{1.241}$$

$$-cf'_1(x) + cf'_2(x) = v_0(x), \quad -\infty < x < +\infty. \tag{1.242}$$

Die Integration von (1.242) liefert

$$\int_{x_0}^{x} [f_2(\xi) - f_1(\xi)]'\, d\xi = [f_2(\xi) - f_1(\xi)]\Big|_{x_0}^{x} = \frac{1}{c}\int_{x_0}^{x} v_0(\xi)\, d\xi, \tag{1.243}$$

bzw.

$$- f_1(x) + f_2(x) = \frac{1}{c} \int_{x_0}^{x} v_0(\xi)\, d\xi + f_2(x_0) - f_1(x_0) \qquad (1.244)$$

mit einem willkürlich gewählten x_0. Addition von (1.241) und (1.244) führt auf

$$f_2(x) = \frac{1}{2} \left[\frac{1}{c} \int_{x_0}^{x} v_0(\xi)\, d\xi + f_2(x_0) - f_1(x_0) + w_0(x) \right] \qquad (1.245)$$

und Einsetzen in (1.241) wiederum auf

$$f_1(x) = \frac{1}{2} \left[- \frac{1}{c} \int_{x_0}^{x} v_0(\xi)\, d\xi - f_2(x_0) + f_1(x_0) + w_0(x) \right] . \qquad (1.246)$$

Die Gleichungen (1.245), (1.246) bestimmen $f_1(x)$ und $f_2(x)$ eindeutig bis auf die Differenz $f_2(x_0) - f_1(x_0)$, die willkürlich ist. Damit folgt dann aus (1.221)

$$w(x,t) = f_1(x-ct) + f_2(x+ct) = \frac{1}{2} \left[w_0(x-ct) - \frac{1}{c} \int_{x_0}^{x-ct} v_0(\xi)\, d\xi \right] +$$

$$+ \frac{1}{2} \left[w_0(x+ct) + \frac{1}{c} \int_{x_0}^{x+ct} v_0(\xi)\, d\xi \right] \qquad (1.247)$$

oder auch, einfacher, die D'ALEMBERTsche Lösungsformel

$$w(x,t) = \frac{1}{2} \left[w_0(x-ct) + w_0(x+ct) + \frac{1}{c} \int_{x-ct}^{x+ct} v_0(\xi)\, d\xi \right] . \qquad (1.248)$$

Besonders einfach gestaltet sich die Lösung der Wellengleichung in der D'ALEMBERTschen Form für den Fall verschwindender Anfangsgeschwindigkeit $v_0(x) \equiv 0$. Dann gilt nämlich nach (1.245), (1.246) (wo der konstante Term $f_2(x_0) - f_1(x_0)$ ja weggelassen werden kann)

$$f_1(x) = f_2(x) = \frac{1}{2} w_0(x), \qquad (1.249)$$

so daß die Lösung durch

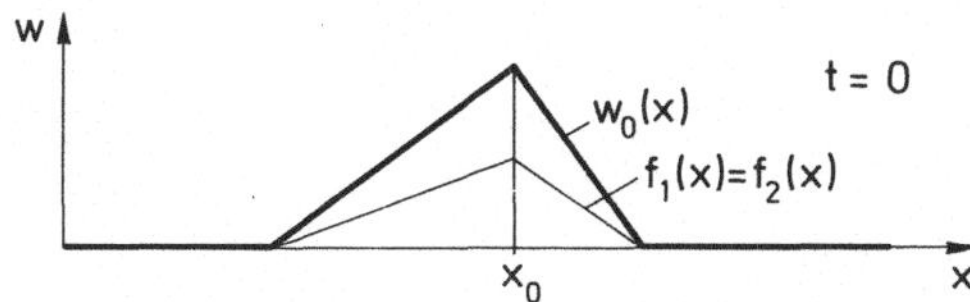

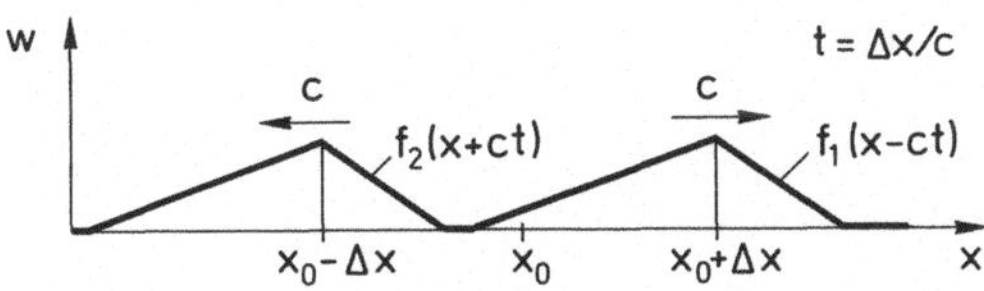

Abb.1.27   Wellenausbreitung   in   der   Saite   bei   dreiecksförmiger Anfangsauslenkung (Anfangsgeschwindigkeit Null)

$$w(x,t) = \frac{1}{2}\left[w_0(x-ct) + w_0(x+ct)\right] \tag{1.250}$$

gegeben ist. In dem Beispiel der Abb.1.27 ist für eine dreiecksförmige Anfangsauslenkung mit Anfangsgeschwindigkeit Null die Lösung skizziert; die nach rechts und links laufenden Wellen sind gut erkennbar.

Für den Fall verschwindender Anfangsauslenkungen erhält man andererseits aus (1.245), (1.246)

$$f_2(x) = - f_1(x) = \frac{1}{2c} V_0(x), \tag{1.251}$$

wobei $V_0(x)$ diejenige Stammfunktion von $v_0(x)$ ist, für die $V_0(x_0) = 0$ gilt. Die Lösung ist dann durch

$$w(x,t) = \frac{1}{2c}\left[V_0(x+ct) - V_0(x-ct)\right] \tag{1.252}$$

gegeben. In dem Beispiel der Abb.1.28 ist die Anfangsgeschwindigkeit nur in dem Intervall $x_0-a < x < x_0+a$ von Null verschieden und besitzt dort den konstanten Wert v_0. Man erkennt, daß die nach rechts und links laufenden Wellen spiegelbildlich bzgl. der Geraden x = 0 sind, und daß die Saite für $t \rightarrow \infty$ die konstante Auslenkung $w = v_0 \, a/c$ auf ihrer gesamten Länge annimmt.

Die D'ALEMBERTsche Lösungsformel

68

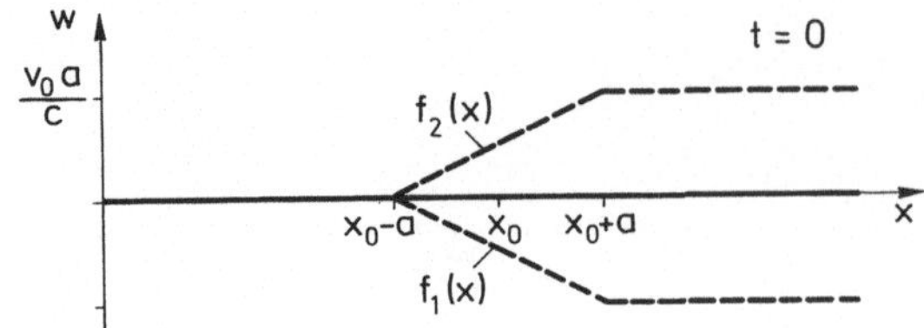

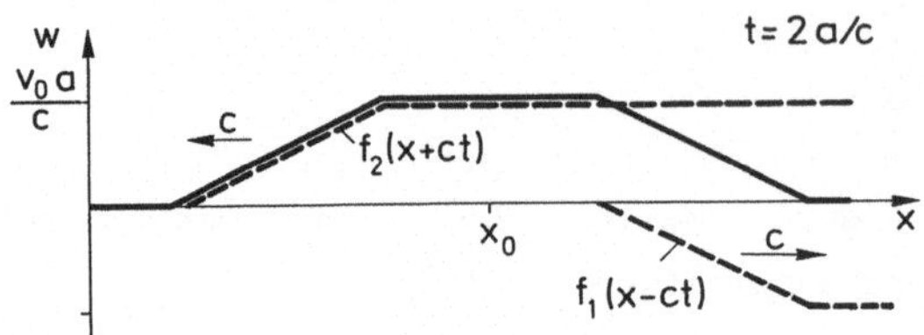

Abb.1.28   Wellenausbreitung in der Saite bei einer in einem endlichen Bereich vorgegebenen, konstanten Anfangsgeschwindigkeit

$$w(\bar{x},\bar{t}) = \frac{1}{2}\left[w_0(\bar{x}-c\bar{t}) + w_0(\bar{x}+c\bar{t}) + \frac{1}{c}\int_{\bar{x}-c\bar{t}}^{\bar{x}+c\bar{t}} v_0(\xi)\,d\xi\right] \qquad (1.253)$$

zeigt, daß der Wert der Funktion $w(x,t)$ im Punkt $P = (\bar{x},\bar{t})$ der (x,t)-Ebene nur von Anfangsbedingungen in einem endlichen Intervall anhängt, dem sogenannten "Abhängigkeitsintervall" des Punktes P (s. Abb.1.29); von den Anfangs- auslenkungen gehen sogar nur die an den Intervallgrenzen $x = \bar{x}-c\bar{t}$ und $x = \bar{x}+c\bar{t}$ in die Rechnung ein. Änderungen der Anfangsbedingungen außerhalb dieses Inter- valls haben keinen Einfluß auf die Lösung an der Stelle P.

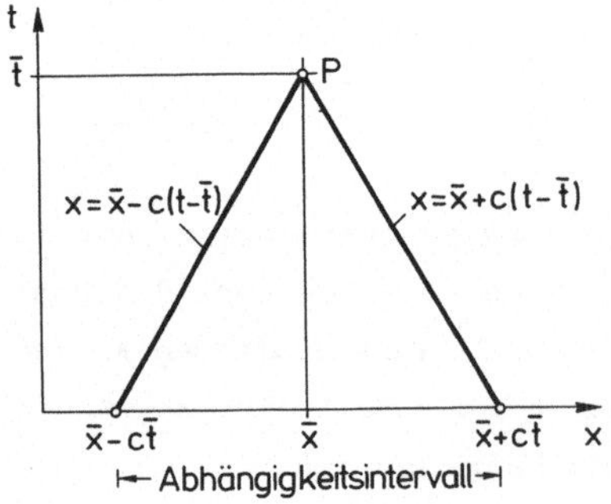

Abb.1.29   Zum Begriff des Abhängigkeitsintervalls eines Punktes P

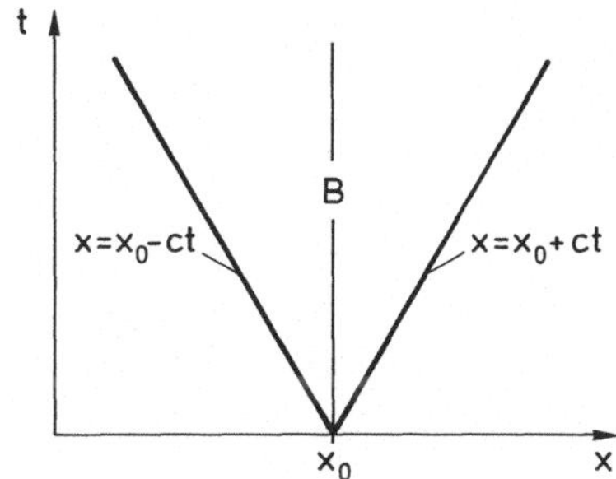

Abb.1.30   Zum Begriff des Einflußbereiches eines Punktes $(x_0,0)$

Umgekehrt erkennt man, daß die Funktion $w(x,t)$ lediglich im Gebiet B der Abb.1.30 einschließlich des Randes von den Anfangsbedingungen am Punkt $(x_0,0)$ beeinflußt wird. Für jeden Punkt $P \in B$ (und *nur* für solche Punkte) liegt x_0 nämlich im Abhängigkeitsintervall von P. Das Gebiet B wird daher als Einflußbereich von $(x_0,0)$ bezeichnet.

Die Kurven (Geraden) $x+ct = $ const und $x-ct = $ const der (x,t)-Ebene heißen *Charakteristiken* der Wellengleichung $\ddot{w} = c^2 w''$. Es sind diejenigen Kurven der (x,t)-Ebene, längs derer sich Störungen ausbreiten. Im sogenannten *Charakteristikenverfahren* wird das hier für die einfache Wellengleichung in Form der D'ALEMBERTschen Lösungsformel beschriebene Verfahren auf allgemeinere partielle Differentialgleichungen vom hyperbolischen Typ erweitert; die Charakteristiken sind dann im allgemeinen keine Geraden mehr (s. JOHN).

Liegen von Null verschiedene Anfangsauslenkungen und Geschwindigkeiten nur in einem endlichen Intervall der x-Achse in der (x,t)-Ebene vor, etwa in dem Intervall $[x_0-a, x_0+a]$ der Abb.1.31, so kann man zwischen den folgenden Gebieten unterscheiden: In den Bereichen D und F gilt $w(x,t) \equiv 0$, d.h. die Saite befindet sich in der Ruhelage, im Bereich A hängt $w(x,t)$ nicht mehr von t ab. Im Bereich B treten nur linkslaufende Wellen nach (1.250) und (1.252) auf, entsprechend im Bereich C nur rechtslaufende, wobei zu beachten ist, daß $f_2(x)$ nach (1.251) jetzt immer noch in einem halbunendlichen Intervall von Null verschieden ist (vgl. Abb.1.28). Im Bereich E schließlich überlagern sich rechts- und linkslaufende Wellen. Das Verschwinden von $w(x,t)$ in D und F folgt unmittelbar aus dem über Einflußbereich und Abhängigkeitsintervall Gesagten.

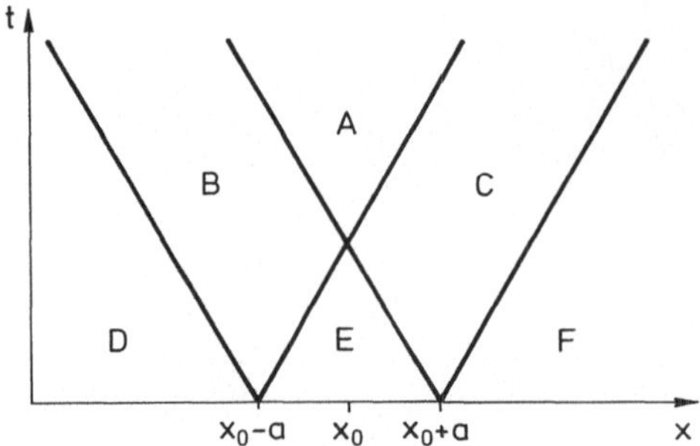

Abb.1.31   Zum Lösungsverhalten der Wellengleichung in der (x,t)-Ebene;

Anfangsbedingungen nur im Intervall $\left[x_0- a, x_0+ a\right]$ ungleich Null

1.7   Die begrenzte Saite und der begrenzte Stab, Reflexionen am festen und am freien Ende

Die D'ALEMBERTsche Lösungsformel gibt uns die Lösung der Wellengleichung in
Form von laufenden Wellen für die "unendlich lange Saite". In der Regel ist
aber die Anfangsauslenkung und -geschwindigkeit lediglich in einem endlichen
Bereich z.B. für $0 \leq x \leq 1$ vorgegeben, und es sind noch Randbedingungen zu
berücksichtigen. Betrachten wir zunächst wieder das Beispiel der beidseitig
festen Saite gemäß Abb.1.1, mit den Randbedingungen $w(0,t) \equiv 0$ und $w(1,t) \equiv 0$.
Die Anfangsbedingungen $w_0(x)$ und $v_0(x)$ gestatten dann nur die Bestimmung der
Funktionen $f_1(x-ct)$ und $f_2(x+ct)$ im Intervall $0 \leq x \leq 1$ für $t = 0$. Dadurch ist
die Lösung des Randwertproblems jedoch noch nicht unmittelbar für alle Zeiten
festgelegt.

Der Einfachheit halber nehmen wir zunächst an, daß die Anfangsbedingungen so sind, daß in dem Intervall $[0,1]$ eine von rechts nach links
laufende Welle gemäß Abb.1.32a vorliegt. Die Wellenfront erreicht dann irgend-
wann den Rand $x = 0$. Wir können erzwingen, daß an dieser Stelle die Randbedingung $w(0,t) = 0$ eingehalten wird, indem wir uns die Saite als unendlich
lang vorstellen und gemäß Abb.1.32b eine "nach unten geklappte", von links
nach rechts laufende Welle einführen, so daß die Überlagerung beider Wellen an
der Stelle $x = 0$ gerade die Randbedingung erfüllt (Abb.1.32c). Daraus folgt
dann, daß für $t > 1/c$ (gemäß Abb.1.32d) die am linken Ende reflektierte und
damit nach unten geklappte Welle von links nach rechts läuft. Für die Erfüllung der Randbedingung am rechten Ende muß dann eine von rechts nach links

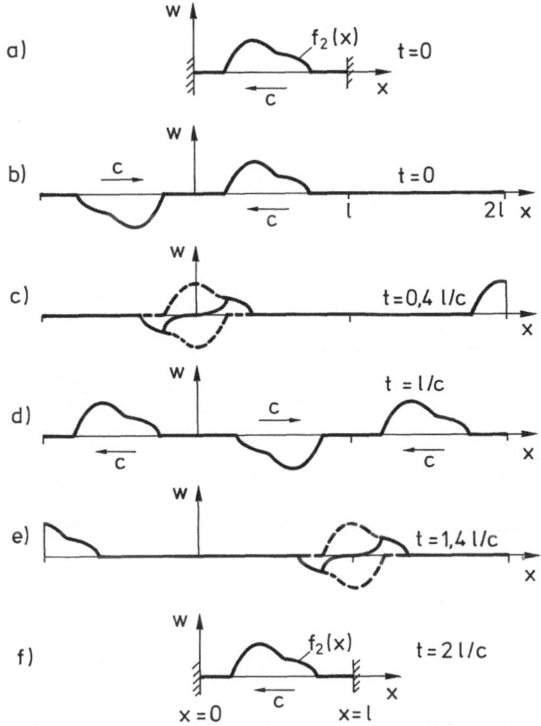

Abb.1.32   Reflexionen an festen Rändern

laufende Welle sorgen (Abb.1.32d und Abb.1.32e). Da alle Wellen sich mit der Geschwindigkeit c ausbreiten, ist für t = 2l/c der Anfangszustand wiederhergestellt (Abb.1.32f) und die Bewegung ist 2l/c − periodisch. Man beachte, daß dies gerade der Periode der ersten Eigenschwingung entspricht, die in 1.2 berechnet wurde.

Man erkennt aus diesem einfachen Beispiel zum einen die Art der Reflexion an einem festen Ende: Die Funktion w(x,t) wird nach unten geklappt, gespiegelt und läuft von außen wieder in die Saite hinein. Zum anderen wird klar, daß die Funktion $f_2(\cdot)$ 2l-periodisch fortzusetzen ist und durch eine ebenfalls 2l-periodische, aber in Gegenrichtung laufende Welle der Form $-f_2(\cdot)$ zu ergänzen ist, wenn man die Lösung für die beidseitig feste Saite im Intervall $[0,l]$ in D'ALEMBERTscher Form darstellen will. Falls die Anfangsbedingungen so geartet sind, daß außer der nach links laufenden Welle zum Zeitpunkt t = 0 auch eine nach rechts laufende Welle in dem Intervall $[0,l]$

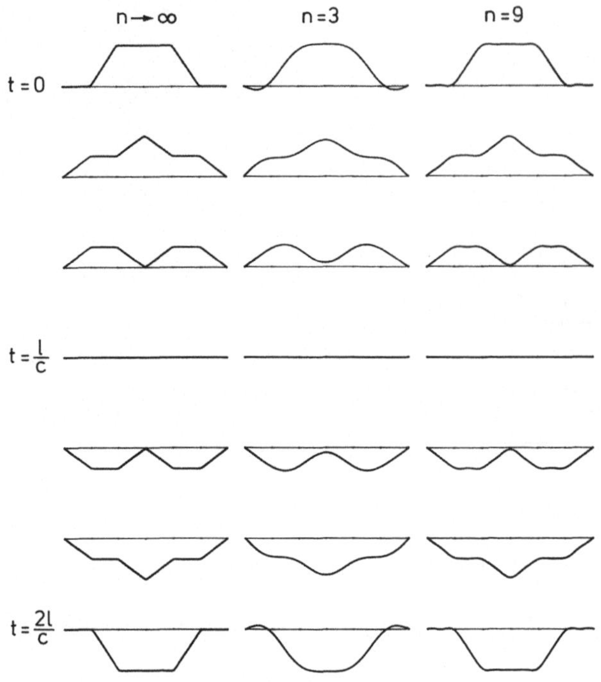

Abb.1.33   Vergleich der exakten Lösung (laufende Wellen) mit der modalen
            Darstellung

startet, geht man ganz entsprechend vor und erhält die allgemeine Lösung durch
Überlagerung.

In Abb.1.33 ist die einer anfänglich trapezförmigen Auslenkung (mit
Anfangsgeschwindigkeit Null) entsprechende Lösung nochmals dargestellt, wobei
außer der exakten Lösung auch noch eine Entwicklung in Eigenschwingungsformen
mit unterschiedlicher Anzahl berücksichtigter Moden angegeben ist. Man erkennt
deutlich, wie mit zunehmender Zahl n der berücksichtigten Terme die Reihenentwicklung (BERNOULLIsche Darstellung der Lösung gemäß (1.38)) gegen die
exakte Lösung konvergiert. Gleichzeitig wird deutlich, daß bei Problemen des
vorliegenden Typs die D'ALEMBERTsche Lösungsform eine unmittelbare und unter
Umständen viel tiefere Einsicht in das Problem gewährt. Abb.1.34 zeigt nochmals ein Detail der Reflexion einer Welle mit Dreiecksprofil an einem festen
Randpunkt.

Selbstverständlich können auch die Hauptschwingungen einer Saite in
D'ALEMBERTscher Form dargestellt werden; so gilt etwa für die k-te Haupt-

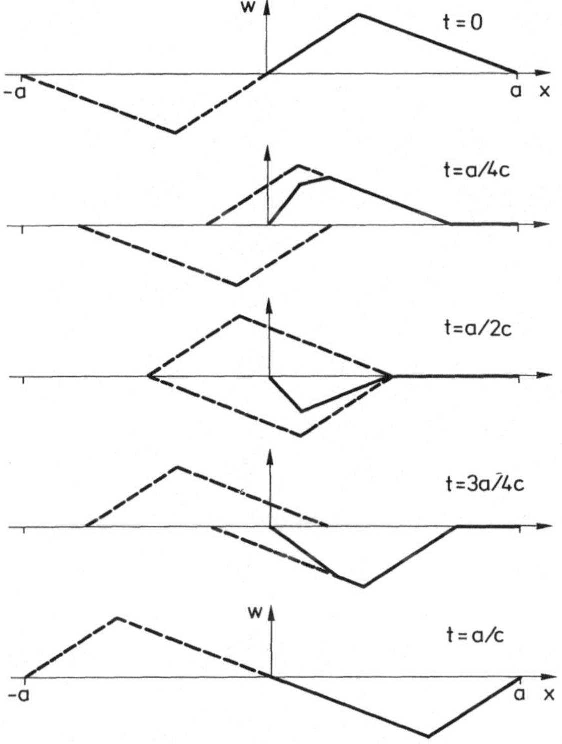

Abb. 1.34   Reflexion einer Welle mit Dreiecksprofil an einem Festpunkt

schwingung mit $\omega_k = \dfrac{k\pi}{l}\,c$

$$w(x,t) = S\,\sin\frac{k\pi x}{l}\,\sin\omega_k t =$$

$$= \frac{1}{2}\,S\,\cos\frac{k\pi}{l}(x-ct) - \frac{1}{2}\,S\,\cos\frac{k\pi}{l}(x+ct), \tag{1.254}$$

d.h. die k-te Hauptschwingung ergibt sich durch die Überlagerung zweier "harmonischer Wellen" der Wellenlänge $\lambda = 2l/k$.

Als nächstes behandeln wir die Saite in dem Intervall $[0,l]$ mit den Randbedingungen $w'(0,t) \equiv 0$, $w(l,t) \equiv 0$. Da wir über die Reflexionen am rechten Ende (Festpunkt) schon Bescheid wissen, ist nur noch die Reflexion am linken (freien) Ende zu untersuchen. Hier ist jetzt die Bedingung $w' \equiv 0$ zu erfüllen, so daß mit einer von rechts einlaufenden Welle gleichzeitig eine

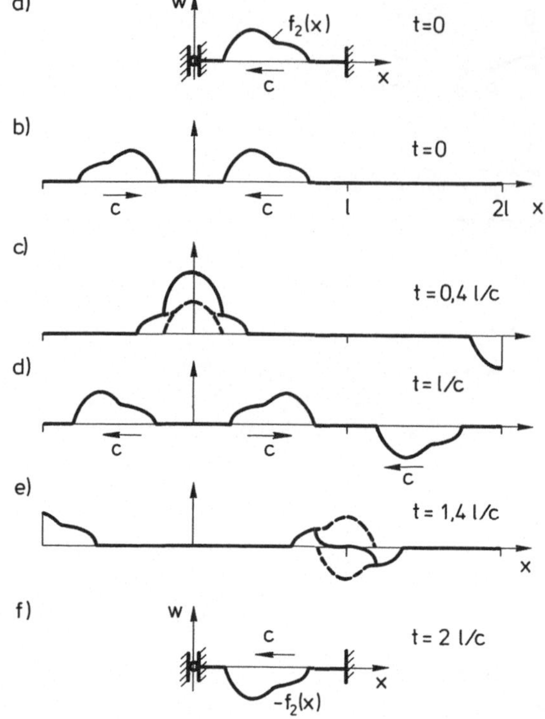

Abb.1.35   Laufende   Wellen   in   einer   Saite   mit   einem   freien (querverschieblichen) und einem festen Randpunkt

Welle von links eintreffen muß, die gerade die entgegengesetzte Steigung hat. Das bedeutet aber, daß jeder von rechts auf den Randpunkt zulaufenden Welle eine andere Welle zugeordnet ist, die bezüglich des Randpunktes symmetrisch zur ersten ist, jedoch nicht nach unten geklappt, wie es beim festen Randpunkt der Fall war (s. Abb.1.35). Da bei der Reflexion am rechten Rande ein "Umklappen" erfolgt, wird die Bewegung jetzt 4l/c – periodisch sein. Dies entspricht gerade wieder der Periodendauer der ersten Eigenschwingung, wie sie vorher bestimmt wurde.

Als Beispiel betrachten wir noch den Dehnstab gemäß Abb.1.36, der für t < 0 am linken Ende durch die Kraft F belastet wird und sich zunächst im Gleichgewicht befindet. Daher gilt

$$u(x,0) = \frac{F}{EA} (1-x), \qquad (1.255)$$

$$\dot{u}(x,0) = 0, \quad x \in [0,1]. \qquad (1.256)$$

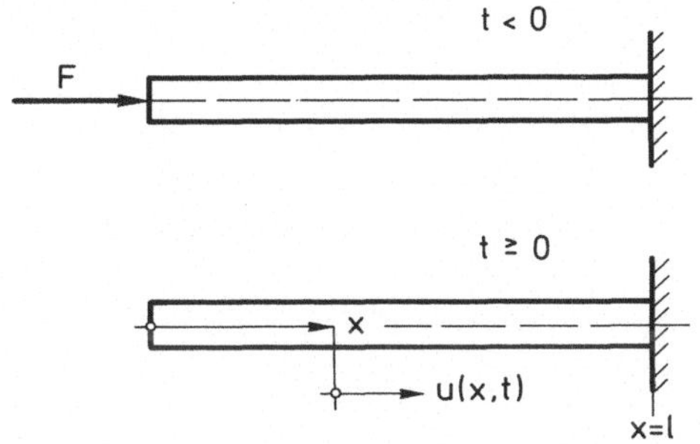

Abb.1.36   Plötzlich entlasteter Dehnstab

Die Kraft F wird zum Zeitpunkt $t = 0$ entfernt, so daß für $t \geq 0$ die Wellengleichung mit den homogenen Randbedingungen

$$u'(0,t) \equiv 0, \qquad (1.257)$$
$$u(1,t) \equiv 0 \qquad (1.258)$$

gilt. Die Darstellung der Lösung durch Schnelle- und Spannungswellen ist hier zweckmäßig. Wir wissen schon, daß einer Verschiebungswelle $u_\pm$ auch eine Schnellewelle $v_\pm = \dot{u}_\pm$ und eine Spannungswelle $\sigma_\pm = E\,u'_\pm$ entspricht, wobei zwischen Spannung und Schnelle der Zusammenhang

$$\sigma_\pm = \mp Z\,v_\pm \qquad (1.259)$$

besteht. In Abb.1.37a ist zunächst die Verschiebung u, die Schnelle v und die Spannung σ zum Zeitpunkt $t = 0$ dargestellt. Da am linken Ende die Spannung die Randbedingung $\sigma = 0$ erfüllen muß, wird von links eine Welle σ_+, ein Spannungssprung der Höhe F/A in den Dehnstab einlaufen und daher auch gleichzeitig eine Schnellewelle (Schnellesprung der Höhe $-F/(AZ)$ Abb.1.37b und Abb.1.37c). Zum Zeitpunkt $t = 1/c$ erreicht diese Welle den rechten Rand (Abb.1.37d); der Stab ist jetzt vollständig entspannt ($\sigma = 0$) und alle seine Punkte bewegen sich mit der Geschwindigkeit F/(AZ) nach *links*. Da jedoch am rechten Ende die Randbedingung $v = 0$ gilt, muß von rechts eine neue Schnellewelle v_- einlaufen, mit konstanter Höhe F/(AZ), der eine Spannungswelle σ_- mit konstanter Höhe F/A entspricht (Abb.1.37e). Diese Wellen erreichen zum Zeitpunkt $t = 21/c$ den linken Rand; der Stab befindet sich in Ruhe und steht unter einer konstanten Zugspannung. Zur Erfüllung der Randbedingung $\sigma = 0$ läuft von links wieder eine

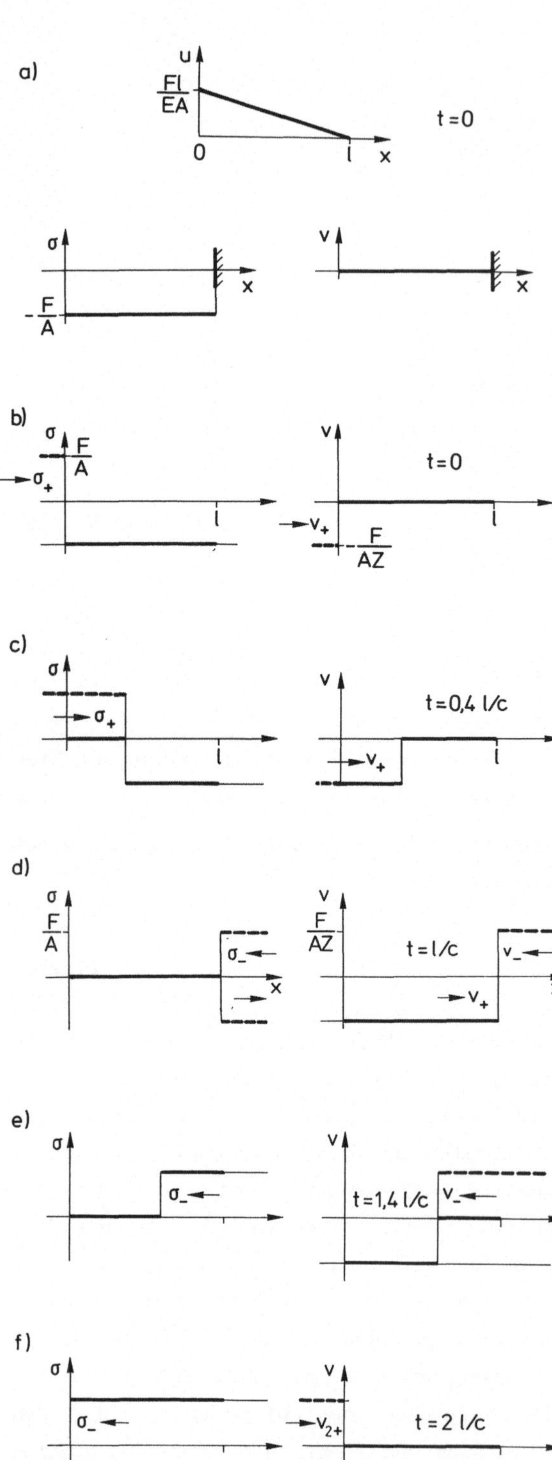
a)
u
Fl/EA
0   l   x
t=0
σ
-F/A
x
v
x
b)
σ
F/A
σ_+
l
v
t=0
v_+
-F/AZ
l
c)
σ
σ_+
l
v
t=0,4 l/c
v_+
l
d)
σ
F/A
σ_-
x
v
F/AZ
t=l/c
v_-
v_+
x
e)
σ
σ_-
v
t=1,4 l/c
v_-
f)
σ
σ_-
σ_{2+}
v
v_{2+}
t=2 l/c

g)

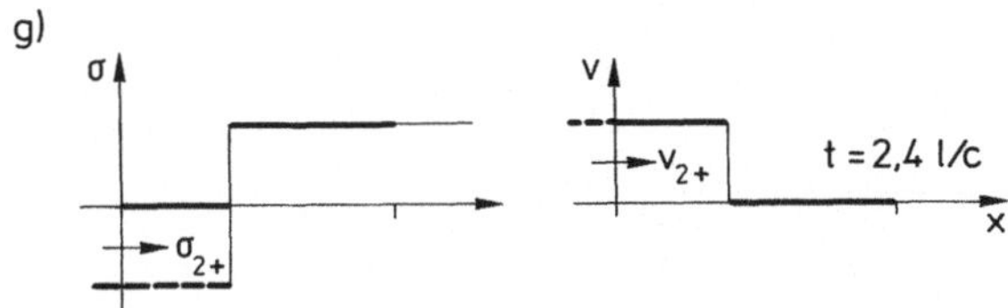

h)

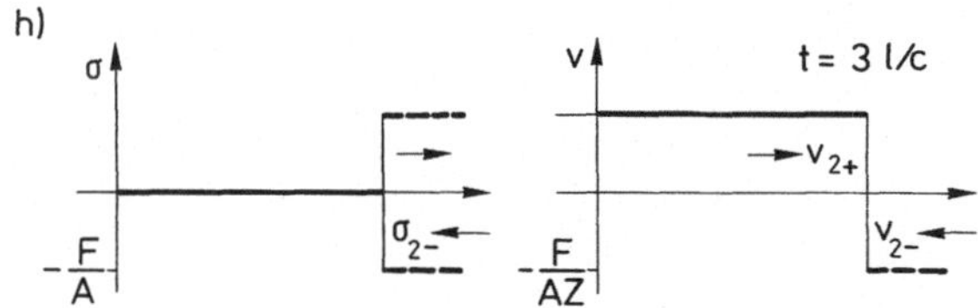

i)

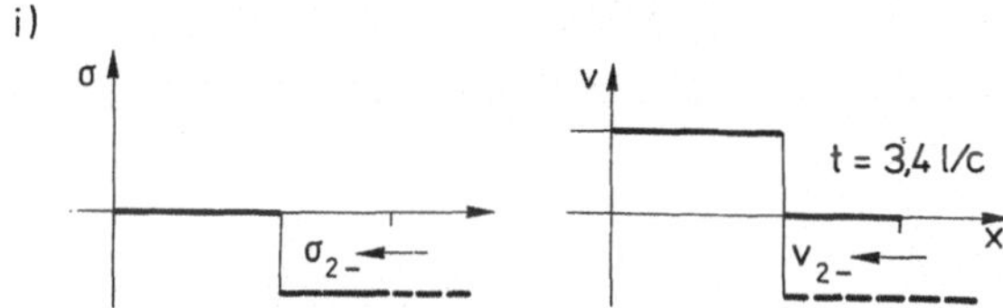

Abb.1.37   Zu den laufenden Wellen im Dehnstab der Abb.1.36

Druckwelle σ_{2+} ein, der eine "positive" Schnellewelle entspricht (Abb.1.37f, Abb.1.37g). Zum Zeitpunkt t = 3l/c ist der Stab wieder entspannt, alle seine Punkte besitzen aber jetzt die gleiche nach *rechts* gerichtete Geschwindigkeit. Von rechts läuft nun wieder eine "negative" Schnellewelle v_{2-} und eine "negative" Spannungswelle σ_{2-} ein, so daß zum Zeitpunkt t = 4l/c wieder der Anfangszustand erreicht ist (Abb.1.37h, Abb.1.37i).

In Abb.1.38 sind die Werte der Funktionen $\sigma(x,t)$, $v(x,t)$ und auch der Verschiebung $u(x,t)$, die man ja leicht durch Integration von $v(x,t)$ erhält, für x = 0, x = 1/2 und x = 1 als Funktionen von t dargestellt. Wird der Stab nicht wie in Abb.1.36 ent- sondern belastet, so ist die Lösung analog, mit dem Unterschied, daß jetzt Spannung, Schnelle und Verschiebung gemäß Abb.1.39 um eine von Null verschiedene statische Ruhelage schwanken. Die Maximalwerte von Spannung und Verschiebung sind dabei gerade doppelt so groß wie im statischen Fall ("dynamischer Lastfaktor" = 2).

78

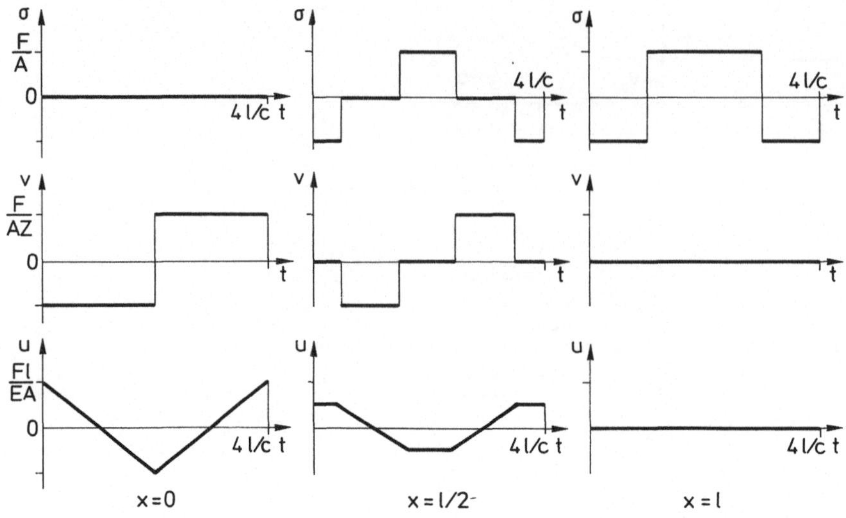

x=0   x=l/2⁻   x=l

Abb.1.38   Spannung, Schnelle und Verschiebung im Dehnstab der Abb.1.36

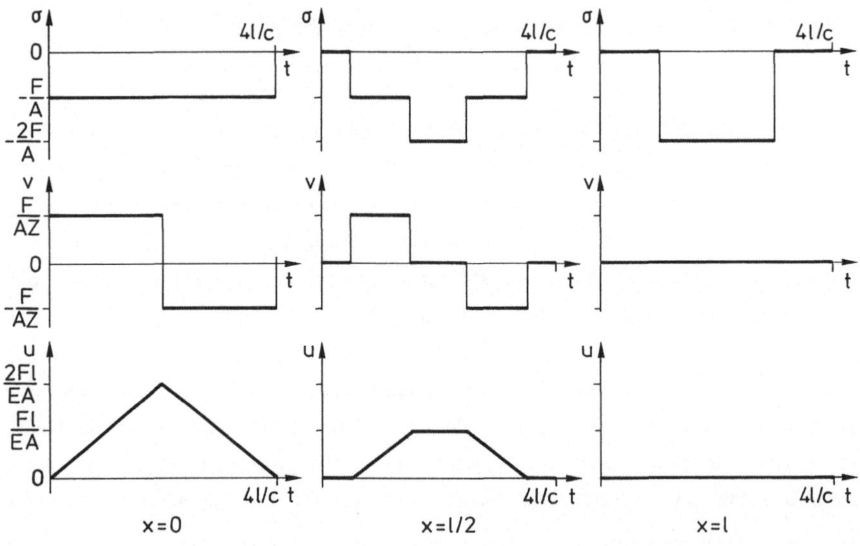

x=0   x=l/2   x=l

Abb.1.39   Spannung, Schnelle und Verschiebung in einem plötzlich durch
Druckkraft belastetem Dehnstab

1.8   Zwangserregung am Rande

Die in 1.4 besprochenen erzwungenen Schwingungen – bei denen die Erregerkräfte
über das Kontinuum verteilt waren – wurden durch inhomogene partielle Differentialgleichungen mit homogenen Randbedingungen beschrieben. In vielen
technischen Problemen ist aber die Anregung nicht über das Kontinuum verteilt,
sondern erfolgt über den Rand. Diese Probleme werden durch *homogene Differentialgleichungen* beschrieben, bei denen jedoch die *Randbedingungen inhomogen* sind.

Einfachstes Beispiel hierzu ist eine halbunendliche Saite, die an der
Stelle $x = 0$ durch die gegebene Kraft $F(t)$ quer zwangserregt wird (Abb.1.40).
Die Randbedingung an der Stelle $x = 0$,

$$F(t) = - T\, w'(0,t), \qquad (1.260)$$

folgt aus einer einfachen Gleichgewichtsbetrachtung. Da die Schwingungen der
homogenen Wellengleichung genügen, ist $w(x,t)$ von der Form

$$w(x,t) = f_1(x-ct) + f_2(x+ct). \qquad (1.261)$$

Natürlich reicht die Randbedingung (1.260) nicht zur eindeutigen Bestimmung
der Funktionen $f_1(\cdot)$, $f_2(\cdot)$ aus; dazu müssen vielmehr noch zusätzliche Annahmen, z.B. in Form einer zweiten Randbedingung und von Anfangsbedingungen,
oder auch bzgl. der Richtung der Energieausbreitung gemacht werden.

Bei manchen technischen Anwendungen sind lediglich die vom Erreger-
randpunkt in die Saite hineinwandernden Wellen von Interesse: Bei einer sehr
langen Saite ist nämlich infolge einer zwar kleinen, aber in Wirklichkeit doch
immer vorhandenen Dämpfung u.U. keine vom anderen Rand reflektierte Welle in
der Nähe von $x = 0$ spürbar. Das bedeutet, daß man sich in Abb.1.40 für den

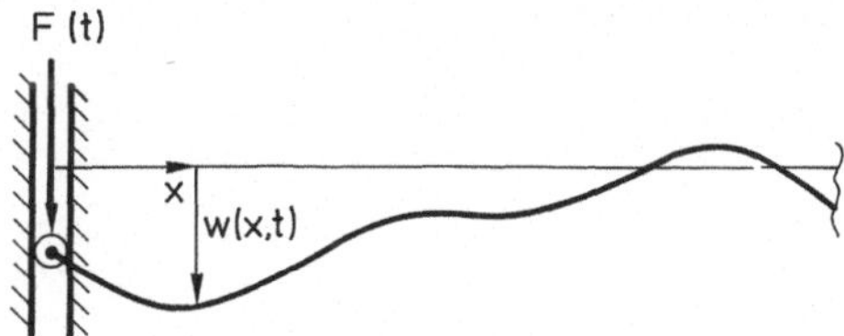

Abb.1.40   Halbunendliche Saite mit Zwangserregung am Rande

Fall interessiert, in dem durch die Kraft $F(t)$ mechanische Energie in die Saite eingebracht wird, die nach rechts abwandert, so daß nur Lösungen der Art

$$w(x,t) = f_1(x-ct) \qquad (1.262)$$

zu untersuchen sind. Diese Lösungen werden aber durch (1.260) eindeutig bestimmt. Der Lösungsansatz (1.262) ergibt

$$w' = -\frac{1}{c}\,\dot{w}, \qquad (1.263)$$

so daß (1.260) auch als

$$F(t) = T\,\frac{1}{c}\,\dot{w}(0,t) \qquad (1.264)$$

geschrieben werden kann. Es besteht also zwischen Erregerkraft und Randpunktschnelle der gleiche Zusammenhang wie an einem linearen Dämpfer: Die Kraft ist geschwindigkeitsproportional. Teilt man die Kraft durch die Schnelle, so erhält man die *Impedanz* (auch *Eingangsimpedanz*) der halbunendlichen Saite in der Form

$$\frac{F(t)}{\dot{w}(0,t)} = \frac{T}{c} = \rho A\, c. \qquad (1.265)$$

Der durch (1.265) beschriebene Sachverhalt bedeutet, daß man die halbunendliche Saite durch einen Dämpfer mit der Dämpfungskonstanten $d = T/c$ ersetzen kann, falls es nur auf den Zusammenhang zwischen Kraft und Schnelle an diesem Punkt ankommt.

Wir bestimmen nun noch die Funktion $f_1(x-ct)$. Aus (1.262) und (1.263) folgt

$$w'(0,t) = f_1'(-ct) = -\frac{1}{T}\,F(t) \qquad (1.266)$$

und mit $\tau := ct$ gilt

$$f_1(-\tau) = -\frac{1}{T}\int_0^\tau F(\tfrac{\bar{\tau}}{c})\,d\bar{\tau}, \qquad (1.267)$$

so daß die Lösung durch

$$w(x,t) = f_1(x-ct) = \frac{1}{T} \int_0^{ct-x} F(\frac{\bar{\tau}}{c})\, d\bar{\tau} \qquad (1.268)$$

für $0 \leq x \leq ct$ gegeben ist, während $w \equiv 0$ für $x > ct$ gilt. Hierbei wurde in (1.268) angenommen, daß sich die Saite (im Bereich $[0,\infty)$) für $t = 0$ in Ruhe befindet. Damit ist das Beispiel der am Rande erregten, halbunendlichen Saite abgeschlossen.

Bei Saiten oder Stäben *endlicher Länge* mit Zwangserregung am Rande ist oft auch die BERNOULLIsche Betrachtungsweise nützlich. Als Beispiel hierzu behandeln wir den links zwangserregten und rechts festen Dehnstab der Abb.1.41. Das Problem wird durch die Wellengleichung

$$\ddot{u} = c^2\, u'' \qquad (1.269)$$

mit den Randbedingungen

$$EA\, u'(0,t) = - F(t), \qquad (1.270)$$

$$u(l,t) = 0, \qquad \forall\, t \qquad (1.271)$$

beschrieben. Hinzu kommen noch Anfangsbedingungen, die beliebig sein können. Die allgemeine Lösung dieses Problems kann infolge der Linearität als

$$u(x,t) = u_R(x,t) + u_A(x,t) \qquad (1.272)$$

geschrieben werden, wobei $u_R(x,t)$ eine beliebige (hinreichend oft differenzierbare) Funktion ist, die das inhomogene System der Randbedingungen (1.270), (1.271) erfüllt, während $u_A(x,t)$ die allgemeine Lösung des durch

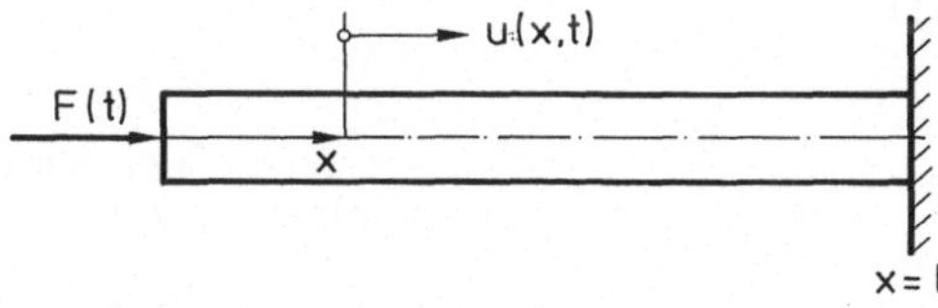

Abb.1.41   Am linken Rande zwangserregter Dehnstab

$$\ddot{u}_A - c^2 \, u_A'' = c^2 \, u_R'' - \ddot{u}_R, \tag{1.273}$$

$$EA \, u_A'(0,t) = 0, \tag{1.274}$$

$$u_A(1,t) = 0 \tag{1.275}$$

beschriebenen Problems ist. Während also $u_R(x,t)$ keine bestimmte Differential-gleichung zu erfüllen braucht, wird $u_A(x,t)$ durch ein Problem beschrieben, wie es schon in 1.4 behandelt wurde, da ja die rechte Seite von (1.273),

$$q(x,t) := c^2 \, u_R'' - \ddot{u}_R, \tag{1.276}$$

eine Funktion ist, die durch die Wahl von $u_R(x,t)$ festgelegt wird.

Eine mögliche Wahl für $u_R(x,t)$ ist

$$u_R(x,t) = \frac{F(t)}{EA} (1 - x), \tag{1.277}$$

wie man leicht überprüfen kann. Gleichung (1.277) bedeutet, daß für $u_R(x,t)$ eine lineare Verschiebungsverteilung (bzgl. x) gewählt wird, die dem statischen Fall entspricht. Mit (1.277) ergibt sich für $u_A(x,t)$ dann die Bewegungsgleichung

$$\ddot{u}_A - c^2 \, u_A'' = - \frac{\ddot{F}(t)}{EA} (1 - x), \tag{1.278}$$

die auf einem der üblichen Wege mit den homogenen Randbedingungen (1.274), (1.275) zu lösen ist. Selbstverständlich gilt auch für $u_A(x,t)$ wieder $u_A = u_P + u_H$, wobei u_P eine partikuläre Lösung des Problems (1.278), (1.274), (1.275) und u_H die allgemeine Lösung des entsprechenden homogenen Problems ist.

Wir rechnen jetzt für den Sonderfall

$$F(t) = \hat{F} \sin \Omega t \tag{1.279}$$

das Beispiel der Abb.1.41 explizit durch, wobei wir uns allerdings auf den eingeschwungenen Zustand beschränken. In diesem Fall liegt harmonische Erregung vor, und es ist eigentlich nicht notwendig, die Lösung durch eine Zerlegung gemäß (1.272) zu bestimmen, da ein Ansatz der Trennung der Veränderlichen der Art $u(x,t) = U(x)\sin\Omega t$ direkt in (1.269) – (1.271) auch zum Ziel führt. Wir wählen trotzdem den allgemeingültigen Weg über (1.272) und erhalten aus (1.277)

$$u_R(x,t) = \frac{\hat{F}}{EA} (1 - x) \sin \Omega t. \tag{1.280}$$

Damit ergibt sich

$$\ddot{u}_A - c^2 u''_A = \frac{\Omega^2 \hat{F}}{EA} (1 - x) \sin \Omega t, \quad u'_A(0,t) \equiv 0, \quad u_A(1,t) \equiv 0. \tag{1.281}$$

Der Ansatz

$$u_{PA} = \sum_{k=1}^{\infty} C_k \cos\frac{(2k-1)\pi x}{21} \sin \Omega t \tag{1.282}$$

für eine partikuläre Lösung von (1.281) (Entwicklung in Eigenfunktionen) führt auf

$$\sum_{k=1}^{\infty} (\omega_k^2 - \Omega^2) C_k \cos\frac{(2k-1)\pi x}{21} = \Omega^2 \frac{\hat{F}}{EA} (1 - x), \tag{1.283}$$

woraus man auf dem üblichen Wege durch Multiplikation mit $\cos\frac{(2j-1)\pi x}{21}$ und anschließender Integration die Koeffizienten

$$C_j = \frac{2\hat{F}}{EA} \frac{\Omega^2}{\omega_j^2 - \Omega^2} \frac{1}{1} \left[\frac{21}{\pi(2j-1)}\right]^2 \tag{1.284}$$

bestimmt (für $\Omega \neq \omega_j = \frac{c}{1} \pi \frac{2j-1}{2}$, $j = 1,2,\ldots$). Die stationäre Lösung des Problems der Abb.1.41 mit $F(t) = \hat{F} \sin \Omega t$ ist also

$$u(x,t) = \frac{\hat{F}}{EA} \left\{ 1 - x + \frac{81}{\pi^2} \sum_{k=1}^{\infty} \left[\frac{\Omega^2}{\omega_k^2 - \Omega^2} \frac{1}{(2k-1)^2} \cos\frac{(2k-1)\pi x}{21}\right] \right\} \sin \Omega t, \tag{1.285}$$

sofern keine Resonanz vorliegt. Damit ist das Beispiel abgeschlossen. Man beachte, daß es nicht möglich gewesen wäre, die Lösung (1.285) des Problems mit *inhomogenen* Randbedingungen direkt in einer Reihe nach den Eigenfunktionen des *homogenen* Problems zu entwickeln! Für Stäbe oder Saiten mit veränderlichem Querschnitt ist die Vorgehensweise vollständig analog.

1.9 Probleme mit Randbedingungen in der Form gewöhnlicher Differentialgleichungen

Bei manchen Problemen hängen die Kräfte am Rande von der Beschleunigung und/oder der Geschwindigkeit des Randpunktes ab, so daß die Randbedingungen durch gewöhnliche Differentialgleichungen formuliert werden. Ein erstes Beispiel hierzu ist der Dehnstab mit Endmasse der Abb.1.42, für den die Randbedingungen durch

$$u(0,t) \equiv 0,$$ (1.286)

$$EA\,u'(1,t) = -\,m\,\ddot{u}(1,t).$$ (1.287)

gegeben sind.

Andere Bespiele sind in Abb.1.43a bis Abb.1.43c angegeben. Für den Stab der Abb.1.43a sind die Randbedingungen

$$EA\,u'(0,t) = -\,F(t),$$ (1.288)
$$EA\,u'(1,t) = -\,d\,\dot{u}(1,t),$$ (1.289)

wobei d die Dämpfungskonstante des linearen Dämpfers am rechten Ende ist. In Abb.1.42b wirkt eine COULOMBsche Reibungskraft[14], so daß hier

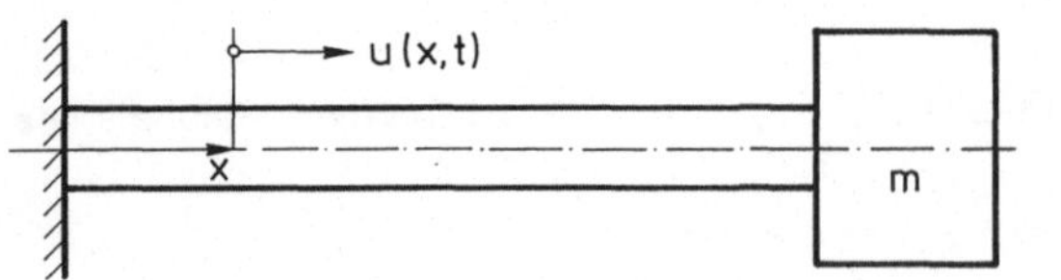

Abb.1.42   Dehnstab mit Endmasse

---

[14]Nach dem Physiker Charles Augustin COULOMB, *1736 in Angoulême, +1806 in Paris.

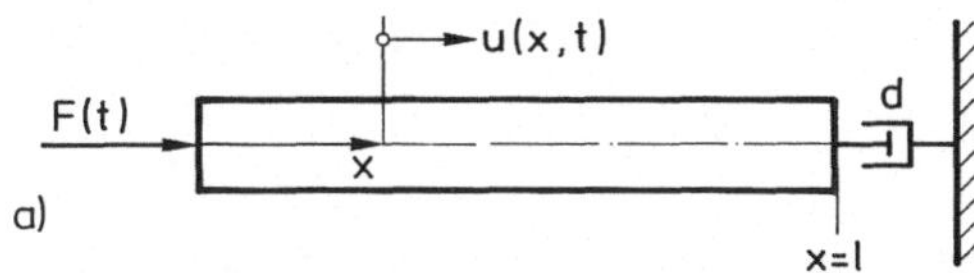

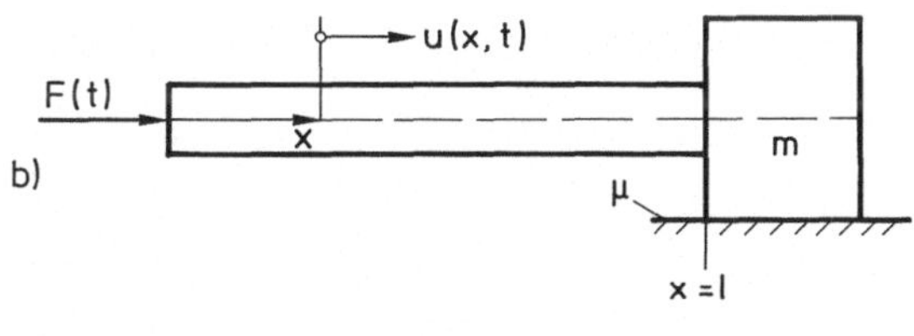

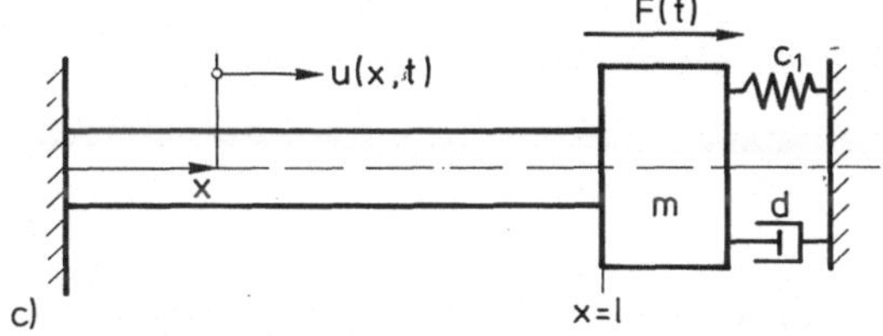

Abb.1.43 Dehnstab mit Randbedingungen, die auf Differentialgleichungen führen

$$EA\, u'(1,t) = -\, m\, \ddot{u}(1,t) - R\, \mathrm{sgn}\big[\, \dot{u}(1,t)\, \big] \qquad (1.290)$$

gilt, wobei R der konstante Betrag der Reibungskraft (Gleitreibung) ist. Diese Randbedingung verknüpft nicht nur Zeitableitungen von $u(x,t)$ mit Ableitungen nach x, sondern ist auch noch nichtlinear in $\dot{u}(1,t)$.

Für das System der Abb.1.43c, bei dem noch eine eingeprägte Erregerkraft F(t) auf die Endmasse wirkt, ist die Randbedingung am rechten Ende

$$EA\, u'(1,t) = -\, m\, \ddot{u}(1,t) - d\, \dot{u}(1,t) - c_1 u(1,t) + F(t); \qquad (1.291)$$

dabei wird hier und im folgenden die Federsteifigkeit mit c_1 bezeichnet, um Verwechslungen mit der Wellengeschwindigkeit zu vermeiden. Die im vorigen Abschnitt behandelten, am Rande zwangserregten Systeme sind als Sonderfall wieder in den hier vorliegenden Problemen enthalten.

Auch hier kann eine Lösung meistens sowohl in der BERNOULLIschen als auch in der D'ALEMBERTschen Form gegeben werden. Dies ist jedoch in anderen

Problemen nicht unbedingt immer der Fall, wie wir an dem Problem der Abb.1.43c mit $F(t) \equiv 0$, $c_1 = 0$, $m = 0$ zeigen werden.

Dazu lösen wir zunächst das Eigenwertproblem für dieses am Rande bedämpfte System. Der Ansatz

$$u(x,t) = U(x)\, e^{st} \tag{1.292}$$

führt in der Wellengleichung auf

$$U''(x) - \left(\frac{s}{c}\right)^2 U(x) = 0 \tag{1.293}$$

mit der Lösung

$$U(x) = B \exp(sx/c) + C \exp(-sx/c) \tag{1.294}$$

und aus der Randbedingung $u(0,t) \equiv 0$ folgt $B + C = 0$. Die Randbedingung am rechten Ende ergibt dann

$$\frac{EA}{c}\,(e^{\gamma} + e^{-\gamma}) = - d\,(e^{\gamma} - e^{-\gamma}) \tag{1.295}$$

mit

$$\gamma := \frac{s}{c}\, 1. \tag{1.296}$$

Führt man die Abkürzung

$$a := \frac{dc}{EA} \tag{1.297}$$

ein, so schreibt sich die aus (1.295) folgende charakteristische Gleichung in γ als

$$e^{2\gamma} = \frac{a - 1}{a + 1}\,. \tag{1.298}$$

Daran fällt zunächst auf, daß für $a = 1$, d.h. für

$$d = A\,\sqrt{E\rho} \tag{1.299}$$

kein Eigenwert und daher auch keine Eigenfunktion existiert! Dieser zunächst vielleicht überraschende Sachverhalt wird klar, wenn man sich veranschaulicht, daß mit einem linearen Dämpfer gemäß (1.299), dessen Dämpfungskostante gerade der Impedanz des halbunendlichen Dehnstabes entspricht, ein *vollkommen absorbierender Abschluß* erreicht wird. Es finden dann keine Reflexionen an der Stelle x = 1 statt, und spätestens nach der Zeit t = 21/c ist der Stab zur Ruhe gekommen. Da die gesamte Schwingungsenergie *in endlicher Zeit* Null wird, können natürlich keine exponentiell abklingenden Schwingungen gemäß dem Ansatz (1.292) existieren.

Aber auch das Verhalten der Eigenlösungen für a ≠ 1 ist interessant. Mit $\alpha := \mathrm{Re}\ \mathfrak{s}$ und $v := \mathrm{Im}\ \mathfrak{s}$ schreibt sich (1.298) auch als

$$e^{2\alpha}\,(\cos 2v + j\,\sin 2v) = \frac{a-1}{a+1}\,, \tag{1.300}$$

und es ist

$$\alpha = \ln\left|\frac{a-1}{a+1}\right| \tag{1.301}$$

und

$$v_k = \frac{2k-1}{2}\,\pi, \quad \text{für } 0 \le a < 1, \tag{1.302}$$

$$v_k = k\pi, \quad \text{für } a > 1, \quad k = 1,2,\ldots \tag{1.303}$$

Damit entspricht der Imaginärteil von s für a < 1 gerade den Eigenkreisfrequenzen des fest-freien Stabes und für a > 1 denjenigen des fest-festen Stabes! Überraschend ist dabei, daß der Übergang unstetig erfolgt und auch daß Re s überhaupt nicht von k abhängt, d.h., daß die Abklingkoeffizienten aller Eigenschwingungsformen gleich sind. Dieser Sachverhalt ist nochmals in Abb.1.44 dargestellt.

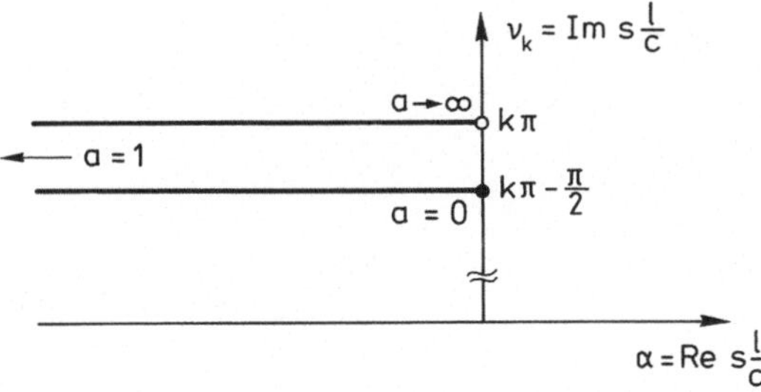

Abb.1.44   Wurzelortskurve für den Dehnstab der Abb.1.43c mit $c_1 = 0$, m = 0, F(t) ≡ 0

Dieses Beispiel belegt, daß zumindest in am Rande gedämpften Systemen die BERNOULLIsche Lösung unter Umständen vollkommen versagen kann. Andererseits kann man den vollkommenen Abschluß für $d = A \sqrt{E\rho}$ unmittelbar erkennen, ohne überhaupt das Eigenwertproblem zu formulieren, sofern man nur mit der D'ALEMBERTschen Vorgehensweise vertraut ist. Beide Lösungsdarstellungen haben also ihre jeweiligen Vor- und Nachteile und sind gleichermaßen wichtig!

Für sehr einfache Zeitfunktionen $F(t)$, z.B. für einen Kraftsprung, d.h. für $F(t) = 0$ mit $t < 0$, $F(t) = F$ mit $t > 0$, können für die Systeme der Abb.1.43 ohne weiteres Lösungen in D'ALEMBERTscher Form konstruiert werden. Wir zeigen dies am Beispiel der Abb.1.43a. Die Randbedingungen schreiben wir dazu für $t > 0$ in den Spannungen als

$$\sigma(0,t) = - \frac{F}{A} , \tag{1.304}$$

$$\sigma(1,t) = - \frac{d}{A} v(1,t). \tag{1.305}$$

Für $t < 0$ befinde sich der Stab in Ruhe und zum Zeitpunkt $t = 0$ laufe von links eine Druckwelle, d.h. eine Spannungswelle bzw. ein Spannungssprung der Größe $\sigma_+ = -F/A$ in den Stab hinein (mit $\sigma_\pm$ bezeichnen wir der Einfachheit halber die Höhe des Sprunges einer "sprungartigen Welle" $\sigma_\pm(x,t)$), der auch eine Schnellewelle $v_+ = - \sigma_+/Z$ entspricht. Diese Wellen erreichen zum Zeitpunkt $t = 1/c$ das rechte Ende, und aus (1.305) läßt sich mit

$$\sigma(1,t) = \sigma_+ + \sigma_- = Z(-v_+ + v_-) = - \frac{d}{A} (v_+ + v_-) \tag{1.306}$$

die Größe v_- des reflektierten Schnellesprunges zu

$$v_- = v_+ \frac{ZA - d}{ZA + d} \tag{1.307}$$

berechnen. Der Koeffizient

$$r := \frac{ZA - d}{ZA + d} \tag{1.308}$$

wird *Reflexionsfaktor* genannt; er nimmt für positive ZA und d Werte zwischen -1 und $+1$ an. Dabei entspricht $d = 0$, $(r = 1)$ gerade wieder dem freien, $d \to \infty$ $(r \to -1)$ dagegen einem festen Ende. Für $d = ZA$ ist $r = 0$ (perfekter Abschluß).

Mit v_- ist auch

$$\sigma_- = Z \, v_- = Z \, r \, v_+ = \frac{F}{A} \, r \qquad (1.309)$$

bekannt. Zum Zeitpunkt $t = 2l/c$ erreichen diese Wellen den linken Rand, wo nach der vorgegebenen Randbedingung

$$-F = (\sigma_+ + \sigma_- + \sigma_{2+})A \qquad (1.310)$$

gilt, so daß nach zwei Reflexionen

$$\sigma_{2+} = -\frac{F}{A} - \sigma_+ - \sigma_- \qquad (1.311)$$

ist; allerdings ergeben die ersten beiden Summanden auf der rechten Seite von (1.311) schon Null, so daß man auch

$$\sigma_{2+} = - \sigma_- \qquad (1.312)$$

schreiben kann. Allgemein gilt für die n-te Reflexion am linken, freien Ende

$$\sigma_{(n+1)+} = - \sigma_{n-}, \qquad (1.313)$$

während am rechten Ende stets

$$v_{n-} = r \, v_{n+} \qquad (1.314)$$

gilt. Damit kann man dann ganz allgemein

$$\sigma_{n+} = - r^{n-1} \frac{F}{A} \, , \qquad \sigma_{n-} = r^n \frac{F}{A} \qquad (1.315)$$

$$v_{n+} = r^{n-1} \frac{F}{AZ} \, , \qquad v_{n-} = r^n \frac{F}{AZ} \qquad (1.316)$$

schreiben. Die Spannung $\sigma(l,t)$ und die Schnellen $v(0,t)$ und $v(l,t)$ können nun durch Überlagerung der verschiedenen Anteile bestimmt werden.

Nach der n-ten Reflexion rechts ist

$$\sigma(l,t) = -\frac{F}{A} \, (1-r^n), \qquad (1.317)$$

$$v(1,t) = \frac{F}{AZ}\left(1 + 2r + 2r^2 + \ldots + 2r^{(n-1)} + r^n\right), \qquad (1.318)$$

und nach der n-ten Reflektion links gilt

$$v(0,t) = \frac{F}{AZ}\left(1 + 2r + 2r^2 + \ldots + 2r^n\right). \qquad (1.319)$$

Für $|r| < 1$ ist daher

$$\lim_{t \to \infty} \sigma(1,t) = - F/A \qquad (1.320)$$

und $v(0,t)$ und $v(1,t)$ streben gegen die Grenzgeschwindigkeit

$$v_\infty = \lim_{t \to \infty} v(0,t) = \lim_{t \to \infty} v(\text{-}1,t) = \lim_{n \to \infty} \frac{F}{AZ}\left[2(1+r+r^2+\ldots r^n)-1\right] =$$

$$= \lim_{n \to \infty} \frac{F}{AZ}\left[2\,\frac{1-r^{n+1}}{1-r} - 1\right] = \frac{F}{AZ}\,\frac{1+r}{1-r}\;. \qquad (1.321)$$

Aus der Definition des Reflexionsfaktors folgt aber auch

$$\frac{AZ}{d} = \frac{1+r}{1-r}\;, \qquad (1.322)$$

so daß die Grenzgeschwindigkeit

$$v_\infty = F/d \qquad (1.323)$$

ist, wie auch anschaulich direkt erkennbar. Während für $r > 0$ die Folgen für die Geschwindigkeit und für die Spannung monoton sind, ist dies für $r < 0$ nicht der Fall (s. Abb.1.45).

Anschaulich kann man diese Ergebnisse so deuten, daß für großen Wellen-widerstand $AZ > d$ $(r > 0)$ der Stab relativ steif ist und die Bewegung des Stabes der einer starren Masse mit Dämpfer ähnelt. Für geringen Wellen-widerstand hingegen $(AZ < d$, d.h. $r < 0)$ ist der elastische Stab sehr hart abgeschlossen, und es ergeben sich in erster Näherung Schwingungen mit der Periode 4 l/c, die in einer "Periode" um den Faktor r abklingen. Die Mittel-punkte der Treppenstufen der Abb.1.45 liegen für $r > 0$ auf einer Kurve, die der Funktion

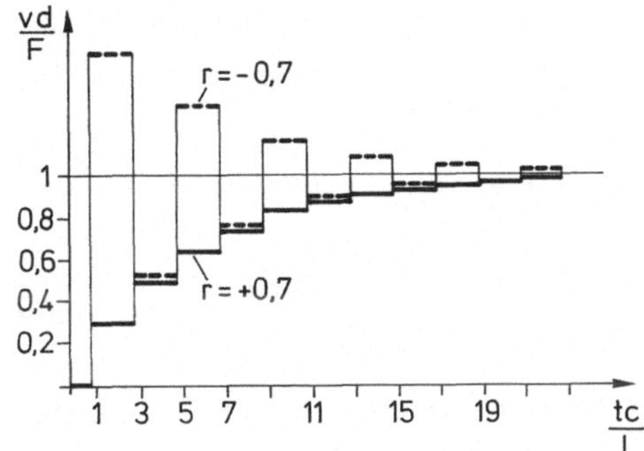

Abb.1.45   Schnelle v (und Spannung $\sigma = -vd/A$) an der Stelle $x = 1$ für den plötzlich belasteten Dehnstab der Abb.1.43a ($r = 0,7$, bzw. $r = -0,7$)

$$v(1,t) = \frac{F}{d}\left\{1 - \left[\, r\,\right]^{\frac{tc}{2l}}\right\} = \frac{F}{d}\left\{1 - \exp\left[\frac{ct}{2l}\ln(r)\right]\right\} \qquad (1.324)$$

entspricht, wobei der Exponent der e-Funktion wegen $r < 1$ negativ ist. Für $r < 0$ liegen diese Punkte auf

$$v(1,t) = \frac{F}{d}\left\{1 - \exp\left[\frac{ct}{2l}\ln|r|\right]\right\}\cos\frac{\pi ct}{2l}. \qquad (1.325)$$

Als Nächstes behandeln wir die *erzwungenen* Schwingungen eines Dehnstabes ähnlich zu Abb.1.43a, wobei allerdings jetzt an Stelle des Dämpfers am rechten Ende ein "schwarzer Kasten" mit einer komplexen Eingangsimpedanz $\underline{Z}_A$ angebracht ist (Abb.1.46). Dabei kann es sich z.B. wieder um einen Dämpfer handeln, ($Z_A = d$), um eine Masse ($\underline{Z}_A = j\Omega\, m$), oder auch um einen komplizierten Abschluß. Interessiert man sich bei gegebener komplexer Abschlußimpedanz lediglich für den eingeschwungenen Zustand bei harmonischer Erregung, so ist es zweckmäßig, die Lösung der Wellengleichung für harmonische Wellen in komplexer

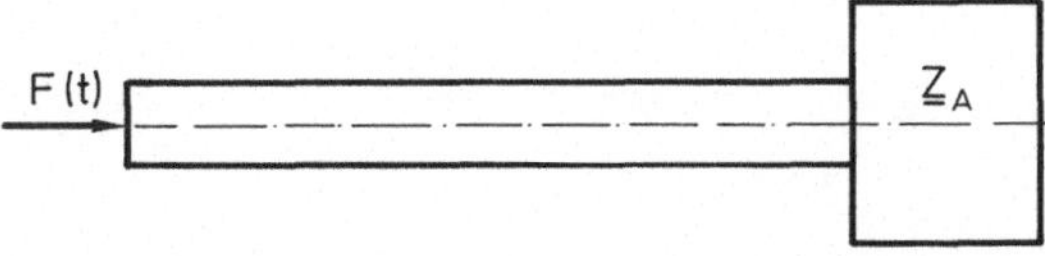

Abb.1.46   Dehnstab mit Endimpedanz $\underline{Z}_A$

92

Form zu schreiben (komplexe Größen werden im folgenden unterstrichen, die imaginäre Einheit wird mit j bezeichnet).

Die Schnelle $v := \dot{u}$ kann dabei mit $v(x,t) = \mathrm{Re}\ \underline{v}(x,t)$ komplex als

$$\underline{v}(x,t) = \underline{v}_+(x,t) + \underline{v}_-(x,t) = \underline{\hat{v}}_+\, e^{j(\Omega t - kx)} + \underline{\hat{v}}_-\, e^{j(\Omega t + kx)} \qquad (1.326)$$

geschrieben werden. Von den unterschiedlichen möglichen komplexen Schreibweisen für reelle harmonische Schwingungen wählen wir hier die *komplexe Erweiterung* (s. HAGEDORN & OTTERBEIN). Dabei ist die *Wellenzahl* k durch

$$k := \frac{\Omega}{c} = \frac{2\pi}{\lambda} \qquad (1.327)$$

definiert, (λ = Wellenlänge) und $\underline{\hat{v}}_+$, $\underline{\hat{v}}_-$ sind zwei komplexe Konstanten. Die Erregerkraft ist

$$\underline{F}(t) = \underline{\hat{F}}\, e^{j\Omega t}. \qquad (1.328)$$

Wegen $\sigma_+ = -Zv_+$ und $\sigma_- = Zv_-$ gilt

$$\underline{\sigma}(x,t) = -\, Z\, \underline{\hat{v}}_+\, e^{j(\Omega t - kx)} + Z\, \underline{\hat{v}}_-\, e^{j(\Omega t + kx)} \qquad (1.329)$$

und die Randbedingung

$$A\, \underline{\sigma}(0,t) = -\, \underline{F}(t) \qquad (1.330)$$

liefert

$$\underline{\hat{F}} = ZA\, (\underline{\hat{v}}_+ - \underline{\hat{v}}_-). \qquad (1.331)$$

Am rechten Ende gilt aber

$$A\, \underline{\sigma}(l,t) = -\, \underline{Z}_A\, \underline{v}(l,t), \qquad (1.332)$$

d.h.

$$ZA\, (-\, \underline{\hat{v}}_+ e^{-jkl} + \underline{\hat{v}}_- e^{jkl}) = -\, \underline{Z}_A\, (\underline{\hat{v}}_+ e^{-jkl} + \underline{\hat{v}}_- e^{jkl}). \qquad (1.333)$$

Aus (1.331) und (1.333) berechnet man

$$\hat{\underline{v}}_+ = \frac{\hat{\underline{F}}(1 + \underline{Z}_A/ZA)}{\underline{Z}_A(1 + e^{-2jkl}) + ZA(1 - e^{-2jkl})} \, .$$
(1.334)

Hierin kann man leicht einige Sonderfälle unterscheiden. So gilt für den freien Rand mit $\underline{Z}_A = 0$

$$\hat{\underline{v}}_+ = \frac{\hat{\underline{F}} \, e^{jkl}}{2j \, ZA \, \sin kl} \, ,$$
(1.335)

und Resonanz tritt auf für $kl = n\pi$, $n = 1,2,\ldots$, was gerade den Eigenwerten des frei-freien Stabes entspricht. Für den festen Rand mit $\underline{Z}_A \to \infty$ gilt

$$\hat{\underline{v}}_+ = \frac{\hat{\underline{F}} \, e^{jkl}}{2 \, ZA \, \cos kl}$$
(1.336)

mit den Resonanzen $kl = (2n-1)\pi$, $n = 1,2,\ldots$, die dem frei-festen Stab entsprechen. Für $ZA = \underline{Z}_A$ hat man einen perfekten Abschluß und es ist

$$\hat{\underline{v}}_+ = \underline{F}/ZA,$$
(1.337)

so daß $\hat{\underline{v}}_-$ gleich Null wird.

Führt man in (1.334) das komplexe Widerstandsverhältnis $\underline{\mu} := \underline{Z}_A/ZA$ ein, so gilt auch

$$\hat{\underline{v}}_+ = \frac{\hat{\underline{F}}}{ZA} \, \frac{1 + \underline{\mu}}{1 + \underline{\mu} + (\underline{\mu} - 1) \, e^{-2jkl}} \, ,$$
(1.338)

$$\hat{\underline{v}}_- = \frac{\hat{\underline{F}}}{ZA} \, \frac{(1 - \underline{\mu}) \, e^{-2jkl}}{1 + \underline{\mu} + (\underline{\mu} - 1) \, e^{-2jkl}} \, ,$$
(1.339)

und das Verhältnis der komplexen Amplituden $\hat{\underline{v}}_- e^{jkx}$, $\hat{\underline{v}}_+ e^{-jkx}$ an der Stelle $x = 1$ ergibt den *komplexen Reflexionsfaktor*

94

$$\underline{r} := \frac{\hat{\underline{v}}_-}{\hat{\underline{v}}_+}\, e^{2jkl} = \frac{1 - \underline{\mu}}{1 + \underline{\mu}} = \frac{ZA - \underline{Z}_A}{ZA + \underline{Z}_A} \qquad (1.340)$$

(eigentlich sollte man hier von einem *Schnellereflexionsfaktor* sprechen, der Reflexionsfaktor für die Spannung unterscheidet sich von $\underline{r}$ durch das Vorzeichen). An (1.340) erkennt man, daß immer $|\underline{r}| < 1$ ist, sofern Re $\underline{Z}_A > 0$ gilt.

Mit (1.340) kann man nun auch

$$\underline{v}(x,t) = \hat{\underline{v}}_+ \,(e^{-jkx} + \underline{r}\, e^{-2jkl}\, e^{jkx})e^{j\Omega t} \qquad (1.341)$$

schreiben und mit

$$\underline{r} = |\underline{r}|\, e^{j\gamma} \qquad (1.342)$$

folgt

$$\underline{v}(x,t) = \hat{\underline{v}}_+ \,\underline{p}(x)\, e^{-jkx}\, e^{j\Omega t} \qquad (1.343a)$$

mit

$$\underline{p}(x) := 1 + |\underline{r}|e^{-j(2kl-2kx-\gamma)} \;. \qquad (1.343b)$$

Die lokalen Beträge der Schnelleamplituden hängen offensichtlich von x ab, und für diese Abhängigkeit ist allein der Ausdruck $\underline{p}(x)$ maßgeblich, da der Betrag von $e^{-j(kx-\Omega t)}$ stets Eins ist. Der Faktor $\underline{p}$ kann aber gemäß Abb.1.47 auf einfache Art geometrisch veranschaulicht werden. Dabei stellt der gestrichelte Pfeil in der komplexen Ebene die Größe $\underline{p}$ dar; man erkennt, daß ihr Betrag zwischen $1-|\underline{r}|$ und $1+|\underline{r}|$ schwankt. Aus $|\underline{r}| < 1$ folgt außerdem, daß der Realteil von $\underline{p}$ positiv ist.

Echte Knoten, d.h. Punkte für die $\underline{p}(x)$ verschwindet, kann es nur für $|\underline{r}| = 1$ geben; in diesem Fall ist Re $\underline{Z}_A = 0$ und dem Stab wird am rechten Ende keine mechanische Energie entzogen. Die Knotenpunktkoordinaten folgen dann aus

$$1 + e^{-j(2kl-2kx-\gamma)} = 0, \qquad (1.344)$$

bzw.

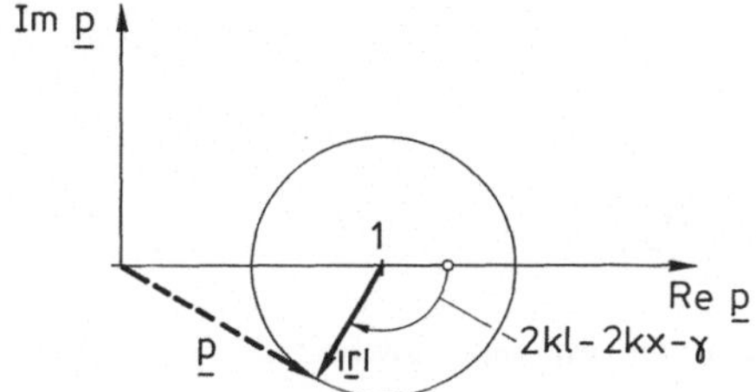

Abb.1.47   Zeigerdiagramm zum Faktor $\underline{p}(x)$ aus (1.343)

$$2k(1 - x) - \gamma = (2n - 1)\pi, \qquad n \in \mathbb{Z}; \tag{1.345}$$

insbesondere erhält man einen Knoten am rechten Rand für

$$- \gamma = (2n - 1)\pi. \tag{1.346}$$

Aus einer Messung von

$$v_{max} := \max_{x,t} \{v(x,t)\}, \qquad v_{min} := \min_{x,t} \{v(x,t)\} \tag{1.347}$$

und der entsprechenden Orte x_{min}, x_{max} am Stab kann leicht die Abschlußimpedanz $\underline{Z}_A$ berechnet werden. Dieses Verfahren wird in der Praxis gelegentlich
zur Impedanzbestimmung verwendet, wobei es unmaßgeblich ist, ob eine Kraft-,
eine Wegerregung oder eine andere Art der Anregung vorliegt. Mit
$\beta := v_{max}/v_{min}$ (für $v_{min} \neq 0$) folgt nämlich aus (1.343) $v_{max} = |\hat{\underline{v}}_+|(1+|\underline{r}|)$ und
$v_{min} = |\hat{\underline{v}}_+|(1-|\underline{r}|)$, woraus sich

$$|\underline{r}| = \frac{\beta - 1}{\beta + 1} \tag{1.348}$$

ergibt. Der Phasenwinkel γ kann aus dem Abstand $(1-x_1)$ des ersten Maximums vom
rechten Ende des Stabes nach

$$\gamma = 2k(1 - x_1) \tag{1.349}$$

berechnet werden; aus $\underline{r}$ kann man dann mittels (1.340) die Abschlußimpedanz $\underline{Z}_A$
bestimmen.

96

Für die Spannung im Stab gilt

$$\sigma(x,t) = -Z\underline{v}_+ + Z\,\underline{v}_- =$$

$$= Z\hat{\underline{v}}_+ \left[-1 + |\underline{r}|\exp\left[-j(2kl-2kx-\gamma)\right]\right]\exp(-jkx+j\Omega t), \qquad (1.350)$$

und sie erreicht offensichtlich an denjenigen Orten des Stabes ihre größten
Werte, an denen die Schnelle minimal wird und umgekehrt. Berechnet man die
Normalkraft $N(x,t) = A\sigma(x,t)$, so kann man mit

$$\underline{Z}_T(x) := -\frac{\hat{\underline{N}}(x)}{\hat{\underline{v}}(x)} = ZA\,\frac{1 - |\underline{r}|\,e^{-j(2kl-2kx-\gamma)}}{1 + |\underline{r}|\,e^{-j(2kl-2kx-\gamma)}} \qquad (1.351)$$

eine Impedanz definieren, die von x abhängt und für x = 1 gerade gleich der
Abschlußimpedanz $\underline{Z}_A$ ist. Die Größe $\underline{Z}_T(x)$ ersetzt die Abschlußimpedanz $\underline{Z}_A$ und
den rechts von der Stelle x liegenden Teil des Stabes durch eine einzige Im-
pedanz: Man kann damit die Abschlußimpedanz $\underline{Z}_A$ an den Ort x "transformieren".
Führt man den Abstand s := 1−x vom Ende des Stabes ein, so folgt aus (1.351)
mit (1.340) auch

$$\underline{Z}_T(s) = ZA\,\frac{\underline{Z}_A\cos ks + jZA\sin ks}{ZA\cos ks + j\underline{Z}_A\sin ks}\cdot \qquad (1.352)$$

Damit kann man z.B. die Impedanz $\underline{Z}_2$ und das Stabende im Bereich $1-d \leq x \leq 1$ des
Stabes der Abb.1.48a durch die Ersatzimpedanz $\underline{Z}_A$ allein ersetzen (Abb.1.48b).

a)

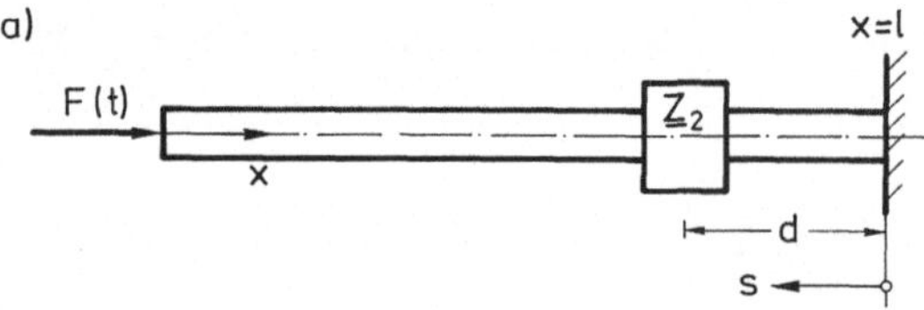

b)

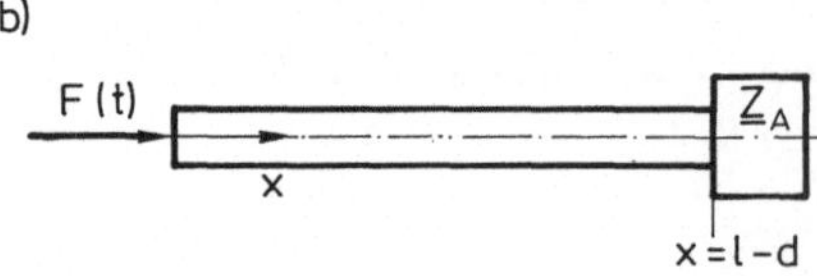

Abb.1.48   Zum Begriff der Ersatzimpedanz

a) Stab mit Zusatzsystem der Impedanz $\underline{Z}_2$ an der Stelle x = 1−d

b) Ersatzimpedanz am Ende des Stabes der Länge 1−d

Zunächst einmal besitzt die Einspannung eine Impedanz $\underline{Z}_E \to \infty$, so daß sich aus (1.352) mit $\underline{Z}_A = \underline{Z}_E$ an der Stelle s = d

$$\underline{Z}_{T1}(d) = - j \, ZA \, \cot kd \tag{1.353}$$

ergibt, und hierzu ist nun noch die Impedanz $\underline{Z}_2$ an dieser Stelle zu addieren:

$$\underline{Z}_A = \underline{Z}_2 - j \, ZA \, \cot kd. \tag{1.354}$$

Für kleine Wellenzahlen, d.h. für kd $\ll$ 1 ist $\cot kd \approx 1/kd$, so daß das Stabende dann offensichtlich als Feder wirkt. Wünscht man an der Stelle x = l-d einen reflektionsfreien Abschluß, so muß $\mathrm{Re}\,\underline{Z}_2$ = ZA und $\mathrm{Im}\,\underline{Z}_2$ = ZA $\cot kd$ sein.

In den oben behandelten Beispielen mit Differentialgleichungen als Randbedingungen haben wir die D'ALEMBERTsche Lösungsform für einfache Arten von Zwangserregung am Rande verwendet. Während bei dem ersten Beispiel eine plötzliche, stufenartige Belastung des Stabendes vorlag, war die Erregerkraft in den anderen Fällen harmonisch. Für *beliebige* Erregerkräfte F(t) kann das Problem – wie bei diskreten Systemen – mit Hilfe der FOURIER- oder der LAPLACE transformation[14] unter Verwendung der Lösung für harmonische Erregung behandelt werden (s. HAGEDORN & OTTERBEIN).

Wir kommen nun noch einmal auf die BERNOULLIsche Lösung zurück (als Entwicklung der Lösung in Eigenfunktionen verstanden). Natürlich kann auch hier – wie im Kapitel 1.8 – die Inhomogenität leicht aus den Randbedingungen beseitigt werden. Das dann resultierende Problem mit homogenen Randbedingungen und inhomogener Differentialgleichung besitzt aber immer noch Randbedingungen, die *nichtkonservativ* sind (das System ist am Rande gedämpft oder wird dort erregt). Solche Systeme besitzen im allgemeinen keine reellen entkoppelten Schwingungsmoden und unter Umständen nicht einmal komplexe Eigenmoden, wie wir am Anfang dieses Kapitels gezeigt haben.

14

Nach dem Mathematiker und Astronom Pierre Simon, Marquis de LAPLACE, *1749 in Beaulmont-en-Auge, +1827 in Arcueil.

Das RITZ-Verfahren kann allerdings trotzdem noch angewendet werden. Man geht dabei wieder vom HAMILTONschen Prinzip aus, das für den Stab der Abb.1.43c die Form

$$\delta \int_{t1}^{t2} \left\{ \int_0^1 \frac{1}{2} \left[\rho A \, \dot{u}^2 - EA \, u'^2 \right] dx + \frac{1}{2} m \, \dot{u}^2(1,t) - \frac{1}{2} c_1 \, u^2(1,t) \right.$$

$$\left. + \left[F(t) - d \, \dot{u}(1,t) \right] \delta u(1,t) \right\} dt = 0 \tag{1.355}$$

annimmt. Auf dem üblichen Wege folgt dann mit dem Ansatz

$$u(x,t) = \sum_{i=1}^{n} F_i(x) \, p_i(t) \tag{1.356}$$

das System gewöhnlicher Differentialgleichungen

$$M \, \ddot{p} + D \, \dot{p} + C \, p = f(t) \tag{1.357}$$

mit $M = (m_{ij})$, $D = (d_{ij})$, $C = (c_{ij})$, $f(t) = (f_i)$ und

$$m_{ij} = \int_0^1 \rho A \, F_i F_j dx + m \, F_i(1)F_j(1), \tag{1.358a}$$

$$c_{ij} = \int_0^1 EA \, F_i' F_j' \, dx + c_1 \, F_i(1)F_j(1), \tag{1.358b}$$

$$d_{ij} = d \, F_i(1)F_j(1), \tag{1.358c}$$

$$f_i(t) = F(t)F_i(1), \quad i,j = 1,2,\ldots,n. \tag{1.358d}$$

Es ist wichtig, die Ansatzfunktionen so zu wählen, daß die vorliegenden Randbedingungen am Ort der Einleitung der Kraft erfüllt werden können. Dies gewährleisten sicher die Funktionen $F_i(x) = \sin\frac{(2i-1)x}{21}\pi$ für $i = 1,2,\ldots$ Sie bilden eine Basis des Raumes der zulässigen Funktionen und die Konvergenz ist dadurch gesichert. Außerdem erfüllen diese Funktionen auch noch die üblichen Orthogonalitätsbedingungen. Wir bestimmen im folgenden die Koeffizienten für den Stab konstanten Querschnitts und erhalten nach kurzer Zwischenrechnung

$$m_{ij} = \frac{\rho A l}{2} \delta_{ij} + m \, (-1)^{i+j}, \tag{1.359a}$$

$$c_{ij} = \frac{EAl}{2} (2i-1)^2 \left[\frac{\pi}{2l}\right]^2 \delta_{ij} + c_1 (-1)^{i+j}, \qquad (1.359b)$$

$$d_{ij} = d (-1)^{i+j}, \quad f_i(t) = F(t) (-1)^{i+1}, \quad i,j = 1,2,3,\ldots (1.359c)$$

In dem Sonderfall $n = 2$ ergibt sich das inhomogene Gleichungssystem

$$\begin{bmatrix} \frac{\rho Al}{2} + m & -m \\ -m & \frac{\rho Al}{2} + m \end{bmatrix} \begin{bmatrix} \ddot{p}_1 \\ \ddot{p}_2 \end{bmatrix} + \begin{bmatrix} d & -d \\ -d & d \end{bmatrix} \begin{bmatrix} \dot{p}_1 \\ \dot{p}_2 \end{bmatrix} +$$

$$+ \begin{bmatrix} \frac{EA}{8\,l}\pi^2 + c_1 & -c_1 \\ -c_1 & \frac{9}{8}\frac{EA}{l}\pi^2 + c_1 \end{bmatrix} \begin{bmatrix} p_1 \\ p_2 \end{bmatrix} = \begin{bmatrix} F(t) \\ -F(t) \end{bmatrix}, \qquad (1.360)$$

das auf dem üblichen Wege leicht gelöst werden kann.

Falls allerdings in dem System der Abb.1.43c der Dämpfer wegfällt $(d = 0)$, dann besitzt das homogene Problem natürlich Hauptschwingungen der üblichen Form. Wir bestimmen die entsprechenden Eigenfunktionen und Eigenfrequenzen. Der Ansatz

$$u(x,t) = U(x) \sin \omega t \qquad (1.361)$$

führt bei konstantem Querschnitt auf

$$-\omega^2 U(x) = c^2 U''(x) \qquad (1.362)$$

mit der allgemeinen Lösung

$$U(x) = D \sin \frac{\omega x}{c} + E \cos \frac{\omega x}{c}, \qquad (1.363)$$

und die Randbedingung $U(0) = 0$ liefert $E = 0$. Am rechten Ende gilt

$$EA\, U'(1) = m\, \omega^2 U(1) - c_1 U(1); \qquad (1.364)$$

wir haben also hier eine Randbedingung, die den (noch zu bestimmenden) Eigenwert algebraisch enthält! Sie führt auf

$$EA \frac{\omega}{c} \cos \frac{\omega l}{c} = (m \omega^2 - c_1) \sin \frac{\omega l}{c} , \tag{1.365}$$

so daß die charakteristische Gleichung für $\sin \frac{\omega l}{c} \neq 0$ in der dimensionslosen Frequenz $\upsilon := \frac{\omega l}{c}$ als

$$\alpha \, \upsilon \, \cot \upsilon = \upsilon^2 - \beta\alpha \tag{1.366}$$

geschrieben werden kann, mit

$$\alpha := \frac{\rho A l}{m} , \qquad \beta := \frac{c_1 l}{EA} . \tag{1.367}$$

Der Parameter α stellt das Massenverhältnis der Massen von Stab und Punktmasse dar, während β das Steifigkeitsverhältnis angibt. Man kann sich leicht überlegen, wie die Eigenfrequenzen von diesen Parametern abhängen.

Aus den Eigenfrequenzen ergeben sich die Eigenfunktionen gemäß (1.363) zu

$$U_k(x) = \sin \frac{x}{l}\upsilon_k . \tag{1.368}$$

Die Orthogonalitätsbeziehungen haben hier die allgemeine Form

$$\int_0^l m(x) \, U_i(x)U_k(x) \, dx = 0, \tag{1.369a}$$

$$\int_0^l \left[EA \, U_i'(x)U_k'(x) + \bar{c}(x) \, U_i(x)U_k(x) \right] dx = 0, \qquad \text{für } i \neq k, \tag{1.369b}$$

wobei die Punktmasse m und die Steifigkeit c_1 am rechten Stabende in der Massenverteilung $m(x)$, bzw. der elastischen Bettung $\bar{c}(x)$ gemäß

$$m(x) := \rho A + m \, \delta(x - 1), \tag{1.370}$$

$$\bar{c}(x) := c_1 \, \delta(x - 1) \tag{1.371}$$

berücksichtigt werden. Explizit können damit die Orthogonalitätsrelationen (1.369) als

$$\rho A \int_0^l \sin \frac{x}{l}\upsilon_i \, \sin \frac{x}{l}\upsilon_k \, dx + m \sin \upsilon_i \sin \upsilon_k = 0, \tag{1.372a}$$

$$EA \; \frac{v_i}{l} \; \frac{v_k}{l} \int_0^l \cos \frac{x}{l}v_i \; \cos \frac{x}{l}v_k \; dx + c_1 \sin v_i \sin v_k = 0, \; \text{für } i \neq k \qquad (1.372b)$$

geschrieben werden. Mit den so gewonnenen Eigenfunktionen und den Orthogonalitätsrelationen kann man nun auch das Problem des am rechten Ende durch eine äußere Kraft $F(t)$ zwangserregten Stabes gemäß Abb.1.43c durch modale Entwicklung ohne weiteres lösen.

1.10 Energietransport in der Wellengleichung

Im Zusammenhang mit der D'ALEMBERTschen Lösung hatten wir uns in 1.6 schon mit dem Energietransport in einzelnen (nach links oder rechts) laufenden Wellen beschäftigt. Wir kommen jetzt auf den Energietransport zurück und werden besonders auch die Möglichkeit seiner *Messung* besprechen. Dazu betrachten wir nochmals die Wellengleichung

$$\rho A(x) \; \ddot{w}(x,t) = T_0 \; w''(x,t) \qquad (1.373)$$

für die vorgespannte Saite. Die in dem Intervall $\begin{bmatrix} x_1, & x_2 \end{bmatrix}$ enthaltene kinetische und potentielle Energie ist durch

$$T = \frac{1}{2} \int_{x_1}^{x_2} \rho A(x) \; \dot{w}^2(x,t) \; dx, \qquad (1.374)$$

$$U = \frac{1}{2} \int_{x_1}^{x_2} T_0 \; w'^2(x,t) \; dx \qquad (1.375)$$

gegeben, und eine einfache Differentiation liefert unter Verwendung von (1.373)

$$\frac{d}{dt} \begin{bmatrix} T+U \end{bmatrix} = - P(x,t) \Big|_{x_1}^{x_2} \qquad (1.376)$$

mit

$$P(x,t) = - T_0 \; w'(x,t) \; \dot{w}(x,t). \qquad (1.377)$$

Die Funktion $P(x,t)$ stellt den lokalen momentanen *Energiefluß* in der Saite dar. $P(x,t)$ ist positiv für Energietransport in der positiven x-Richtung und negativ für Energietransport in negativer x-Richtung.

Die Messung des Energieflusses in technischen Systemen gestattet eine Bestimmung der Energiequellen und -senken; damit kommt dieser Messung eine ganz erhebliche Bedeutung zu. In der Akustik haben die entsprechenden *Intensitätsmessungen* zu ganz neuen experimentellen Verfahren z.B. in der Maschinenakustik geführt. Wendet man das in der Akustik bei Intensitätsmessungen übliche Verfahren sinngemäß auf die Schwingungen einer Saite an, so werden die Ableitungen in (1.377) für einen Punkt $x_0 := (x_1+x_2)/2$ gemäß

$$\dot{w}(x_0,t) \approx \left[\dot{w}(x_2,t) + \dot{w}(x_1,t)\right]/2 \qquad (1.378)$$

$$w'(x_0,t) \approx \left[w(x_2,t) - w(x_1,t)\right]/(x_2-x_1) \qquad (1.379)$$

approximiert. Dabei wird an den Stellen $x = x_1$ und $x = x_2$ die Funktion $w(x,t)$ gemessen, so daß mit den Meßsignalen $w(x_1,t)$ und $w(x_2,t)$ auch die Zeitableitungen numerisch ohne weiteres bestimmt werden können.

Mit den Approximationen (1.378), (1.379) begeht man allerdings einen Diskretisierungsfehler, der hier vermeidbar ist, da man mit der D'ALEMBERTschen Lösung eine einfache Form für die Lösung der Wellengleichung kennt. Bezeichnet man die Meßsignale mit $w_1(t) := w(x_1,t)$, $w_2(t) := w(x_2,t)$, so definiert man Auto- bzw. Kreuzkorrelationsfunktionen gemäß

$$r_{ij}(t) := \lim_{T\to\infty} \frac{1}{2T} \int_{-T}^{T} \dot{w}_i(\tau)\dot{w}_j(t+\tau)\,d\tau, \quad i,j = 1,2, \qquad (1.380)$$

sofern $\dot{w}_1(\cdot)$ und $\dot{w}_2(\cdot)$ *Signale endlicher Leistung* sind (s. HAGEDORN & OTTERBEIN). Die entsprechenden FOURIERtransformierten sind dann die spektralen Leistungs- bzw. Kreuzleistungsdichten:

$$r_{ij}(t) \;\circ\!\!-\!\!-\; S_{ij}(\omega). \qquad (1.381)$$

Der mittlere Energiefluß kann hieraus im stationären Fall gemäß

$$\overline{P(x_0,t)} = \frac{T_0}{2\pi c} \int_{-\infty}^{\infty} I(\omega)\,d\omega \qquad (1.382)$$

mit

$$I(\omega) := \frac{1}{\sin 2\omega\tau} \; \text{Im} \; \left[S_{12}(\omega)d\omega\right], \qquad \tau := (x_2 - x_1)/2c \tag{1.383}$$

berechnet werden, wie bei HAGEDORN & SPARSCHUH im einzelnen gezeigt wird. Vergleicht man (1.383) mit dem in der Akustik bei Intensitätsmessungen üblichen Ausdruck, so erkennt man, daß dort der Wert von $\sin 2\omega\tau$ durch das Argument $2\omega\tau$ dieser Funktion ersetzt wird. Der damit verbundene Fehler entspricht genau dem durch (1.378), (1.379) bedingten Diskretisierungsfehler und ist natürlich für nicht zu große Frequenzen und für sehr nahe beieinander liegenden Meßstellen x_1 und x_2 vernachlässigbar klein. Er kann jedoch bei Verwendung der Formel (1.383) vollständig vermieden werden, wobei allerdings immer noch $2\omega\tau < \pi$ gelten muß.

Für Untersuchungen bezüglich des Energieflusses und auch zu anderen Zwecken ist eine Umformung der Bewegungsgleichungen günstig. Dazu führen wir in der Wellengleichung (1.373) zunächst einen geeigneten Zeitmaßstab ein, der dafür sorgt, daß die Wellengeschwindigkeit c zu Eins normiert wird. Damit schreibt sich die Wellengleichung als

$$\ddot{w}(x,t) - w''(x,t) = 0, \tag{1.384}$$

wobei der Einfachheit halber auch die neue, dimensionslose Zeit wieder mit t bezeichnet wurde. Als nächstes schreiben wir (1.384) als System erster Ordnung und führen dazu die Zustandsvariablen

$$u_1(x,t) := \dot{w}(x,t), \tag{1.385a}$$

$$u_2(x,t) := w'(x,t) \tag{1.385b}$$

ein, mit

$$u(x,t) := (u_1(x,t),\; u_2(x,t))^T. \tag{1.386}$$

Mit der Matrix

$$\tilde{r} := \begin{bmatrix} 0 & -1 \\ -1 & 0 \end{bmatrix} \tag{1.387}$$

ergibt sich ein System der Form

$$\dot{u} + \tilde{\Gamma}\, u' = 0. \qquad (1.388)$$

Da $\tilde{\Gamma}$ reell symmetrisch ist und ihre Eigenwerte somit reell und mit gleicher geometrischer wie algebraischer Vielfachheit auftreten, ist dieses System hyperbolisch (s.JOHN). Mit der Koordinatentransformation

$$v(x,t) = T\, u(x,t), \qquad (1.389)$$

$$T := \frac{1}{\sqrt{2}}\begin{bmatrix} -1 & 1 \\ 1 & 1 \end{bmatrix} \qquad (1.390)$$

kann (1.388) weiter vereinfacht werden. Es ergibt sich nämlich in den neuen Variablen

$$\dot{v}(x,t) + \Gamma\, v'(x,t) = 0 \qquad (1.391)$$

mit

$$\Gamma := T\, \tilde{\Gamma}\, T^{-1} = \mathrm{diag}(1,-1). \qquad (1.392)$$

Durch die Koordinatentransformation (1.389) wird das Gleichungssystem also im reellen entkoppelt, und es ergeben sich die beiden Gleichungen

$$\dot{v}_1(x,t) + v_1'(x,t) = 0, \qquad (1.393a)$$

$$\dot{v}_2(x,t) - v_2'(x,t) = 0. \qquad (1.393b)$$

Die Transformationsmatrix (1.390) ist dabei übrigens orthogonal, d.h. es gilt $T^{-1} = T^{T} = T$. Das System (1.391) mit der Diagonalmatrix Γ wird in der Theorie der partiellen Differentialgleichungen als *Normalform eines hyperbolischen Systems* bezeichnet. Die dort auftretenden Linearkombinationen von partiellen Ableitungen können als Richtungsableitungen längs Geraden in der x-t-Ebene, den *Charakteristiken*, gedeutet werden. Die Lösungen von (1.393) sind natürlich durch

$$v_1(x,t) = r(x-t), \tag{1.394a}$$

$$v_2(x,t) = l(x+t) \tag{1.394b}$$

gegeben mit beliebigen, stückweise einmal differenzierbaren Funktionen $r(\cdot)$, $l(\cdot)$. Man kann übrigens leicht nachprüfen, daß diese Funktionen identisch mit den Funktionen $\sqrt{2}\,f_1'(\cdot)$ und $\sqrt{2}\,f_2'(\cdot)$ aus (1.221) sind, die sich direkt aus der D'ALEMBERTschen Formel ergeben.

Die Diagonale der Matrix Γ enthält die für das betrachtete Kontinuum typischen Ausbreitungsgeschwindigkeiten; das sind die Geschwindigkeiten, mit denen sich *Wellenfronten* und *Unstetigkeiten* im Kontinuum ausbreiten (s. JOHN).

Besonders einfach lassen sich in dieser Form die Energiedichte und der Energiefluß schreiben: Die Energiedichte

$$e(x,t) := \frac{1}{2}\left[\dot{w}^2(x,t) + w'^2(x,t)\right] \tag{1.395}$$

ergibt sich nämlich in den v-Variablen zu

$$e(x,t) = \frac{1}{2}\left[v_1^2(x,t) + v_2^2(x,t)\right] = \frac{1}{2}\,v^T(x,t)\,v(x,t). \tag{1.396}$$

Unter Verwendung der Bewegungsgleichung erhält man daraus den Energiefluß in der Form

$$P(x,t) = \frac{1}{2}\,v^T(x,t)\,\Gamma\,v(x,t) = \frac{1}{2}\left[v_1^2(x,t) - v_2^2(x,t)\right], \tag{1.397}$$

wie man auch unmittelbar aus (1.377) in dimensionsloser Form und durch Einführung der v-Variablen erkennen kann.

Die Normalform (1.391) der Bewegungsgleichung und die einfachen Energieausdrücke (1.396) und (1.397) erweisen sich besonders auch beim Entwurf von Reglern zur aktiven Schwingungsdämpfung als sehr nützlich (s. SCHMIDT). Im nächsten Kapitel wird sich zeigen, daß auch für den TIMOSHENKO-Balken vollkommen analoge Ausdrücke gelten.

Da bei den meisten technischen Problemen der Transport von Schwingungsenergie in festen Körpern (*Körperschall*) im wesentlichen durch Biegeschwingungen erfolgt, kommt auch der Energieflußmessung bei Biegeschwingungen
eine viel größere Bedeutung zu als bei den Längsschwingungen eines Stabes oder
den Querschwingungen einer Saite.

1.11 Aufgaben zu Kapitel 1

Aufgabe 1.1

Man leite die *nichtlinearen* Bewegungsgleichungen für die *gekoppelten* Längs-
und Querschwingungen der vorgespannten (T_0), homogenen, linear-elastischen
Saite der Abb.1.49 her. Die Koordinate x soll sich dabei auf die Gleichgewichtslage (vorgespannte Saite!) beziehen. Man gebe auch die bezüglich
$u(x,t)$, $w(x,t)$ und deren Ortsableitungen linearisierten Bewegungsgleichungen
an, bestimme die ersten Eigenfrequenzen der Längs- und Querschwingungen und
drücke ihr Verhältnis durch die Vorspannung aus. Für eine Stahlsaite (mit
zulässiger Dehnung $\epsilon \cong 0,001$) diskutiere man die Frequenzverhältnisse und die
Größenordnung der Koppelterme in den Bewegungsgleichungen.

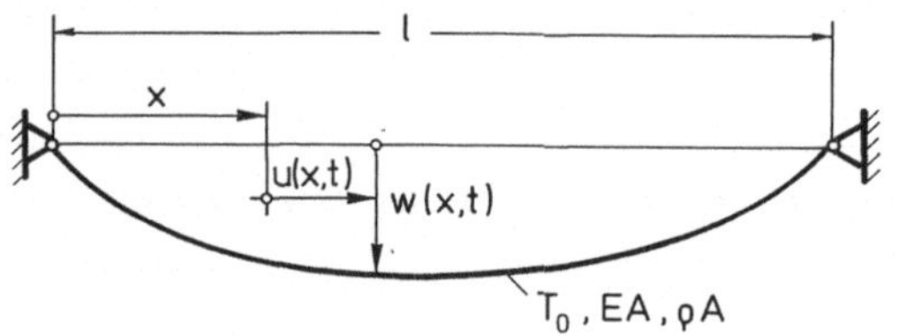

Abb.1.49   Zur Aufgabe 1.1

Aufgabe 1.2

Bestimme die Eigenfrequenzen und Eigenschwingungsformen für die Querschwingungen der Saite mit Zusatzmasse der Abb.1.50. Diskutiere die Grenzfälle
$m/\rho Al \to \infty$ und $m/\rho Al \to 0$.

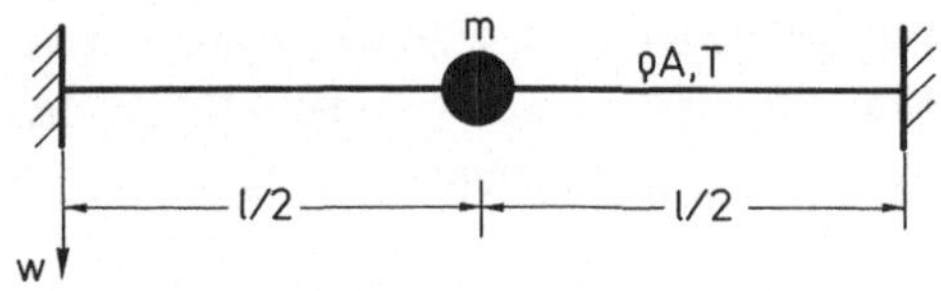

Abb.1.50   Zur Aufgabe 1.2

Aufgabe 1.3

Ein homogener Stab gemäß Abb.1.51 ist links eingespannt und wird am rechten Ende elastisch (Federkonstante c_1) abgestützt.

a) Aus dem HAMILTONschen Prinzip leite man das Randwertproblem für die Stablängsschwingungen her.

b) Für c_1 = EA/1 bestimme man die ersten beiden Eigenfrequenzen und die zugehörigen Eigenfunktionen und trage die Eigenfunktionen graphisch über x auf

(Normierung: $\frac{1}{1} \int_0^1 U^2(x) \, dx = 1$).

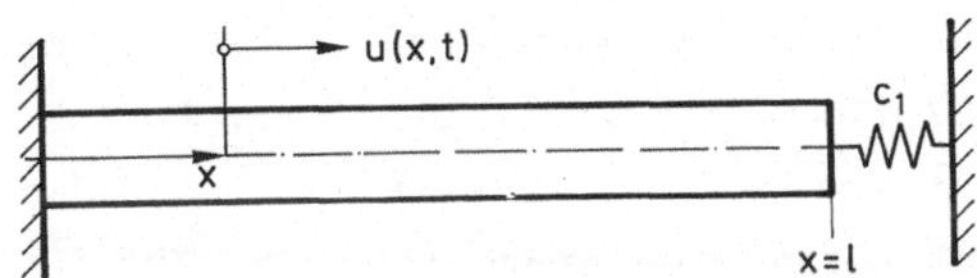

Abb.1.51   Zur Aufgabe 1.3

Aufgabe 1.4

In dem Dehnstab der Abb.1.43c sei $F(t) \equiv 0$. Wie ist der Dämpfungskoeffizient d und die Federsteifigkeit c_1 zu wählen, damit bei vorgegebenen Parametern ρ, A, E, 1, m die freien Schwingungen der Endmasse m möglichst schnell abklingen? Diskutiere das Ergebnis für $m \to 0$!

Aufgabe 1.5

Ein Stab (ρ, E = const) der Länge 1 hat einen quadratisch veränderlichem Querschnitt $A(x) = A_0(1 - x/1)^2$; er ist an der Stelle x = 1 frei, an der Stelle x = 0 fest gelagert.

a)   Man gebe das Randwertproblem für die Längsschwingungen des Stabes an und trenne die Veränderlichen x und t mit dem BERNOULLIschen Produktansatz.

b)   Man transformiere das Randwertproblem auf die Variable s := x−1 und zeige, daß die zugehörige Bewegungsgleichung durch die Ansätze mit BESSEL-Funktionen erster Art

$$U(\alpha) = \sqrt{\frac{\pi}{2\alpha}} \left[D \, J_{1/2}(\alpha) + E \, J_{-1/2}(\alpha) \right] = \frac{1}{\alpha} \left[D \sin \alpha + E \cos \alpha \right], \qquad \alpha := k \frac{s}{1}$$

mit k = const erfüllt wird.

c)   Man bestimme Eigenfrequenzen und Eigenschwingungsformen und weise die Orthogonalität der Eigenfunktionen nach.

108

Aufgabe 1.6

Man behandle die Bewegungsgleichung der freien Querschwingungen des schweren Seiles der Abb.1.3 mit dem GALERKINschen Verfahren mit $F_i(x) = x^i$, $i = 1,2,\ldots$ als Ansatzfunktionen. Damit berechne man die Elemente m_{ij} und c_{ij} der diskretisierten Bewegungsgleichung $M\,\ddot{p} + C\,p = 0$. Für den Fall $n = 2$ bestimme man die Eigenfrequenzen des diskretisierten Systems und vergleiche sie mit den exakten Ergebnissen.

Aufgabe 1.7

Ein homogener Stab der Länge l besitzt kreisförmigen Querschnitt, ist an dem Stabende $x = 0$ eingespannt und an der Stelle $x = 0$ frei. Der Querschnittsradius nimmt entlang der Stabachse linear von $r(0) = R$ auf $r(1) = 0$ ab. Man bestimme mit Hilfe des RAYLEIGHschen Quotienten eine obere Schranke für die kleinste Eigenfrequenz der Längsschwingungen und verwende dazu folgende Ansatzfunktionen:

a)die erste Eigenfunktion des Stabes mit konstantem Querschnitt.

b)die Potenzen $(x/1)^k$, $k = 1,2,\ldots$; welche Potenz liefert den kleinsten Wert?

c)die statische Verschiebung infolge Eigengewicht bei lotrecht hängendem Stab.

Aufgabe 1.8

Eine Saite der Länge l ist an der Stelle $x = 0$ querverschieblich und an der Stelle $x = 1$ fest gelagert. Sie wird durch $q(x,t) = Q_0 \cos \Omega t$ quer belastet. Man bestimme die stationäre Lösung für die erzwungenen Schwingungen über die Entwicklung nach Eigenfunktionen und auch mittels der GREENschen Resolvente.

Aufgabe 1.9

Ein einseitig eingespannter Dehnstab der Länge l mit veränderlichem Querschnitt $A(x) = A_0(1 - x/1)^2$ ist an der Stelle $x = 0$ fest eingespannt und an der Stelle $x = 1$ frei. Er wird im Querschnitt $x = 1/2$ durch die harmonisch pulsierende Kraft $F(t) = \hat{F} \sin \Omega t$ in Längsrichtung erregt. Man gebe die mit Hilfe des RITZschen Verfahrens unter Verwendung der Ansatzfunktionen $F_i(x) = \frac{x}{1}(1 - x/21)^{i-1}$, $i = 1,2,\ldots,n$ diskretisierten Bewegungsgleichungen an. Mit $n = 2$ schätze man Ort und Größe der maximalen Dehnungsamplitude ab.

Aufgabe 1.10

Über eine beidseitig feste, waagrechte Saite der Länge 1 bewegt sich eine Punktmasse mit Gewicht mg mit konstanter Geschwindigkeit v von x = 0 nach x = 1. Für t = 0 ist die Saite in Ruhe und die Punktmasse befindet sich am Rande x = 0. Man berechne die Querschwingungen der Saite für $0 \leq t \leq 1/v$ und auch für $t \geq 1/v$, d.h. nachdem die Last die Saite wieder verlassen hat. Man diskutiere, unter welchen Voraussetzungen die Trägheit der Punktmasse vernachlässigt werden kann (das Problem reduziert sich dann auf das in 1.4.2.1 behandelte Problem einer Saite unter "Wanderlast").

Aufgabe 1.11

Man zeige durch Differenzieren, daß die Funktion

$$w(x,t) = \frac{1}{2}\left[w_0(x-ct) + w_0(x+ct)\right] + \frac{1}{2c}\int_{x-ct}^{x+ct} v_0(\xi)\, d\xi$$

eine Lösung der Wellengleichung $\ddot{w} = c^2 w''$ ist und den Anfangsbedingungen $w(x,0) = w_0(x)$, $\dot{w}(x,0) = v_0(x)$ genügt.

Aufgabe 1.12

In der halbunendlichen Saite der Abb.1.52 trifft zur Zeit t = 0 eine von rechts kommende Welle der Form

$$f(x) = \begin{cases} A\left(1 - \cos\frac{2\pi\xi}{1}\right), & \xi \in [0,\,1], \\[2mm] 0, & \xi \geq 1 \end{cases}$$

am linken Lager ein. Das Lager besteht aus einem Einmassenschwinger (Masse m, Federsteifigkeit c_1)..

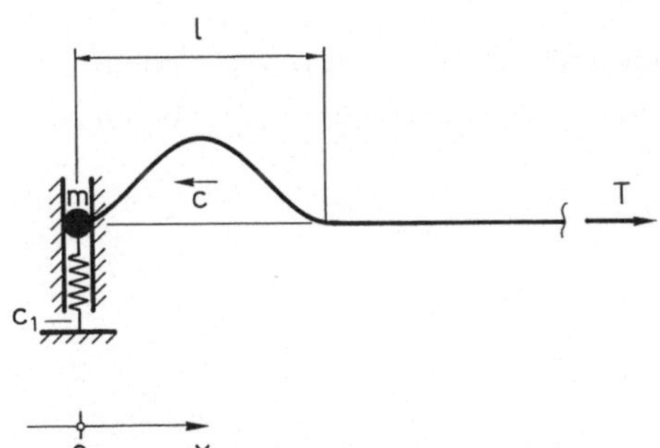

Abb.1.52   Zur Aufgabe 1.12

a)Man berechne die reflektierte Welle für den Fall, in dem keine "Resonanz" auftritt. Wodurch ist der Resonanzfall gekennzeichnet?

b)Welche reflektierte Welle entsteht im Resonanzfall?

Aufgabe 1.13

In einem unendlich langen Stab mit der in der Abb.1.53 angegebenen Unstetigkeit an der Stelle $x = 0$ läuft eine Welle $u_+(x,t) = f(x-ct)$ von links nach rechts. An der Unstetigkeitsstelle entsteht im Bereich $x < 0$ eine reflektierte Welle u_R und im Bereich $x > 0$ eine transmittierte Welle u_T. Man bestimme u_R und u_T in Abhängigkeit von u_+ aus den Übergangsbedingungen an der Unstetigkeitsstelle $x = 0$. Man spezialisiere das Ergebnis für den Fall harmonischer Wellen.

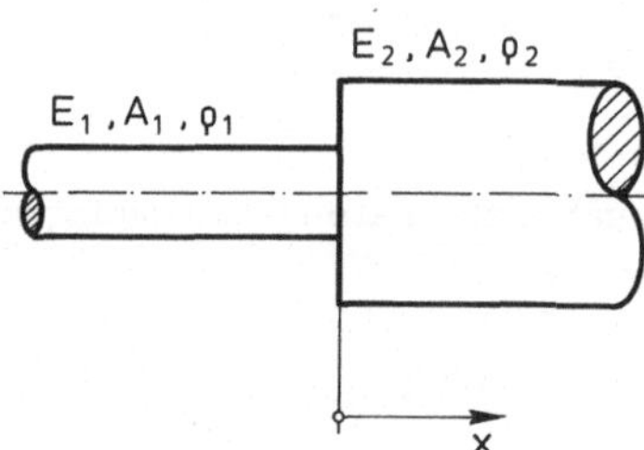

Abb.1.53   Zur Aufgabe 1.13

Aufgabe 1.14

Der homogene Stab der Abb.1.54 (Länge l_1) trifft mit der Geschwindigkeit v_0 auf einen ruhenden Stab (gleichen Materials und Querscnitts) mit der Länge $l_2 > l_1$.

a)   Für die Zeitpunkte $t_k = kl_1/2c$, $k = 0,1,2,3,4$ bestimmme man die Schnelle- und Spannungsverteilungen in beiden Stäben.

b)   Man zeige, daß für $t > 2\, l_1/c$ der kürzere Stab (Länge l_1) in Ruhe bleibt. Wie groß ist dann die mittlere Geschwindigkeit des zweiten Stabes?

c)   Welche "Stoßzahl" e ergibt sich daraus? (Dieses Beispiel macht die Grenzen der Theorie des Stoßes "starrer" Körper aus der elementaren Mechanik deutlich!)

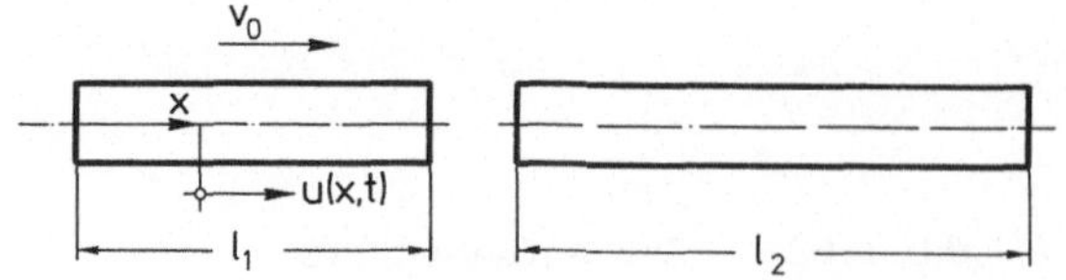

Abb.1.54   Zur Aufgabe 1.14

Aufgabe 1.15

Man löse das Problem der stationären Schwingungen des am Rande harmonisch zwangserregten Dehnstabes, das durch (1.269) bis (1.271) mit $F(t) = \hat{F} \sin \Omega t$ beschrieben wird, direkt durch Trennung der Veränderlichen in dem inhomogenen Randwertproblem. Man vergleiche diese Lösung mit der Reihendarstellung (1.285).

Aufgabe 1.16

Das System der Abb.1.55 besteht aus zwei gleichen, vorgespannten Saiten, die über einen aus Dämpfern, Federn und einer Masse bestehenden "Abstandhalter" verbunden sind. (Dieses System kann als einfaches Modell für ein aus zwei Leiterseilen bestehendes Bündel einer Hochspannungsleitung betrachtet werden).
a) von links laufen nun in beiden Saiten gleichphasige harmonische Wellen ein. Wie sind die Parameter c_1, d und m zu wählen, damit möglichst viel Schwingungsenergie in den Dämpfern dissipiert wird?
b) Wie sind die Parameter c_1, d und m zu wählen, wenn die einlaufenden harmonischen Wellen in Gegenphase sind?

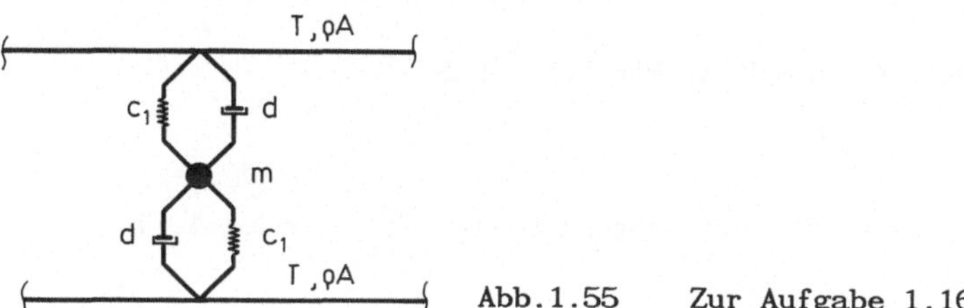

Abb.1.55   Zur Aufgabe 1.16

Aufgabe 1.17

Die Abb.1.56a stellt ein Modell eines Leiterseiles mit einem "Stockbridge-Dämpfer" dar (s. HAGEDORN & OTTERBEIN). Wie ist in Abhängigkeit vom Einbauort l_1 und von den Seilparametern die Dämpferimpedanz zu wählen, damit von rechts einlaufende, harmonische Wellen nicht reflektiert werden? Mit welcher Dämpferimpedanz erreicht man dies im Fall der Abb.1.56b?

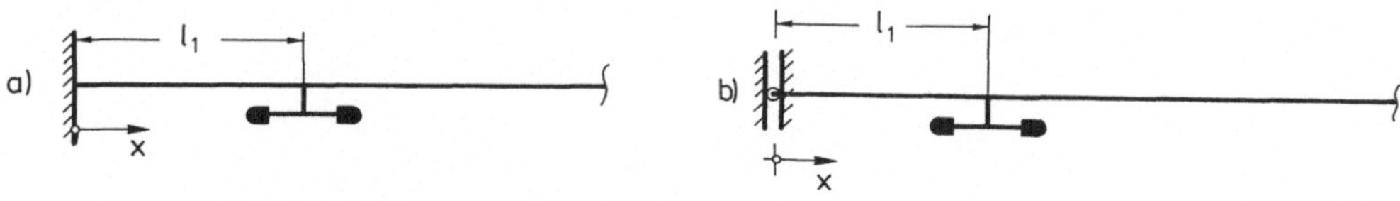

Abb.1.56   Zur Aufgabe 1.17

Literatur zu Kapitel 1

CREMER, L., HECKL, M.;

Körperschall, Springer, Berlin 1967

HAGEDORN, P.;

On the Computation of Damped Wind-Excited Vibrations of Overhead Transmission Lines, J. Sound & Vibration, 83 (1982), 253-271

HAGEDORN, P., OTTERBEIN, S.;

Technische Schwingungslehre, Springer-Verlag, Berlin 1987

HAGEDORN, P., SPARSCHUH, S.;

Experimental Modal Analysis vs. Power Flow Measurement: Some Recent Developments, Proceedings of the IMAC Conference, Orlando, Fla. 1988

JOHN, F.;

Partial Differential Equations, Springer, Berlin 1982

MORSE, R. M.;

Vibration and Sound, McGraw-Hill, New York 1948

MEIROVITCH, L.;

Analytical Methods in Vibrations, The Macmillan Co., London 1967

SCHMIDT, J.;

Entwurf von Reglern zur aktiven Schwingungsdämpfung an flexiblen Strukturen, Dissertation, TH Darmstadt, Institut für Mechanik, Dezember 1987

2 Der Balken

2.1 Die Bewegungsgleichungen des EULER-BERNOULLI-Balkens

Im folgenden leiten wir die Bewegungsgleichungen des EULER-BERNOULLI-Balkens[17]
aus dem HAMILTONschen Prinzip her. Dabei setzen wir als bekannt voraus, daß
die potentielle Energie U des Balkens der Länge l in der linearen Theorie und
bei gerader Biegung durch

$$U = \frac{1}{2} \int_0^l EI(x)\, w''^2(x,t)\, dx \tag{2.1}$$

gegeben ist und die kinetische Energie durch

$$T = \frac{1}{2} \int_0^l \rho A(x)\, \dot{w}^2(x,t)\, dx \tag{2.2}$$

beschrieben wird (s. SZABO). Hierbei ist EI(x) die Biegesteifigkeit, die sich
aus dem Elastizitätsmodul E und dem axialen Flächenträgheitsmoment I(x) ergibt, und $\rho A(x)$ die Massendichte (pro Längeneinheit) des Balkens. Bezeichnet
man noch die zeitabhängige, vorgegebene Belastung mit q(x,t), so schreibt sich
das HAMILTONsche Prinzip für den Balken mit L = T − U als

$$\delta \int_{t_1}^{t_2} L\, dt + \int_{t_1}^{t_2} \int_0^l q(x,t)\, \delta w\, dx\, dt = 0, \tag{2.3}$$

bzw.

$$\delta \int_{t_1}^{t_2} \int_0^l \frac{1}{2} \left[\rho A\, \dot{w}^2 - EI\, w''^2 \right] dx\, dt + \int_{t_1}^{t_2} \int_0^l q(x,t)\, \delta w\, dx\, dt = 0. \tag{2.4}$$

---

[17]Nach den Mathematikern Leonhard EULER, *1707 in Basel, +1783 in Petersburg
und Jakob BERNOULLI, *1655 in Basel, +1705 ebenda.

Teilintegration liefert unter Vertauschung der Reihenfolge der Integrale

$$\delta \int_{t_1}^{t_2} \frac{1}{2} \rho A \, \dot{w}^2 \, dt = \int_{t_1}^{t_2} \rho A \, \dot{w} \delta \dot{w} \, dt = \rho A \, \dot{w} \delta w \Big|_{t_1}^{t_2} - \int_{t_1}^{t_2} \rho A \, \ddot{w} \delta w \, dt \tag{2.5}$$

und

$$\delta \int_0^l \frac{1}{2} EI \, w''^2 dx = \int_0^l EI \, w'' \delta w'' \, dx = EI \, w'' \delta w' \Big|_0^l - \int_0^l (EI \, w'')' \delta w' \, dx =$$

$$= EI \, w'' \delta w' \Big|_0^l - (EI \, w'')' \delta w \Big|_0^l + \int_0^l (EI \, w'')'' \delta w \, dx. \tag{2.6}$$

Berücksichtigt man, daß die Variationen $\delta w(x,t)$ im HAMILTONschen Prinzip für t_1 und t_2 verschwinden, so liefert das Einsetzen von (2.5) und (2.6) in (2.4)

$$\int_{t_1}^{t_2} \left\{ \int_0^l \left[-\rho A \, \ddot{w} - (EI \, w'')'' + q(x,t) \right] \delta w \, dx \right.$$

$$\left. - EI \, w'' \delta w' \Big|_0^l + (EI \, w'')' \delta w \Big|_0^l \right\} dt = 0. \tag{2.7}$$

Da die Zeitpunkte t_1 und t_2 beliebig sind, verschwindet der Ausdruck in der geschweiften Klammer in (2.7) für alle Werte von t. Außerdem sagt uns der Fundamentalsatz der Variationsrechnung, daß die eckige Klammer gleich Null sein muß, da ja δw eine beliebige Variation ist, von der höchstens die Randwerte festgelegt sind. Es gilt also die Bewegungsgleichung

$$(EI \, w'')'' + \rho A \, \ddot{w} = q(x,t) \tag{2.8}$$

und, da die Gesamtheit der Randterme ebenfalls verschwinden muß, die Gleichung für die Randterme

$$EI \, w'' \delta w' \Big|_0^l - (EI \, w'')' \delta w \Big|_0^l = 0. \tag{2.9}$$

Wir erkennen, daß (2.9) z.B. bei den Balkenlagerungen der Abb.2.1 in der Tat erfüllt ist. Im Fall a) gilt $w(0,t) \equiv 0$ und $w(1,t) \equiv 0$. Dies sind die *geometrischen* oder *kinematischen Randbedingungen*, die auch die Variationen

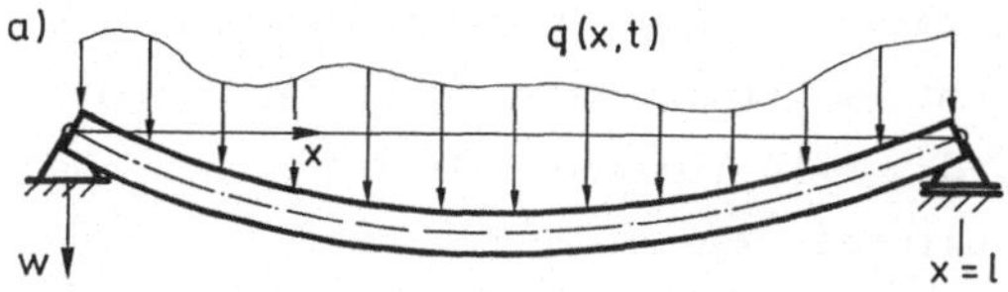

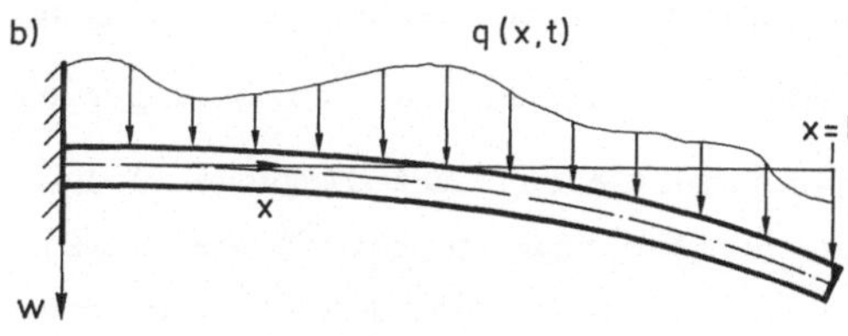

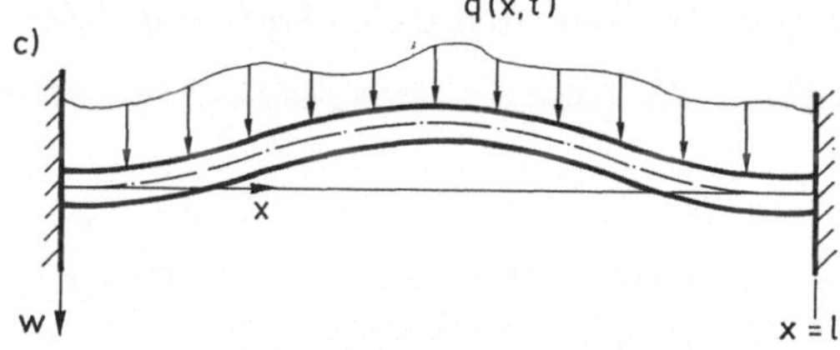

Abb.2.1   Balken mit einigen typischen Lagerungen

erfüllen müssen, so daß $\delta w(0,t) \equiv \delta w(l,t) \equiv 0$ ist. Das HAMILTONsche Prinzip verlangt aber das Verschwinden der Summe aller Randterme, und da im vorliegenden Fall über die Werte von w' und damit von $\delta w'$ an den Stellen $x = 0$ und $x = l$ nichts bekannt ist (die Werte von $\delta w'(0,t)$ und $\delta w'(l,t)$ sind frei wählbar), muß gemäß (2.9) $EI(0)w''(0,t) \equiv 0$ und $EI(l)w''(l,t) \equiv 0$ sein. Dies sind die *natürlichen* oder *dynamischen Randbedingungen*; sie bedeuten, daß die Biegemomente am Rande verschwinden.

Ähnlich liegen im Fall b) die geometrischen Randbedingungen $w(0,t) \equiv 0$, $w'(0,t) \equiv 0$ vor, aus denen $\delta w(0,t) \equiv 0$, $\delta w'(0,t) \equiv 0$ folgt. Damit ergeben sich dann aus (2.9) die natürlichen Randbedingungen $EI(l)w''(l,t) = 0$ und $(EI\,w'')'\big|_{l} = 0$ (Biegemoment und Querkraft verschwinden am rechten Balkenende).

Im Fall c) ist (2.9) aufgrund der vier geometrischen Randbedingungen $w(0,t) \equiv 0$, $w'(0,t) \equiv 0$, $w(l,t) \equiv 0$, $w'(l,t) \equiv 0$ automatisch erfüllt, und es gibt keine zusätzlichen, natürlichen Randbedingungen.

In den Balken der Abb.2.1 wurden die Randterme in (2.9) einzeln, d.h. getrennt für sich jeweils am rechten, bzw. am linken Rand Null. Das ist aber keineswegs notwendig, vielmehr fordert das HAMILTONsche Prinzip ja nur, daß die *Summe der Randterme* in (2.9) verschwindet. Man betrachte dazu die beiden Beispiele der Abb.2.2. Im Fall a) sind die Balkenenden über einen Mechanismus aus starren, gelenkig miteinander verbundenen Hebeln so gekoppelt, daß außer $w(0,t) \equiv 0$, $w(1,t) \equiv 0$ auch noch die dritte geometrische Randbedingung $w'(0,t) \equiv w'(1,t)$ gilt. Im Fall b) liegen die geometrischen Randbedingungen $w(0,t) \equiv 0$ und a $w'(0,t) \equiv w(1,t)$ vor. Die natürlichen Randbedingungen folgen in beiden Fällen mit den geometrischen Randbedingungen sofort aus (2.9). Allerdings wird dabei vorausgesetzt, daß Hebel, Faden und Rolle so geartet sind, daß sie weder kinetische noch potentielle Energie speichern können! Auch muß der in b) durch den Faden angedeutete Mechanismus imstande sein, nicht nur Zug-, sondern auch Druckkräfte aufzunehmen.

Man bezeichnet die Randbedingungen in den Fällen der Abb.2.2 als *nicht lokal*, da Werte der Funktion $w(x,t)$ und ihrer Ableitung an der Stelle $x = 0$ mit Werten dieser Größen an der Stelle $x = 1$ verknüpft werden.

Die Bewegungsgleichung (2.8) ergibt sich natürlich auch auf einfacherem Wege - ohne Verwendung des Variationsprinzips - z.B. aus der "Differentialgleichung der elastischen Linie" der Elastostatik: $(EI\,w'')'' = q$. Durch Berück-

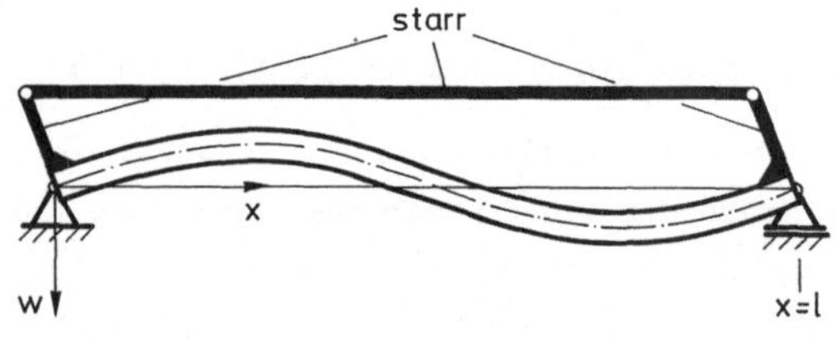

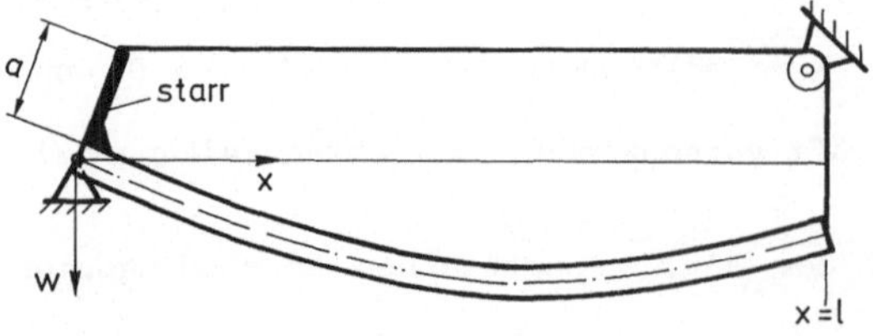

Abb.2.2   Balken mit Lagerungen, die zu nichtlokalen Randbedingungen führen

sichtigung der d'ALEMBERTschen "Trägheitskräfte" $-\rho A \; \ddot{w}(x,t)$ folgt daraus sofort (2.8). Man könnte also meinen, daß die Herleitung mit Hilfe des Variationsprinzips überflüssig sei. Wir haben aber schon in 1.3 erkannt, daß das RITZsche Verfahren eng mit dem verwendeten Variationsprinzip zusammenhängt. Außerdem liefert dieses Aussagen über die Randbedingungen, die zwar bei einfachen Systemen – wie beim Balken – trivial, bei komplizierteren jedoch nicht ohne weiteres einsichtig sind (z.B. bei der Platte in Kapitel 4).

2.2   Freie ungedämpfte Schwingungen: Das Eigenwertproblem

Wir betrachten hier die freien Schwingungen des Balkens, die gemäß (2.8) mit $q(x,t) \equiv 0$ durch

$$(EI \; w'')'' + \rho A \; \ddot{w} = 0 \tag{2.11}$$

mit den zugehörigen Randbedingungen beschrieben werden, wobei EI und ρA von x abhängen können. Zunächst suchen wir partikuläre Lösungen nach dem Ansatz der Trennung der Veränderlichen

$$w(x,t) = W(x) \; p(t). \tag{2.12}$$

Aus (2.11) folgt damit

$$(EI \; W''(x))'' p(t) = - \; \rho A \; W(x) \; \ddot{p}(t), \tag{2.13}$$

bzw.

$$\frac{(EI \; W''(x))''}{\rho A \; W(x)} = - \frac{\ddot{p}}{p} \; . \tag{2.14}$$

Da die linke Seite nur von x, die rechte nur von t abhängen darf, muß (2.14) konstant sein. Diese noch zu bestimmende Konstante bezeichnen wir – wie schon in 1.2 – wieder mit ω^2, so daß sich aus (2.14)

$$\ddot{p} + \omega^2 p = 0, \tag{2.15}$$

$$(EI \; W'')'' - \omega^2 \rho A \; W = 0 \tag{2.16}$$

ergibt. Aus (2.15) erkennen wir wieder sofort, daß p(t) eine harmonische Zeit-funktion mit der noch zu bestimmenden Kreisfrequenz ω ist. Die gewöhnliche Differentialgleichung (2.16) bildet mit den zugehörigen Randbedingungen ein Randwertproblem, das nur für bestimmte Werte von ω eine nichttriviale Lösung besitzt. Für nicht konstante ρA und EI ist es nur in Sonderfällen möglich, die allgemeine Lösung von (2.16) anzugeben. Das Eigenwertproblem ist dann mit Näherungsverfahren zu lösen (s. Kapitel 5); auch der schon in 1.3.3 ein-geführte RAYLEIGHsche Quotient, der ebenfalls im fünften Kapitel nochmals besprochen wird, ist dabei nützlich.

Wir beschränken uns hier auf den homogenen Balken und schreiben für diesen Fall (2.16) als

$$W'''' - \beta^4 W = 0 \tag{2.17}$$

mit $\beta^4 := \omega^2 \rho A / EI$ (der Parameter β ist definiert als die reell positive vierte Wurzel von $\omega^2 \rho A / EI$). Der Exponentialansatz

$$W(x) = e^{\lambda x} \tag{2.18}$$

führt auf

$$\lambda^4 - \beta^4 = 0 \tag{2.19}$$

mit den vier Wurzeln $\lambda_1 = \beta$, $\lambda_2 = -\beta$, $\lambda_3 = j\beta$ und $\lambda_4 = -j\beta$, so daß die all-gemeine Lösung von (2.17) durch

$$W(x) = A \sin \beta x + B \cos \beta x + C \sinh \beta x + D \cosh \beta x \tag{2.20a}$$

gegeben ist. Dabei wurde $\beta \neq 0$ vorausgesetzt; für $\beta = 0$ ist die allgemeine Lösung von (2.17)

$$W(x) = A + B(\tfrac{x}{l}) + C(\tfrac{x}{l})^2 + D(\tfrac{x}{l})^3. \tag{2.20b}$$

Im folgenden lösen wir das Eigenwertproblem für drei unterschiedlich gelagerte Balken. Zunächst erhält man für den beidseitig gelenkig gelagerten Balken der Abb.2.1a mit $q(x,t) \equiv 0$ aus $w(0,t) \equiv 0$, $w(l,t) \equiv 0$, $w''(0,t) \equiv 0$ und $w''(l,t) \equiv 0$ die Randbedingungen

$$W(0) = 0, \quad W(1) = 0, \quad W''(0) = 0, \quad W''(1) = 0 \tag{2.21}$$

für $W(x)$. In der Lösung (2.20a) bedingt dies $B = C = D = 0$ und $A \sin \beta l = 0$. Da der Fall $A = 0$ der trivialen Lösung entspricht und somit uninteressant ist, ergibt sich hier die charakteristische Gleichung

$$\sin \beta l = 0 \tag{2.22}$$

mit den positiven Wurzeln $\beta_k l = k\pi$, aus denen mit der Definition von β die Eigenkreisfrequenzen

$$\omega_k = \frac{k^2 \pi^2}{l^2} \sqrt{\frac{EI}{\rho A}} \ , \quad k = 1,2,\ldots \tag{2.23}$$

folgen. Damit liegen nunmehr gemäß (2.20a) die Eigenfunktionen

$$W_k(x) = \sin \frac{k\pi x}{l} \ , \quad k = 1,2,\ldots \tag{2.24}$$

bis auf eine willkürliche Normierung fest.

Mit $c = \sqrt{E/\rho}$ als der Ausbreitungsgeschwindigkeit der Longitudinalwellen und $i := \sqrt{I/A}$ als dem Trägheitsradius des Balkenquerschnitts kann man (2.23) auch als

$$\omega_k = k^2 \pi^2 \frac{c}{l} \frac{i}{l} \tag{2.25}$$

schreiben. Ein Vergleich mit (1.35) zeigt, daß wegen $i \ll l$ die erste Eigenfrequenz der Biegung wesentlich kleiner als die der Längsschwingungen des beidseitig festen Dehnstabes ist. Allerdings sind die Frequenzen hier proportional zu k^2, während bei der eindimensionalen Wellengleichung die Eigenfrequenzen linear in k sind.

Der Ansatz der Trennung der Veränderlichen hat also für den Balken konstanten Querschnitts der Abb.2.1a mit $q(x,t) \equiv 0$ auf eine Lösung der Art

$$w_k(x,t) = A_k \sin \frac{k\pi x}{l} \cos(\omega_k t + \alpha_k) \tag{2.26}$$

geführt mit ω_k gemäß (2.24). Die Überlagerung dieser speziellen Lösungen ergibt die allgemeine Lösung

$$w(x,t) = \sum_{k=1}^{\infty} A_k \sin \frac{k\pi x}{l} \cos(\omega_k t + \alpha_k) =$$

$$= \sum_{k=1}^{\infty} (C_k \cos \omega_k t + S_k \sin \omega_k t) \sin \frac{k\pi x}{l} \qquad (2.27)$$

mit den Integrationskonstanten A_k, α_k oder C_k, S_k, $k = 1,2,\ldots$. Es zeigt sich, daß bei den vorliegenden Randbedingungen $\beta = 0$ nur auf die triviale Lösung führt, so daß Eigenfunktionen der Art (2.20b) nicht vorkommen.

Als nächstes behandeln wir den frei-freien Balken, also einen Balken, der z.B. reibungslos auf einer horizontale Ebene aufliegt und in dieser schwingt (Abb.2.3). Die Randbedingungen sind jetzt

$$W''(0) = 0, \quad W''(1) = 0, \quad W'''(0) = 0, \quad W'''(1) = 0, \qquad (2.28)$$

d.h. Biegemoment und Querkraft verschwinden an den Rändern (geometrische Randbedingungen sind nicht vorhanden). Aus (2.20a) folgt

$$W''(x) = - A\,\beta^2 \sin \beta x - B\,\beta^2 \cos \beta x + C\,\beta^2 \sinh \beta x + D\,\beta^2 \cosh \beta x, \qquad (2.29a)$$

$$W'''(x) = - A\,\beta^3 \cos \beta x + B\,\beta^3 \sin \beta x + C\,\beta^3 \cosh \beta x + D\,\beta^3 \sinh \beta x, \qquad (2.29b)$$

so daß die Randbedingung $W''(0) = 0$ auf

$$- B + D = 0 \qquad (2.30)$$

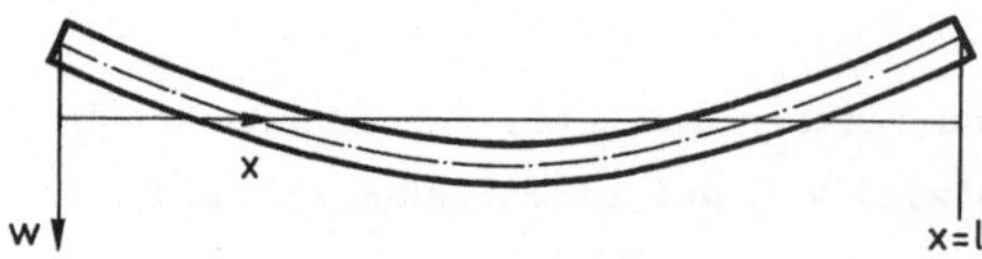

Abb.2.3   Zu den Schwingungen des frei-freien Balkens

und die Randbedingung $W'''(0) = 0$ auf

$$- A + C = 0 \qquad (2.31)$$

führt. Damit können dann die beiden restlichen, an der Stelle $x \equiv 1$ vorliegenden Randbedingungen für $\beta \neq 0$ als

$$(-\sin \beta l + \sinh \beta l)\, A + (-\cos \beta l + \cosh \beta l)\, B = 0, \qquad (2.32)$$

$$(-\cos \beta l + \cosh \beta l)\, A + (\ \sin \beta l + \sinh \beta l)\, B = 0 \qquad (2.33)$$

geschrieben werden. Setzt man die Koeffizientendeterminante dieses in A und B linearen, homogenen Gleichungssystems gleich Null, so folgt mit den Abkürzungen $c := \cos \beta l$, $s := \sin \beta l$, $sh := \sinh \beta l$ und $ch := \cosh \beta l$:

$$\begin{vmatrix} (-s + sh) & (-c + ch) \\ (-c + ch) & (\ s + sh) \end{vmatrix} = 0 \qquad (2.34)$$

oder auch

$$-s^2 + sh^2 - c^2 + 2c\, ch - ch^2 = 0, \qquad (2.35)$$

und wegen $s^2 + c^2 = 1$, $ch^2 - sh^2 = 1$ nimmt die charakteristische Gleichung die Gestalt

$$\cosh \beta l \, \cos \beta l = 1 \qquad (2.36)$$

an. Die Wurzeln dieser Gleichung liefern wieder die Eigenwerte. Um einen besseren Überblick über die Verteilung der Wurzeln zu erhalten, schreiben wir (2.36) als

$$\cos \beta l = \frac{1}{\cosh \beta l} \qquad (2.37)$$

und betrachten dazu Abb.2.4. Es ist unmittelbar klar, daß die erste Wurzel $\beta_1 l$ rechts von der Stelle $\beta l = 3\pi/2$ liegt, die zweite dagegen ein wenig links von $\beta l = 5\pi/2$. Es gilt

$$\beta_k l = \frac{2k+1}{2}\, \pi + e_k, \qquad k = 1, 2, \ldots, \qquad (2.38)$$

122

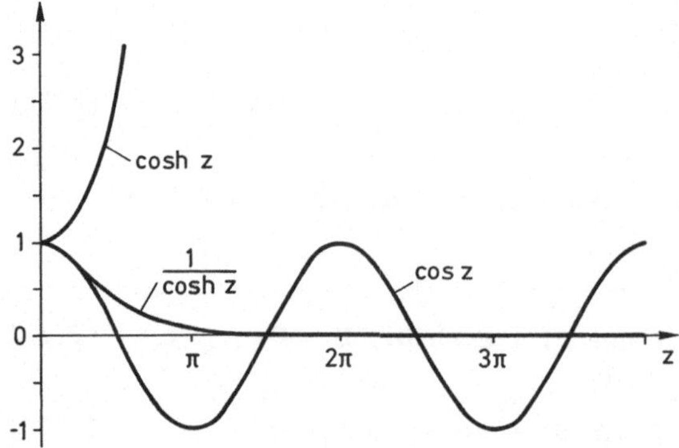

Abb.2.4   Zur charakteristischen Gleichung (2.37) des frei-freien Balkens

wobei e_k eine kleine Abweichung mit bezüglich k alternierendem Vorzeichen ist,
die für wachsende k sehr schnell klein wird. So ist z.B. $e_1 = 0,01765$,
$e_2 = -0,00078$ und schon e_3 kann praktisch immer vernachlässigt werden. Die
Eigenkreisfrequenzen sind demnach durch

$$\omega_k = \left[\frac{2k+1}{2}\,\pi + e_k\right]^2 \frac{1}{l^2} \sqrt{\frac{EI}{\rho A}} \tag{2.39}$$

gegeben. Man beachte, daß beim frei-freien Balken die höheren Eigenfrequenzen
nicht mehr ganze Vielfache der Grundfrequenz ω_1 sind, wie es beim beidseitig
einfach gelagerten Balken der Fall war.

Mit den Eigenwerten $\beta_k l$ kann man nun mittels einer der beiden Gleichungen (2.32) oder (2.33) das Verhältnis der Konstanten B und A bestimmen.
Verwendet man dazu (2.32), so ergibt sich

$$\frac{B}{A} = \frac{\sin \beta l - \sinh \beta l}{-\cos \beta l + \cosh \beta l} \tag{2.40}$$

und daraus folgen die Eigenfunktionen

$$W_k(x) = (\sin \beta_k x + \sinh \beta_k x) + \left[\frac{\sin \beta_k l - \sinh \beta_k l}{-\cos \beta_k l + \cosh \beta_k l}\right] (\cos \beta_k x + \cosh \beta_k x).$$

$$k = 1,2,\dots\ . \tag{2.41}$$

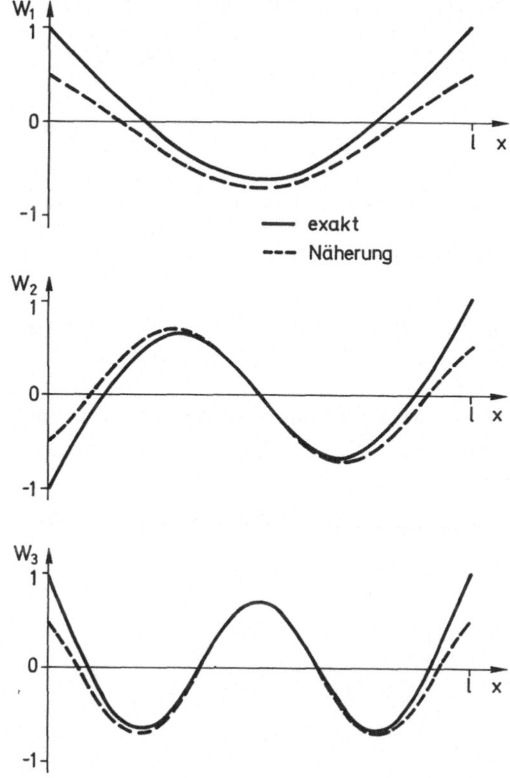

Abb.2.5   Vergleich der exakten mit den angenäherten ersten drei
Eigenfunktionen des frei-freien Balkens

$$\text{(Normierung: } \max_{x} \left\{ W_i(x) = 1 \right\})$$

In Abb.2.5 sind die ersten Eigenfunktionen des frei-freien Balkens dargestellt. Man erkennt, daß sie mit wachsenden k immer mehr trigonometrischen
Funktionen entsprechen und lediglich an den Enden merklich von diesen ab-
weichen.

Bisher haben wir den Fall $\beta = 0$ für den frei-freien Balken noch nicht
untersucht. Geht man mit den Randbedingungen (2.28) in (2.20b) ein, so zeigt
sich, daß die Konstanten C und D notwendigerweise verschwinden, die Konstanten
A und B aber nicht. Die Funktion

$$W_0(x) = A + B \frac{x}{l} \tag{2.42}$$

124

ist also für beliebige Werte der Konstanten A und B ebenfalls eine Eigenfunktion, die dem Eigenwert Null entspricht. Mit $\omega^2 = 0$ folgt aus (2.15)

$$p_0(t) = M + N\,t, \tag{2.43}$$

so daß man bei Umbenennung der Integrationskonstanten die entsprechende partikuläre Lösung der Bewegungsgleichung auch als

$$w_0(x,t) = (K + L\,t) + \left[\frac{x}{l} - \frac{1}{2}\right](G + H\,t) \tag{2.44}$$

schreiben kann. Der erste der beiden Summanden auf der rechten Seite von (2.41) entspricht einer gleichförmigen Translationsbewegung in Querrichtung, der zweite einer Drehung konstanter Winkelgeschwindigkeit um den Balkenmittelpunkt. Die allgemeine Lösung des Problems der freien Schwingungen des frei-freien Balkens unter Berücksichtigung der Starrkörperbewegungen ist also

$$w(x,t) = (K + L\,t) + \left[\frac{x}{l} - \frac{1}{2}\right](G + H\,t) + \sum_{k=1}^{\infty} A_k\,W_k(x)\,\cos(\omega_k t + \alpha_k) \tag{2.45}$$

mit $W_k(x)$, ω_k gemäß (2.39), (2.41). Dabei ist zu beachten, daß w' bei einer Starrkörperdrehung des Balkens groß wird, so daß die hier verwendeten linearisierten Gleichungen das Problem nicht mehr richtig beschreiben. Sind die Anfangsbedingungen so, daß die mit der Zeit linear wachsenden Glieder in der Lösung nicht auftreten, ist (2.45) aber offensichtlich die richtige Beschreibung der Schwingung. Der Fall einer verschwindenden Eigenfrequenz, bzw. einer semi-definiten potentiellen Energie ist uns auch schon von den Schwingungen diskreter Systeme bekannt.

Als dritten und vorläufig letzten Fall behandeln wir noch die freien Schwingungen des einseitig eingespannten Balkens (Kragträger) der Abb.2.1b. Die Randbedingungen sind jetzt $W(0) = 0$, $W'(0) = 0$, $W''(1) = 0$ und $W'''(1) = 0$. Die ersten beiden Randbedingungen liefern

$$B + D = 0, \tag{2.46}$$

$$A + C = 0, \tag{2.47}$$

so daß man mit den anderen beiden für $\beta \neq 0$

$$(s + sh)\,C + (c + ch)\,D = 0, \qquad (2.48)$$

$$(c + ch)\,C + (sh - s)\,D = 0 \qquad (2.49)$$

erhält, wobei die gleichen Abkürzungen wie vorher verwendet werden. Die charakteristische Gleichung

$$\begin{vmatrix} (s + sh) & (c + ch) \\ (c + ch) & (sh - s) \end{vmatrix} = 0 \qquad (2.50)$$

kann als

$$\cosh \beta l \, \cos \beta l = -1, \qquad (2.51)$$

bzw.

$$\cos \beta l = -\frac{1}{\cosh \beta l} \qquad (2.52)$$

geschrieben werden; die Verteilung der Wurzeln wird anhand der Abb.2.6 klar. Die Wurzeln von (2.52) sind von der Art

$$\beta_k l = \frac{2k-1}{2}\,\pi + e_k, \qquad (2.53)$$

wobei e_k ein alternierendes Vorzeichen besitzt und wieder sehr schnell mit k

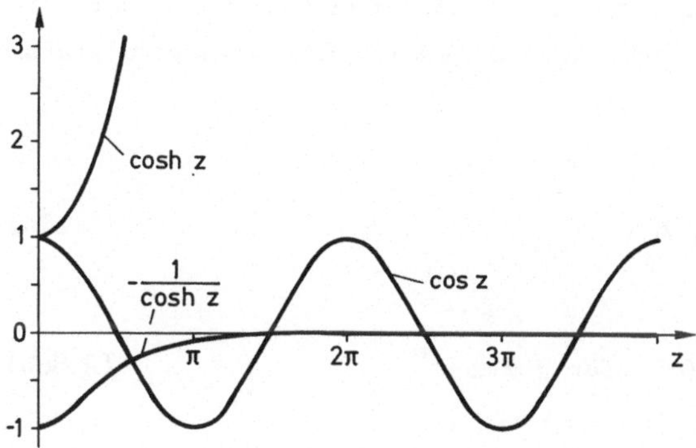

Abb.2.6   Zur charakteristischen Gleichung (2.52) des Kragträgers der Abb.2.1b

126

abnimmt (es gilt $e_1 = 0.3042$, $e_2 = -0.018$, $e_3 = 0.001$). Aus (2.48) folgt mit bekanntem βl

$$\frac{D}{C} = - \frac{\sinh \beta l + \sin \beta l}{\cosh \beta l + \cos \beta l} \, , \qquad (2.54)$$

so daß die Eigenfunktionen durch

$$W_k(x) = \sinh \beta_k x - \sin \beta_k x - \left[\frac{\sinh \beta_k l + \sin \beta_k l}{\cosh \beta_k l + \cos \beta_k l}\right] (\cosh \beta_k x - \cos \beta_k x) \qquad (2.55)$$

gegeben sind, während die Eigenfrequenzen als

$$\omega_k = \left[\frac{2k-1}{2} \pi + e_k\right]^2 \frac{1}{l^2} \sqrt{\frac{EI}{\rho A}} \qquad (2.56)$$

geschrieben werden können. Die ersten Eigenfunktionen für den einseitig eingespannten Balken sind in Abb.2.7 dargestellt. Mit (2.55), (2.56) ist auch die allgemeine Lösung

$$w(x,t) = \sum_{k=1}^{\infty} A_k \, W_k(x) \, \cos(\omega_k t + \alpha_k) \qquad (2.57)$$

bekannt. Daß im vorliegenden Fall keine nichttrivialen Lösungen für $\beta = 0$ existieren, ist klar.

Für die drei behandelten Randwertprobleme kann man mit einer zum Teil etwas mühsamen Zwischenrechnung überprüfen, daß jeweils die *Orthogonalitäts-beziehungen*

$$\int_0^l EI \, W_k''''(x) \, W_j(x) \, dx = 0, \qquad (2.58a)$$

$$\int_0^l \rho A \, W_k(x) \, W_j(x) \, dx = 0, \qquad \text{für } j \neq k \qquad (2.58b)$$

gelten. In Kapitel 5 werden wir zeigen, daß auch für Balken mit veränderlichem Querschnitt die Eigenfunktionen entsprechende Orthogonalitätsbedingungen erfüllen, wobei wir allerdings (2.58a) durch

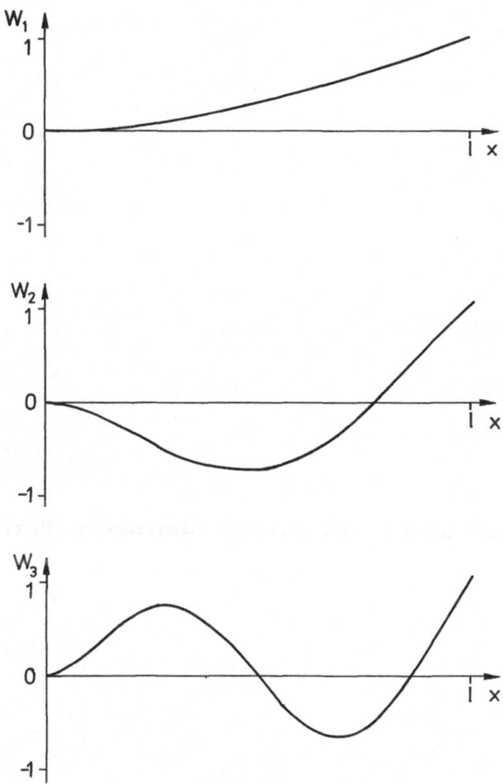

Abb.2.7   Die ersten drei Eigenfunktionen des einseitig eingespannten Balkens

(Normierung: $\max_{x} \left\{ W_i(x) = 1 \right\}$)

$$\int_0^1 (EI\ W_k''(x))''\ W_j(x)\ dx = 0 \quad \text{für } j \neq k \tag{2.59}$$

ersetzen müssen.

Ist die allgemeine Lösung des Problems der freien Schwingungen bekannt, können natürlich auch Anfangswertprobleme ohne weiteres gelöst werden. Als Beispiel behandeln wir den Balken der Abb.2.8, der durch die in der Mitte wirkende konstante Kraft F belastet wird und sich zunächst in Ruhe befindet. Gesucht sind die Schwingungen, die der Balken ausführt, wenn die Last F plötzlich entfernt wird.

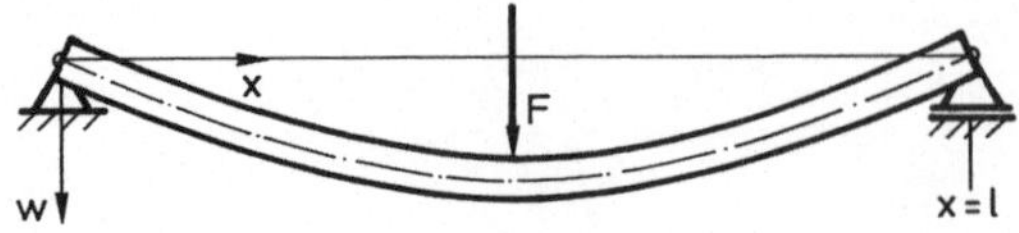

Abb.2.8   Einfach gelagerter Balken unter Einzellast

Zunächst ist also die sich unter der Last F einstellende Gleichgewichtslage zu bestimmen, die ja der Anfangsauslenkung $w_0(x)$ entspricht. Dazu ist das Randwertproblem der Statik

$$EI\, w''(x) = -\,M(x), \quad w(0) = w(1) = 0 \tag{2.60}$$

zu lösen. Die Auflagerkräfte sind jeweils gleich F/2 und das Biegemoment $M(x)$ ist

$$M(x) = \frac{F}{2}\,x \quad \text{für } \frac{1}{2} \geq x \geq 0, \tag{2.61a}$$

$$M(x) = \frac{F}{2}\,(1 - x) \quad \text{für } 1 \geq x \geq \frac{1}{2}. \tag{2.61b}$$

Man kann leicht nachrechnen, daß die Gleichgewichtslage durch

$$w_0(x) = \frac{Fl^3}{16\,EI}\,\frac{x}{1}\left[1 - \frac{4}{3}\,\frac{x^2}{1^2}\right] \quad \text{für } x \leq \frac{1}{2} \tag{2.62}$$

gegeben ist und daß $w(1-x) = w(x)$ gilt.

Wird die Last F entfernt, so treten Schwingungen auf, die durch

$$EI\, w''''(x,t) + \rho A\, \ddot{w}(x,t) = 0 \tag{2.63}$$

mit den zugehörigen Randbedingungen und durch die Anfangsbedingungen

$$w(x,0) = w_0(x), \quad \dot{w}(x,0) \equiv 0 \tag{2.64}$$

beschrieben werden. Schreiben wir die allgemeine Lösung für das Problem der freien Schwingungen in der Form

$$w(x,t) = \sum_{k=1}^{\infty} (C_k \cos \omega_k t + S_k \sin \omega_k t) \sin \frac{k\pi x}{l} \tag{2.65}$$

mit

$$\omega_k = \frac{k^2 \pi^2}{l^2} \sqrt{\frac{EI}{\rho A}}, \qquad k = 1,2,\ldots, \tag{2.66}$$

so ergibt sich

$$w(x,0) = \sum_{k=1}^{\infty} C_k \sin \frac{k\pi x}{l}, \tag{2.67}$$

$$\dot{w}(x,0) = \sum_{k=1}^{\infty} \omega_k S_k \sin \frac{k\pi x}{l}. \tag{2.68}$$

Ein Vergleich mit (2.64) zeigt, daß $S_k = 0$ ist für $k = 1,2,\ldots$, während die C_k die FOURIERkoeffizienten der Funktion $w_0(x)$ sind, die die statische Auslenkung beschreibt. Zur Bestimmung der Integrationskonstanten in (2.65) ist also $w_0(x)$ in eine FOURIERreihe zu entwickeln.

Allerdings kann man sich diese Entwicklung sparen, wenn man die Lösung von (2.60),(2.61) direkt in Form einer solchen Reihe sucht und nicht das Polynom (2.62) verwendet. Dazu ist es zweckmäßig, die Differentialgleichung in (2.60) durch

$$EI\, w''''(x) = q(x) \tag{2.69}$$

zu ersetzen mit $q(x) = F\,\delta(x - \frac{l}{2})$. Der Ansatz

$$w(x) = \sum_{k=1}^{\infty} C_k \sin \frac{k\pi x}{l} \tag{2.70}$$

in (2.69) führt auf

$$EI\pi^4 \sum_{k=1}^{\infty} \left[\frac{k}{l}\right]^4 C_k \sin \frac{k\pi x}{l} = F\,\delta(x-\tfrac{l}{2}). \tag{2.71}$$

130

Multipliziert man diese Gleichung mit $\sin \frac{n\pi x}{l}$ und integriert über x von 0 bis l, so folgt

$$EI\pi^4 \left[\frac{n}{l}\right]^4 \frac{1}{2} C_n = F \sin \frac{n\pi}{2} \tag{2.72}$$

wegen der Orthogonalität der Eigenfunktionen. Es gilt also

$$C_k = \frac{-2Fl^3}{\pi^4 EI \, k^4} (-1)^{(k+1)/2}, \quad k = 1,3,5,\ldots, \tag{2.73a}$$

$$C_k = 0, \quad k = 2,4,6,\ldots, \tag{2.73b}$$

so daß die freien Schwingungen zu den gegebenen Anfangsbedingungen durch

$$w(x,t) = \sum_{k=1,3,5,\ldots}^{\infty} \frac{-2Fl^3}{\pi^4 EI \, k^4} (-1)^{(k+1)/2} \sin \frac{k\pi x}{l} \cos \omega_k t \tag{2.74}$$

gegeben werden. Für andere Anfangsbedingungen ist analog vorzugehen, wobei die einzige Schwierigkeit in der Bestimmung der Integrationskonstanten besteht.

2.3 Erzwungene Schwingungen: verschiedene Näherungsverfahren, Anwendungen

Das Problem der erzwungenen Balkenschwingungen wird durch die Differentialgleichung

$$\rho A(x) \, \ddot{w}(x,t) + (EI(x) \, w''(x,t))'' = q(x,t) \tag{2.75}$$

mit den dazugehörigen Randbedingungen, die wir hier immer als homogen annehmen, beschrieben. Bei der Lösung dieses Problems können wir prinzipiell wie in 1.4 vorgehen.

In dem Sonderfall harmonischer Erregung gemäß $q(x,t) = Q(x) \sin \Omega t$ finden wir mit dem Ansatz der Trennung der Veränderlichen

$$w(x,t) = W(x) \sin \Omega t \tag{2.76}$$

eine partikuläre Lösung. Dazu haben wir die Differentialgleichung

$$- \rho A(x)\ \Omega^2 W(x) + (EI(x)\ W''(x))'' = Q(x) \qquad (2.77)$$

mit den entsprechenden Randbedingungen zu lösen. Dieses Problem kann wieder – wie in 1.4 – entweder mit Hilfe der GREENschen Resolvente oder mit einer Reihenentwicklung von $W(x)$ nach bestimmten Funktionen gelöst werden. Die GREENsche Resolvente $g(x,\xi,\Omega)$ dieses Problems ist die Lösung von

$$- \rho A(x)\ \Omega^2 W(x) + (EI(x)\ W''(x))'' = \delta(x-\xi) \qquad (2.78)$$

mit den zugehörigen Randbedingungen. Da die rechte Seite bereichsweise verschwindet, kann zumindest für Balken konstanten Querschnitts die Lösung $g(x,\xi,\Omega)$ ohne weiteres angegeben werden. Sie entspricht der Biegelinie eines an der Stelle $x = \xi$ durch eine Einheitslast belasteten, elastisch gebetteten Balkens, dessen Bettungsziffer $-\rho A(x)\ \Omega^2$ ist. Mit bekanntem $g(x,\xi,\Omega)$ kann die Lösung von (2.77) durch die einfache Quadratur

$$W(x) = \int_0^1 g(x,\xi,\Omega)\ Q(\xi)\ d\xi \qquad (2.79)$$

berechnet werden. Dabei hängt $W(x)$ natürlich noch von der Erregerfrequenz Ω ab.

In dem allgemeineren Fall, in dem die Funktion $q(x,t)$ in (2.75) auf beliebige Art von x und t abhängt, können wir wieder das aus Kapitel 1 bekannte GALERKINsche oder das RITZ-Verfahren anwenden. In beiden Fällen geht man von einer Darstellung der Art

$$w(x,t) = \sum_{i=1}^{\infty} F_i(x)\ p_i(t) \qquad (2.80)$$

mit den Ansatzfunktionen $F_1(x)$, $F_2(x)$, ... aus. Analog zu der Vorgehensweise in 1.4.2.1 setzt man beim GALERKINschen Verfahren die Reihe (2.80) in die linke Seite der Bewegungsgleichung (2.75) ein, multipliziert dann die Gleichung jeweils mit einer Ansatzfunktion und integriert über x von $x = 0$ bis $x = 1$ (d.h. man setzt die Projektion des Fehlers auf die entsprechende Ansatzfunktion gleich Null). Da die Bewegungsgleichungen des Balkens vierter Ordnung

132

in x sind, muß man hier höhere Regularitätseigenschaften für die Ansatzfunktionen fordern, als das bei der Wellengleichung der Fall war. Als
Vergleichsfunktionen bezeichnet man beim Balken Funktionen, die viermal stetig
differenzierbar sind und alle Randbedingungen erfüllen. Dies führt auf

$$M\,\ddot{p} + C\,p = f(t) \tag{2.81}$$

mit $M = (m_{ik})$, $C = (c_{ik})$, $f(t) = f_k(t)$,

$$m_{ik} = m_{ki} = \int_0^l \rho A\ F_i(x)F_k(x)\ dx, \tag{2.82a}$$

$$c_{ik} = c_{ki} = \int_0^l (EI\ F_i'')''F_k\ dx, \tag{2.82b}$$

$$f_k = \int_0^l q(x,t)\ F_k\ dx. \tag{2.82c}$$

In der Praxis wird man die Reihe (2.80) bei einer endlichen Ordnung abbrechen
(für sehr hohe Frequenzen, d.h. für kurze Wellenlängen stimmt das mathematische Modell ja sowieso nicht mehr mit der physikalischen Realität
überein), so daß die Matrizen in (2.81) endliche Ordnung besitzen.

Die Matrizen M und C sind symmetrisch. Verwendet man als Ansatzfunktionen die Eigenfunktionen $W_k(x)$, so verschwinden infolge der Orthogonalität in M und C alle Terme außer denjenigen auf der Hauptdiagonale, so daß
(2.81) in einzelne, nicht mehr miteinander gekoppelte Differentialgleichungen
zerfällt; man spricht in diesem Fall von (2.80) als der "modalen Entwicklung".
Oft sind natürlich die Eigenfunktionen nicht bekannt, so daß eine entsprechende Entwicklung nicht vorgenommen werden kann.

Beim RITZ-Verfahren, das für die erzwungenen Schwingungen bei der
Wellengleichung in 1.4.2.2 behandelt wurde, verwendet man Ansatzfunktionen,
die zumindest zweimal stetig differenzierbar sind und die geometrischen Randbedingungen erfüllen; dies sind die *zulässigen Funktionen* für die Balkenschwingungen (eine präzise Definition von geometrischen und dynamischen, bzw.
von wesentlichen und natürlichen Randbedingungen geben wir in Kapitel 5).
Damit ergeben sich in den diskretisierten Bewegungsgleichungen (2.81) die
gleichen Berechnungsvorschriften für die Matrizen M und $f(t)$ wie vorher.

Lediglich die im GALERKINschen Verfahren durch (2.82b) definierte Matrix C ist zu ersetzen, wobei jetzt

$$c_{ik} = \int_0^l EI \; F_i'' F_k'' \; dx \qquad (2.83)$$

gilt. Sowohl im GALERKINschen, als auch im RITZ-Verfahren ist die Konvergenz gesichert, sofern die verwendeten Ansatzfunktionen eine Basis des Raumes der Vergleichsfunktionen, bzw. der zulässigen Funktionen bilden. Falls die Eigenfunktionen bekannt sind, bieten sich diese natürlich als Ansatzfunktionen an, und in diesem Fall – wie schon bemerkt – sind die Matrizen **M** und **C** infolge der Orthogonalitätseigenschaften symmetrisch. Das RITZ-Verfahren wird in Kapitel 5 noch ausführlich untersucht.

Als Beispiel behandeln wir zunächst den durch $q(x,t) = Q_0 \sin \Omega t$ belasteten Balken konstanten Querschnitts, der beidseitig einfach gelagert ist. Die *allgemeine Lösung* der Bewegungsgleichung ist

$$w(x,t) = w_H(x,t) + w_P(x,t), \qquad (2.84)$$

wovon $w_H(x,t)$ schon bekannt ist (freie Schwingungen). Eine partikuläre Lösung erhalten wir nach Trennung der Veränderlichen gemäß (2.76) aus

$$- \rho A \; \Omega^2 W + EI \; W'''' = Q_0 \qquad (2.85)$$

mit den Randbedingungen $W(0) = 0$, $W(1) = 0$, $W''(0) = 0$, $W''(1) = 0$. Da wir die Eigenfunktionen $W_k(x) = \sin(k\pi x/1)$ kennen, suchen wir eine Lösung der inhomogenen Differentialgleichung (2.85) der Form

$$W(x) = \sum_{k=1}^{\infty} D_k \sin \frac{k\pi x}{1} . \qquad (2.86)$$

Damit folgt aus (2.85)

$$- \rho A \; \Omega^2 \sum_{k=1}^{\infty} D_k \sin \frac{k\pi x}{1} + EI \sum_{k=1}^{\infty} D_k \left(\frac{k\pi}{1}\right)^4 \sin \frac{k\pi x}{1} = Q_0 \qquad (2.87)$$

134

und Multiplikation mit $\sin \frac{i\pi x}{l}$ und Integration über x ergibt

$$\frac{1}{2} D_i \left[EI \left[\frac{i\pi}{l}\right]^4 - \rho A \, \Omega^2 \right] = - \frac{1}{i\pi} \left[(-1)^i - 1\right] Q_0. \tag{2.88}$$

Ist $\Omega^2 \neq \omega_k^2 = \left(\frac{k\pi}{l}\right)^4 \frac{EI}{\rho A}$ für alle $k = 1,2,\ldots$ (keine Resonanz!), was wir im folgenden voraussetzen, so sind alle Koeffizienten D_k eindeutig bestimmbar. Es gilt dann

$$D_k = 0, \quad \text{für } k = 2,4,6,\ldots \,, \tag{2.89a}$$

$$D_k = \frac{4 \, Q_0}{k\pi \, \rho A(\omega_k^2 - \Omega^2)} \,, \quad \text{für } k = 1,3,5,\ldots, \tag{2.89b}$$

so daß die partikuläre Lösung $w_P(x,t)$ durch

$$w_P(x,t) = \frac{4Q_0}{\pi \rho A} \sum_{k=1,3,5,\ldots} \frac{1}{k(\omega_k^2 - \Omega^2)} \sin \frac{k\pi x}{l} \sin \Omega t \tag{2.90}$$

gegeben ist.

Ein anderes Beispiel ist das des Balkens unter einer Wanderlast, das analog zu dem in 1.4.2 behandelten Problem der Saite unter Wanderlast zu lösen ist. Da ein Vergleich der Ergebnisse interessant ist, besprechen wir die Lösung nochmals ausführlich. Der Balken der Abb.2.9 befinde sich zum Zeitpunkt $t = 0$ in Ruhe. Er wird für $t \geq 0$ durch die mit der konstanten Geschwindigkeit v über den Balken laufende Last F beansprucht. Eine Lösung für $t \geq 0$ suchen wir in der Form

$$w(x,t) = \sum_{i=1}^{\infty} p_i(t) \sin \frac{i\pi x}{l} \tag{2.91}$$

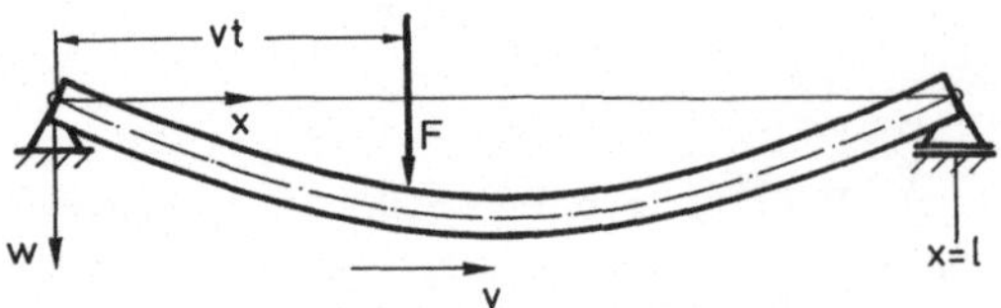

Abb.2.9   Balken unter Wanderlast

und erhalten nach Einsetzen in

$$EI\ w'''' + \rho A\ \ddot{w} = F\ \delta(x - vt) \tag{2.92}$$

$$EI\ \sum_{i=1}^{\infty} p_i\left[\frac{i\pi}{l}\right]^4 \sin i\pi\frac{x}{l} + \rho A\ \sum_{i=1}^{\infty} \ddot{p}_i \sin i\pi\frac{x}{l} = F\ \delta(x - vt). \tag{2.94}$$

Daraus ergibt sich auf dem üblichen Wege, d.h. durch Bilden des "Skalar-produkts" mit $\sin\frac{k\pi x}{l}$, das System entkoppelter gewöhnlicher Differential-gleichungen

$$\ddot{p}_k(t) + \omega_k^2\ p_k(t) = \frac{2F}{l\rho A} \sin k\pi\frac{vt}{l}\ , \quad k = 1,2,3\ldots \tag{2.95}$$

für $0 \leq t \leq l/v$ mit $\omega_k^2 = \left[\frac{k\pi}{l}\right]^4 \frac{EI}{\rho A}$. Partikuläre Lösungen zu (2.95) können wir in der Form

$$p_{kP}(t) = K_k\ \sin k\pi\frac{vt}{l} \tag{2.96}$$

bestimmen mit

$$K_k = \frac{2Fl^3}{EI\pi^4}\ \frac{1}{k^2\left[k^2 - \frac{\rho Al^2}{EI\pi^2}\ v^2\right]}\ , \quad k = 1,2,3,\ldots, \tag{2.97}$$

sofern der Nenner nicht verschwindet. Mit dem Trägheitsradius $i := \sqrt{I/A}$ und mit $c = \sqrt{E/\rho}$ schreibt sich diese Bedingung als

$$v \neq \frac{k\pi i}{l}\ c. \tag{2.98}$$

Falls (2.98) für irgendeinen Wert von k verletzt wird, können wir natür-lich ebenfalls die entsprechende partikuläre Lösung für $p_k(t)$ ohne weiteres angeben, sie besitzt dann eine linear mit der Zeit anwachsende Amplitude. Da aber (2.95) sowieso nur für $t \leq l/v$ gilt, bleibt die Amplitude beschränkt. Der "Resonanzfall" ist hier offensichtlich nicht so gefährlich wie bei har-monischer Erregung. Zu der partikulären Lösung der inhomogenen Differential-gleichung ist noch die allgemeine Lösung der homogenen Differentialgleichung hinzufügen, so daß sich

$$w(x,t) = \sum_{k=1}^{\infty} \sin \frac{k\pi x}{l} \left\{ \frac{2Fl^3}{EI\pi^4} \frac{\sin k\pi\frac{vt}{l}}{k^2\left[k^2 - \left[\frac{lv}{ic\pi}\right]^2\right]} + S_k \sin \omega_k t + C_k \cos \omega_k t \right\} \qquad (2.99)$$

für $0 \leq t \leq l/v$ ergibt. Die Anfangsbedingungen $w(x,0) \equiv 0$, $\dot{w}(x,0) \equiv 0$ führen schließlich auf

$$w(x,t) = \frac{2Fl^3}{EI\pi^4} \sum_{k=1}^{\infty} \left\{ \frac{\sin k\pi\frac{x}{l}}{k^2\left[k^2 - \left[\frac{lv}{ic\pi}\right]^2\right]} \left[\sin k\pi\frac{vt}{l} - k\pi\frac{v}{l\omega_k} \sin \omega_k t \right] \right\}. \qquad (2.100)$$

Die Lösung (2.100) gilt allerdings nur für $t \leq l/v$, d.h. solange sich die Last noch auf dem Balken befindet. Für $t \geq l/v$ führt der Balken freie Schwingungen aus, die ohne weiteres aus den Übergangsbedingungen (Stetigkeit von $w(x,t)$ und $\dot{w}(x,t)$ für $t = l/v$) folgen.

In Abb.2.10 ist $w(x,t)$ für zwei verschiedene Werte von $v/\omega_1 l$ angegeben. Der Vergleich mit der in 1.4 behandelten Saite unter Wanderlast zeigt einen wesentlichen Unterschied: Bei der Saite bewegt sich die Störung (Wellenfront) für $v < c$ zwar schneller fort als die Wanderlast, jedoch nur mit der konstanten, endlichen Wellengeschwindigkeit c, beim BERNOULLI-EULER-Balken dagegen schwingt sofort der ganze Balken, d.h. es gibt keine Wellenfront und auch keine endliche, geschweige denn eine konstante Ausbreitungsgeschwindigkeit für die Biegewellen! Wir kommen auf dieses Problem nochmals in 2.5 zurück.

Im Resonanzfall $v = \omega_1 l/\pi$ wird der Maximalwert von $w(x,t)$ für $t = l/v$ und $x = l/2$ erreicht, also gerade zu dem Zeitpunkt, zu dem die Last den Balken wieder verläßt. Diese größte Durchbiegung ist um etwa 50 % größer als die Absenkung, die einer quasistatisch in Balkenmitte wirkenden Kraft entspricht. Bei Brücken ist die Zeit der Überquerung oft viel größer als die Periodendauer der ersten Eigenschwingung, d.h. $v/l \ll \omega_1/2\pi$. Es ist dann ausreichend in (2.100) nur das erste Glied der Reihe zu berücksichtigen, und es folgt in diesem Fall

$$w_{max} \approx \frac{2Fl^3}{EI\pi^4} \left[\frac{1}{1 - \pi\frac{v}{l\omega_1}}\right] = (w_{max})_{stat} \left[\frac{1}{1 - \pi\frac{v}{l\omega_1}}\right]. \qquad (2.101)$$

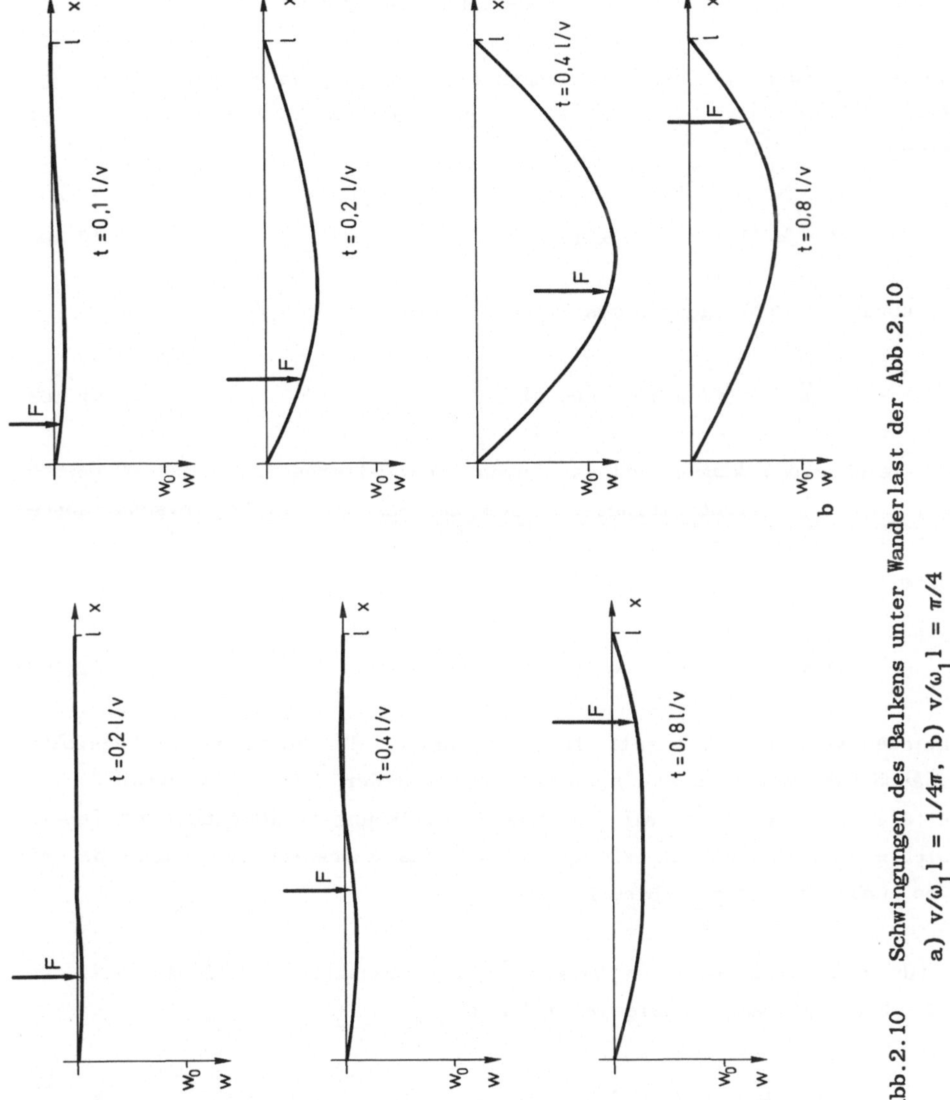

Abb.2.10   Schwingungen des Balkens unter Wanderlast der Abb.2.10

a) $v/\omega_1 l = 1/4\pi$, b) $v/\omega_1 l = \pi/4$

Durch Einsetzen der entsprechenden Parameter erkennt man, daß die Wanderlast konstanten Betrages bei Brücken normalerweise nicht sehr wichtig ist. Wesentlich gefährlicher können Wanderlasten sein, deren Betrag periodisch schwankt, wie es etwa bei Lokomotiven der Fall sein kann (s. TIMOSHENKO & YOUNG).

2.4   Der Einfluß der Normalkraft auf die Biegeschwingungen

In Kapitel 1 wurden die Querschwingungen einer vorgespannten Saite ohne Biegesteifigkeit behandelt, und diese Schwingungen wurden durch die Differentialgleichung

$$\rho A \, \ddot{w} = (T \, w')' + q(x,t) \tag{2.102}$$

beschrieben. Die Schwingungen des Balkens dagegen genügen der Gleichung

$$\rho A \, \ddot{w} = - (EI \, w'')'' + q(x,t). \tag{2.103}$$

Es ist leicht zu erkennen und kann auch ohne weiteres im Einzelnen gezeigt
werden, daß die Querschwingungen eines Balkens mit nicht verschwindender
Normalkraft (oder auch die Querschwingungen einer vorgespannten Saite mit
Biegesteifigkeit) durch

$$\rho A \, \ddot{w} = - (EI \, w'')'' + (N \, w')' + q(x,t) \tag{2.104}$$

beschrieben werden. Dabei soll die Normalkraft, die jetzt mit N bezeichnet
wird, zunächst höchstens von x, nicht aber von der Zeit t abhängen. Für den
Sonderfall der Statik ist die Differentialgleichung (2.104) aus der Festigkeitslehre bekannt, wo sie mit $q(x,t) \equiv 0$ das Knickproblem beschreibt. Wir
greifen zunächst dieses Problem noch einmal auf.

Für einen Balken unter Wirkung einer Längskraft gemäß Abb.2.11 ist
$N(x) \equiv - P$ und das Knickproblem wird durch

$$(EI \, w'')'' + P \, w'' = 0 \tag{2.105}$$

beschrieben. Für nicht konstante Biegesteifigkeiten kann eine geschlossene

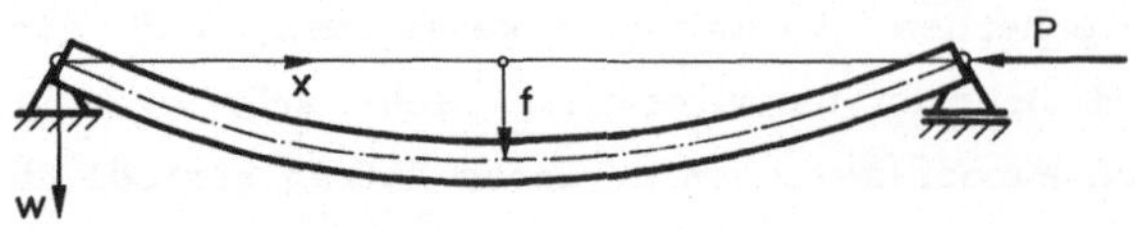

Abb.2.11   Zum Problem des Knickens

Lösung von (2.105) nur in Sonderfällen angegeben werden, wir beschränken uns daher auf den Fall EI = const. Die allgemeine Lösung von (2.105) ist dann

$$w(x) = A + B \frac{x}{l} + C \sin \sqrt{\frac{P}{EI}} \, x + D \cos \sqrt{\frac{P}{EI}} \, x. \tag{2.106}$$

Für beidseitige einfache Lagerung folgen aus den Randbedingungen $w(0) = 0$, $w''(0) = 0$, $w(l) = 0$ und $w''(l) = 0$ die Integrationskonstanten $A = 0$, $B = 0$ und $D = 0$ und die Gleichung

$$C \sin \sqrt{\frac{P}{EI}} \, l = 0. \tag{2.107}$$

Der Fall $C = 0$ entspricht der trivialen Lösung und interessiert uns nicht, so daß (2.107) auf die charakteristische Gleichung

$$\sin \sqrt{\frac{P}{EI}} \, l = 0 \tag{2.108}$$

führt. Lediglich für die Wurzeln

$$\sqrt{\frac{P}{EI}} \, l = k\pi \, , \quad k = 1,2,\ldots, \tag{2.109}$$

d.h. für die Eigenwerte $P_k = k^2 \pi^2 \frac{EI}{l^2}$ besitzt das Randwertproblem nichttriviale Lösungen, die dann jeweils von der Art $W_k = \sin \frac{k\pi x}{l}$ sind. Der erste Eigenwert $P_1 = \pi^2 \frac{EI}{l^2}$ entspricht der kritischen Last, oberhalb derer die triviale Lösung (d.h. die gerade Lage des Balkens) instabil wird, wie man aus der Festigkeitslehre weiß. Nach der hier verwendeten linearen Theorie knickt also der Balken bei $P = P_1$ aus. Die Größe des Biegepfeils $f(P)$ läßt sich aber für $P > P_1$ mit dieser Theorie nicht bestimmen, dazu ist vielmehr ein nichtlineares Rechenmodell erforderlich. Der prinzipielle Verlauf der Funktion $f(P)$ ist in Abb.2.12 angegeben. Dabei deutet die durchgezogene dicke Linie eine stabile, die gestrichelte Linie eine instabile Gleichgewichtslage an. Den Punkt $f = 0$, $P = P_1$ bezeichnet man als *Verzweigungspunkt*, da hier ein nichttrivialer Ast von der Kurve $f(P)$ abzweigt.

Ist der Balkenquerschnitt nicht konstant, so kann man (2.105) nicht ohne weiteres lösen. Man kann jedoch den ersten Eigenwert P_1 abschätzen. Multipli-

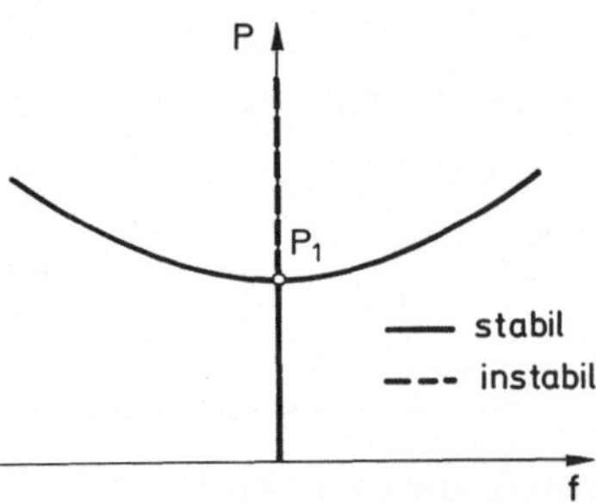

Abb.2.12   Verzweigungsdiagramm zum Knickproblem

ziert man nämlich (2.105) mit w(x), so gelangt man durch partielle Integration unter Verwendung der Randbedingungen zu

$$\int_0^l EI\ w''^2(x)\ dx - P \int_0^l w'(x)^2\ dx = 0. \tag{2.110}$$

Daraus folgt, daß der erste Eigenwert hier mit Hilfe des RAYLEIGHschen Quotienten

$$R\left[w(\cdot)\right] = \frac{\displaystyle\int_0^l EI\ w''^2\ dx}{\displaystyle\int_0^l w'^{\,2}\ dx} \tag{2.111}$$

abgeschätzt werden kann. Es gilt

$$P_1 = \min_{F(\cdot)} \left\{ R\left[F(\cdot)\right] \right\}, \tag{2.112}$$

wobei über alle zweimal stetig differenzierbaren Funktionen F(x) zu minimieren ist, die die geometrischen Randbedingungen erfüllen.

Man beachte, daß bisher noch nicht genau erklärt wurde, was man hier unter *Stabilität* zu verstehen hat. Da Stabilität in der Mechanik immer an den Begriff der Bewegung gebunden ist, liefert auch die hier als bekannt vorausgesetzte Elastostatik keine präzise Stabilitätsdefinition. Oft wird eine Gleichgewichtslage in der Elastostatik dann als stabil bezeichnet, wenn die potentielle Energie in dieser Lage ein Minimum annimmt. Diese Definition ist aber zum Beispiel dann unbrauchbar, wenn die auf das System wirkenden Kräfte nicht von einem Potential stammen. Eine präzise Stabilitätsdefinition, der LJAPUNOWsche Stabilitätsbegriff[18], ist z.B. bei HAGEDORN zu finden. Die Behandlung der linearen Schwingungen des Balkens unter Normalkraft vermittelt aber zumindest einen gewissen Einblick in die Theorie der Stabilität elastischer Kontinua.

Wir betrachten die durch (2.104) mit $q(x,t) \equiv 0$, $EI = const$ und $N \equiv - P = const$ beschriebenen freien Schwingungen und machen in

$$\rho A \; \ddot{w} + EI \; w'''' + P \; w'' = 0 \qquad (2.113)$$

für den einfach gelagerten Balken wieder den Lösungsansatz

$$w(x,t) = \sin \frac{k\pi x}{l} \sin \omega_k t, \qquad (2.114)$$

der die noch zu bestimmende Eigenkreisfrequenz ω_k enthält. Aus (2.113) folgt damit

$$- \rho A \; \omega_k^2 + EI \left[\frac{k\pi}{l}\right]^4 - P \left[\frac{k\pi}{l}\right]^2 = 0, \qquad (2.115)$$

bzw.

$$\omega_k = k^2 \pi^2 \sqrt{\frac{EI}{\rho A l^4}} \; \sqrt{1 - \frac{P}{P_k}} \; , \qquad P_k := \left[\frac{k\pi}{l}\right]^2 EI, \quad k = 1,2,\ldots \qquad (2.116)$$

In (2.116) ist gerade P_1 die aus der Elastostatik bekannte kritische Last, d.h. die (erste) Knicklast.

Die Eigenfrequenzen nehmen also mit zunehmender Druckkraft P ab. Sie sind alle reell, sofern $P < P_1$ ist; für $P = P_1$ wird ω_1 gleich Null. Für $P > P_1$ ist zumindest ω_1 imaginär und wir schreiben $\omega_1 = j\gamma_1$, mit $\gamma_1 > 0$. Anstelle der Lösungen $\sin \frac{k\pi x}{l} \sin \omega_1 t$ (und $\sin \frac{k\pi x}{l} \cos \omega_1 t$) treten dann Lösungen der Form $G \sin \frac{k\pi x}{l} e^{\gamma_1 t}$ und $H \sin \frac{k\pi x}{l} e^{-\gamma_1 t}$ auf. Dies bedeutet, daß es für $P > P_1$ exponentiell aufklingende Lösungen gibt, so daß beliebig kleine Abweichungen

---

[18]Nach dem russischen Mathematiker Alexandr Michailowitch LJAPUNOW, *1857 in Jaroslaw, +1918 in Odessa.

aus der Gleichgewichtslage zu Ausschlägen führen, die über alle Grenzen wachsen. In diesem Sinne wird also für $P > P_1$ die triviale Gleichgewichtslage tatsächlich instabil, wie schon aus der Elastostatik bekannt ist! Natürlich werden für große Auslenkungen (und Krümmungen) die Schwingungen nicht mehr realistisch durch (2.113) beschrieben.

Für nicht konstante Balkenquerschnitte kann (2.113) i.a. nicht mehr geschlossen gelöst werden. Die Eigenkreisfrequenzen können jedoch mit Hilfe des RAYLEIGHschen Quotienten

$$R\left[F(\cdot)\right] = \frac{\int_0^1 EI\ F''^2\ dx\ -\ P \int_0^1 F'^2\ dx}{\int_0^1 \rho A\ F^2\ dx} \tag{2.117}$$

abgeschätzt werden, sofern Stabilität vorliegt.

Bisher haben wir die Normalkraft als zeitunabhängig angenommen. Es gibt aber eine Reihe technischer Anwendungen, zum Beispiel im Maschinenbau oder im Bauingenieurwesen, bei denen Balken durch zeitlich veränderliche Normalkräfte beansprucht werden. Wir betrachten im folgenden die Biegeschwingungen eines durch die axial pulsierende Kraft

$$P(t) = P_0 + \hat{P}\ \cos\ \Omega t \tag{2.118}$$

belasteten Balkens nach Abb.2.13. Dabei nehmen wir an, daß Ω weit unterhalb der ersten Eigenkreisfrequenz der Längsschwingungen liegt. In diesem Fall ist die Normalkraftverteilung diejenige des statischen Problems, d.h. die "Trägheitskräfte" in Stablängsrichtung sind vernachlässigbar. Wir haben auch schon gesehen, daß die Grundfrequenz der Querschwingungen normalerweise weit unterhalb derjenigen der Längsschwingungen liegt, so daß beide Schwingungsarten weitgehend entkoppelt sind. Daher können wir davon ausgehen, daß die Quer-

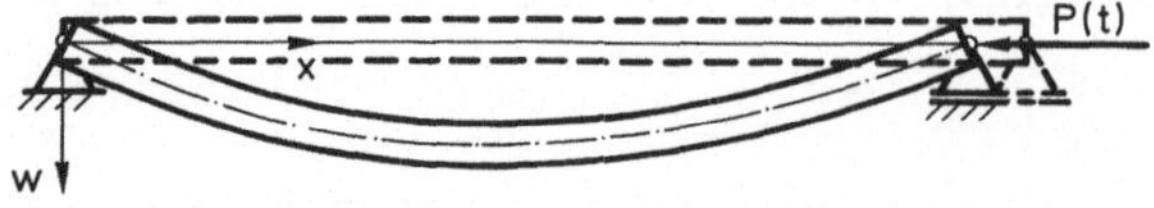

Abb.2.13   Axial pulsierend belasteter Balken

schwingungen durch (2.104) beschrieben werden mit $N = -P(t)$. Für den Fall konstanten Querschnitts und $q(x,t) \equiv 0$ erhält man damit die partielle Differentialgleichung

$$\rho A \; \ddot{w} + EI \; w'''' + (P_0 + \hat{P} \cos \Omega t) \; w'' = 0, \qquad (2.119)$$

die einen periodischen Koeffizienten enthält. Mit dem Ansatz

$$w(x,t) = p(t) \sin \frac{\pi x}{l} , \qquad (2.120)$$

der natürlich nur eine ganz bestimmte, partikuläre Lösung von (2.119) liefern kann (mit $\sin \frac{k\pi x}{l}$, $k = 2,3,\ldots$, anstelle von $\sin \frac{\pi x}{l}$ würde man zusätzliche Lösungen erhalten), ergibt sich durch Bildung des Skalarproduktes

$$\rho A \; \ddot{p}(t) + \left[EI\frac{\pi^4}{l^4} - (P_0 + \hat{P} \cos \Omega t) \frac{\pi^2}{l^2} \right] p(t) = 0, \qquad (2.121)$$

bzw.

$$\ddot{p}(t) + \omega_1^2 (1 - \epsilon \cos \Omega t) \, p(t) = 0 \qquad (2.122)$$

mit

$$\epsilon := \frac{\hat{P} \, \pi^2}{\rho A \; l^2 \omega_1^2} . \qquad (2.123)$$

In (2.122) wurde ω_1^2 gemäß (2.116) eingeführt, mit $P = P_0$. Wir nehmen an, daß der konstante Anteil P_0 von $P(t)$ kleiner als die kritische Last P_1 ist, so daß ω_1 reell ist. Die Differentialgleichung (2.122) wird als MATHIEUsche Differentialgleichung bezeichnet, sie ist ein Sonderfall der HILLschen Differentialgleichung, bei der anstelle der trigonometrischen Funktion in t eine beliebige, periodische Zeitfunktion steht[19]. Sie ist zwar linear, so daß zum Beispiel weiterhin die Superposition gilt, ihre allgemeine Lösung kann aber nicht durch elementare Funktionen ausgedrückt werden. Die Lösungen sind die

---

[19]Nach den Mathematikern Emile Leonard MATHIEU, *1835 in Metz, +1890 in Nancy und George William HILL, *1838 in New York, +1914 in West-Nyack (N.Y.)

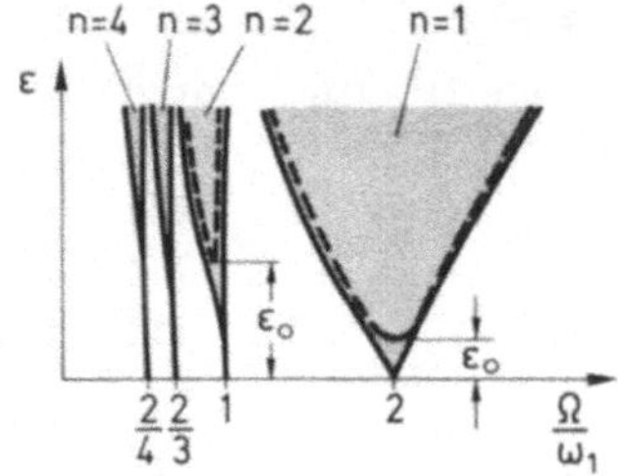

Abb.2.14   Instabilitätsbereiche der MATHIEUschen Gleichung (STRUTTsche Karte)

MATHIEUschen Funktionen, die bei vielen Problemen der mathematischen Physik eine wichtige Rolle spielen. Für $\epsilon = 0$ geht (2.122) in die gewöhnliche Schwingungsgleichung über.

Die Differentialgleichung (2.122) besitzt auf jeden Fall immer die triviale Lösung $p(t) \equiv 0$, die dem geraden Balken entspricht. Wir diskutieren hier lediglich qualitativ die Stabilität dieser trivialen Lösung für kleine Werte von ϵ. Die folgenden Ergebnisse lassen sich durch Reihenentwicklungen der Lösungen in Potenzen von ϵ mit Hilfe der FLOQUETschen Theorie beweisen (s. z.B. HAGEDORN).

Das Stabilitätsverhalten der Lösungen $p(t) \equiv 0$ stellt man üblicherweise in der sogenannten STRUTTschen Karte dar[20]. Ein Punkt in dem schraffierten Bereich der Abb.2.14 entspricht dabei Parameterwerten ϵ, Ω und ω_1, für die die triviale Lösung instabil wird. Es existieren dann Lösungen mit exponentiell anwachsender Amplitude, d.h. der Balken führt sehr schnell anwachsende Flatterschwingungen aus. Die schraffierten Instabilitätsbereiche gehen in der Abb.2.14 keilförmig von den Punkten $\Omega/\omega_1 = 2/n$, $n = 1,2,\ldots$ aus. Von diesen Instabilitätsbereichen ist derjenige 1. Ordnung $(n = 1)$ aus verschiedenen Gründen für die Anwendungen der wichtigste, und wir können die entsprechende Instabilität leicht anschaulich deuten. Führt der Balken nämlich Querschwingungen mit der Kreisfrequenz ω_1 aus, so leuchtet es ein, daß sich sein rechtes (längsverschiebliches) Ende harmonisch in x-Richtung mit der doppelten Frequenz $2\omega_1$ bewegt. Durch eine pulsierende Axialkraft mit $\Omega = 2\omega_1$ werden daher diese Querschwingungen angeregt.

---

[20]Nach dem Physiker John William STRUTT, 3. Baron Rayleigh, *1842 in Langford (Essex), +1919 in Witham (Essex).

Dieser stark vereinfachten Theorie zufolge führen also beliebig kleine pulsierende Axialkräfte schon zu Instabilitäten, sofern nur die Frequenz Ω entsprechend gewählt wird. Fügt man in der MATHIEUschen Differentialgleichung noch ein lineares Dämpfungsglied ein, so gelten in der STRUTTschen Karte die inneren Kurven als Grenzen der Instabilitätsbereiche; sie hängen noch von der Größe des Dämpfungskoeffizienten ab. Die triviale Lösung wird dann nicht mehr für beliebig kleine Werte von ϵ instabil; nur wenn bestimmte *Schwellwerte* ϵ_0 überschritten werden, kommt es zur Instabilität der trivialen Lösung.

Der axial pulsierende belastete Stab tritt als Bauelement des Maschinenbaus häufig auf. Die hier angedeuteten Erscheinungen sind dort oft beobachtet worden und können z.B. bei den Kuppelstangen von elektrischen Lokomotiven zu Schäden führen. *Parametererregte Schwingungen* (d.h. Schwingungen, die Differentialgleichungen mit zeitabhängigen Koeffiezienten entsprechen) treten darüber hinaus auch in komplizierteren Formen in fast allen elastomechanischen Systemen (s. BOLOTIN), in der Himmelsmechanik und in der Elektrotechnik auf.

2.5 Biegewellen und Dispersion im EULER-BERNOULLI-Balken

Wir betrachten nochmals die Differentialgleichung für die freien Biegeschwingungen des Balkens konstanten Querschnitts

$$EI\, w'''' + \rho A\, \ddot{w} = 0 \tag{2.124}$$

und untersuchen, unter welchen Bedingungen laufende Wellen mit Ausbreitungsgeschwindigkeit $\bar{c}$ gemäß dem Ansatz

$$w(x,t) = f(x \pm \bar{c}t) \tag{2.125}$$

existieren. Der Ansatz führt auf

$$f'''' + \frac{\bar{c}^2}{a^2}\, f'' = 0, \tag{2.126}$$

wobei der Strich jetzt Ableitung nach dem Argument $s := x \pm \bar{c}t$ bedeutet und $a^2 := EI/\rho A$ ist. Mit $c = \sqrt{E/\rho}$ als der Ausbreitungsgeschwindigkeit der

Longitudinalwellen und $i = \sqrt{I/A}$ als dem Trägheitsradius des Querschnitts folgt

$$a := ci. \tag{2.127}$$

Die allgemeine Lösung von (2.126) ist

$$f(s) = C_1 + C_2\, s + A\, \cos\left[\frac{\bar{c}}{a}\, s + \alpha\right] \tag{2.128}$$

mit den Integrationskonstanten C_1, C_2, A und α. Da uns die konstante Lösung von (2.124) nicht interessiert, setzen wir $C_1 = 0$, und da wir auch wollen, daß die Lösung endlich bleibt, wählen wir auch $C_2 = 0$. Damit folgt, daß die einzigen Wellen der Art (2.125) im vorliegenden Fall die Form

$$f(x \pm \bar{c}t) = A\, \cos\,\left[k(x \pm \bar{c}t) + \alpha\right] \tag{2.129}$$

haben, d.h. es handelt sich um harmonische Wellen. Dabei gilt für die Wellenzahl

$$k = \frac{2\pi}{\lambda} = \frac{\bar{c}}{a} \tag{2.130}$$

mit λ als der Wellenlänge. Die Ausbreitungsgeschwindigkeit $\bar{c}$ der harmonischen Biegewellen ist also nicht konstant, sondern hängt von der Wellenlänge ab. Allgemein bezeichnen wir die Ausbreitungsgeschwindigkeit harmonischer Wellen in einem beliebigen Medium als *Phasengeschwindigkeit* c_P. Für den Balken gilt offensichtlich

$$c_P = \frac{2\pi}{\lambda}\, a = kic. \tag{2.131}$$

Wegen der Linearität von (2.124) ist auch

$$w(x,t) = S_+\sin k(x{+}c_P t) + C_+\cos k(x{+}c_P t) + \tag{2.132a}$$

$$+\ S_-\sin k(x{-}c_P t) + C_-\cos k(x{-}c_P t) \tag{2.132b}$$

eine Lösung, für beliebige Werte der Konstanten S_+, C_+, S_- und C_-. Das gleiche gilt für jede Linearkombination von Lösungen gemäß (2.132) mit verschiedenen

Wellenlängen λ bzw. verschiedenen Wellenzahlen $k(\lambda)$. Auch ist für beliebig gewählte Funktionen $S_+(k)$, $C_+(k)$, $S_-(k)$ und $C_-(k)$ der Ausdruck

$$w(x,t) = \int_0^\infty \Big[S_+(k) \sin k[x+c_p(k)t] + C_+(k) \cos k[x+c_p(k)t] +$$

$$+ S_-(k) \sin k[x-c_p(k)t] + C_-(k) \cos k[x-c_p(k)t] \Big] dk \qquad (2.133)$$

eine Lösung, sofern das Integral konvergiert. In dieser Überlagerung von nach rechts und links laufenden Wellen breitet sich jede Welle, je nach ihrer Wellenlänge mit einer anderen *Phasengeschwindigkeit* aus. Ein Medium dieser Art, in dem harmonische Wellen unterschiedlicher Wellenlängen verschiedene Phasengeschwindigkeiten besitzen, bezeichnet man als *dispersiv*. Ein anderes Beispiel für *Dispersion* ist die Ausbreitung des Lichtes durch Glas und durch andere Medien.

In einem dispersiven Medium ändert sich die Form nichtharmonischer Wellen mit der Zeit. Man kann hier also nicht von der Ausbreitungsgeschwindigkeit einer Welle reden, wenn diese nicht harmonisch ist. Außer der Phasengeschwindigkeit gibt es aber eine weitere charakteristische Geschwindigkeit, die für den Fall eines Wellenpaketes, das aus einer Gruppe harmonischer Wellen annähernd gleicher Wellenlänge λ besteht, eine einfache, anschauliche Bedeutung hat. Eine solche Gruppe pflanzt sich nämlich mit der sogenannten *Gruppengeschwindigkeit* c_G fort.

Um diesen Begriff näher zu erläutern, betrachten wir ein aus zwei harmonischen Wellen gleicher Amplituden und annähernd gleicher Wellenlängen λ_1 und λ_2 bestehendes Wellenpaket. Es sei

$$w_1(x,t) := C \cos k_1(x-c_{P1}t) = C \cos(k_1 x - \omega_1 t), \qquad (2.134a)$$

$$w_2(x,t) := C \cos k_2(x-c_{P2}t) = C \cos(k_2 x - \omega_2 t), \qquad (2.134b)$$

und damit

$$w(x,t) = w_1(x,t) + w_2(x,t) =$$

$$= 2\,C \cos\left[\frac{k_1+k_2}{2} x - \frac{\omega_1+\omega_2}{2} t\right] \cos\left[\frac{k_1-k_2}{2} x - \frac{\omega_1-\omega_2}{2} t\right]. \qquad (2.135)$$

Die harmonische Welle $\cos(k_m x - \omega_m t)$ mit der (mittleren) Kreisfrequenz $\omega_m = (\omega_1 + \omega_2)/2$ und der Wellenzahl $k_m = (k_1 + k_2)/2$ wird als *Trägerwelle* bezeichnet; sie breitet sich mit der Geschwindigkeit $c_{Pm} = \omega_m / k_m$ aus. Der Faktor $2\,C\cos\left[(\Delta kx - \Delta\omega t)/2\right]$ mit $\Delta k = k_1 - k_2$, $\Delta\omega = \omega_1 - \omega_2$ entspricht einer demgegenüber langsam veränderlichen Amplitude, die sich mit der Gruppengeschwindigkeit $c_G := \Delta\omega/\Delta k$ ausbreitet.

Allgemein definiert man die Gruppengeschwindigkeit für beliebige dispersive Medien als

$$c_G := \frac{d\omega}{dk}\, , \qquad\qquad (2.136)$$

und für den EULER-BERNOULLI-Balken ergibt sich mit $\omega = c_P k$ und aus (2.130)

$$c_G = \frac{d\omega}{dk} = \frac{d}{dk}\,(ak^2) = 2ak = 2c_P. \qquad\qquad (2.137)$$

Für Biegewellen im EULER-BERNOULLI-Balken ist also die Gruppengeschwindigkeit gerade doppelt so groß wie die Phasengeschwindigkeit c_P.

Die Gruppengeschwindigkeit ist offensichtlich auch die Geschwindigkeit, mit der der mittlere Energietransport erfolgt. Sie ist darüber hinaus diejenige charakteristische Geschwindigkeit, die am einfachsten zu messen ist, da die Meßgeräte oft wegen ihrer Trägheit die Trägerfrequenz nicht registrieren. Für $\lambda \to 0$ gehen beim EULER-BERNOULLI-Balken sowohl c_P als auch c_G gegen Unendlich. Das bedeutet aber, daß sich Energie mit unendlich großer Geschwindigkeit ausbreitet, was physikalisch sicher nicht sinnvoll ist. Für kleine Werte von λ, die in derselben Größenordnung liegen wie die Abmessungen des Balkenquerschnitts, müssen wir demnach unser mathematisch-mechanisches Modell ändern. Dies geschieht in Abschnitt 2.6.

Auch ohne die Verwendung der Begriffe "Phasen-" und "Gruppengeschwindigkeit" und ohne die Überlegungen zum Energietransport kann man zeigen, daß es beim EULER-BERNOULLI-Balken keine endliche Ausbreitungsgeschwindigkeit für Signale gibt. Als *Signal* bezeichnet man in diesem Zusammenhang eine Funktion $w(x,t)$, die außerhalb eines von der Zeit abhängenden Intervalls der x-Achse identisch verschwindet.

Um die Nichtexistenz einer endlichen Ausbreitungsgeschwindigkeit von Signalen zu erkennen, ist es zweckmäßig, die im vorigen Jahrhundert von

BOUSSINESQ[21] erhaltenen Lösungsformeln zu verwenden. BOUSSINESQ hat mit Hilfe der FOURIERtransformation einfache Lösungsformeln für das Anfangswertproblem der freien Schwingungen eines unendlichen Balkens und für die erzwungenen Schwingungen eines am Rande erregten halbunendlichen Balkens gefunden. Die Herleitung ist z.B. bei MEIROVITCH wiedergegeben. Für einen unendlich langen Balken mit den Anfangsbedingungen

$$w(x,0) = f(x), \qquad (2.138a)$$

$$\dot{w}(x,0) = ag''(x) \qquad (2.138b)$$

ist die Lösung $w(x,t)$ für $t \geq 0$ und alle Werte von x durch

$$w(x,t) = \frac{1}{\sqrt{2\pi}} \left[\int_{-\infty}^{\infty} f(x-2u\sqrt{at}) \, (\cos(u^2) + \sin(u^2)) \, du \right.$$
$$\left. - \int_{-\infty}^{\infty} g(x-2u\sqrt{at}) \, (\cos(u^2) - \sin(u^2)) \, du \right] \qquad (2.139)$$

gegeben, wobei die Konstante a durch (2.127) definiert ist. Die Integrale in (2.139) können i.a. nicht geschlossen berechnet werden; die Integration gelingt jedoch z.B. für

$$f(x) = w_0 \exp\left[- x^2/4x_0^2\right], \quad g(x) \equiv 0. \qquad (2.140)$$

Wir interessieren uns jedoch hier für die Ausbreitung eines Signals, das zum Zeitpunkt $t = 0$ außerhalb eines endlichen Intervalls verschwindet und betrachten deswegen Anfangsbedingungen der Art

$$f(x) := (x^2 - 1)^5 \quad , \quad x \in [-1, \, 1], \qquad (2.141a)$$

$$f(x) := 0 \qquad , \quad x \notin [-1, \, 1] \qquad (2.141b)$$

---

[21] Joseph BOUSSINESQ, französischer Mathematiker und Physiker, *1842 in Saint-André'-de-Sangonis, +1929 in Paris

150

und

$$g(x) = -f(x). \tag{2.141c}$$

Diese Funktionen $f(x)$, $g(x)$ sind überall viermal stetig differenzierbar, so daß man sie in die Differentialgleichung einsetzen kann. Mit der Abkürzung

$$p_1(x) :\equiv 1, \quad x \in [-1, 1], \tag{2.142a}$$

$$p_1(x) :\equiv 0, \quad x \notin [-1, 1] \tag{2.142b}$$

("Rechteckfenster") folgt aus (2.139)

$$w(x,t) = \frac{1}{\sqrt{2\pi}} \int_{-\infty}^{\infty} \left[(x - 2u\sqrt{at})^2 - 1 \right]^5 p_1(x - 2u\sqrt{at}) \cos(u^2) \, du. \tag{2.143}$$

Die Transformation

$$2\sqrt{at} = \tau \tag{2.144}$$

führt auf

$$w(x,t) = \frac{1}{\sqrt{2\pi}} \int_{\frac{x-1}{\tau}}^{\frac{x+1}{\tau}} \left[(\tau u - x)^2 - 1 \right]^5 \cos(u^2) \, du. \tag{2.145}$$

Nun ist aber $P(u,x) := \left[(\tau u - x)^2 - 1 \right]^5$ ein Polynom zehnten Grades in u und x; weiterhin gelten die Rekursionsformeln

$$\int u^{n+2} \cos(u^2) \, du = \frac{1}{2} u^{n+1} \sin(u^2) - \frac{n+1}{2} \int u^n \sin(u^2) \, du, \tag{2.146a}$$

$$\int u^{n+2} \sin(u^2) \, du = - \frac{1}{2} u^{n+1} \cos(u^2) + \frac{n+1}{2} \int u^n \cos(u^2) \, du. \tag{2.146b}$$

Das Integral (2.145) läßt sich also darstellen als

$$w(x,t) = \frac{1}{\sqrt{2\pi}} \left\{ \left[Q(x,u) \sin(u^2) + R(x,u) \cos(u^2) \right]_{\frac{x-1}{\tau}}^{\frac{x+1}{\tau}} + \right.$$

$$\left. + S(x) \int_{\frac{x-1}{\tau}}^{\frac{x+1}{\tau}} \sin(u^2)\, du + T(x) \int_{\frac{x-1}{\tau}}^{\frac{x+1}{\tau}} \cos(u^2)\, du \right\}. \quad (2.147)$$

Die Funktionen $Q(\cdot,\cdot)$, $R(\cdot,\cdot)$, $S(\cdot)$ und $T(\cdot)$ sind dabei Polynome in den angegebenen Variablen. Daher ist $w(x,t)$ für konstantes $t > 0$ eine analytische Funktion in x. Als solche kann die Funktion $w(x,t)$ entweder identisch verschwinden oder sie verschwindet in keinem Intervall. Da $w(x,t)$ für festes $t > 0$ offensichtlich nicht identisch in x verschwindet, gibt es kein Intervall der x-Achse, in dem $w(x,t)$ gleich Null ist.

Damit wurde also gezeigt, daß ein Signal, das zum Zeitpunkt $t = 0$ lediglich in dem Intervall $[-1, 1]$ der x-Achse ungleich Null ist, für beliebig kleine positive Zeiten auch beliebig weit weg von diesem Intervall Auslenkungen hervorruft (die natürlich sehr klein sind). In diesem Sinne existiert also beim EULER-BERNOULLI-Balken in der Tat keine endliche Ausbreitungsgeschwindigkeit der Signale. Das bedeutet natürlich nicht, daß dieses Balkenmodell zur Behandlung von Balkenschwingungen nicht brauchbar wäre; lediglich für sehr kurzwellige Balkenschwingungen bedarf die EULER-BERNOULLIsche Theorie einer Korrektur, die wir im nächsten Abschnitt angeben.

Der Vollständigkeit halber geben wir hier auch noch die BOUSSINESQsche Lösungsformel für einen halbunendlichen Balken an, der sich über $x \in [0, \infty]$ erstreckt und dessen Randpunkt am Rande $x = 0$ gemäß

$$w(0,t) = f(t) \quad (2.148)$$

geführt wird. Außer dieser geometrischen Randbedingung ist noch die dynamische Randbedingung

$$EI\, w''(0,t) = 0 \quad (2.149)$$

gegeben. Die Anfangsbedingungen sind

$$w(x,0) := 0, \quad (2.150a)$$

$$\dot{w}(x,0) := 0 \quad , \quad x \in [0, \infty]. \quad (2.150b)$$

Mit diesen Rand- und Anfangsbedingungen erhielt BOUSSINESQ mittels der FOURIERtransformation die Lösungsformel

$$w(x,t) = \frac{1}{\sqrt{\pi}} \int_{\frac{x}{\sqrt{2at}}}^{\infty} f\left[t - \frac{x^2}{2au^2}\right] \left[\sin\left[\frac{u^2}{2}\right] + \cos\left[\frac{u^2}{2}\right]\right] du. \quad (2.151)$$

Auch die Herleitung von (2.151) ist bei MEIROVITCH wiedergegeben. Die Nicht-existenz einer endlichen Ausbreitungsgeschwindigkeit von Signalen hätte auch anhand von (2.151) anstelle von (2.139) bewiesen werden können.

2.6. Der TIMOSHENKO-BALKEN

2.6.1 Die Bewegungsgleichungen und die Dispersionsrelationen

Im vorigen Abschnitt hat sich gezeigt, daß für Werte der Wellenlänge λ, die nicht mehr sehr groß sind gegenüber den Abmessungen des Balkenquerschnitts, die EULER-BERNOULLIsche Balkentheorie einer Korrektur bedarf. Zu einer ver-besserten Theorie der Balkenschwingungen gelangt man, wenn man die Rotations-trägheit der Balkenquerschnitte und die Deformationen infolge der Querkraft zumindest in vereinfachter Form berücksichtigt. Man erhält dann Gleichungen, die üblicherweise mit dem Namen TIMOSHENKOs[22] unter Berufung auf seine Ar-beiten von 1922 verbunden werden. Allerdings wurden die vollständigen Diffe-rentialgleichungen für einen längselastischen, gekrümmten "TIMOSHENKO-Balken" bereits 1859 von J.A. BRESSE in seinem Lehrbuch "Cours de Mecanique Applique'" angegeben (s. SCHMIDT). Wir verwenden deswegen im folgenden die Ausdrücke *BRESSE-Balken* und *TIMOSHENKO-Balken* als Synonyme.

Die Bewegungsgleichungen des schubelastischen Balkens ergeben sich auch unter Berücksichtigung der Drehträgheit leicht aus den Energieausdrücken. Die Verschiebung $w(x,t)$ der Mittellinie setzt sich jetzt zusammen aus einem Anteil infolge Biegung und einem anderen Anteil infolge der Verformung durch die Querkraft. Ist ψ die Querschnittsverdrehung infolge des Biegemomentes gemäß Abb.2.15, so ist die potentielle Energie (Formänderungsenergie) durch

---

[22]Stephen P. TIMOSHENKO, *1878 in Shopotovka (Russland), +1972 in Wuppertal-Elberfeld

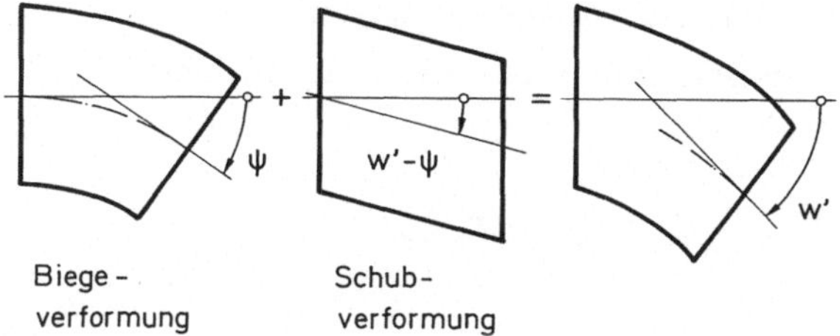

Abb.2.15   Biege- und Schubverformungen am Balken

$$U = \frac{1}{2} \int_0^l EI \; \psi'^2 \; dx + \frac{1}{2} \int_0^l GA_s (\psi - w')^2 \; dx \tag{2.152}$$

gegeben. Im Ausdruck der potentiellen Energie der Scherung ist also von der Krümmung der Balkenachse derjenige Anteil abzuziehen, der von den Biegemomenten herrührt. In (2.152) ist

$$A_s = \frac{1}{\varkappa} A \tag{2.153}$$

mit dem *Schubfaktor* $\varkappa > 1$ infolge der ungleichförmigen Verteilung der Schubspannungen über den Querschnitt. Für Rechteckquerschnitte gilt $\varkappa \approx 1{,}20$, für Kreisquerschnitte $\varkappa \approx 1{,}11$ und für I-Profile $\varkappa \approx 2\text{-}2{,}4$.

Die kinetische Energie ist jetzt

$$T = \frac{1}{2} \int_0^l \rho A \; \dot{w}^2 \; dx + \frac{1}{2} \int_0^l \rho I \; \dot{\psi}^2 \; dx, \tag{2.154}$$

wobei der zweite Anteil der Querschnittsrotation entspricht. Das HAMILTONsche Prinzip nimmt für den BRESSE-Balken daher die Form

$$\delta \int_{t_1}^{t_2} \int_0^l \frac{1}{2} \left[\rho A \; \dot{w}^2 + \rho I \; \dot{\psi}^2 - EI \; \psi'^2 - GA_s (\psi - w')^2 \right] dx \; dt +$$

$$+ \int_{t_1}^{t_2} \int_0^l q(x,t) \; \delta w(x,t) \; dx \; dt = 0 \tag{2.155}$$

an. Dabei wurde vorausgesetzt, daß der Balken lediglich durch eine "Streckenlast" $q(x,t)$ beansprucht wird und nicht noch durch ein davon unabhängiges

154

"Streckenmoment", was prinzipiell beim BRESSE-Balken möglich ist. Für die Variation der potentiellen Energie ergibt sich nach zweimaliger Teilintegration

$$\delta U = \int_0^l EI\,\psi'\,\delta\psi'\;dx + \int_0^l GA_s(\psi-w')\;\delta(\psi-w')\;dx =$$

$$= \int_0^l \left\{ \left[GA_s(\psi-w')\right]'\delta w + \left[GA_s(\psi-w') - (EI\,\psi')'\right]\delta\psi \right\} dx -$$

$$- GA_s(\psi-w')\delta w \Big|_0^l + \left[EI\,\psi'\right]\delta\psi \Big|_0^l . \qquad (2.156)$$

Für die kinetische Energie gilt

$$\delta T = \int_0^l \left[\rho A\,\dot{w}\,\delta\dot{w} + \rho I\,\dot{\psi}\,\delta\dot{\psi}\right] dx. \qquad (2.157)$$

woraus

$$\int_{t_1}^{t_2} \delta T\;dt = \int_0^l \left\{ \rho A\,\dot{w}\,\delta w \Big|_{t_1}^{t_2} - \int_{t_1}^{t_2} \rho A\,\ddot{w}\,\delta w\;dt \right.$$

$$\left. + \rho I\,\psi\,\delta\psi \Big|_{t_1}^{t_2} - \int_{t_1}^{t_2} \rho I\,\ddot{\psi}\,\delta\psi\;dt \right\} dx \qquad (2.158)$$

folgt. Da die Variationen der verallgemeinerten Koordinaten im HAMILTONschen Prinzip für t_1 und t_2 verschwinden, gilt

$$\int_{t_1}^{t_2} \delta T\;dt = - \int_{t_1}^{t_2} \left\{ \int_0^l \rho A\,\ddot{w}\,\delta w\;dx\;dt + \int_0^l \rho I\,\ddot{\psi}\,\delta\psi\;dx \right\} dt. \qquad (2.159)$$

Somit führt hier das HAMILTONsche Prinzip auf

$$\int_{t_1}^{t_2} \left\{ \int_0^l \left[-[GA_s(\psi-w')]' - \rho A\,\ddot{w} + q(x,t)\right] \delta w\;dx \right.$$

$$+ \int_0^l \left[-\rho I\,\ddot{\psi} - GA_s(\psi-w') + [EI\,\psi']'\right] \delta\psi\;dx$$

$$\left. + GA_s(\psi-w')\,\delta w \Big|_0^l - EI\,\psi'\delta\psi \Big|_0^l \right\} dt = 0. \qquad (2.160)$$

was die Bewegungsgleichungen

$$\rho A \, \ddot{w} + \left[GA_s(\psi - w')\right]' = q(x,t),$$

(2.161)

$$\left[EI \, \psi'\right]' - \rho I \, \ddot{\psi} - GA_s(\psi - w') = 0$$

(2.162)

bedingt. Dazu kommen die entsprechenden Randbedingungen. So gehört zum Beispiel zu einem einfachen Auflager an der Stelle $x = 0$

$$w(0,t) \equiv 0 \, , \quad EI(0) \, \psi'(0,t) \equiv 0$$

(2.163)

als geometrische bzw. dynamische Randbedingung (wobei letztere wie beim EULER-BERNOULLI-Balken das Verschwinden des Biegemomentes anzeigt) und zu einem freien Ende an der Stelle $x = 1$

$$EI(1) \, \psi'(1,t) \equiv 0, \quad GA_s(1)\left[\psi(1,t) - w'(1,t)\right] = 0.$$

(2.164)

Für den Fall der freien Schwingungen ($q(x,t) \equiv 0$) und zur Untersuchung der Wellenausbreitung in einem Balken konstanten Querschnitts kann man ψ sehr leicht aus (2.161), (2.162) eliminieren. Aus (2.161) folgt nämlich

$$\rho A \, \ddot{w} + GA_s(\psi' - w'') = 0$$

(2.165)

und aus (2.162)

$$EI \, \psi''' - \rho I \, \ddot{\psi}' - GA_s(\psi' - w'') = 0.$$

(2.166)

Setzt man nun in (2.166)

$$- \ddot{\psi}' = \frac{\rho A}{GA_s} \, \ddddot{w} - \ddot{w}'',$$

(2.167)

$$\psi''' = - \frac{\rho A}{GA_s} \, \ddot{w}'' + w''''$$

(2.168)

und

$$- \psi' = \frac{\rho A}{GA_s} \, \ddot{w} - w''$$

(2.169)

ein, so erhält man mit $a^2 = EI/\rho A$, $i^2 = I/A$:

$$i^2 \frac{\rho\varkappa}{G} \overset{\cdots\cdots}{w} + \overset{\cdots}{w} + a^2 w'''' - i^2 (1 + \frac{E\varkappa}{G}) \overset{\cdots}{w}'' = 0. \qquad (2.170)$$

Bemerkenswert ist, daß in dieser Differentialgleichung die vierte Ableitung von $w(x,t)$ nach t und auch gemischte Ableitungen auftreten, während bei den bisher behandelten Schwingungsproblemen die Zeitableitungen höchstens zweiter Ordnung waren.

Aus der Tatsache, daß beim EULER-BERNOULLI-Balken $c_p \to \infty$ für $\lambda \to 0$ gilt, hatten wir geschlossen, daß für kleine Wellenlängen dieses Balkenmodell einer Korrektur bedarf. Wir untersuchen nun wie beim BRESSE-Balken die Phasengeschwindigkeit c_p von λ bzw. k abhängt. Mit dem Ansatz

$$w(x,t) = A \cos \left[\frac{2\pi}{\lambda} (x-c_p t)\right] = A \cos k(x-c_p t)$$

erhalten wir

$$i^2 \frac{\rho\varkappa}{G} k^4 c_p^4 - k^2 c_p^2 + a^2 k^4 - i^2 (1 + \frac{E\varkappa}{G}) k^4 c_p^2 = 0 \qquad (2.171)$$

und mit der dimensionslosen Größe $\varsigma^2 := \varkappa E/G$ sowie mit $a^2 = EI/\rho A = i^2 c^2$ führt dies auf

$$\varsigma^2 \left[\frac{c_p}{c}\right]^4 - \left\{\left[\frac{1}{ki}\right]^2 + 1 + \varsigma^2\right\} \left[\frac{c_p}{c}\right]^2 + 1 = 0. \qquad (2.172)$$

Die Phasengeschwindigkeiten sind also jetzt durch

$$\left[\frac{c_p}{c}\right]^2 = \frac{1}{2\varsigma^2} \left\{ \left[\frac{1}{ki}\right]^2 + 1 + \varsigma^2 \pm \sqrt{\left\{\left[\frac{1}{ki}\right]^2 + 1 + \varsigma^2\right\}^2 - 4\varsigma^2} \right\} \qquad (2.173)$$

gegeben, d.h. (2.173) ist die Dispersionsrelation des BRESSE-Balkens.

Zunächst fällt auf, daß es jetzt zu jeder Wellenzahl zwei verschiedene Phasengeschwindigkeiten gibt. Für $ki \to \infty$ bleiben offensichtlich beide Phasengeschwindigkeiten endlich. Eine kurze Zwischenrechnung zeigt, daß für $ki \to 0$ die Wurzel mit dem positiven Vorzeichen auf unendlich große Phasengeschwindigkeiten führt, während sich mit dem negativen Vorzeichen

$$\frac{c_p}{c} = ki \left[1 - \frac{1 + \kappa^2}{2} (ki)^2 \right] + O([ki]^5) \qquad (2.174)$$

ergibt. Ein Vergleich von (2.174) mit (2.131) läßt erkennen, daß sich hier in der Tat eine Korrektur der EULER-BERNOULLIschen Theorie ergeben hat: die Phasengeschwindigkeit der Biegewellen wächst langsamer mit ki, als es diese einfache Theorie vorausgesagt hatte und bleibt endlich für alle Werte von ki. Dabei handelt es sich jetzt nicht mehr um reine Biegewellen, denn auch Schub-verformungen sind an den Schwingungen beteiligt.

Während das untere Vorzeichen in (2.173) zumindest für kleine Werte von ki eine verbesserte Beschreibung der Biegewellen liefert, entspricht das obere Vorzeichen einem Schwingungstyp, bei dem Schubverformungen (für kleine Werte von ki) überwiegen. Wir werden die Eigenschaften dieser beiden Wellentypen in 2.6.2 noch genauer untersuchen. Die höherfrequenten Schwingungen, die dem positiven Vorzeichen in (2.173) zugeordnet sind, spielen aber bei Balken kaum eine Rolle und sind praktisch nur selten zu beobachten.

In Abb.2.16 sind gemessene und berechnete Werte der Phasen-geschwindigkeiten in Abhängigkeit von ki dargestellt. Die Ergebnisse stammen aus einer Arbeit von EVENSEN & APRAHAMIAN, in der die Schwingungen eines Alu-minumbalkens von 30" Länge und mit Querschnittsabmessungen 1" x 1/4" unter-sucht wurden. Es ist deutlich erkennbar, daß die BRESSEsche Theorie eine we-

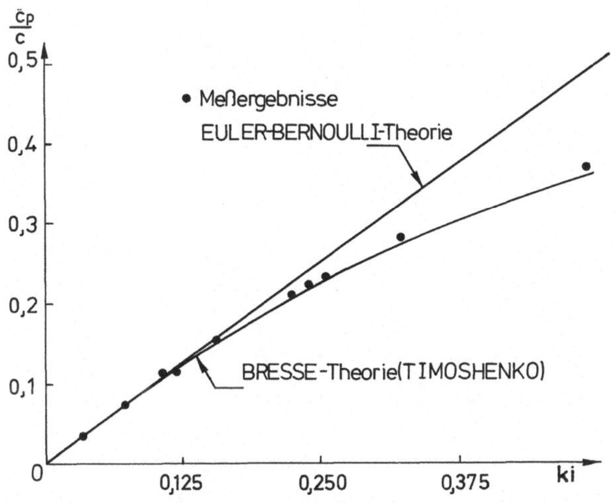

Abb.2.16   Verlgeich gemessener und berechneter Phasengeschwindigkeiten in einem Alumniumbalken (EVENSEN & APRAHAMIAN)

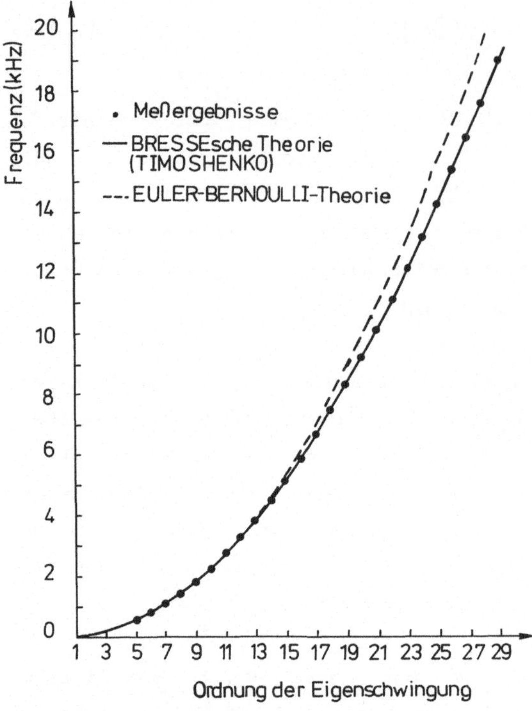

Abb.2.17   Gemessene und berechnete Eigenfrequenzen eines Kragträgers
(EVENSEN & APRAHAMIAN)

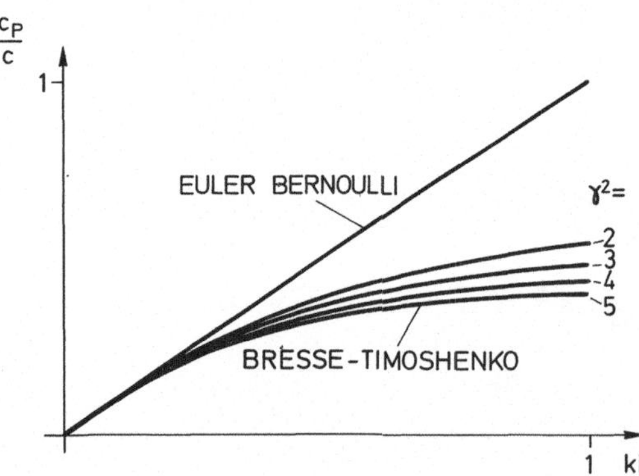

Abb.2.18   Phasengeschwindigkeiten von Biegewellen nach der
EULER-BERNOULLIschen und der BRESSEschen Theorie

sentlich bessere Näherung liefert als die EULER-BERNOULLIsche. Abb.2.17 zeigt
den entsprechenden Vergleich von gemessenen und berechneten Eigenfrequenzen
eines Kragträgers aus der gleichen Arbeit. In Abb.2.18 sind die Phasen-

geschwindigkeiten der EULER-BERNOULLIschen Theorie gemeinsam mit Ergebnissen der BRESSEschen Theorie für verschiedene Wert von γ^2 dargestellt. Man beachte, daß für Stahl und ähnliche metallische Werkstoffe $E/G \approx 8/3$ gilt, so daß mit $\varkappa \approx 1,1 - 2,5$ der Wertebereich $\gamma^2 \approx 2 - 5$ sicherlich realistisch ist.

2.6.2 Hyperbolische Systeme in Normalform

In Abschnitt 1.10 wurde die Wellengleichung als System erster Ordnung geschrieben, das dann in Normalform gebracht wurde (Gleichungen (1.384) bis (1.393)). Die Bewegungsgleichungen des BRESSE-Balkens können in vollkommen analoger Weise behandelt werden. Hierzu empfiehlt es sich zunächst, die Gleichungen

$$\rho A \; \ddot{w} + \left[GA_s (\psi - w') \right]' = q(x,t) \tag{2.175}$$

$$\left[EI \; \psi' \right]' - \rho I \; \ddot{\psi} - GA_s (\psi - w') = 0 \tag{2.176}$$

dimensionslos zu machen. Wir führen die Abkürzungen

$$c^2 := E/\rho, \quad \bar{c}_s^2 := (GA_s)/\rho A, \quad i^2 := I/A \tag{2.177}$$

ein, wobei $\bar{c}_s$ gerade die durch die Wurzel des Schubbeiwerts $\varkappa = A/A_s$ geteilte Ausbreitungsgeschwindigkeit $c_s = \sqrt{G/\rho}$ reiner Scherwellen in einem dreidimensionalen linear elastischen Kontinuum ist. Mit Hilfe dieser Größen definieren wir die dimensionslosen Variablen

$$\tau := \frac{\bar{c}_s}{i} t, \tag{2.178a}$$

$$\xi := \frac{x}{i}, \tag{2.178b}$$

$$\widetilde{w}(\xi,\tau) := \frac{1}{i} w(x(\xi), \; t(\tau)), \tag{2.178c}$$

$$\widetilde{\psi}(\xi,\tau) := \psi(x(\xi), \; t(\tau)). \tag{2.178d}$$

160

Die Gleichungen (2.175), (2.176) gehen damit für den Fall $q(x,t) = 0$ über in

$$\tilde{w}_{\tau\tau}(\xi,\tau) - \left[\tilde{w}_\xi(\xi,\tau) - \tilde{\psi}(\xi,\tau)\right]_\xi = 0, \tag{2.179}$$

$$\tilde{\psi}_{\tau\tau}(\xi,\tau) - \left[\frac{c}{\bar{c}_s}\right]^2 \tilde{\psi}_{\xi\xi}(\xi,\tau) - \left[\tilde{w}_\xi(\xi,\tau) - \tilde{\psi}(\xi,\tau)\right] = 0, \tag{2.180}$$

die als einzigen dimensionslosen Parameter wieder das Verhältnis

$$\mathcal{g}^2 := \left[\frac{c}{\bar{c}_s}\right]^2 = \frac{EI}{\rho I}\frac{\rho A}{GA_s} = \frac{E}{G}\frac{A}{A_s} = \varkappa\,\frac{E}{G} \tag{2.181}$$

der Quadrate der beiden Ausbreitungsgeschwindigkeiten enthalten. Dabei ist üblicherweise $\mathcal{g} > 1$. Zur Vereinfachung ersetzen wir in (2.181) jetzt wieder τ, ξ, $\tilde{w}$ und $\tilde{\psi}$ durch t, x, w und ψ und kennzeichnen die Ableitung nach t und x in der üblichen Weise durch einen Punkt bzw. einen Strich. Damit folgt schließlich

$$\ddot{w} - \left[w' - \psi\right]' = 0, \tag{2.182}$$

$$\ddot{\psi} - \mathcal{g}^2\psi'' - \left[w' - \psi\right] = 0 \tag{2.183}$$

für die freien Schwingungen eines BRESSE-Balkens in dimensionsloser Form.

Wir führen nun die neuen Koordinaten

$$u_1(x,t) := \dot{w}(x,t), \tag{2.184a}$$

$$u_2(x,t) := w'(x,t) - \psi(x,t), \tag{2.184b}$$

$$u_3(x,t) := \dot{\psi}(x,t), \tag{2.184c}$$

$$u_4(x,t) := \mathcal{g}\psi'(x,t) \tag{2.184d}$$

ein. Dabei entspricht $u_2(\cdot,\cdot)$ der dimensionslosen Querkraft und $-\,\mathcal{g}\,u_4(\cdot,\cdot)$

dem dimensionslosen Biegemoment im Balken. Mit $u = (u_1, u_2, u_3, u_4)^T$ schreiben sich die Bewegungsgleichungen (2.182), (2.183) dann in der Form

$$\dot{u} + \tilde{\Gamma}\, u' + \tilde{B}\, u = 0 \tag{2.185}$$

mit

$$\tilde{\Gamma} := \begin{bmatrix} 0 & -1 & 0 & 0 \\ -1 & 0 & 0 & 0 \\ 0 & 0 & 0 & -\gamma \\ 0 & 0 & -\gamma & 0 \end{bmatrix} \quad , \quad \tilde{B} := \begin{bmatrix} 0 & 0 & 0 & 0 \\ 0 & 0 & 1 & 0 \\ 0 & -1 & 0 & 0 \\ 0 & 0 & 0 & 0 \end{bmatrix} . \tag{2.186}$$

Wegen der Symmetrie von $\tilde{\Gamma}$ ist dieses System von hyperbolischem Typ und kann daher in eine Normalform transformiert werden. Diese ist dadurch gekennzeichnet, daß $\tilde{\Gamma}$ in den neuen Koordinaten diagonal ist (s. JOHN). Die Elemente der Hauptdiagonale dieser Matrix entsprechen dabei gerade den charakteristischen Ausbreitungsgeschwindigkeiten der Signale (d.h. der Wellenfronten).

Die lineare Transformation

$$v(x,t) := T\, u(x,t) \tag{2.187}$$

mit

$$T := \frac{1}{\sqrt{2}} \begin{bmatrix} 0 & 0 & -1 & 1 \\ -1 & 1 & 0 & 0 \\ 1 & 1 & 0 & 0 \\ 0 & 0 & 1 & 1 \end{bmatrix} \tag{2.188}$$

ergibt

$$\dot{v} + \Gamma\, v' + B\, v = 0 \tag{2.189}$$

mit

$$\Gamma = T\, \tilde{\Gamma}\, T^{-1} = \operatorname{diag}(\gamma, 1, -1, -\gamma) \in \mathbb{R}^{4\times4}, \tag{2.190}$$

$$B = T\, \tilde{B}\, T^{-1} = \frac{1}{2} \begin{bmatrix} 0 & 1 & 1 & 0 \\ -1 & 0 & 0 & 1 \\ -1 & 0 & 0 & 1 \\ 0 & -1 & -1 & 0 \end{bmatrix} . \tag{2.191}$$

Man beachte, daß für die Transformationsmatrix T gilt

$$T^{-1} = T^T,$$
(2.192)

d.h. T ist orthonormal, und daß B schiefsymmetrisch ist.

Die Normalform (2.189) ist besonders geeignet, um Eigenschaften der dispersiven Wellen in Balken und in ähnlich gearteten eindimensionalen Kontinua zu besprechen. In Abschnitt 2.7 geben wir solche Bespiele anderer dispersiver Wellenleiter mit unterschiedlicher Ordnung des Differentialgleichungssystems.

Im folgenden betrachten wir die Gleichung (2.189) in Normalform mit $v \in \mathbb{R}^m$, $m \in \mathbb{N}$ (beim TIMOSHENKO-Balken ist m = 4). Dabei sei

$$\Gamma = \mathrm{diag}(\gamma_1, \gamma_2, \ldots, \gamma_m) \in \mathbb{R}^{m \times m},$$
(2.193)

$$B = - B^T \qquad\qquad \in \mathbb{R}^{m \times m}.$$
(2.194)

Wir suchen Lösungen von (2.189) in Form laufender harmonischer Wellen

$$v(x,t;k) = \hat{v}(k) \exp\left[j(kx - \omega(k)t)\right],$$
(2.195)

wobei zunächst nur nichtnegative Wellenzahlen k zugelassen werden. Einsetzen in (2.189) liefert

$$\left[-j\omega(k)\, I + jk\Gamma + B\right] \hat{v}(k) = 0,$$
(2.196)

oder nach Einführen einer Matrix

$$M(k) := k\Gamma - jB$$
(2.197)

auch

$$\left[M(k) - \omega(k)\, I\right] \hat{v}(k) = 0,$$
(2.198)

wobei I die Einheitsmatrix ist. Es liegt also mit (2.198) ein Eigenwertproblem vor, dessen Eigenwerte $\omega(k)$ und Eigenvektoren $\hat{v}(k)$ noch von dem Parameter k abhängen.

Die Matrix $M(k)$ ist hermitesch[23]:

$$M^*(k) = (k\Gamma - jB)^* = k\Gamma + jB^T = k\Gamma - jB = M(k),\qquad (2.199)$$

so daß m Eigenpaare $[\omega_n(k),\ \hat{v}_n(k)]$, $n = 1,2,\ldots,m$ mit reellen Eigenwerten $\omega_n(k)$ und orthonormierten komplexen Eigenvektoren

$$\hat{v}_i^*(k)\ \hat{v}_n(k) = \delta_{in}\qquad (2.200)$$

existieren. Die Eigenwerte entsprechen natürlich den Nullstellen der charakteristischen Gleichung

$$\det\ [M(k) - \omega(k)\ I] = 0,\qquad (2.201)$$

die hier die Dispersionsrelation darstellt. Jedes Eigenpaar $[\omega_i(k),\ \hat{v}_i(k)]$ beschreibt eine Dispersionsmode. Außer der Abhängigkeit der Frequenz von der Wellenzahl ist hier auch noch der Vektor $\hat{v}_i(k)$ wichtig. Er beschreibt das Verhältnis der Amplituden der einzelnen Schwingungskoordinaten, also beim BRESSE-Balken z.B. das Verhältnis der Amplituden von Verschiebung w und der Verdrehung ψ.

Aus den Eigenschaften der Matrizen Γ und B folgt, daß die Eigenpaare für negative Werte von k mit denen für positive k gemäß

$$\omega_i(-k) = -\ \omega_i(k),\qquad (2.202)$$

$$\hat{v}_i(-k) = \overline{\hat{v}_i(k)}\qquad (2.203)$$

zusammenhängen (der waagrechte Strich steht dabei für "komplex konjungiert"). Reelle harmonische Wellen können daher als

$$v(x,t;k) = \hat{v}_i(k)\ \exp\left[j(kx - \omega_i(k)t)\right] + \overline{\hat{v}_i(k)}\ \exp\left[-j(kx - \omega_i(k)t)\right]\qquad (2.204)$$

geschrieben werden.

---

[23]Nach dem Mathematiker Charles HERMITE, *1822 in Dieuze, +1901 in Paris.

Phasengeschwindigkeit

$$c_{P,i}(k) := \frac{\omega_i(k)}{k} \ , \qquad i = 1,2,\ldots,m \tag{2.205}$$

und Gruppengeschwindigkeit

$$c_{G,i}(k) := \frac{d\omega_i(k)}{dk} \ , \qquad i = 1,2,\ldots,m \tag{2.206}$$

sind hier i.a. natürlich für die einzelnen Dispersionsmoden verschieden. Für große und für kleine Wellenzahlen lassen sich leicht Aussagen über das asymptotische Verhalten dieser Größen machen. Aus (2.196) folgt nämlich nach Teilen durch k und für den Grenzübergang $k \to \infty$, daß die Phasengeschwindigkeiten gegen die Eigenwerte von Γ gehen:

$$\lim_{k\to\infty} c_{P,i}(k) = \gamma_i , \qquad i = 1,2,\ldots,m. \tag{2.207}$$

Entsprechend gilt für die Eigenvektoren

$$\lim_{k\to\infty} \hat{v}_i(k) = e_i , \qquad i = 1,2,\ldots,m, \tag{2.208}$$

wobei e_i der Einheitsvektor ist, dessen Komponenten - bis auf die i-te - alle gleich Null sind (in den gegebenen Hauptkoordinaten, in denen die Gleichungen die Normalform annehmen). Für sehr kleine Wellenlängen, d.h. große Werte von k, sind die hier betrachteten Wellenleiter also näherungsweise nichtdispersiv.

Aus (2.196) folgt auch unmittelbar, daß für $k \to 0$ die Frequenzen $\omega(k)$ gegen Eigenwerte der Matrix $-jB$ gehen, d.h.

$$\lim_{k\to 0} \omega_i(k) = \beta_i \tag{2.209}$$

mit β_i als Eigenwert von $-jB$. Dispersion ist aber nur möglich, wenn die Matrix $-jB$ nicht verschwindet, so daß in dispersiven Wellenleitern zumindest einer dieser Eigenwerte β_i, $i = 1,2,\ldots,m$ ungleich Null ist. Dann wächst aber die durch den Quotienten $\omega_i(k)/k$ gegebene Phasengeschwindigkeit über alle Grenzen:

$$\lim_{k\to 0} c_{P,i}(k) = \lim_{k\to 0} \frac{\omega_i(k)}{k} = \infty. \tag{2.210}$$

Daher ist Dispersion hyperbolischer Systeme immer mit dem unbeschränkten Anwachsen einzelner Phasengeschwindigkeiten verbunden. Zumindest einzelne Phasengeschwindigkeiten übersteigen also für hinreichend kleine Wellenzahlen alle charakteristischen Ausbreitungsgeschwindigkeiten γ_i, $i = 1,2,\ldots,m$ des Kontinuums.

Auch für die Gruppengeschwindigkeiten $c_{G,i}(k)$ ergeben sich einfache Zusammenhänge. SCHMIDT hat gezeigt, daß alle Gruppengeschwindigkeiten $c_{G,i}(k)$, $i = 1,2,\ldots,m$ für beliebige Wellenzahlen k immer zwischen der kleinsten und der größten Ausbreitungsgeschwindigkeit liegen:

$$\min_s \gamma_s \leq c_{G,i}(k) \leq \max_s \gamma_s, \quad i = 1,2,\ldots,m, \; \forall k. \tag{2.211}$$

Wir erinnern daran, daß Gruppen- und Phasengeschwindigkeiten definitionsgemäß über die Relation

$$c_G(k) = \frac{d\omega(k)}{dk} = \frac{d}{dk}\left[k\, c_P(k)\right] = c_P(k) + k\,\frac{dc_P(k)}{dk} \tag{2.212}$$

zusammenhängen (dabei wurde auf den die Dispersionsmode kennzeichnenden Index i verzichtet).

Wir kommen jetzt nochmals auf den TIMOSHENKO-Balken zurück, für den wir die Dispersionsrelation schon in (2.172) gefunden hatten. In der jetzt verwendeten Schreibweise folgt aus (2.201)

$$(k^2\gamma^2 - \omega^2)(k^2 - \omega^2) - \omega^2 = 0, \tag{2.213}$$

mit den Wurzeln

$$\omega_1(k) = \sqrt{\frac{1}{2}\left\{1 + k^2(1+\gamma^2) + \sqrt{\left[1 + k^2(1+\gamma)^2\right]\left[1 + k^2(1-\gamma)^2\right]}\right\}} \tag{2.214a}$$

$$\omega_2(k) = \sqrt{\frac{1}{2}\left\{1 + k^2(1+\gamma^2) - \sqrt{\left[1 + k^2(1+\gamma)^2\right]\left[1 + k^2(1-\gamma)^2\right]}\right\}} \tag{2.214b}$$

$$\omega_3(k) = -\,\omega_2(k), \tag{2.214c}$$

$$\omega_4(k) = -\,\omega_1(k). \tag{2.214d}$$

Im folgenden verwenden wir nur noch ω_1 und ω_2, d.h. wir beschränken uns auf nach rechts laufende Wellen. Die Tatsache, daß die anderen beiden Eigenwerte mit diesen bis auf das Vorzeichen identisch sind, hängt damit zusammen, daß die Wellenausbreitung am Balken in beiden Richtungen dieselben Eigenschaften aufweist. Die Funktionen $\omega_1(k)$, $\omega_2(k)$ sind für $\xi = 3,5$ in Abb.2.19 dargestellt, Abb.2.20 zeigt die zugehörigen Phasen- und Gruppengeschwindigkeiten. Die dimensionslose Phasengeschwindigkeit $c_{P,1}(k)$ und die dimensionslose Gruppengeschwindigkeit $c_{G,1}(k)$ streben für große Wellenzahlen gegen ξ; in den ursprünglichen, physikalischen Variablen streben beide Größen gegen c. Die dimensionslosen Geschwindigkeiten $c_{P,2}(k)$, $c_{G,2}(k)$ streben für $k \to \infty$ gegen Eins, d.h. die entsprechenden physikalischen Geschwindigkeiten streben gegen die durch $\varkappa$ geteilte Ausbreitungsgeschwindigkeit $\sqrt{G/\rho}$ der Scherwellen im dreidimensionalen Kontinuum. Man erkennt, daß die Gruppengeschwindigkeiten immer endlich und kleiner als c sind.

Für kleine Wellenzahlen geht $\omega_1(k)$ gegen Eins, ($\beta_1 = 1$ ist der einzige positive Eigenwert von $-jB$). Diese kleinste in der Dispersionsmode Eins mögliche Frequenz wird oft als *Sperrfrequenz* ("cut-off-frequency") bezeichnet. Ihre anschauliche Bedeutung ist unmittelbar einsichtig. Die Phasengeschwindigkeit $c_{P,1}(k)$ geht mit $k \to 0$ daher gegen Unendlich, die Phasengeschwindigkeit $c_{P,2}(k)$ gegen Null. Beide Gruppengeschwindigkeiten gehen für $k \to 0$ ebenfalls gegen Null.

Die den beiden Dispersionsmoden zugeordneten Eigenvektoren $\hat{\mathbf{v}}_i(k)$ geben zusätzlichen Aufschluß über den jeweiligen Wellentyp. Sie ergeben sich zu

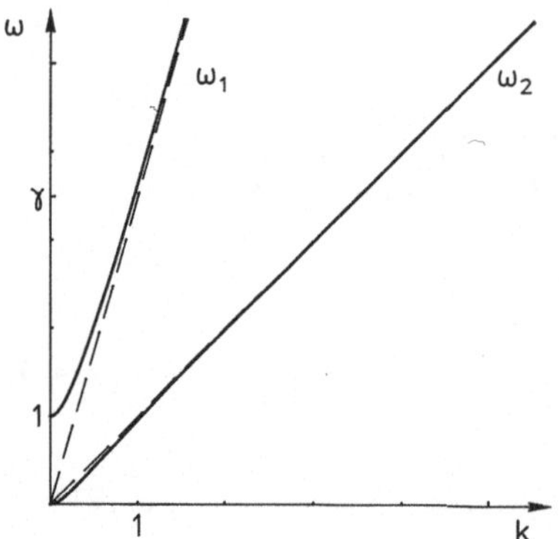

Abb.2.19 Die Funktionen $\omega_1(k)$, $\omega_2(k)$ für den BRESSE-Balken

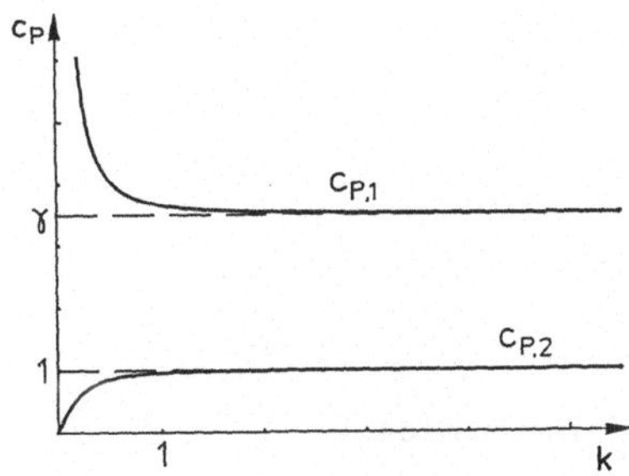

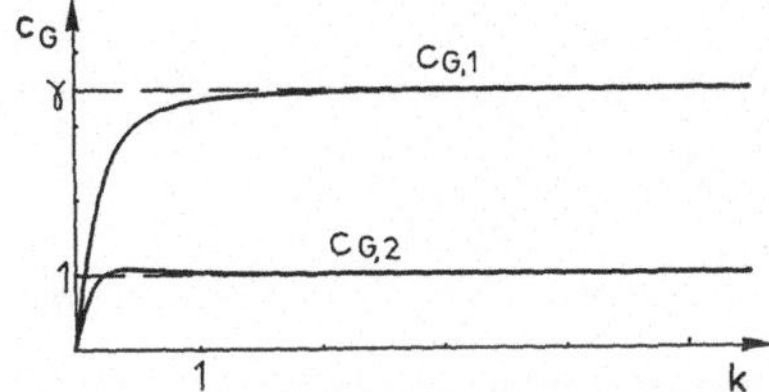

Abb.2.20   Phasen- und Gruppengeschwindigkeiten für den TIMOSHENKO-Balken

a) Dispersionsmode 1

b) Dispersionsmode 2

$$
\hat{v}_i(k) = \frac{1}{n}
\begin{bmatrix}
j\omega_i & (k\gamma + \omega_i) \\
(k + \omega_i)\,(k^2\gamma^2 - \omega_i^2) \\
-(k - \omega_i)\,(k^2\gamma^2 - \omega_i^2) \\
j\omega_i & (k\gamma - \omega_i)
\end{bmatrix}
\tag{2.215}
$$

mit

$$
n^2 = 2\left[\omega_i^2(k^2\gamma^2 + \omega_i^2) + (k^2 + \omega_i^2)\,(k^2\gamma^2 - \omega_i^2)^2\right].
\tag{2.216}
$$

Die Rückrechnung auf die ursprünglichen Koordinaten $\hat{u}$ mittels der Transformationsmatrix ergibt

$$
\hat{u}(k) = T^{-1}\,\hat{v}(k) = T^T\,\hat{v}(k).
\tag{2.217}
$$

In Abb.2.21 sind für $\gamma = 3,5$ die zweite und die vierte Komponente, $\hat{u}_2$ und $\hat{u}_4$ für die erste Dispersionsmode in Abhängigkeit von der Wellenzahl k dar-

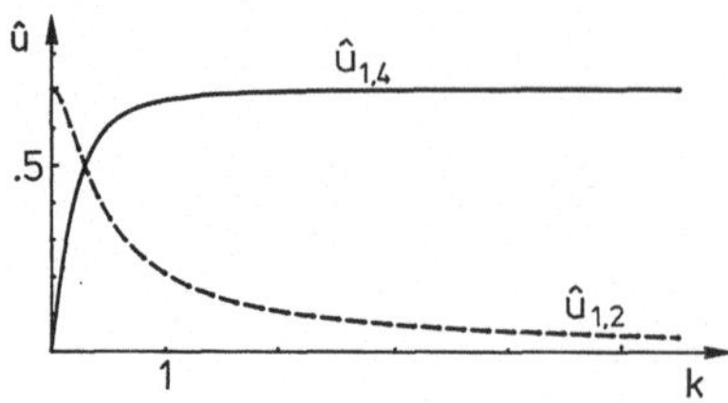

Abb.2.21   Die Komponenten $\hat{u}_2$ und $\hat{u}_4$ für die Dispersionsmode 1

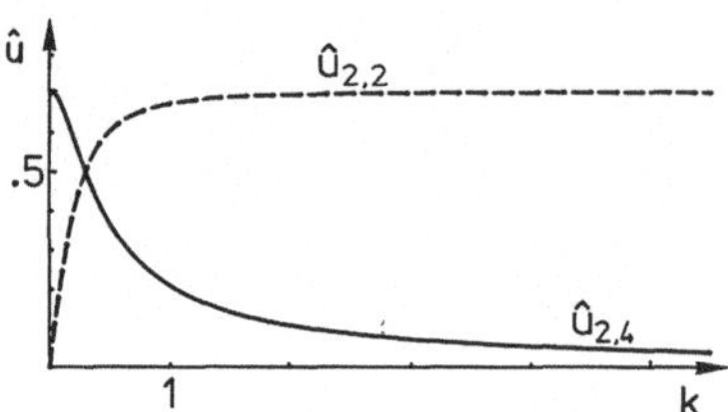

Abb.2.22   Die Komponenten $\hat{u}_2$ und $\hat{u}_4$ für die Dispersionsmode 2

gestellt. Dabei entspricht die zweite Komponente des Vektors $\hat{u}$ der Amplitude der Querkraft und die vierte Komponente der Amplitude des Biegemomentes. Es zeigt sich demnach, daß für kleine Wellenzahlen die Dispersionsmode Eins praktisch eine reine Scherschwingung ist, die für große Werte von k in ine reine Biegeschwingung übergeht. Gleichheit der Komponenten $\hat{u}_2$ und $\hat{u}_4$ bedeutet bei der hier verwendeten Normierung auch Gleichheit der Energien in Biegung und Schub; die Energien in den Biege- und Schubschwingungen sind also etwa bei k = 0,3 gleich groß. Ab.2.22 zeigt die entsprechenden Amplituden in der zweiten Dispersionsmode. Hier liegt für kleine Wellenzahlen eine Biegeschwingung vor, für große Werte von k dagegen eine Scherschwingung.

Es sei nochmals angemerkt, daß das mathematische Modell des TIMOSHENKO-Balkens zwar weitreichender als das des EULER-BERNOULLI-Balkens ist, für sehr große Wellenzahlen k die Schwingungen eines Balkens aber auch nicht mehr genau beschreibt. Es ist allerdings durch die einfache Struktur der Differentialgleichungen, die in der Normalform des hyperbolischen Systems besonders klar erkennbar ist, in mancherlei Hinsicht mathematisch einfacher zu handhaben als das Modell des EULER-BERNOULLI-Balkens, dessen Gleichungen nicht vom hyperbolischen Typ sind.

2.7 Beispiele anderer dispersiver Wellenleiter vom hyperbolischen Typ

Im vorigen Abschnitt haben wir gezeigt, daß die Bewegungsgleichungen des BRESSE-Balkens als hyperbolisches System erster Ordnung der Art

$$\dot{u} + \tilde{\Gamma}\, u' + \tilde{B}\, u = 0 \tag{2.218}$$

geschrieben werden können, mit $\tilde{\Gamma} = \tilde{\Gamma}^T \in \mathbb{R}^4$, $\tilde{B} = -\tilde{B}^T \in \mathbb{R}^4$. Auch die eindimensionale Wellengleichung wurde in Abschnitt 1.10 in dieser Form geschrieben, wobei $u \in \mathbb{R}^2$ und $\tilde{B} = 0$ war. Die Tatsache, daß dort keine Dispersion vorlag, spiegelt sich offensichtlich in dem Verschwinden der Matrix $\tilde{B}$ wieder. Im folgenden geben wir zwei weitere einfache Beispiele vom hyperbolischen Typ, d.h. mit Differentialgleichungen, die in der Form (2.218) geschrieben werden können.

Fügt man bei der Betrachtung der Querschwingungen einer Saite eine elastische Bettung hinzu, so ergibt sich eine Bewegungsgleichung der Form

$$\rho A\, \ddot{w}(x,t) = Tw''(x,t) - bw(x,t) \tag{2.219}$$

mit der *Bettungsziffer* b. Die Koordinatentransformation

$$u_1(x,t) := \sqrt{\rho A}\; \dot{w}(x,t), \tag{2.220a}$$

$$u_2(x,t) := \sqrt{T}\; w'(x,t), \tag{2.220b}$$

$$u_3(x,t) := \sqrt{b}\; w(x,t) \tag{2.220c}$$

führt auf eine Beschreibung durch (2.218) mit

$$\tilde{\Gamma} = \begin{bmatrix} 0 & c & 0 \\ c & 0 & 0 \\ 0 & 0 & 0 \end{bmatrix}, \tag{2.221a}$$

$$\tilde{B} = \begin{bmatrix} 0 & 0 & -\bar{b} \\ 0 & 0 & 0 \\ \bar{b} & 0 & 0 \end{bmatrix} \tag{2.221b}$$

170

und $c := \sqrt{T/\rho A}$, $\bar{b} := \sqrt{b/\rho A}$, wie man leicht nachrechnen kann. Man beachte, daß hier die Matrix $\tilde{\Gamma}$ singulär ist, so daß auch in der Normalform eines der Elemente der Hauptdiagonale von Γ gleich Null ist. Die Transformation auf Normalform bereitet keine Schwierigkeiten. Die Ordnung des Gleichungssystems ist jetzt gleich Drei.

Als nächstes betrachten wir noch einen Wellenleiter, der aus zwei unterschiedlichen, vorgespannten Saiten besteht, die über eine dazwischen angeordnete elastische Bettung miteinander gekoppelt sind. Ein solches System wird gelegentlich als mechanisches Modell für die Oberleitung elektrischer Hochgeschwindigkeitszüge benutzt, um schwingungstechnische Untersuchungen von Oberleitung und Stromabnehmer durchzuführen. Die Bewegungsgleichungen können in der Form

$$\rho A_1 \, \ddot{w}_1(x,t) = T_1 \, w_1''(x,t) - b(w_1(x,t) - w_2(x,t)), \tag{2.222a}$$

$$\rho A_2 \, \ddot{w}_2(x,t) = T_2 \, w_2''(x,t) + b(w_1(x,t) - w_2(x,t)) \tag{2.222b}$$

sofort angegeben werden. Will man sie auf die Form (2.218) bringen, so führt die Koordinatentransfomation

$$u_1(x,t) := \sqrt{\rho A_1} \, \dot{w}_1(x,t), \tag{2.223a}$$

$$u_2(x,t) := \sqrt{T_1} \, w_1'(x,t), \tag{2.223b}$$

$$u_3(x,t) := \sqrt{\rho A_2} \, \dot{w}_2(x,t), \tag{2.223c}$$

$$u_4(x,t) := \sqrt{T_2} \, w_2'(x,t), \tag{2.223d}$$

$$u_5(x,t) := \sqrt{b} \, (w_1(x,t) - w_2(x,t)) \tag{2.223e}$$

zum Ziel, wobei sich

$$\tilde{\Gamma} = \begin{bmatrix} 0 & c_1 & 0 & 0 & 0 \\ c_1 & 0 & 0 & 0 & 0 \\ 0 & 0 & 0 & c_2 & 0 \\ 0 & 0 & c_2 & 0 & 0 \\ 0 & 0 & 0 & 0 & 0 \end{bmatrix}, \tag{2.224a}$$

$$\tilde{B} = \begin{bmatrix} 0 & 0 & 0 & 0 & -\bar{b}_1 \\ 0 & 0 & 0 & 0 & 0 \\ 0 & 0 & 0 & 0 & \bar{b}_2 \\ 0 & 0 & 0 & 0 & 0 \\ \bar{b}_1 & 0 & -\bar{b}_2 & 0 & 0 \end{bmatrix}$$

(2.224b)

mit $c_i := \sqrt{T_i/\rho A_i}$, $\bar{b}_i = \sqrt{b/\rho A_i}$, $i = 1,2$ ergeben. Das System ist jetzt von der Ordnung fünf. Auch hier ist die Matrix $\tilde{\Gamma}$ singulär; die Transformation auf Normalform bereitet wieder keine Schwierigkeiten. Auch die Differential-gleichungen eines TIMOSHENKO-Balkens unter Normalkraft führen übrigens auf ein System fünfter Ordnung der Art (2.218), das von SCHMIDT angegeben und unter-sucht wurde.

Die Koordinatentransformation, die die ursprünglichen Bewegungs-gleichungen in die Form (2.218) bringt, ist in den genannten Beispielen und auch sonst unmittelbar zu erkennen, wenn man von den Energieausdrücken aus-geht. Die Energiedichte ist nämlich für (2.218) stets von der Art

$$e = \frac{1}{2}\, u^T\, u.$$

(2.225)

Andererseits gilt z.B. für die beiden Saiten mit der dazwischenliegenden Bettung

$$e = \frac{1}{2}\left[\rho A_1\, \dot{w}_1^2 + \rho A_2\, \dot{w}_2^2 + T_1\, w_1'^2 + T_2\, w_2'^2 + b(w_1 - w_2)^2\right].$$

(2.226)

Der Vergleich von (2.225) und (2.226) legt die Transformation (2.223) nahe.

2.8 Energietransport bei Biegeschwingungen

In 1.10 hatten wir den Energietransport in der Wellengleichung behandelt. Ganz analog können wir den Energietransport bei Biegeschwingungen untersuchen, der in technischen Problemen oft sehr wichtig ist. Wir betrachten das Intervall $[x_1,\, x_2]$ und die darin enthaltenen Energien, die beim EULER-BERNOULLI-Balken durch

$$T = \frac{1}{2}\int_{x_1}^{x_2} \rho A(x)\, \dot{w}^2(x,t)\, dx,$$

(2.227)

$$U = \frac{1}{2} \int_{x_1}^{x_2} EI(x)\, w''^2(x,t)\, dx \tag{2.228}$$

gegeben sind. Differentiation nach der Zeit und Teilintegration bezüglich x liefert unter Verwendung der Bewegungsgleichung

$$\frac{d}{dt}\left[T + U\right] = - P(x,t)\Big|_{x_1}^{x_2}, \tag{2.229}$$

mit

$$P(x,t) = EI\, w''\dot{w}' - \left[EI\, w''\right]'\dot{w}. \tag{2.230}$$

Die Funktion $P(x,t)$ stellt auch hier wieder den momentanen Energiefluß dar und ist positiv für den Energietransport in positiver x-Richtung.

Die Messung von $P(x,t)$ gestaltet sich etwas umständlicher als bei der Wellengleichung. Da in (2.230) die dritte Ableitung bezüglich x auftritt, benötigt man – bei Messung der Wege w – die Wegsignale zumindest an vier nahe beieinander liegenden Meßstellen. Im übrigen sind dann die in (2.230) enthaltenen Ableitungen nach Näherungsformeln zu berechnen, die zu (1.378), (1.379) analog sind.

Falls im Balken eine von Null verschiedene Normalkraft N vorhanden ist, muß (2.230) durch

$$P(x,t) = EI\, w''\dot{w}' - \left[EI\, w''\right]'\dot{w} - N\, w'\dot{w} \tag{2.231}$$

ersetzt werden. Man erkennt unmittelbar, daß der in (2.231) jetzt zusätzlich auftretende Term der gleiche ist, wie er von einer schwingenden Saite her bekannt ist.

Im TIMOSHENKO- bzw. im BRESSE-Balken ergibt sich entsprechend

$$P(x,t) = - EI\, \psi'\dot{\psi} + GA_s\psi\dot{w} - (GA_s + N)\, w'\dot{w}. \tag{2.232}$$

Es tritt also jetzt außer den quadratischen Termen in den Ableitungen von ψ und von w noch ein gemischter Term auf. Die Messung all dieser Größen kann natürlich problematisch sein, i.a. wird aber der einfache Biegeanteil stark überwiegen.

Besonders einfach schreibt sich die Energiebilanz hyperbolischer Systeme der Art (2.218). Aus dieser Bewegungsgleichung folgt nämlich unter Berücksichtigung der Symmetrieeigenschaften der Matrizen unmittelbar

$$\frac{d}{dt} \int_{x_1}^{x_2} \frac{1}{2} u^T u \, dx + \frac{1}{2} u^T \tilde{\Gamma} u \Big|_{x_1}^{x_2} = 0, \tag{2.233}$$

wobei offensichtlich

$$e(x,t) = \frac{1}{2} u^T u \tag{2.234}$$

die lokale Energiedichte und

$$P(x,t) = \frac{1}{2} u^T \tilde{\Gamma} u \tag{2.235}$$

der Energiefluß ist. Diese Ausdrücke gelten auch noch bei Übergang zur Normalform, wobei sich die Formel für $P(x,t)$ vereinfacht, da die Matrix $\tilde{\Gamma}$ in den neuen Koordinaten Diagonalgestalt besitzt. Insbesondere gilt z.B. für den Energiefluß des TIMOSHENKO-Balkens (in dimensionsloser Form)

$$P(x,t) = \frac{1}{2} \left[\delta \, v_1^2(x,t) + v_2^2(x,t) - v_3^2(x,t) - \delta \, v_4^2(x,t) \right]. \tag{2.236}$$

Hier sind also unmittelbar die nach rechts, bzw. links fließenden Energieanteile zu erkennen. Man kann sich diese Tatsache zunutze machen, um Regler zur aktiven Schwingungsdämpfung zu entwerfen, die den Energiefluß in einer Richtung maximieren oder minimieren (s. SCHMIDT).

2.9 Gedämpfte Balkenschwingungen

Im folgenden beschränken wir uns wieder auf das einfache Modell des EULER-BERNOULLI-Balkens. Wie schon in der Wellengleichung in 1.5 ist es auch bei den Schwingungen des Balkens zweckmäßig, zwischen äußerer und innerer Dämpfung zu unterscheiden. Die äußere Dämpfung entspricht der Energie, die

durch das den Balken umgebende Medium absorbiert wird, z.B. durch Schallabstrahlung (die Schallabstrahlung elastischer Platten wird später noch untersucht). Ist man lediglich an den gedämpften Schwingungen des Balkens, nicht
aber an der Schallabstrahlung interessiert, so macht man oft den einfachen
Ansatz einer geschwindigkeitsproportionalen äußeren Dämpfung. Die gedämpften
Balkenschwingungen werden dann durch

$$(EI \; w'')'' + d_a \dot{w} + \rho A \; \ddot{w} = q(x,t) \tag{2.237}$$

beschrieben, wobei der Dämpfungskoeffizient d_a eine Funktion von x sein kann.
Allerdings ist diese äußere Dämpfung in vielen Fällen vernachlässigbar klein.
Wenn der Balken in einem Medium großer Dichte, zum Beispiel in Wasser
schwingt, kann sie jedoch wichtig sein.

Die innere Dämpfung entspricht der Dissipation mechanischer Energie im
Innern des Materials, die aus der Irreversibilität des dynamischen Ver-
formungsvorgangs folgt. Die üblichen Spannungs-Dehnungs-Diagramme werden ja
mit quasistatischen Versuchen bestimmt, bei denen sich z.B. für Stahl innerhalb gewisser Grenzen der lineare Zusammenhang

$$\sigma = E \; \epsilon \tag{2.238}$$

zwischen Spannung σ und Dehnung ϵ ergibt (lineare Elastizität). Führt man
dagegen dynamische Versuche durch, bei denen man die Amplitude zum Beispiel
harmonisch mit der Zeit verändert, so kann sich z.B. eine viskoelastische
Beziehung der Art

$$\sigma = E \; \epsilon + F(\epsilon) \; \dot{\epsilon} \tag{2.239}$$

ergeben, wobei die Funktion $F(\epsilon)$ auch noch von der Frequenz abhängt. Im
Spannungs-Dehnungs-Diagramm hat man jetzt eine Hysteresekurve (in Abb.2.23 ist
lediglich der prinzipielle Sachverhalt wiedergegeben).

Für die Funktion $F(\epsilon)$ werden verschiedene Ansätze gemacht, so zum Beispiel bei VOIGTschem Material der Ansatz $F(\epsilon) = K_1 \epsilon^2$. Wegen der Schwierigkeit
der Behandlung von nichtlinearen Differentialgleichungen begnügt man sich aber
auch oft mit dem Ausdruck

$$\sigma = E(\epsilon + \eta \; \dot{\epsilon}), \tag{2.240}$$

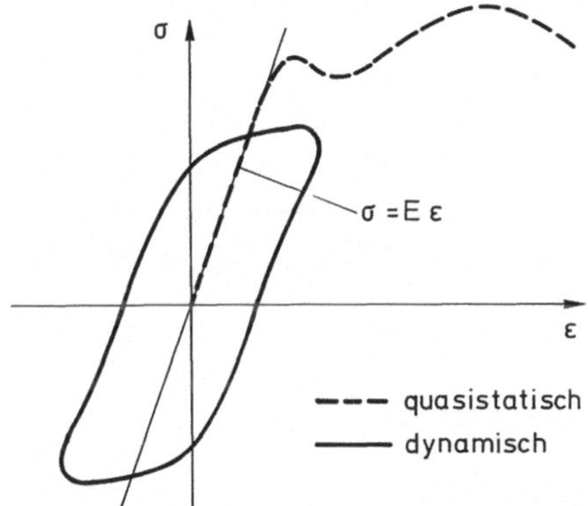

Abb.2.23   Hysteresediagramm zum Spannungs-Dehnungs-Versuch

der dann zu der Schwingungsgleichung

$$(EI\ w'')'' + \eta(EI\ \dot{w}'')'' + \rho A\ \ddot{w} = q(x,t) \qquad (2.241)$$

führt, wobei η als *Verlustfaktor* bezeichnet wird (man beachte, daß der Verlustfaktor in der hier verwendeten Schreibweise keine dimensionslose Größe ist!). Einzelheiten zu (2.240) sowie Zahlenwerte zu η sind zum Beispiel bei CREMER & HECKL zu finden.

Für die freien Schwingungen eines einfach gelagerten Balkens konstanten Querschnitts überprüfen wir, wie sich beide Dämpfungsgesetze auf das Schwingungsverhalten auswirken. Zunächst erkennen wir, daß in beiden Fällen Lösungen der Art

$$w(x,t) = \sin\frac{n\pi x}{l}\ p_n(t), \qquad n = 1,2,\ldots \qquad (2.242)$$

existieren, d.h. die Dämpfungsterme sind so, daß die verschiedenen Eigenschwingungsformen des ungedämpften Falls nicht miteinander gekoppelt werden. Aus (2.241) folgt dann

$$\rho A\ \ddot{p}_n(t) + d_a\dot{p}_n(t) + EI\left[\frac{n\pi}{l}\right]^4 p_n(t) = 0, \qquad n = 1,2,3,\ldots, \qquad (2.243)$$

so daß sich für die n-te Eigenschwingungsform der Dämpfungsgrad

$$D_n = \frac{d}{2\sqrt{mc}} = \frac{d_a}{2\left[\frac{n\pi}{l}\right]^2 \sqrt{EI\rho A}} \qquad (2.244)$$

ergibt. Dies bedeutet, daß die Annahme der linearen äußeren Dämpfung bedingt, daß die Eigenschwingungsformen hoher Ordnung nur wenig gedämpft sind ($D_n \rightarrow 0$ für $n \rightarrow \infty$).

Im Fall der Materialdämpfung gemäß (2.240) folgt aus (2.241)

$$\rho A \, \ddot{p}_n(t) + \eta \, EI \left[\frac{n\pi}{l}\right]^4 \dot{p}_n(t) + EI \left[\frac{n\pi}{l}\right]^4 p_n(t) = 0, \qquad (2.245)$$

so daß das dimensionslose Dämpfungsmaß für die n-te Eigenschwingungsform durch

$$D_n = \frac{d}{2\sqrt{mc}} = \eta \, \frac{\left[\frac{n\pi}{l}\right]^2}{2\sqrt{\rho A/EI}} \qquad (2.246)$$

gegeben ist. Hier geht also D_n gegen Unendlich für $n \rightarrow \infty$ und diese Tatsache entspricht recht gut den Beobachtungen.

Häufig ist allerdings die größte Quelle mechanischer Energieverluste weder in einem relativ einfachen Materialgesetz wie (2.240), noch in der äußeren linearen Dämpfung zu suchen; sie besteht nicht selten aus den Reibungsverlusten an den Fügestellen, also dort, wo Schraub- oder Niet-verbindungen vorhanden sind. Auch an den Rändern treten häufig große Energie-verluste auf, d.h. es fließt mechanische Energie aus dem betrachteten System über die Ränder ab. Die Randbedingungen können ja nie so ideal, wie bisher angenommen, realisiert werden. So ist etwa eine starre Einspannung sicherlich eine Fiktion. Diese Energieverluste werden im Fall stationärer erzwungener Schwingungen vom harmonischen Typ, etwa mit $q(x,t) = Q(x) \cos\Omega t$ oft durch die sogenannten *Strukturdämpfung* berücksichtigt. Dabei wird ein Materialgesetz wie in (2.240) angenommen, wobei der Verlustfaktor umgekehrt proportional zur Erregerkreisfrequenz (und zur Kreisfrequenz der erzwungenen Schwingungen) Ω angesetzt wird (s. HAGEDORN & OTTERBEIN). Dieser Ansatz ist allerdings auch nicht sehr befriedigend, da er nichts über die instationären Schwingungen, zum Beispiel über die freien gedämpften Schwingungen aussagt.

Eine andere Möglichkeit besteht darin, das ungedämpfte System zunächst mit Hilfe der Eigenfunktionen zu entkoppeln und dann in jeder dieser Eigenschwingungsformen einen Koeffizienten der linearen Dämpfung anzunehmen, der einer gewissen *modalen Dämpfung* entspricht, die (im dimensionslosen Dämpfungsgrad) oft für alle Eigenschwingungsformen gleich angenommen wird, etwa $D = 0{,}01-0{,}1$.

Leider sind Informationen über die Werte der Dämpfungsparameter für die verschiedenen Materialien und Strukturen in der Literatur nur sehr verstreut vorhanden; das hat mehrere Gründe. Einerseits ist es schwierig, die Dämpfungsparameter experimentell zu bestimmen und die innere von der äußeren Dämpfung zu trennen (dies gilt besonders für Biegeschwingungen des Balkens), andererseits sind die Parameter der Materialdämpfung aber auch keine Materialkonstanten, sondern hängen stark von der Temperatur und von anderen Größen ab. Die in der Rheologie untersuchten Materialgesetze, die z.B. das *Gedächtnis des Materials* berücksichtigen, d.h. bei denen die Spannungs-Dehnungs-Beziehungen durch ein Faltungsintegral beschrieben werden, haben bisher für die technische Schwingungslehre keine Bedeutung.

2.10 Aufgaben zu Kapitel 2

Aufgabe 2.1

Für den beidseitig parallel geführten Balken (Biegesteifigkeit EI, Masse pro Längeneinheit ρA) der Abb.2.24 bestimme man die Eigenfrequenzen und Eigenschwingungsformen.

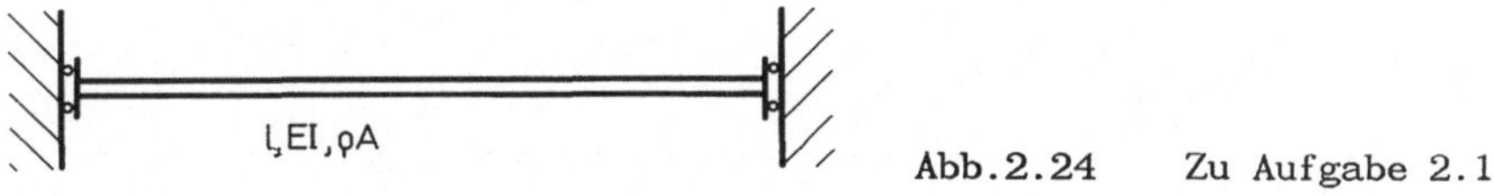

Abb.2.24   Zu Aufgabe 2.1

Aufgabe 2.2

Ein homogener Balken (Biegesteifigkeit EI, Massendichte ρA) der Länge $a + b$ ist gemäß Abb.2.25 gelagert. Man gebe die charakteristische Gleichung an und bestimme Eigenfrequenzen und Eigenfunktionen für spezielle Werte von a/b (kontrollieren Sie das Ergebnis für $b = 0$ und $b = a$). Mit dem RAYLEIGHschen Quotienten ermittle man eine obere Schranke für die kleinste Eigenfrequenz; als Ansatzfunktion verwende man (bereichsweise) ein möglichst einfaches Polynom.

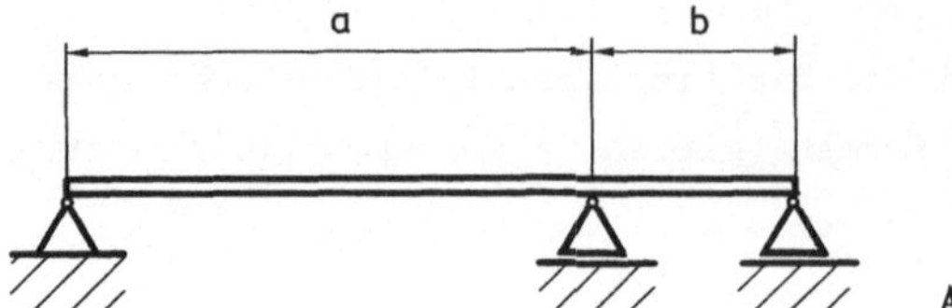

Abb.2.25   Zu Aufgabe 2.2

Aufgabe 2.3

Ein homogener Rahmen (Dehnsteifigkeit EA, Biegesteifigkeit EI, Massendichte ρA) ist in A und B gemäß Abb.2.26 gelenkig gelagert. Man gebe die Rand- und Übergangsbedingungen an, die zum Aufstellen der charakteristischen Gleichung unter Berücksichtigung von Längs- und Biegeschwingungen notwendig sind und stelle die charakteristische Gleichung auf. Man berechne die Eigenfrequenzen und Eigenschwingungsformen für den Fall $EA \rightarrow \infty$.

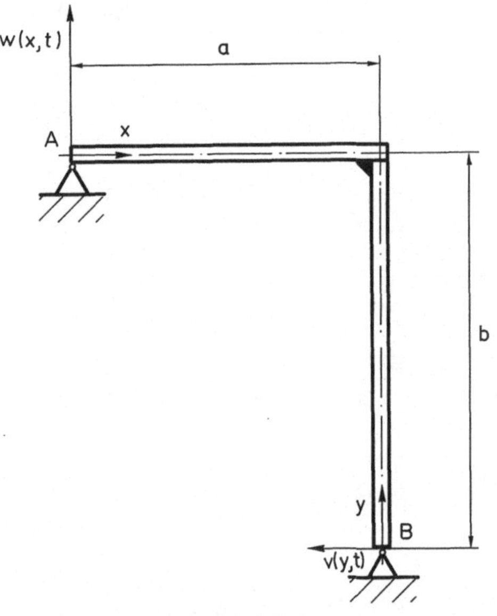

Abb.2.26   Zu Aufgabe 2.3

Aufgabe 2.4

Der homogene Balken der Abb.2.27 ist links eingespannt und trägt am rechten Ende einen starren Endkörper mit Masse m und Massenträgheitsmoment $I^{(S)}$ bzgl.

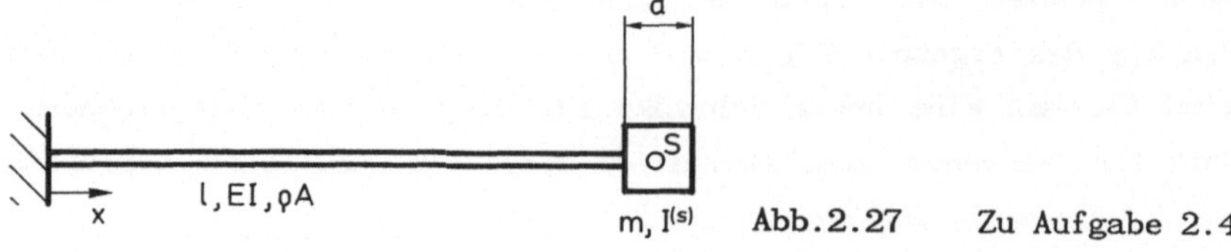

m, $I^{(s)}$ Abb.2.27   Zu Aufgabe 2.4

seines Schwerpunktes. Man gebe die charakteristische Gleichung für das Eigenwertproblem der freien Schwingungen an und bestimme numerisch die ersten Eigenwerte (man wähle dazu eine geeignete dimensionslose Darstellung).

Aufgabe 2.5

Der beidseitig gelagerte Balken der Abb.2.28 befindet sich für $t < 0$ im
Gleichgewicht unter der konstanten Streckenlast $q(x,t) = q_0$. Man bestimme die
Schwingungen des Balkens, wenn zum Zeitpunkt $t = 0$ die Gleichstreckenlast
plötzlich entfernt wird.

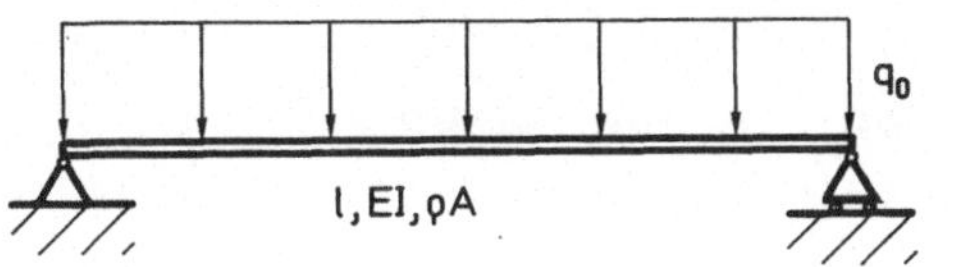

Abb.2.28   Zu Aufgabe 2.5

Aufgabe 2.6

Man bestimme die stationären erzwungenen Schwingungen für den Balken mit Endmasse der Abb.2.29 mit $F(t) = \hat{F} \cos \Omega t$. Man gebe untere und obere Schranken
für die erste Eigenfrequenz an.

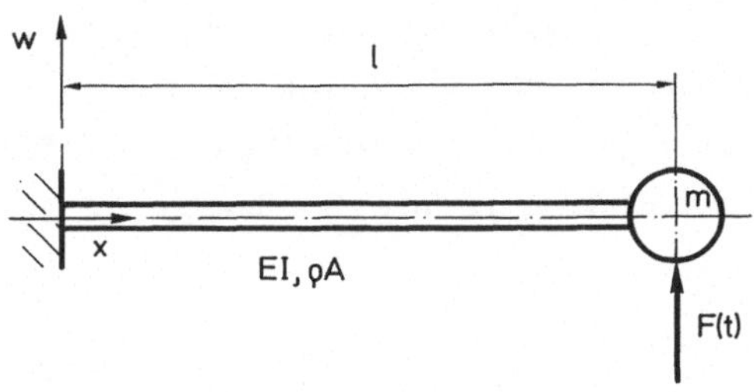

Abb.2.29   Zu Aufgabe 2.6

Aufgabe 2.7

Ein homogener Balken (Biegesteifigkeit EI, Schubsteifigkeit GA_s, Massenverteilung ρA, Rotationsträgheit ρI) der Länge l ist an beiden Enden gelenkig
gelagert und soll als TIMOSHENKO-Balken behandelt werden. Man bestimme die
Eigenfrequenzen und die Eigenfunktionen der Biegeschwingungen.

Aufgabe 2.8

Für den Rahmen der Abb.2.30 mit Biegesteifigkeit EI und Massendichte ρA
($EA \to \infty$) bestimme man die erste Eigenfrequenz in Abhängigkeit des Parameters P

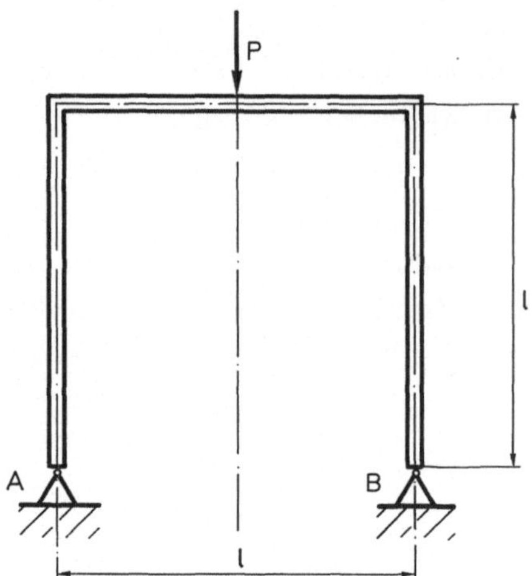

Abb.2.30   Zu Aufgabe 2.8

und stelle die Funktion $\omega_1^2(P)$ in einem Diagramm dar. Man löse die gleiche Aufgabe für den Fall, in dem das einwertige Auflager in B durch ein zweiwertiges Lager ersetzt wird.

Aufgabe 2.9

Ein PKW mit der Masse m fährt wie in Abb.2.31 skizziert, mit konstanter Beschleunigung a über eine Platte, die als elastisch gebetteter Balken dargestellt werden kann (EI, ρA, Bettungsziffer b). Für t = 0 ist der Balken in Ruhe und das Fahrzeug überfährt das Lager A mit der Geschwindigkeit v_0. Man berechne die Schwingungen des Balkens und diskutiere die Ergebnisse in Abhängigkeit von den Parametern.

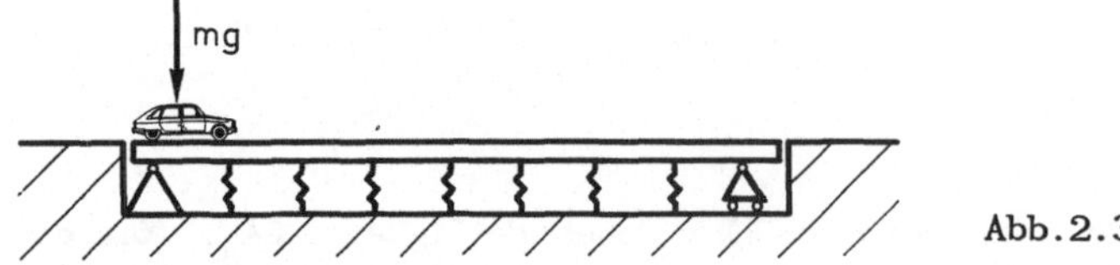

Abb.2.31   Zu Aufgabe 2.9

Aufgabe 2.10

Ein schwerer starrer Körper mit Gewicht mg fällt aus der Höhe h auf den ruhenden elastischen Balken der Abb.2.32. Man berechne die Auflagerkräfte in Abhängigkeit von der Zeit. Wann löst sich die Masse wieder? Wie ändert sich das Ergebnis, wenn die Balkenschwingungen gedämpft sind mit konstanter modaler Dämpfung D = 0,04?

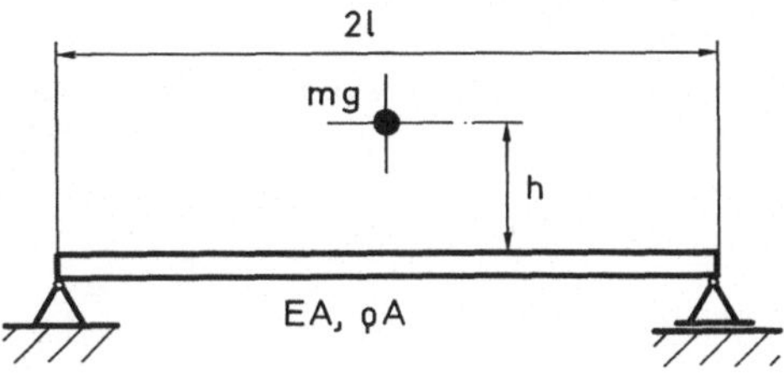

Abb.2.32   Zu Aufgabe 2.10

Aufgabe 2.11

Der in Abb.2.33 gezeigte Balken wird mit Anfangsgeschwindigkeit Null in waagrechter Lage losgelassen und schlägt in a auf ein starres Hindernis. Man berechne den zeitlichen Verlauf der Kräfte in A und B.

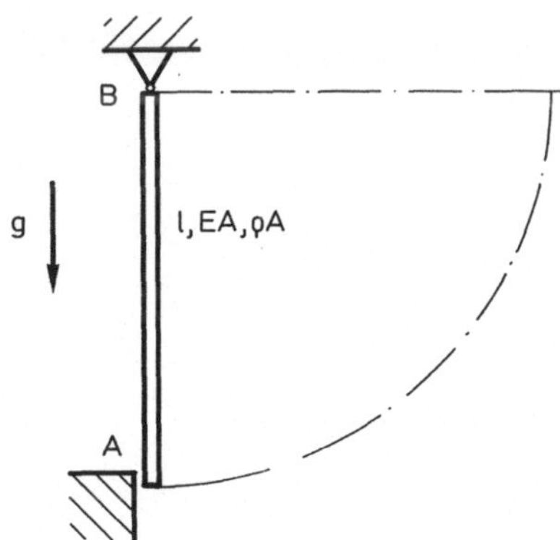

Abb.2.33   Zu Aufgabe 2.11

Aufgabe 2.12

Ein Kragträger $(EI, \rho A, l)$ ist links eingespannt und wird am rechten Ende durch die quer wirkende Kraft $F(t) = F_0 + \hat{F} \cos \Omega t$ und das eingeprägte Biegemoment $M(t) = M_0 + \hat{M} \cos \Omega t$ belastet. Man berechne die stationären Balkenschwingungen.

Aufgabe 2.13

Ein beidseitig einfach gelagerter Balken der Länge l besitzt einen Rechteckquerschnitt mit Breite b und linear veränderlicher Höhe, die von $h/2$ auf h anwächst. Die Materialkonstanten E und ρ sind gegeben. Bestimme näherungsweise die ersten Eigenfrequenzen und Eigenschwingungsformen.

182

Aufgabe 2.14

Löse das Problem der Aufgabe 2.13, wenn der Balken einen Kreisquerschnitt mit

Radius $r = R \left[1 + (\frac{x}{l})^2 \right]$ besitzt.

Aufgabe 2.15

Der Balken der Abb.2.34 (Länge l)wird in der Mitte durch die pulsierende Last

$F(t) = \hat{F} \cos \Omega t$ belastet und an der Stelle $a = 1/4$ durch einen linearen
Dämpfer bedämpft. Wie groß ist im Fall $\Omega = \omega_1$ die Dämpfungskonstante d zu
wählen, damit die Biegewechseldehnungen möglichst klein bleiben? Wie groß sind
d und a zu wählen, wenn die Erregerfrequenz Ω irgendwo in dem Intervall

$[0, \omega_4]$ liegen kann? Es sind nur Werte von a in dem Intervall $[0, 1/3]$ zugelassen (EI, ρA gegeben).

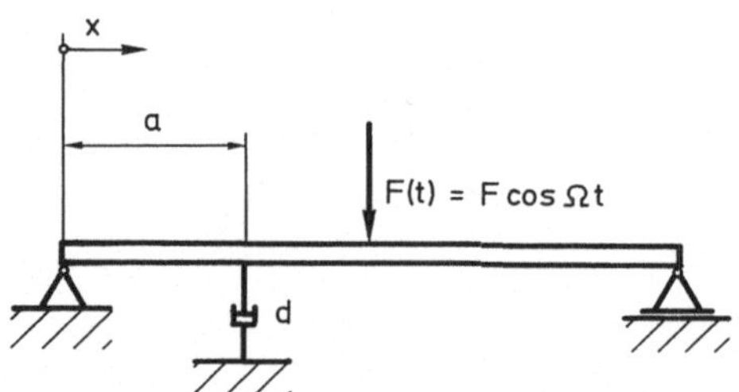

Abb.2.34   Zu Aufgabe 2.15

Aufgabe 2.16

An dem sehr langen ("unendlich" langen) TIMOSHENKO-Balken der Abb.2.35 sollen
ein linearer Dämpfer und ein Drehdämpfer so angebracht werden, daß möglichst
viel Energie vernichtet wird. Wie groß sind die Dämpfungskonstanten d und d_T
zu wählen? (EI, GA_s, ρA gegeben)

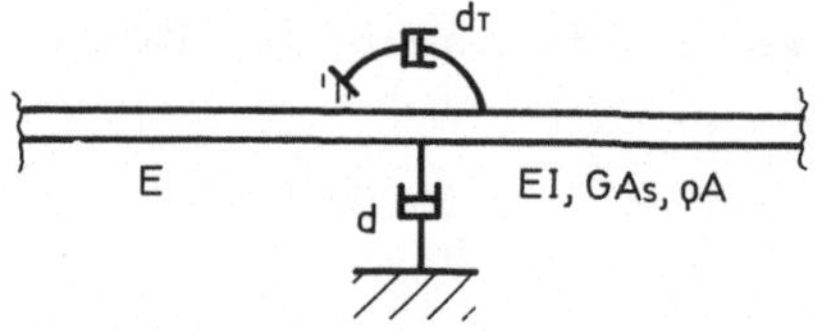

Abb.2.35   Zu Aufgabe 2.16

Aufgabe 2.17

Der elastisch und dämpfend abgestützte Balken der Abb.2.36 wird durch die

harmonische Kraft $F(t) = \hat{F} \cos \Omega t$ beansprucht. Die Erregerfrequenz Ω ist

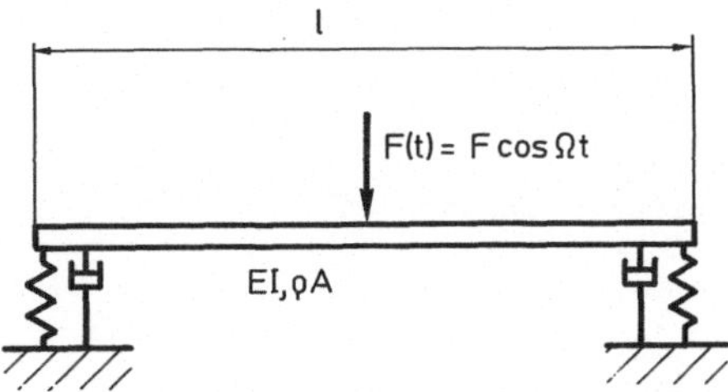

Abb.2.36   Zu Aufgabe 2.17

gleich der ersten nichttrivialen Eigenfrequenz des frei-freien Balkens. Wie sind die Konstanten d und c zu wählen, damit die Biegewechseldehnungen im eingeschwungenen Zustand möglichst klein bleiben? (1, EI, ρA gegeben)

Literatur zu Kapitel 2

BOLOTIN, W. W.;

Kinetische Stabilität elastischer Systeme, VEB Deutscher Verlag der Wissenschaften, Berlin 1961

BRESSE, J. A. C.;

Cours des Mechanique Applique, 1. Auflage, Mallet Bachelier, Paris 1859, 2. Auflage, Gauthier-Villars, Paris 1866

COLLATZ, L.;

Eigenwertaufgaben mit technischen Anwendungen, Akad. Verlagsgesellschaft, Leipzig 1963

CREMER, L. & HECKL, M;

Körperschall, Springer, Berlin 1967

EVENSEN, D. A. & APRAHAMIAN, R.

Applications of Holography to Vibrations, Transient Response, and Wave Propagation, Report AM 70-11, May 1970, TRW Systems Group, Redondo Beach, California

HAGEDORN, P.;

Nonlinear Oscillations, Oxford University Press, Oxford 1988

HAGEDORN, P. & OTTERBEIN, S.;
Technische Schwingungslehre, Springer, Berlin 1987

JOHN, F.; Partial Differential Equations, Springer, Berlin 1982

MEIROVITCH, L.;
Analytical Methods in Vibrations, MacMillan, London 1967

SCHMIDT, J.;
Entwurf von Reglern zur aktiven Schwingungdämpfung an flexiblen
mechanischen Strukturen, Diss. TH Darmstadt, 1987

SZABO, I.;
Höhere Technische Mechanik, Springer, Berlin 1977

TIMOSHENKO, S. P.;
On the transverse vibrations of bars of uniform cross section,
Phil. Mag. Ser. 6, 43, 125-131, Jan. 1922

TIMOSHENKO, S. P. & YOUNG, D. H.;
Advanced Dynamics, McGraw-Hill, New York 1948

3 Die Wellengleichung in zwei und drei Dimensionen

3.1 Schwingungen einer Membran

3.1.1 Elementare Herleitung der Bewegungsgleichungen

Während wir uns bisher ausschließlich mit den Schwingungen eindimensionaler Kontinua befaßt haben, behandeln wir in diesem Kapitel zwei- und dreidimensionale Kontinua, die in gewisser Weise einer Verallgemeinerung der im Kapitel 1 behandelten Saite entsprechen. In der Gleichgewichtslage möge das Kontinuum in der x-y-Ebene ruhen, und die Rückstellkraft für Querauslenkungen $w(x,y,t)$ in der z-Richtung sei hier, ähnlich wie bei der Saite, nur durch die Vorspannung T gegeben; die Biegesteifigkeit sei demgegenüber vernachlässigbar klein. Ein derartiges zweidimensionales Kontinuum bezeichnet man als *Membran*; man kann sie sich etwa als eine dünne, vorgespannte Gummihaut vorstellen. Anwendungen für Membranschwingungen findet man bei bestimmten Arten von Sonnenpaneelen in künstlichen Satelliten, beim Kondensatormikrophon, dem Trommelfell des Ohres oder auch bei einer Pauke. Ist die Biegesteifigkeit nicht vernachlässigbar klein, so bezeichnet man das zweidimensionale System als *Platte*; ist zusätzlich das Flächentragwerk in der Gleichgewichtslage nicht eben, sondern eine gekrümmte Fläche, so spricht man von einer *Schale*. Plattenschwingungen werden in Kapitel 4 behandelt. Schalen werden in diesem Buch nicht besprochen.

Zunächst stellen wir die Bewegungsgleichungen für die Querschwingungen einer Membran auf und betrachten die üblicherweise vorkommenden Randbedingungen. Dazu nehmen wir an, daß die Membran in der Ruhelage unter einer gleichmäßigen Vorspannung T (Kraft pro Längeneinheit!) steht, d.h. es herrscht ein ebener Spannungszustand mit gleichen Hauptspannungen $\sigma_1 = \sigma_2 = T/h$, wobei h die Dicke der Membran ist. Wie schon in Kapitel 1 bei der Saite werden auch hier die Änderungen der Vorspannung T infolge der kleinen Querauslenkungen $w(x,y,t)$ vernachlässigt.

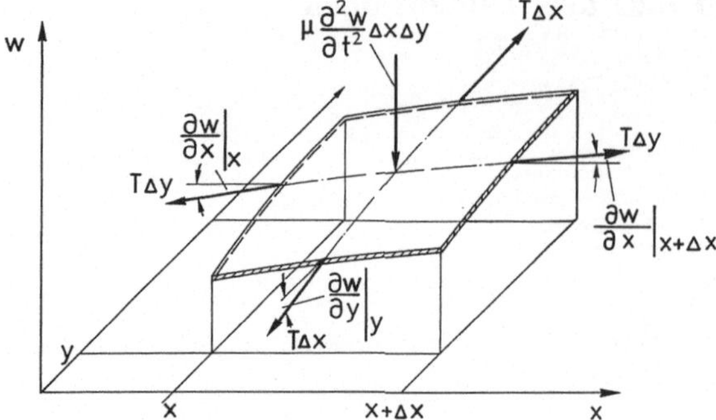

Abb.3.1   Zu den Bewegungsgleichungen einer Membran

Für ein Rechteckelement der Membran mit den Seitenlängen Δx, Δy gemäß Abb.3.1 stellen wir die NEWTONsche Grundgleichung auf. Ist $q(x,y,t)$ der auf der Membran lastende Druck in z–Richtung (in der Abbildung nicht dargestellt) und μ die Massendichte (Masse pro Flächeneinheit), so folgt

$$T\Delta y \left[\frac{\partial w}{\partial x}\Big|_{x+\Delta x} - \frac{\partial w}{\partial x}\Big|_x \right] + T\Delta x \left[\frac{\partial w}{\partial y}\Big|_{y+\Delta y} - \frac{\partial w}{\partial y}\Big|_y \right]$$

$$+ q(x,y,t)\, \Delta x \Delta y + o(\Delta x \Delta y) = \mu\, \frac{\partial^2 w}{\partial t^2}\, \Delta x \Delta y. \qquad (3.1)$$

Division durch $\Delta x \Delta y$ mit dem anschließenden Grenzübergang $\Delta x \to 0$, $\Delta y \to 0$ ergibt

$$T \left[\frac{\partial^2 w}{\partial x^2} + \frac{\partial^2 w}{\partial y^2} \right] + q(x,y,t) = \mu\, \frac{\partial^2 w}{\partial t^2}\,. \qquad (3.2)$$

Dies schreibt man auch als

$$\frac{\partial^2 w}{\partial x^2} + \frac{\partial^2 w}{\partial y^2} = \frac{1}{c^2}\, \frac{\partial^2 w}{\partial t^2} - \frac{1}{T}\, q(x,y,t), \qquad (3.3)$$

mit $c := \sqrt{T/\mu}$ oder als

$$\nabla^2 w(x,y,t) = \frac{1}{c^2}\, \ddot{w}(x,y,t) - \frac{1}{T}\, q(x,y,t). \qquad (3.4)$$

Die Gleichung (3.4) mit $q(x,y,t) \equiv 0$ wird als *Wellengleichung in der Ebene* oder auch als *zweidimensionale Wellengleichung* bezeichnet. Sie ist offensichtlich eine Verallgemeinerung der aus Kapitel 1 bekannten eindimensionalen Wellengleichung. Der LAPLACEsche Operator ∇^2, der hier in kartesischen Koordinaten gemäß

$$\nabla^2 := \frac{\partial^2}{\partial x^2} + \frac{\partial^2}{\partial y^2} \qquad (3.5)$$

eingeführt wurde, nimmt in Polarkoordinaten die Form

$$\nabla^2 = \frac{1}{r}\frac{\partial}{\partial r} + \frac{\partial^2}{\partial r^2} + \frac{1}{r^2}\frac{\partial^2}{\partial \varphi^2} \qquad (3.6)$$

an. Oft verwendet man auch das Symbol Δ anstelle von ∇^2.

Die Randbedingung für festgehaltene Randpunkte ist $w(x,y,t) = 0$. Für Teile des Randes, an denen sich die Membran frei in z-Richtung verschieben kann, ist die Randbedingung $T\frac{\partial w}{\partial n} = 0$; die Ableitung wird dabei in der x-y-Ebene in Richtung der Normalen zum Rande genommen.

Der Übergang von dem eindimensionalen Kontinuum "Saite" zur ebenen (zweidimensionalen) Membran bewirkt, daß die Schwingungen und Wellen wesentlich komplizierter als die der Saite sein können. Ein wichtiger Unterschied besteht schon bei der Verformung unter einer statischen Einzelkraft: bei der Membran wird die Auslenkung w am Angriffspunkt der Kraft F unendlich groß. Ist die Membran kreisförmig, am Rande $r = a$ fest eingespannt und wirkt die Kraft F an der Stelle $r = 0$, so ist $w(r,\varphi) = \frac{2F}{T}\ln\frac{a}{r}$ die Lösung des statischen Problems. Bei der Saite dagegen ist die Verschiebung eine in x stückweise lineare Funktion (Abb.3.2). In Wirklichkeit wird natürlich in der Nähe der Einzelkraft, bzw. der auf eine sehr kleine Fläche verteilten Kraft bei der Membran (und auch bei der Saite) die Biegesteifigkeit nicht mehr zu vernachlässigen sein, so daß die hier hergeleiteten Differentialgleichungen das wirkliche Verhalten dort nicht gut beschreiben.

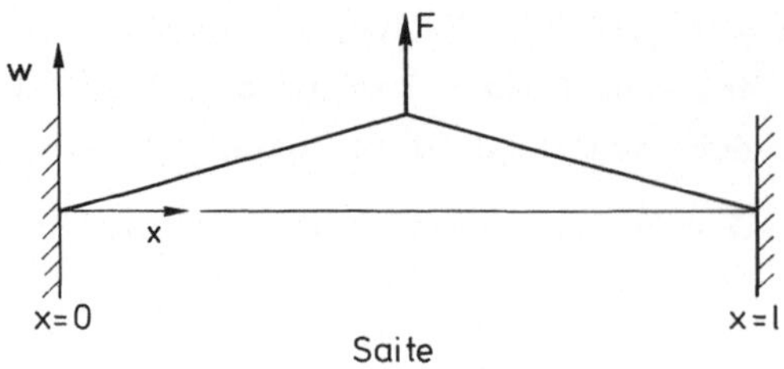

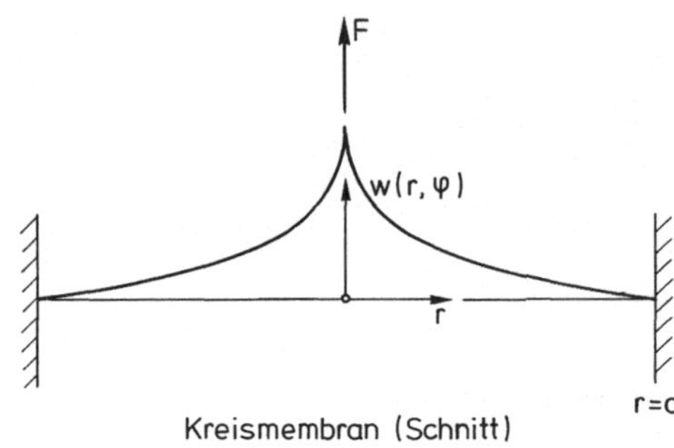

Abb.3.2   Statische Verformung von Membran und Saite unter Einzelkraft

3.1.2 Die Rechteckmembran, freie Schwingungen

Für die freien Schwingungen führt der Ansatz der Trennung der Veränderlichen

$$w(x,y,t) = W(x,y) \cos \omega t \tag{3.7}$$

in (3.4) mit $q(x,y,t) \equiv 0$ auf die Differentialgleichung

$$\nabla^2 W(x,y) + \beta^2 W(x,y) = 0 \tag{3.8}$$

mit

$$\beta^2 := \left[\frac{\omega}{c}\right]^2. \tag{3.9}$$

Wir betrachten im folgenden die freien Schwingungen einer an den Rändern festgehaltene Rechteckmembran in dem Gebiet $0 \leqslant x \leqslant a$, $0 \leqslant y \leqslant b$ (Abb.3.3). Bei der Rechteckmembran mit diesen Randbedingungen gelingt es, Lösungen $W(x,y)$ für das durch (3.8) und die zugehörigen Randbedingungen definierte Randwertproblem durch Trennung der beiden Ortsvariablen gemäß

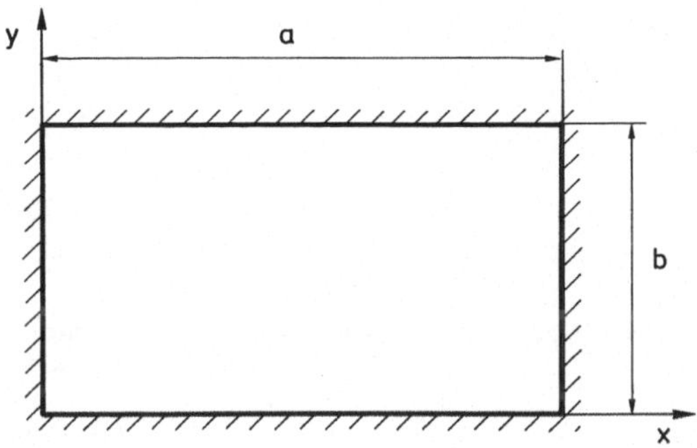

Abb.3.3   **Allseitig festgehaltene Rechteckmembran**

$$W(x,y) = X(x)Y(y) \tag{3.10}$$

zu finden. Der Ansatz (3.10) führt auf

$$\frac{d^2X(x)}{dx^2} Y(y) + X(x) \frac{d^2Y(y)}{dy^2} + \beta^2 X(x)Y(y) = 0 \tag{3.11}$$

oder auch

$$\frac{1}{X(x)} \frac{d^2X(x)}{dx^2} + \frac{1}{Y(y)} \frac{d^2Y(y)}{dy^2} + \beta^2 = 0. \tag{3.12}$$

Der erste Ausdruck in (3.12) hängt höchstens von x ab, der zweite höchstens von y, und die Summe ist konstant. Daraus folgt, daß jeder der beiden Ausdrücke für sich konstant sein muß, etwa gleich $- \alpha^2$, bzw. $- \gamma^2$, so daß sich aus (3.12)

$$\frac{d^2X(x)}{dx^2} + \alpha^2 X(x) = 0, \tag{3.13}$$

$$\frac{d^2Y(y)}{dy^2} + \gamma^2 Y(y) = 0 \tag{3.14}$$

ergibt mit der zusätzlichen Bedingung

$$\alpha^2 + \gamma^2 = \beta^2. \tag{3.15}$$

190

Die Lösungen von (3.13), (3.14) sind

$$X(x) = C_1 \sin \alpha x + C_2 \cos \alpha x, \tag{3.16}$$

$$Y(y) = C_3 \sin \gamma y + C_4 \cos \gamma y. \tag{3.17}$$

Die Randbedingungen $X(0) = X(a) = 0$, $Y(0) = Y(b) = 0$ liefern $C_2 = C_4 = 0$ und

$$\sin \alpha a = 0, \tag{3.18a}$$

$$\sin \beta b = 0. \tag{3.18b}$$

Die beiden letzten Gleichungen entsprechen aber zusammen der von anderen Problemen her bekannten charakteristischen Gleichung. Jede dieser Gleichungen hat unendlich viele Wurzeln:

$$\alpha_m = \frac{m\pi}{a}, \quad m = 1,2,\ldots, \tag{3.19a}$$

$$\gamma_n = \frac{n\pi}{b}, \quad n = 1,2,\ldots, \tag{3.19b}$$

woraus dann

$$\beta_{m,n} = \sqrt{\alpha_m^2 + \gamma_n^2} = \pi \sqrt{(\tfrac{m}{a})^2 + (\tfrac{n}{b})^2}, \quad m,n = 1,2,\ldots \tag{3.20}$$

folgt. Die entsprechenden Eigenkreisfrequenzen sind gemäß (3.9)

$$\omega_{m,n} = \pi c \sqrt{(\tfrac{m}{a})^2 + (\tfrac{n}{b})^2} \tag{3.21}$$

und die Eigenfunktionen

$$W_{m,n}(x,y) = A_{m,n} \sin \frac{m\pi x}{a} \sin \frac{n\pi y}{b}, \quad m,n = 1,2,\ldots \ . \tag{3.22}$$

Anstelle der von eindimensionalen Kontinua her bekannten Knotenpunkte ergeben sich bei zweidimensionalen Kontinua *Knotenlinien*. Im vorliegenden Fall sind dies Geraden (*Knotengeraden*). Die Eigenschwingungsform $W_{m,n}(x,y)$ besitzt $m-1$ Knotengeraden, die zur y-Achse parallel sind und $n-1$ zur x-Achse parallele Knotengeraden, wie man unmittelbar anhand von (3.22) erkennt. Die gesamte Anzahl der Knotengeraden ist also hier $m+n-2$.

Wegen der Linearität ist die allgemeine Lösung der homogenen Wellengleichung in dem betrachteten Rechteckgebiet und bei den vorliegenden Randbedingungen

$$w(x,y,t) = \sum_{m=1}^{\infty} \sum_{n=1}^{\infty} A_{m,n} \, \sin \frac{m\pi x}{a} \, \sin \frac{n\pi y}{b} \, \cos \left[\omega_{m,n} t + \alpha_{m,n} \right] \qquad (3.23)$$

mit den Integrationskonstanten $A_{m,n}$, $\alpha_{m,n}$.

Die höheren Eigenfrequenzen der Membran sind im allgemeinen keine ganz-
zahligen Vielfachen der Grundfrequenz $\omega_{1,1}$. Dies hat zur Folge, daß der durch
eine frei schwingende Membran erzeugte Schall vom menschlichen Gehör als
weniger angenehm als der Klang von Saiteninstrumenten empfunden wird. Einige
Eigenschwingungsformen einer rechteckigen, am Rande festgehaltenen Membran
sind in Abb.3.4 dargestellt (Knotenlinien fett). Wir erkennen anhand von
(3.21), daß gewisse Eigenfrequenzen – nicht jedoch alle – gleich dem ganzen
Vielfachen der Fundamentalfrequenz $\omega_{1,1}$ sind, es ist z.B. $\omega_{m,m} = m \, \omega_{1,1}$, aber
$\omega_{1,2}$ ist im allgemeinen kein ganzes Vielfaches von $\omega_{1,1}$.

Ist das Verhältnis der Kantenlängen $R := a/b$ eine rationale Zahl, was ja
zumindest näherungsweise immer gilt, dann gibt es mehrfache Eigenfrequenzen
$\omega_{m,n} = \omega_{r,s}$ für Indizes m, n, r und s, die die Gleichung

$$m^2 + R^2 n^2 = r^2 + R^2 s^2 \qquad (3.24)$$

erfüllen. Mit $R = 4/3$ folgt z.B. $\omega_{3,5} = \omega_{5,4}$, $\omega_{8,3} = \omega_{4,6}$, usw. wobei natürlich die zugehörigen Eigenfunktionen voneinander verschieden sind. Wir haben
also jetzt zu einer Eigenfrequenz zwei verschiedene Eigenschwingungsformen.
Dies tritt auch bei Schwingungen diskreter Systeme auf und wird als *Entartung*
bezeichnet (s. HAGEDORN & OTTERBEIN). Jede Linearkombination der beiden Eigenschwingungsformen $W_{m,n}$, $W_{r,s}$ ist dann ebenfalls eine Eigenschwingungsform, die
der gleichen Eigenfrequenz zugeordnet ist. Im Falle der quadratischen Membran
($R = 1$) gilt z.B. $\omega_{m,n} = \omega_{n,m}$, und

$$W(x,y) = W_{m,n}(x,y) \, \cos \gamma + W_{n,m}(x,y) \, \sin \gamma \qquad (3.25)$$

ist für alle Werte der Konstanten von γ eine Eigenschwingungsform zu $\omega_{m,n}$. In
Abb.3.5 sind für verschiedene Werte von γ und für $\omega_{1,2} = \omega_{2,1}$ und $\omega_{1,3} = \omega_{3,1}$
die Knotenlinien der Eigenschwingungsformen dargestellt.

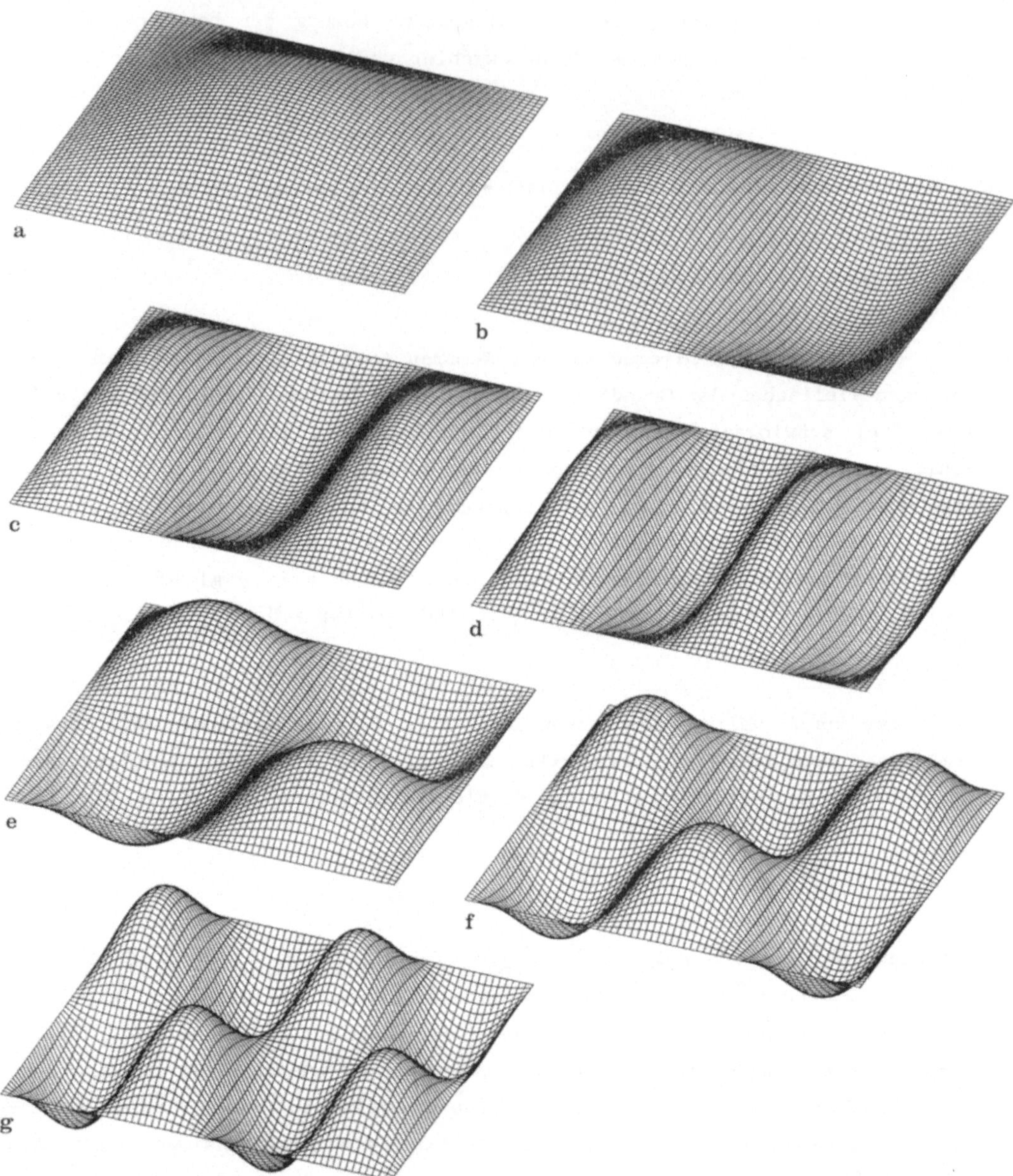

Abb.3.4   Einige Eigenschwingungsformen einer allseitig festen Rechteckmembran

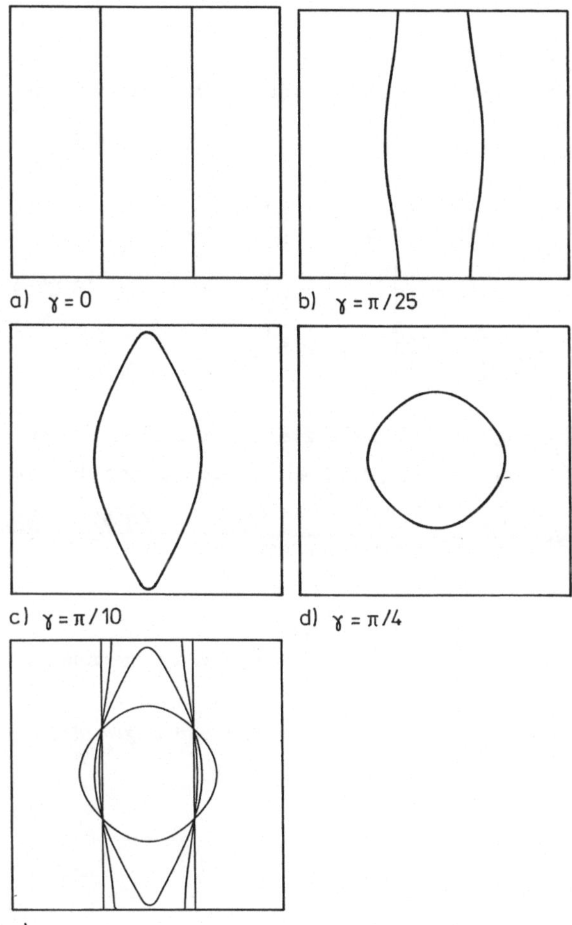

Abb.3.5   Einige Knotenlinien von Eigenschwingungsformen zu den doppelten Eigenfrequenzen $\omega_{1,3} = \omega_{3,1}$ einer quadratischen Membran

Mit der allgemeinen Lösung (3.23) können wir auch leicht das Anfangswertproblem lösen. Dabei ist es oft zweckmäßig, (3.23) in der Form

$$w(x,y,t) = \sum_{m,n=1}^{\infty} S_{m,n} \sin \frac{m\pi x}{a} \sin \frac{n\pi y}{b} \sin \left[\pi \sqrt{(\tfrac{m}{a})^2 + (\tfrac{n}{b})^2}\, ct \right] +$$

$$+ \sum_{m,n=1}^{\infty} C_{m,n} \sin \frac{m\pi x}{a} \sin \frac{n\pi y}{y} \cos \left[\pi \sqrt{(\tfrac{m}{a})^2 + (\tfrac{n}{b})^2}\, ct \right] \qquad (3.26)$$

194

zu schreiben.

Als Beispiel geben wir die Schwingungen einer quadratischen Membran mit den Anfangsbedingungen $w(x,y,0) \equiv 0$,

$$
\dot{w}(x,y,0) = \begin{cases} v_0\left[1 - \dfrac{1}{\epsilon a}\left|x - \dfrac{a}{2}\right|\right] & \text{für} & \left|y - \dfrac{a}{2}\right| \leq \left|x - \dfrac{a}{2}\right| \leq \epsilon a \\[2ex] v_0\left[1 - \dfrac{1}{\epsilon a}\left|y - \dfrac{a}{2}\right|\right] & \text{für} & \left|x - \dfrac{a}{2}\right| \leq \left|y - \dfrac{a}{2}\right| \leq \epsilon a \\[2ex] 0 & \text{für} \quad \max\left[\left|x - \dfrac{a}{2}\right|, \left|y - \dfrac{a}{2}\right|\right] > \epsilon a \end{cases} \qquad (3.27a)
$$

an. Dies bedeutet, daß die Anfangsbedingungen überall gleich Null sind bis auf das Quadrat mit Kantenlänge ϵa, dessen Kanten parallel zu denen der Platte sind. Dort ist eine von Null verschiedene Anfangsgeschwindigkeit vorgegeben, die pyramidenförmig verläuft. Mit diesen Anfangsbedingungen folgt aus (3.26)

$$
S_{m,n} = \begin{cases} \dfrac{v_0}{\omega_{m,n}} \dfrac{16}{\epsilon \pi^3} (-1)^{\frac{m+n}{2}} \dfrac{1}{m^2 - n^2}\left[-\dfrac{\sin n\pi\epsilon}{n} + \dfrac{\sin m\pi\epsilon}{m}\right] , & \text{für } m \neq n \text{ ungerade,} \\[3ex] \dfrac{v_0}{\omega_{m,n}} \dfrac{8}{\epsilon \pi^3 m^3} (-1)^{m}\left[-\sin m\pi\epsilon + m\pi\epsilon \cos m\pi\epsilon\right] , & \text{für } m = n \text{ ungerade,} \\[3ex] 0 , & \text{für } m,n = 2,4,6\ldots, \end{cases}
$$

$$
C_{m,n} = 0 , \quad \text{für } m,n = 1,2,\ldots \qquad (3.27b)
$$

In Abb.3.6 ist die Auslenkung $w(x,y,t)$ zu diesen Anfangsbedingungen wiedergegeben, wobei $\epsilon = 0{,}15$ ist.

3.1.3 Die Kreismembran

Wir betrachten jetzt eine Membran, die sich über das Gebiet $0 \leq r \leq a$ erstreckt, so daß es zweckmäßig ist, in Polarkoordinaten zu arbeiten. Wieder gilt für die Hauptschwingungen

$$
\nabla^2 W(r,\varphi) + \beta^2 W(r,\varphi) = 0, \qquad (3.28)
$$

$\beta^2 = \left[\dfrac{\omega}{c}\right]^2$, wobei r, φ die Polarkoordinaten sind und ∇^2 durch (3.6) gegeben ist. Mit dem Ansatz $W(r,\varphi) = R(r)F(\varphi)$ trennen wir die Veränderlichen r und φ:

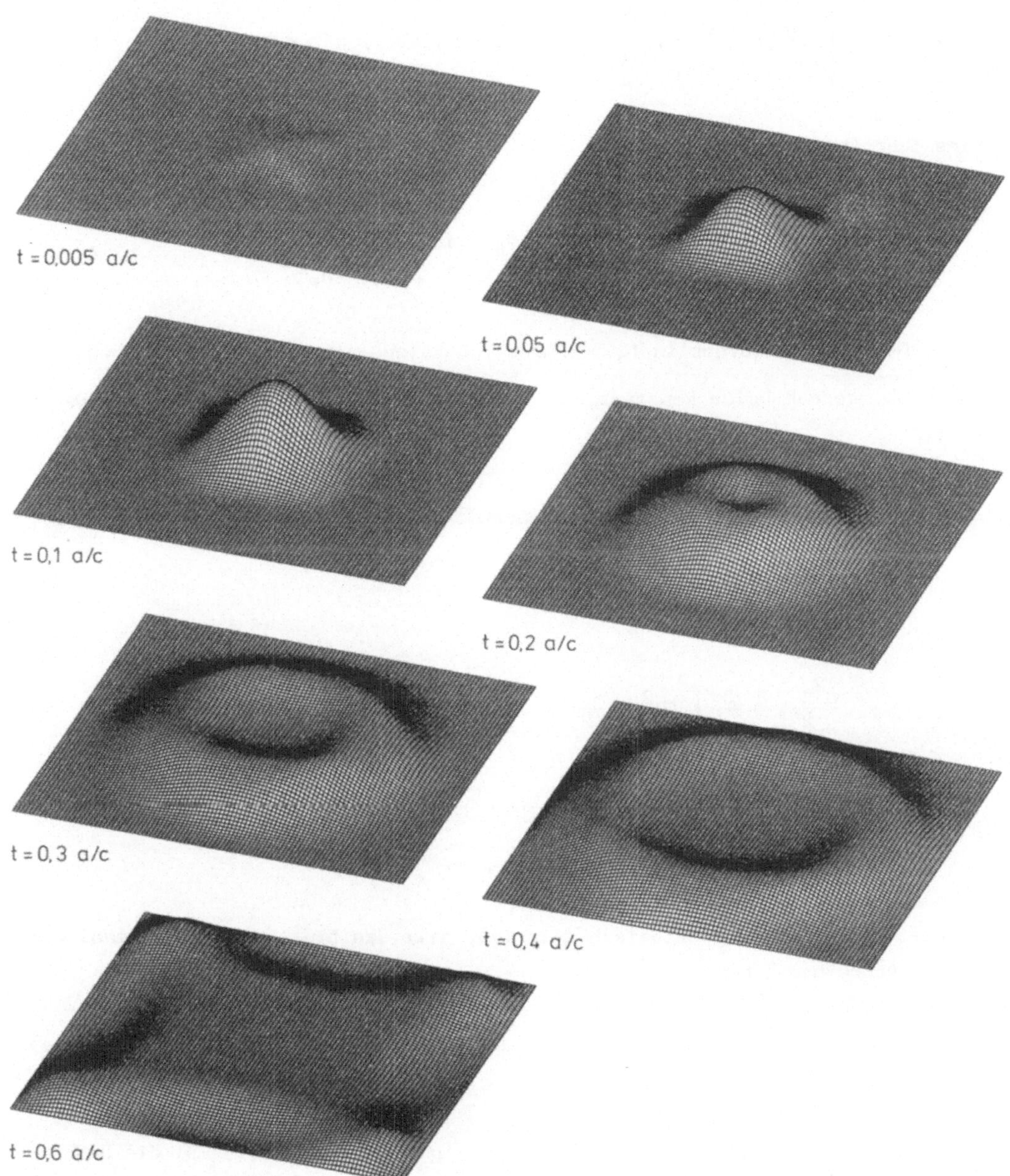

Abb.3.6   Freie Schwingungen einer quadratischen Membran, Anfangswertproblem $w_0 \equiv 0$, $\dot{w}_0$ pyramidenförmig (quadratische Basis)

$$\left[\frac{d^2R(r)}{dr^2} + \frac{1}{r}\frac{dR(r)}{dr}\right] F(\varphi) + \frac{R(r)}{r^2}\frac{d^2F(\varphi)}{d\varphi^2} + \beta^2 R(r)F(\varphi) = 0. \qquad (3.29)$$

Dies führt auf

$$\frac{r^2}{R(r)}\left[\frac{d^2R(r)}{dr^2} + \frac{1}{r}\frac{dR(r)}{dr} + \beta^2 R(r)\right] + \frac{1}{F(\varphi)}\frac{d^2F(\varphi)}{d\varphi^2} = 0. \qquad (3.30)$$

Der erste Ausdruck in (3.30) hängt höchstens von r, der zweite höchstens von φ ab, so daß beide konstant sein müssen, z.B. gleich m^2, bzw. $-m^2$. Daher gilt

$$\frac{d^2F}{d\varphi^2} + m^2F = 0 \qquad (3.31)$$

und

$$\frac{d^2R}{dr^2} + \frac{1}{r}\frac{dR}{dr} + (\beta^2 - \frac{m^2}{r^2})\,R = 0. \qquad (3.32)$$

Gleichung (3.31) ergibt

$$F(\varphi) = C_1 \sin m\varphi + C_2 \cos m\varphi. \qquad (3.33)$$

Da die Lösung aber 2π-periodisch sein muß, gilt das hier nur für ganzzahliges m. Wir schreiben daher

$$F_m(\varphi) = C_{1,m} \sin m\varphi + C_{2,m} \cos m\varphi\,, \qquad m = 0,1,2,\ldots \qquad (3.34)$$

Die Differentialgleichung (3.32) in der Unbekannten $R(r)$ ist die BESSEL-sche Differentialgleichung; ihre allgemeine Lösung ist

$$R_m(r) = C_{3,m} J_m(\beta r) + C_{4,m} Y_m(\beta r), \qquad m = 0,1,2,\ldots, \qquad (3.35)$$

wobei $J_m(\beta r)$, $Y_m(\beta r)$ die BESSELschen Funktionen erster und zweiter Gattung der Ordnung m sind. Für $m = 0$ und $m = 1$ sind diese Funktionen in Abb.1.13 dargestellt.

Aus der Tatsache, daß $R(r)$ überall endlich sein soll, folgt $C_{4,m} = 0$, da die BESSELschen Funktionen zweiter Gattung für $\beta r \to 0$ gegen Unendlich gehen. Wenn, wie wir annehmen, der Rand $r = a$ fest eingespannt ist, folgt $R_m(a) = 0$ und damit die charakteristische Gleichung

$$J_m(\beta a) = 0, \quad m = 0,1,2,\ldots \tag{3.36}$$

Für jedes m hat die charakteristische Gleichung (3.36) abzählbar unendlich viele Wurzeln. Bezeichnen wir sie mit $a\beta_{m,n}$, so sind die ersten Wurzeln

$$
\begin{aligned}
a\beta_{0,1} &= 2,405, & a\beta_{1,1} &= 3,832, \\
a\beta_{0,2} &= 5,520, & a\beta_{1,2} &= 7,016, \\
a\beta_{0,3} &= 8,654, & a\beta_{1,3} &= 10,173, & \text{usw.},
\end{aligned}
\tag{3.37}
$$

wie man sich anhand von Abb.1.13 plausibel machen kan.

Für wachsende x geht die Funktion $J_m(x)$ asymptotisch gegen $\sqrt{\frac{2}{\pi x}} \cos(x - \frac{2m-1}{4}\pi)$. Die Wurzeln $x_{m,n}$ erfüllen daher für große n die Bedingung $x_{m,n} - \frac{2m-1}{4}\pi \to n\pi - \frac{\pi}{2}$, $n = 1,2,\ldots$, so daß auch $x_{m,n} \to \frac{\pi}{4}(2m + 4n - 3)$ gilt. Die in (3.37) angegebenen Wurzeln liegen daher für feste m und variable n um etwa π auseinander!

Zu jedem $a\beta_{m,n}$ gehört eine Eigenkreisfrequenz $\omega_{m,n} = c\beta_{m,n}$ (die Eigenfrequenzen sind daher umgekehrt proportional zum Radius a). Die der Eigenkreisfrequenz $\omega_{m,n}$ entsprechende Hauptschwingung

$$
\begin{aligned}
w_{m,n}(r,\varphi,t) &= W_{m,n}(r,\varphi)\cos(\omega_{m,n}t + \alpha_{m,n}) = \\
&= J_m'(\beta_{m,n}r)\left[S_m \sin m\varphi + C_m \cos m\varphi\right]\cos(\omega_{m,n}t + \alpha_{m,n})
\end{aligned}
\tag{3.38}
$$

enthält aber noch die beiden Konstanten $S_m = C_{1,m}$, $C_m = C_{2,m}$, abgesehen von dem Nullphasenwinkel $\alpha_{m,n}$. Zu jeder Eigenfrequenz (außer für $m = 0$) existieren also zwei Eigenschwingungsformen (z.B. eine mit $S_m = 0$, $C_m = 1$, die andere mit $S_m = 1$, $C_m = 0$), d.h. wir haben hier immer eine Entartung!

In Abb.3.7 sind einige der Eigenschwingungsformen dargestellt. Man erkennt, daß m die Anzahl der radialen und n die Anzahl der kreisförmigen Knotenlinien ist. Bei zwei entarteten Eigenschwingungen, die derselben Fre-

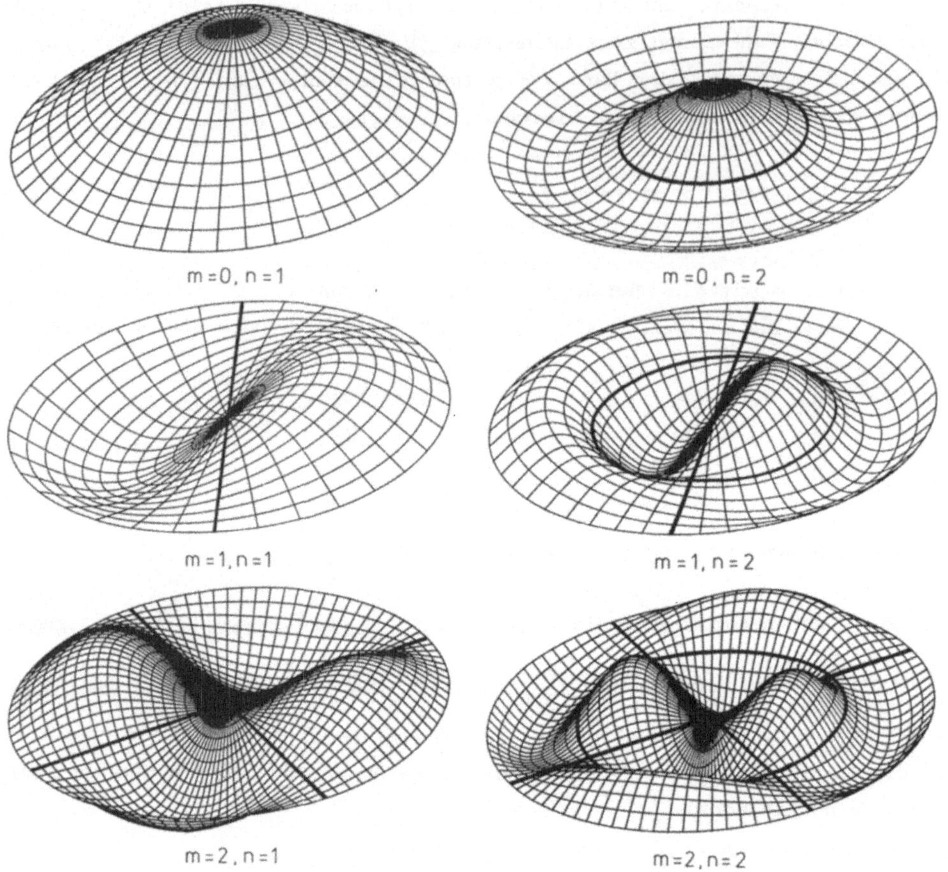

Abb.3.7   Einige Eigenschwingungsformen einer Kreismembran mit festem Rand

quenz entsprechen, können wir uns die radialen Knotenlinien z.B. zueinander um 90° verdreht denken. Die allgemeine Lösung des Problems der freien Schwingungen einer Kreismembran folgt aus (3.38) durch Summation über m und n. Für die BESSELfunktionen gelten die schon in Kapitel 1 erwähnten Orthogonalitätsbedingungen, die den bekannten Beziehungen für trigonometrische Funktionen ähneln und die bei der Lösung des Anfangswertproblems, d.h. bei der Bestimmung der Integrationskonstanten nützlich sind.

Man beachte, daß ganz allgemein die Möglichkeit einer Darstellung der Eigenfunktionen gemäß $W(r,\varphi) = R(r)F(\varphi)$ oder auch $W(x,y) = X(x)Y(y)$ davon abhängt, ob die Randbedingungen durch Funktionen dieses Typs befriedigt werden können oder nicht. So sind offensichtlich z.B. bei einer Kreismembran, die auf dem halben Umfang fest, auf dem restlichen Rand frei ist, die Eigenfunktionen nicht von der Bauart $W(r,\varphi) = R(r)F(\varphi)$!

3.1.4 Wellenausbreitung in der Membran

Die ebene (homogene) Wellengleichung

$$\frac{\partial^2 w}{\partial x^2} + \frac{\partial^2 w}{\partial y^2} = \frac{1}{c^2} \frac{\partial^2 w}{\partial t^2} \tag{3.39}$$

folgt aus (3.4) mit $q(x,y,t) \equiv 0$. Sie besitzt – wenn man von den Randbedingungen absieht – natürlich Lösungen, die von einer der Ortskoordinaten – z.B. von y – unabhängig sind. In der Tat ist

$$w(x,y,t) = f(x-ct) \tag{3.40a}$$

mit einer beliebigen Funktion $f(\cdot)$ immer eine Lösung von (3.39). Diese Lösung stellt eine Welle dar, die sich in Richtung der positiven x-Achse bewegt und deren Profil unverändert bleibt und nicht von y abhängt. Mit diesem Ansatz können wir natürlich keine Randbedingungen befriedigen, wie sie z.B. bei der Rechteck- und bei der Kreismembran gegeben waren. Andere partikuläre Lösungen sind

$$w(x,y,t) = f(y-ct) \tag{3.40b}$$

und auch

$$w(x,y,t) = f(x \cos \alpha + y \sin \alpha - ct), \tag{3.41}$$

wie man leicht überprüfen kann.

Dieser letzte Ausdruck entspricht einer ebenen Welle, die längs einer um den Winkel α zur x-Achse geneigten Richtung läuft. Alle diese Wellen sind den von der Saite her bekannten vollkommen analog und werden auch in ähnlicher Weise am Rande einer Membran reflektiert (Abb.3.8). So ist z.B. (3.41) nach einer Reflexion an der x-Achse (fester Rand) durch

$$w(x,y,t) = f(x \cos \alpha + y \sin \alpha - ct) - f(x \cos \alpha - y \sin \alpha - ct) \tag{3.42}$$

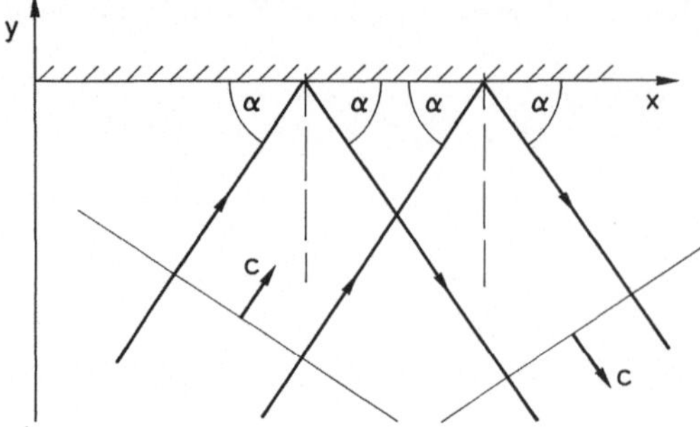

Abb.3.8   **Reflexion einer ebenen Welle am festen Rande y = 0**

zu ersetzen (vergl. Abschnitt 3.2.2). Auch die Funktion

$$w(x,y,t) = f(x - ct) \, (ay + b) \qquad (3.43)$$

ist z.B. eine Lösung der Wellengleichung.

Durch Überlagerung mehrerer ebener Wellen mit verschiedenen Ausbreitungsrichtungen kann man Wellen erhalten, die viel komplizierter als die von der Saite her bekannten sind. Man kann sogar zeigen, daß jede beliebige freie Schwingung der Membran sich durch ein Integral

$$w(x,y,t) = \int_0^{2\pi} f(\alpha, \, x \cos \alpha + y \sin \alpha - ct) \, d\alpha \qquad (3.44)$$

darstellen läßt, wobei die Funktion $f(\cdot)$ noch von dem Parameter α abhängt.

So kann z.B. auch jede der schon berechneten Hauptschwingungen der Rechteckmembran durch Überlagerung von Wellen der Art $w(x,y,t) = f(x \cos \alpha + y \sin \alpha - ct)$ erzeugt werden. Um diese zu erkennen, überlagern wir vier Wellen der Art $A_\alpha \cos \left[\frac{\omega}{c} (x \cos \alpha + y \sin \alpha - ct) + \gamma \right]$:

$$w(x,y,t) = \frac{A}{4} \left\{ \cos \left[\frac{\omega}{c} (x \cos \alpha + y \sin \alpha - ct) - \gamma_1 \right] \right.$$

$$+ \cos \left[\frac{\omega}{c} (x \cos \alpha - y \sin \alpha - ct) - \gamma_2 \right]$$

$$+ \cos \left[\frac{\omega}{c} (x \cos \alpha + y \sin \alpha + ct) - \gamma_3 \right]$$

$$+ \cos \left[\frac{\omega}{c} (x \cos \alpha - y \sin \alpha + ct) - \gamma_2 - \gamma_3 + \gamma_1 \right] \Big\} \qquad (3.45)$$

ist. Mit $\cos \alpha + \cos \beta = 2 \cos \frac{\alpha+\beta}{2} \cos \frac{\alpha-\beta}{2}$ kann man (3.45) auch als

$$w(x,y,t) = A \cos(\frac{\omega}{c} x \cos \alpha - \gamma_x) \cos(\frac{\omega}{c} y \sin \alpha - \gamma_y) \cos(\omega t - \gamma) \qquad (3.46)$$

schreiben, wobei

$$\gamma_x = \frac{1}{2}(\gamma_2 + \gamma_3), \qquad \gamma_y = \frac{1}{2}(\gamma_1 - \gamma_2), \qquad \gamma = \frac{1}{2}(\gamma_3 - \gamma_1) \qquad (3.47)$$

ist.

Um die Randbedingungen (fester Rand für $x = 0,a$ und $y = 0,b$) zu erfüllen, muß gemäß (3.46)

$$\cos \gamma_x = \cos (\frac{\omega}{c} a \cos \alpha - \gamma_x) = 0, \qquad (3.48a)$$

$$\cos \gamma_y = \cos (\frac{\omega}{c} b \sin \alpha - \gamma_y) = 0 \qquad (3.48b)$$

gelten, woraus sich

$$\gamma_x = \gamma_y = \frac{\pi}{2} , \qquad \cos \alpha = \frac{c\pi}{\omega} \frac{m}{a} , \qquad \sin \alpha = \frac{c\pi}{\omega} \frac{n}{b} \qquad (3.49)$$

ergibt, und damit auch, wie schon in (3.21):

$$\omega_{m,n} = \pi c \sqrt{(\frac{m}{a})^2 + (\frac{n}{b})^2} . \qquad (3.50)$$

Neben der Darstellung (3.44) gibt es auch andere Integraldarstellungen, die mit Hilfe der FOURIER- oder der HANKELtransformation hergeleitet werden können und oft nützlich sind. Die FOURIERtransformation (bzgl. x,y)

$$\bar{w}(\xi,\eta,t) = \int\limits_{-\infty}^{\infty} \int\limits_{-\infty}^{\infty} w(x,y,t)e^{j(\xi x + \eta y)} \, dx \, dy \qquad (3.51)$$

für die unbegrenzte Membran liefert mit den Anfangsbedingungen

$$w(x,y,0) = w_0(x,y) \ , \qquad \dot{w}(x,y,0) = v_0(x,y) \tag{3.52}$$

nach einer etwas mühsamen Zwischenrechnung (s. MEIROVITCH, S. 364 - 368) das Ergebnis

$$w(x,y,t) =$$

$$= \frac{1}{2\pi c} \left[\frac{\partial}{\partial t} \int_{r=0}^{ct} \int_{\varphi=0}^{2\pi} \frac{w_0(x-r\cos\varphi,\ y-r\sin\varphi)r\,dr\,d\varphi}{\sqrt{c^2 t^2 - r^2}} + \right.$$

$$\left. \int_{r=0}^{ct} \int_{\varphi=0}^{2\pi} \frac{v_0(x-r\cos\varphi,\ y-r\sin\varphi)r\,dr\,d\varphi}{\sqrt{c^2 t^2 - r^2}} \right] . \tag{3.53}$$

Dieser Ausdruck ist als POISSONsche oder PARSEVALsche Formel[24] bekannt. Die Gleichung zeigt, daß die Verschiebung w an der Stelle (x,y) von den Werten von w_0 und v_0 im Inneren des Kreises mit Mittelpunkt (x,y) und Radius r = ct abhängt. In Abb.3.9 hängt daher $w(\bar{x},\bar{y},t)$ genau von den Werten von w(x,y,0) und $\dot{w}(x,y,0)$ im Inneren des schraffierten Kreises ab. Man vergleiche die Lösungs-formel (3.53) mit der D'ALEMBERTschen Lösung für die Saite, bzw. für die

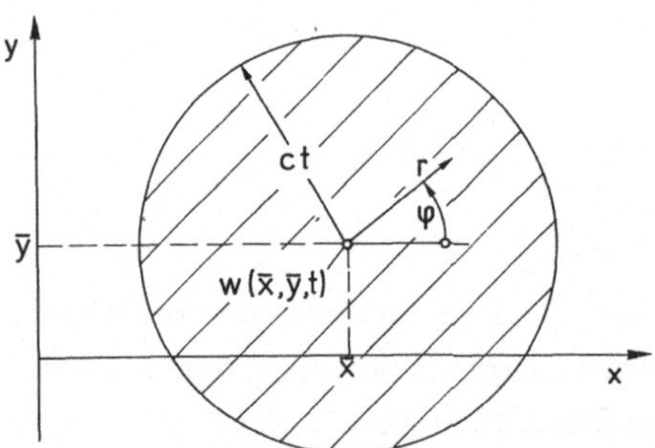

Abb.3.9   Zur PARSEVALschen Formel bei der Wellengleichung

---

[24]Nach dem Mathematiker PARSEVAL des Chênes, *1755 in Rosieres-aux-Salines, +1836 in Paris.

ebenen Wellen in einer Membran. Der wesentliche Unterschied ist der Faktor $1/\sqrt{c^2t^2 - R^2}$ in (3.53); er ist dafür verantwortlich, daß bei Kreiswellen, d.h. bei punktsymmetrischen Wellen in einer Membran das Wellenprofil im Gegensatz zu den ebenen Wellen nicht erhalten bleibt.

In Abb.3.10 und Abb.3.11 wird das Verhalten von Kreiswellen in einer Membran der Wellenausbreitung in einer Saite gegenübergestellt. Dabei ist in Abb.3.10 die Anfangsgeschwindigkeit Null und die Auslenkung besitzt für $t = 0$ ein Rechteckprofil (im radialen Schnitt). Das bedeutet natürlich, daß die Auslenkung $w(\cdot)$ unstetig ist, was in einem physikalischen System wenig sinnvoll ist. Lokal wäre daher die Membran (Saite) (in der Nähe der Unstetigkeit) durch ein im Vergleich zur Wellengleichung verfeinertes Modell zu beschreiben.

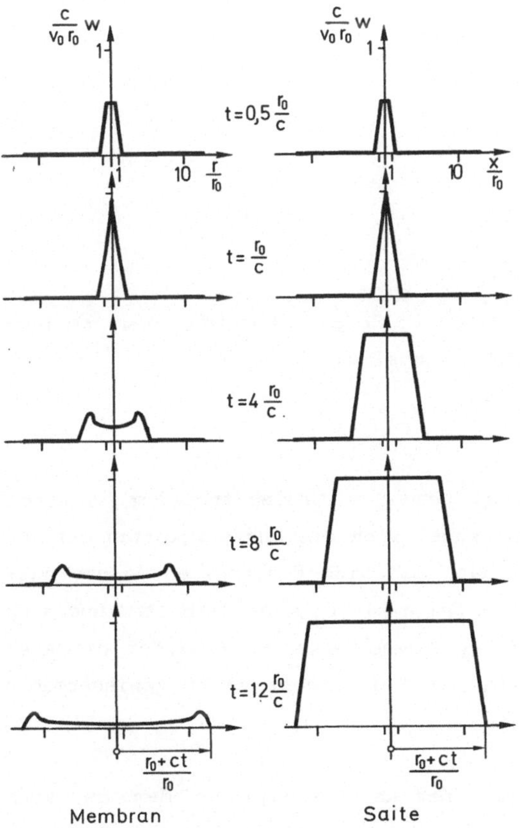

Abb.3.10   Ausbreitung einer Kreiswelle in einer Membran und Wellenausbreitung in der Saite (Anfangsgeschwindigkeit Null)

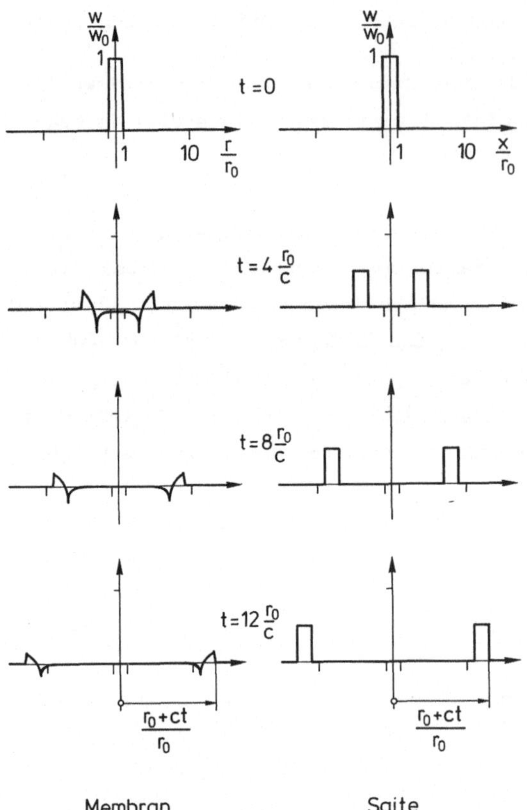

Membran   Saite

Abb.3.11   Ausbreitung einer Kreiswelle in einer Membran und Wellenausbreitung in der Saite (Anfangsauslenkung Null)

Es zeigt sich aber, daß das Verhalten der Lösung im Großen trotzdem gut durch die Wellengleichung wiedergegeben wird, wobei sich die Unstetigkeiten mit der Geschwindigkeit c ausbreiten. Man erkennt, daß sich Kreiswellen anders ausbreiten als ebene Wellen: das Profil der Welle bleibt nicht erhalten und auch nach dem Durchgang des Wellenkammes durch einen Punkt verschwindet die Auslenkung w nicht sofort wieder, sondern die Wellenfront zieht gewissermaßen einen "Schwanz" hinter sich her!

Abb.3.11 zeigt die Kreiswelle in einer unendlich großen Membran, wenn mit $w(x,y,0) \equiv 0$ die Anfangsgeschwindigkeit ein Rechteckprofil besitzt. Daneben ist wieder die Welle in der auf einer kurzen Strecke angestoßenen Saite wiedergegeben.

Zu einer Integraldarstellung der Kreiswellen gelangt man mit Hilfe der HANKELtransformation[25], bei der der Kern der Integraltransformation eine BESSELfunktion ist. Es sei noch erwähnt, daß sich natürlich auch die Kreiswellen durch Überlagerung von einfachen ebenen Wellen darstellen lassen und umgekehrt.

3.1.5 Anwendung: Kondensatormikrophon und Kesselpauke

Bei gewissen technischen Anwendungen wird eine Kreismembran luftdicht über das offene Ende eines luftgefüllten Behälters gespannt. Dies ist z.B. bei der Kesselpauke und bei manchen Arten von Kondensatormikrophonen der Fall. Die Rückstellkraft der Membran ist dann nicht nur durch die Spannung T gegeben, sondern auch das "Luftpolster" spielt eine Rolle. Bei Verformung der Membran kommt es nämlich zu einer Volumenänderung im Behälter und so auch zu einer Druckdifferenz zwischen den beiden Seiten der Membran.

Das Schwingungsproblem ist im allgemeinen Fall recht kompliziert, da auch die Luft im Behälter schwingt und diese Schwingungen mit denen der Membran gekoppelt sind. Wenn jedoch die Konstante c der Membran viel kleiner als die Schallgeschwindigkeit im Behälter ist, dann vereinfacht sich das Problem stark. Der Druck auf die Membran hängt dann nämlich in erster Näherung nicht vom Ort ab und ist lediglich eine Funktion der Volumenänderung, d.h. von w (besser: ein Funktional von $w(x,y,t)$). Wird w positiv nach innen gemessen, so ist die Volumenänderung in einem kreiszylindrischen Behälter mit Radius a

$$\Delta V = - \int_0^a \int_0^{2\pi} w(r,\varphi,t) \ d\varphi \ rdr, \qquad (3.54)$$

und bei adiabatischer Zustandsänderung $pV^k = p_0 V_0^k$ (mit k = 1,4 für Luft) ist

$$V^k dp + kV^{k-1} pdV = 0, \qquad (3.55)$$

$$\Delta p \approx - \frac{kp_0}{V_0} \Delta V = \frac{kp_0}{V_0} \int_0^a \int_0^{2\pi} w(r,\varphi,t) \ d\varphi \ rdr. \qquad (3.56)$$

---

[25]Nach dem Mathematiker Hermann HANKEL, *1839 in Halle/Saale, +1873 in Schramberg.

206

Die Gleichung der Schwingungen der Membran ist dann

$$\frac{1}{c^2}\,\ddot{w} = \nabla^2 w - \frac{kp_0}{V_0 T}\int_0^{2\pi}\int_0^a w(r,\varphi,t)\,r\,dr\,d\varphi. \tag{3.57}$$

Dies ist eine Integrodifferentialgleichung, die aber linear ist und daher in der bekannten Weise durch Trennung der Veränderlichen gelöst werden kann.

Mit dem Ansatz

$$w(r,\varphi,t) = W(r,\varphi)\,\sin\omega t \tag{3.58}$$

folgt

$$\nabla^2 W + \beta^2 W = \frac{kp_0}{V_0 T}\int_0^{2\pi}\int_0^a W\,r\,dr\,d\varphi, \tag{3.59}$$

wobei wieder $\beta = \omega/c$ gilt. Man erkennt, daß für

$$W(r,\varphi) = \cos m\varphi\,J_m(\beta r), \tag{3.60a}$$

und

$$W(r,\varphi) = \sin m\varphi\,J_m(\beta r) \tag{3.60b}$$

und mit $m = 1,2,3,\ldots$ das Integral auf der rechten Seite von (3.59) den Wert Null annimmt. Die entsprechenden Eigenschwingungsformen der Kreismembran ohne "Luftpolster" bleiben also erhalten und auch die Frequenzen ändern sich nicht, da ΔV verschwindet.

Lediglich für $m = 0$ kann das Integral einen von Null verschiedenen Wert annehmen. Der Ansatz

$$W(r,\varphi) = J_0(\beta r) - J_0(\beta a), \tag{3.61}$$

erfüllt dann die Randbedingungen, und mit ihm nimmt der Ausdruck auf der rechten Seite von (3.59) die Form

$$\frac{kp_0}{V_0 T}\int_0^{2\pi}\int_0^a W\,r\,dr\,d\varphi = \left[\frac{\chi}{a^2}\right]\left[\frac{2}{\beta a}\,J_1(\beta a) - J_0(\beta a)\right] \tag{3.62}$$

an, wobei die Beziehung $\int_0^z \bar{z}\, J_0(\bar{z})d\bar{z} = z\, J_1(z)$ verwendet wurde. Der Faktor

$$\chi := \frac{k\pi a^4 p_0}{V_0\, T} \tag{3.63}$$

in (3.62) stellt ein Maß für die "Rückstellkraft" der im Kessel enthaltenen Luft dar. Für $V_0 \to \infty$ geht χ gegen Null. Geht man nun mit (3.61) in (3.59) ein, so folgt

$$\left[\frac{d^2}{dr^2} + \frac{1}{r}\frac{d}{dr}\right] J_0(\beta r) + \beta^2\left[J_0(\beta r) - J_0(\beta a)\right] = \frac{\chi}{a^2}\left[\frac{2}{\beta a} J_1(\beta a) - J_0(\beta a)\right]. \tag{3.64}$$

Die BESSEL-Funktion $J_0(\beta r)$ erfüllt aber die Differentialgleichung

$$\left[\frac{d^2}{dr^2} + \frac{1}{r}\frac{d}{dr}\right] J_0(\beta r) + \beta^2 J_0(\beta r) = 0. \tag{3.65}$$

so daß man aus (3.64) die charakteristische Gleichung in der Form

$$J_0(\beta a) = \frac{\chi}{\beta^2 a^2}\left[J_0(\beta a) - \frac{2}{\beta a} J_1(\beta a)\right] \tag{3.66}$$

bzw.

$$J_0(\beta a) = -\frac{\chi}{\beta^2 a^2} J_2(\beta a) \tag{3.67}$$

erhält (es ist $J_{m-1}(z) + J_{m+1}(z) = \frac{2m}{z} J_m(z)$).

Die ersten Wurzeln dieser charakteristischen Gleichung für radialsymmetrische Eigenschwingungen sind z.B. bei MORSE angegeben. Sie wachsen monoton mit χ, und es ist jeweils $(\frac{\beta a}{\pi})_{0,1} = 0{,}7655;\ 0{,}8097$ und $1{,}1101$ für $\chi = 0;\ 1$ und 10.

3.2 Die Wellengleichung in der Akustik

3.2.1 Herleitung der Wellengleichung

Wir betrachten ein Fluid, in dem der Druck $p(x,y,z,t)$ und die Dichte $\rho(x,y,z,t)$ ist und das keine Schubspannungen zuläßt. Die Impulserhaltung, bzw. das NEWTONsche Grundgesetz der Dynamik liefert dann

$$\rho\,\dot{\vec{v}} = -\,\text{grad}\ p\ ,\qquad(3.68)$$

mit

$$\text{grad}\ p := \frac{\partial p}{\partial x}\,\vec{e}_x + \frac{\partial p}{\partial y}\,\vec{e}_y + \frac{\partial p}{\partial z}\,\vec{e}_z\ .\qquad(3.69)$$

Dabei ist $\vec{v}$ die Geschwindigkeit und $\dot{\vec{v}} = d\vec{v}/dt$ die Beschleunigung eines materiellen Punktes des Fluids.

Oft interessiert man sich für das Geschwindigkeitsfeld $\vec{v}(x,y,z,t)$, d.h. für die Geschwindigkeit, mit der die materiellen Punkte den geometrischen Punkt (x,y,z) zum Zeitpunkt t passieren. In diesem Fall folgt für die *materielle Beschleunigung*, d.h. für die Beschleunigung eines materiellen Punktes

$$\dot{\vec{v}} = \frac{\partial \vec{v}}{\partial t} + v_x\,\frac{\partial \vec{v}}{\partial x} + v_y\,\frac{\partial \vec{v}}{\partial y} + v_z\,\frac{\partial \vec{v}}{\partial z}\ ,\qquad(3.70)$$

mit $\vec{v} = (v_x,\ v_y,\ v_z)^T$. Falls die Teilchen kleine Schwingungen um eine Gleichgewichtslage (mit $\vec{v} = \vec{0}$) ausführen, können die nichtlinearen, *konvektiven Terme* vernachlässigt werden und es gilt in erster Näherung

$$\dot{\vec{v}} = \frac{d\vec{v}}{dt} = \frac{\partial \vec{v}}{\partial t}\ .\qquad(3.71)$$

Im folgenden schreiben wir

$$p(x,y,z,t) = p_0 + \bar{p}(x,y,z,t),\qquad(3.72a)$$

$$\rho(x,y,z,t) = \rho_0 + \bar{\rho}(x,y,z,t),\qquad(3.72b)$$

wo die konstanten Größen p_0, ρ_0 dem Gleichgewicht entsprechen und $\bar{p}$, $\bar{\rho}$ und $\vec{v}$ klein und von gleicher Größenordnung sein sollen. Damit schreibt sich dann (3.68) in der linearisierten Form als

$$\rho_0 \frac{\partial \vec{v}}{\partial t} = - \text{grad } \bar{p} \; .$$
(3.73)

Außer der Impulserhaltung benutzen wir noch die Erhaltung der Masse, die auf die *Kontinuitätsgleichung*

$$\frac{\partial \rho}{\partial t} = - \text{div } (\rho\vec{v})$$
(3.74)

führt mit

$$\text{div } (\rho\vec{v}) := \frac{\partial \rho v_x}{\partial x} + \frac{\partial \rho v_y}{\partial y} + \frac{\partial \rho v_z}{\partial z} \; .$$
(3.75)

Die für kleine Schwingungen linearisierte Form der Kontinuitätsgleichung lautet

$$\frac{\partial \bar{\rho}}{\partial t} = - \rho_0 \text{ div } \vec{v} \; .$$
(3.76)

Schließlich wird noch die Beziehung zwischen Dichte und Druck benötigt. Für eine gegebene Funktion

$$p = p(\rho)$$
(3.77)

ist

$$\frac{\partial p}{\partial t} = \frac{dp}{d\rho} \frac{\partial \rho}{\partial t}$$
(3.78)

und mit

$$c^2 := \left[\frac{dp}{d\rho} \right]_{\rho_0}$$
(3.79)

folgt aus (3.76)

$$\frac{1}{c^2} \frac{\partial \bar{p}}{\partial t} = - \rho_0 \, \text{div} \, \vec{v} \; . \tag{3.80}$$

Nun führen wir das *Geschwindigkeitspotential* $\psi(x,y,z,t)$ ein, das durch

$$\vec{v} = - \, \text{grad} \, \psi \tag{3.81}$$

definiert ist. Damit schreibt sich (3.73) als

$$- \rho_0 \, \text{grad} \, \frac{\partial \psi}{\partial t} = - \, \text{grad} \, \bar{p} \; , \tag{3.82}$$

woraus

$$\bar{p} = \rho_0 \, \frac{\partial \psi}{\partial t} \tag{3.83}$$

folgt. Einsetzen in (3.80) führt schließlich auf

$$\frac{1}{c^2} \rho_0 \, \frac{\partial^2 \psi}{\partial t} = \rho_0 \, \text{div} \, \text{grad} \, \psi \; , \tag{3.84}$$

bzw.

$$\frac{\partial^2 \psi}{\partial t^2} = c^2 \, \nabla^2 \psi \tag{3.85}$$

mit $\nabla^2 := \dfrac{\partial^2}{\partial x^2} + \dfrac{\partial^2}{\partial y^2} + \dfrac{\partial^2}{\partial z^2}$.

Das Geschwindigkeitspotential $\psi(x,y,z,t)$ erfüllt also die dreidimensionale Wellengleichung. Da sich $\bar{p}$ und auch $\vec{v}$ durch Differentiation aus ψ ergeben, erfüllen auch die Funktion $\bar{p}(x,y,z,t)$ und alle Komponenten von $\vec{v}(x,y,z,t)$ die Wellengleichung. Um Verwechslungen mit der Ausbreitungsgeschwindigkeit c zu vermeiden, ist es üblich, $\vec{v}$ als *Schnelle* und ψ als *Schnellepotential* zu bezeichnen. Wir werden uns im folgenden an diese Konvention halten.

Die Ausbreitungsgeschwindigkeit c hängt gemäß (3.79) von der Funktion $p(\rho)$ ab. Da die Schallschwingungen in der Luft üblicherweise relativ schnell sind, ist die entsprechende Zustandsänderung praktisch *adiabatisch*, d.h. sie genügt der Beziehung

$$\frac{p}{\rho^k} = \frac{p_0}{\rho_0^k} \ ,$$ (3.86)

woraus sich

$$\left[\frac{dp}{d\rho}\right]_{\rho_0} = k \ \frac{p_0}{\rho_0}$$ (3.87)

ergibt mit k = 1,4 für Luft. Mit dem allgemeinen Gasgesetz in der Form

$$p \ \frac{m}{\rho} = R \ T$$ (3.88)

(m = Molmasse, R = allgemeine Gaskonstante = 8,3143 Nm/(kmol $\cdot$ ^{o}K), T = absolute Temperatur) gilt

$$\frac{p}{\rho} = \frac{RT}{m} \ ,$$ (3.89)

d.h.

$$c^2 = k \ \frac{R}{m} \ T$$ (3.90)

ist unabhängig vom Gasdruck! Für Luft, die zu 4/5 aus Stickstoff mit Molekulargewicht 28 und zu 1/5 aus Sauerstoff mit Molekulargewicht 32 besteht, ist

$$m = \frac{4}{5} \ 28 + \frac{1}{5} \ 32 = 28,8 \ g/mol$$ (3.91)

und man erhält

$$c = \sqrt{1,4 \ \frac{8,31}{28,8 \cdot 10^{-3}} \ 293} \ m/s = 343,8 \ m/s.$$ (3.92)

Lösungen der Wellengleichung in der Akustik können natürlich wieder in Form stehender Wellen, nach dem BERNOULLIschen Lösungsansatz, oder auch in Form laufender Wellen nach d'ALEMBERT bestimmt werden. So ist es z.B. eine

212

sehr einfache Übung, die Eigenfrequenzen und Eigenformen eines quaderförmigen Raumes zu berechnen. Wir werden im folgenden überwiegend laufende Wellen behandeln.

3.2.2 Ebene Wellen, Reflexion und Brechung

Ebene Wellen werden durch Lösungen der Art

$$\psi(x,y,z,t) = f(\vec{e}\cdot\vec{r}-ct) \tag{3.93}$$

der Wellengleichung beschrieben, wobei $f(\cdot)$ eine beliebige Funktion und $\vec{e}$ der Einheitsvektor in der Ausbreitungsrichtung ist. Aus (3.81) folgt dann

$$\vec{v} = -\,\mathrm{grad}\,\psi = -\,f'(\vec{e}\cdot\vec{r}-ct)\,\vec{e} \tag{3.94}$$

und aus (3.83)

$$p = \rho_0\,\frac{\partial\psi}{\partial t} = -\,\rho_0 c\,f'(\vec{e}\cdot\vec{r}-ct) \tag{3.95}$$

mit $f'(\cdot)$ als der Ableitung der Funktion $f(\cdot)$ nach ihrem Argument. Gemäß (3.94) schwingen also die materiellen Teilchen in der Tat lediglich in Richtung $\vec{e}$, und zwischen dem Betrag v der Schnelle und dem Druck besteht bei ebenen Wellen der einfache Zusammenhang

$$p = Z\,v \tag{3.96}$$

mit dem *Wellenwiderstand*

$$Z := \rho_0 c\ . \tag{3.97}$$

Wir schreiben hier und im folgenden wieder einfach p anstelle von $\bar{p}$.

Ein wichtiger Sonderfall ist der harmonischer ebener Wellen, die wir als

$$\psi(x,y,z,t) = \hat{\psi}\,\cos k(\vec{e}\cdot\vec{r}-ct) = \hat{\psi}\,\cos(k\vec{e}\cdot\vec{r}-\omega t) \tag{3.98}$$

schreiben. Mit der komplexen Erweiterung erhalten wir

$$\psi(x,y,z,t) = \text{Re } \hat{\psi} \, e^{j(\omega t - k\vec{e}\cdot\vec{r})} \tag{3.99}$$

oder auch

$$\psi(x,y,z,t) = \text{Re } \underline{\psi}(x,y,z,t) \tag{3.100}$$

mit

$$\underline{\psi}(x,y,z,t) = \hat{\psi} \, e^{j(\omega t - k\vec{e}\cdot\vec{r})} \ . \tag{3.101}$$

Bezeichnen wir die Komponenten des Vektors $\vec{e}$ mit $\cos\alpha$, $\cos\beta$, $\cos\gamma$ (es gilt $\cos^2\alpha + \cos^2\beta + \cos^2\gamma = 1$), so ist es zweckmäßig, die im Argument von (3.98) vorkommenden Produkte wie folgt zu benennen:

$$k_x := k \cos\alpha, \quad k_y := k \cos\beta, \quad k_z := k \cos\gamma \ . \tag{3.102}$$

Damit folgt dann aus $\omega = kc$ auch

$$k_x^2 + k_y^2 + k_z^2 = k^2 = \frac{\omega^2}{c^2} \tag{3.103}$$

und (3.98) schreibt sich als

$$\psi(x,y,z,t) = \hat{\psi} \cos(k_x x + k_y y + k_z z - \omega t). \tag{3.104}$$

Als erstes Beispiel behandeln wir die *Reflexion* einer ebenen harmonischen Welle an einer (schallharten) Wand. Die Ausbreitungsrichtung $\vec{e}$ liege in der x-y-Ebene, so daß die einlaufende Welle von der Form

$$\underline{\psi}_1 = \hat{\psi}_1 \, e^{j(\omega_1 t - k_1 x \cos\alpha_1 - k_1 y \sin\alpha_1)} \tag{3.105}$$

ist. Die Wand erstrecke sich in der y-z-Ebene und die reflektierte Welle

$$\underline{\psi}_2 = \hat{\psi}_2 \, e^{j(\omega_2 t + k_2 x \cos\alpha_2 - k_2 y \sin\alpha_2)} \tag{3.106}$$

ist gesucht (Abb.3.12). Die Schnelle $v_x = -\dfrac{\partial\psi}{\partial x}$ muß für $x = 0$ für alle Werte von t und y gleich Null sein, so daß

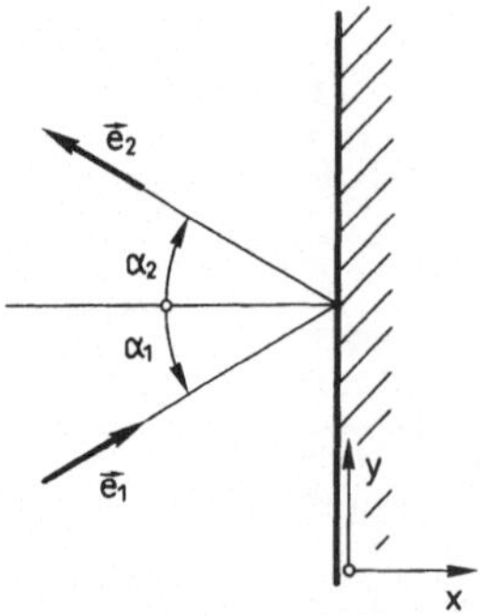

Abb.3.12   Reflexion einer ebenen harmonischen Welle an einer schallharten Wand

$$\left. \frac{v}{x} \right|_{x=0} = - \left. \frac{\partial(\psi_1 + \psi_2)}{\partial x} \right|_{x=0} = j(k_1 \cos \alpha_1)\, \hat{\psi}_1\, e^{j(\omega_1 t - k_1 y \sin \alpha_1)}$$

$$- j(k_2 \cos \alpha_2)\, \hat{\psi}_2\, e^{j(\omega_2 t - k_2 y \sin \alpha_2)} = 0 \qquad (3.107)$$

gilt. Dies ist für alle Zeiten und Orte y nur möglich, wenn $\omega_1 = \omega_2$ und $k_1 \sin \alpha_1 = k_2 \sin \alpha_2$ gilt. Aus der Gleichheit der Frequenzen folgt aber in dem gleichen Medium (gleiches c) auch die Gleichheit der Wellenzahlen, so daß $\sin \alpha_1 = \sin \alpha_2$ und damit $\alpha_1 = \alpha_2$ ist. Wir haben also das *Reflexionsgesetz* $\alpha_1 = \alpha_2$ aus der Randbedingung $v_x = 0$ gewonnen. Aus (3.107) folgt damit auch noch $\hat{\psi}_2 = \hat{\psi}_1$.

Etwas komplizierter sind die Verhältnisse bei der *Brechung*, die wir jetzt als zweites Beispiel behandeln. Dabei ist wieder die von links einlaufende Welle (3.105) gegeben, die Ebene $x = 0$ stellt jedoch jetzt die Trennfläche zwischen zwei Medien dar: für $x < 0$ gilt $\rho = \rho_1$, $c = c_1$, für $x > 0$ ist $\rho = \rho_3$, $c = c_3$ (Abb.3.13). Außer der für diesen Fall noch zu berechnenden reflektierten Welle (3.106) wird noch eine in den Bereich $x > 0$ eindringende Welle

$$\psi_3 = \hat{\psi}_3\, e^{j(\omega_3 t - k_3 \cos \alpha_3 x - k_3 \sin \alpha_3 y)} \qquad (3.108)$$

auftreten. Die Randbedingungen werden auf jeden Fall wieder $\omega_1 = \omega_2 = \omega_3 = \omega$ liefern. Daraus folgt $k_2 = k_1$ und

$$k_3 = \frac{\omega}{c_3} = k_1 \frac{c_1}{c_3}. \qquad (3.109)$$

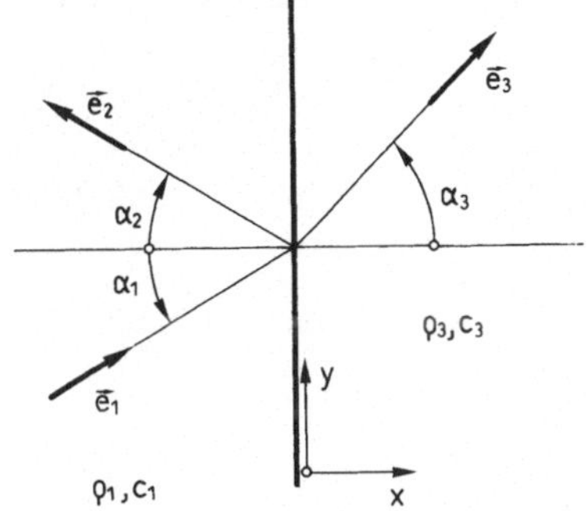

Abb.3.13   Zur Brechung einer ebenen harmonischen Welle

Als erste Rand- bzw. Übergangsbedingung haben wir

$$v_x(0^-,y,z,t) \equiv v_x(0^+,y,z,t) \ , \tag{3.110}$$

was auf

$$(k_1\cos\,\alpha_1)\ \hat{\psi}_1\ e^{-jk_1\sin\,\alpha_1 y} - (k_1\cos\,\alpha_2)\ \hat{\psi}_2\ e^{-jk_1\sin\,\alpha_2 y} =$$
$$(k_3\cos\,\alpha_3)\ \hat{\psi}_3\ e^{-jk_3\sin\,\alpha_3 y} \tag{3.111}$$

führt. Diese Gleichung kann mit nicht verschwindenden $\hat{\psi}_i$ (i = 1,2,3) nur erfüllt sein, wenn

$$k_1\ \sin\,\alpha_1 = k_1\ \sin\,\alpha_2 \ . \tag{3.112a}$$

$$k_1\ \sin\,\alpha_1 = k_3\ \sin\,\alpha_3 \tag{3.112b}$$

gilt. Die erste dieser Gleichungen liefert wieder $\alpha_1 = \alpha_2$, die zweite ergibt das *SNELLIUSsche Brechungsgesetz*[26]

$$\frac{\sin\,\alpha_3}{\sin\,\alpha_1} = \frac{k_1}{k_3} \ , \quad \text{bzw.} \quad \frac{\sin\,\alpha_3}{\sin\,\alpha_1} = \frac{c_3}{c_1} \ . \tag{3.113}$$

---

[26]Nach dem niederländischen Mathematiker und Physiker Willebrordus SNELLIUS (eigentlich Willebrord van Snel van Royen), *1580 in Leiden, +1626 ebenda.

Damit sind die Winkel bekannt, es bleibt noch die Bestimmung der Amplituden.
Mit (3.112) führt (3.111) auf

$$(k_1 \cos \alpha_1) \, (\hat{\psi}_1 - \hat{\psi}_2) = (k_3 \cos \alpha_3) \, \hat{\psi}_3. \qquad (3.114)$$

Als zusätzliche Übergangsbedingung haben wir die Stetigkeit des Druckes auf
der Fläche x = 0:

$$p(0^-,y,z,t) = p(0^+,y,z,t), \qquad (3.115)$$

woraus

$$\rho_1 \left. \frac{\partial(\psi_1+\psi_2)}{\partial t} \right|_{x=0} = \rho_3 \left. \frac{\partial\psi_3}{\partial t} \right|_{x=0} \qquad (3.116)$$

und damit auch

$$\rho_1 \, (\hat{\psi}_1 + \hat{\psi}_2) = \rho_3 \, \hat{\psi}_3 \qquad (3.117)$$

folgt. Aus (3.114) und (3.117) ergibt sich

$$(k_1 \cos \alpha_1) \, (\hat{\psi}_1 - \hat{\psi}_2) = (k_3 \cos \alpha_3) \, \frac{\rho_1}{\rho_3} \, (\hat{\psi}_1 + \hat{\psi}_2), \qquad (3.118)$$

bzw.

$$(\cos \alpha_1) \, (\hat{\psi}_1 - \hat{\psi}_2) = \frac{c_1\rho_1}{c_3\rho_3} \, (\cos \alpha_3) \, (\hat{\psi}_1 + \hat{\psi}_2) \qquad (3.119)$$

und schließlich

$$\hat{\psi}_2 = \frac{c_3\rho_3 \, \cos \alpha_1 - c_1\rho_1 \, \cos \alpha_3}{c_3\rho_3 \, \cos \alpha_1 + c_1\rho_1 \, \cos \alpha_3} \, \hat{\psi}_1, \qquad (3.120)$$

$$\hat{\psi}_3 = \frac{2 \, c_3\rho_3 \, \cos \alpha_1}{c_3\rho_3 \, \cos \alpha_1 + c_1\rho_1 \, \cos \alpha_3} \, \frac{\rho_1}{\rho_3} \, \hat{\psi}_1. \qquad (3.121)$$

Damit sind jetzt sowohl die reflektierte, als auch die transmittierte Welle
vollständig bestimmt.

Allerdings ist nach dem Brechungsgesetz das erzielte Ergebnis auf den Fall $\sin \alpha_3 = (c_3/c_1) \sin \alpha_1 \leq 1$ beschränkt, und es fragt sich, was passiert, wenn $(c_3/c_1) \sin \alpha_1 > 1$ ist. Die Form der in (3.108) angesetzten Lösung ist dann immer noch richtig, wobei allerdings α_3 komplex wird und nicht mehr die Bedeutung eines Winkels hat. Mit

$$\alpha_3 = m + jn \tag{3.122}$$

und

$$\sin \alpha_3 = \frac{1}{2j} \left[e^{j\alpha_3} - e^{-j\alpha_3} \right] \tag{3.123}$$

folgt jetzt aus dem Brechungsgesetz (3.113)

$$\frac{1}{2j} \left[e^{-n}e^{jm} - e^{n}e^{-jm} \right] = \frac{c_3}{c_1} \sin \alpha_1. \tag{3.124}$$

Damit die linke Seite im Fall $(c_3/c_1) \sin \alpha_1 > 1$ reell wird, wählen wir $m = \pi/2$ und daraus ergibt sich

$$\frac{1}{2} \left[e^{-n} + e^{n} \right] = \frac{c_3}{c_1} \sin \alpha_1, \tag{3.125}$$

so daß

$$n = \text{arcosh} \left[\frac{c_3}{c_1} \sin \alpha_1 \right] \tag{3.126}$$

ist. In dem Lösungsausdruck (3.108) ist jetzt $\cos \alpha_3$ zu ersetzen. Aus

$$\cos \alpha_3 = \frac{1}{2} \left[e^{j\alpha_3} + e^{-j\alpha_3} \right] \tag{3.127}$$

folgt mit $\alpha_3 = \frac{\pi}{2} + jn$

$$\cos \alpha_3 = - \frac{j}{2} \left[e^{n} - e^{-n} \right] \tag{3.128}$$

218

und schließlich

$$\cos \alpha_3 = - j \sinh n \; . \tag{3.129}$$

Aus (3.125) folgt mit $\cosh^2 n - \sinh^2 n = 1$ weiter

$$\sinh n = \sqrt{\frac{c_3^2}{c_1^2} \sin^2 \alpha_1 - 1} \; . \tag{3.130}$$

Damit schreibt sich (3.108) unter Verwendung von (3.129) als

$$\psi_3(x,y,z,t) = \hat{\psi}_3 \, e^{j\omega t} \, e^{-k_3(\sinh n)x} \, e^{-jk_1(\sin \alpha_1)y} \; , \tag{3.131}$$

wobei $\sinh n$ durch (3.130) gegeben ist. Rechts von der Trennfläche $x = 0$ gibt es also eine Welle, die in y-Richtung läuft (also an dieser Trennfläche "entlangkriecht") und deren Schnellepotential exponentiell in x-Richtung abklingt. Man spricht hier von einem *Nahfeld*. Die Amplitude $\hat{\psi}_3$ ist allerdings jetzt komplex, wie man unmittelbar aus (3.121) erkennt. Diese Tatsache spielt aber im wesentlichen nur für die Phasenbeziehungen eine Rolle.

Der Druck ergibt sich aus dem Schnellepotential (3.131) in dem Gebiet $x > 0$ zu

$$p(x,y,z,t) = \rho_3 j\omega \, \hat{\psi}_3 \, e^{j\omega t} \, e^{-k_3(\sinh n)x} \, e^{-jk_1(\sin \alpha_1)y} \tag{3.132}$$

und die Schnellekomponente v_x als

$$v_x(x,y,z,t) = k_3(\sinh n) \, \hat{\psi}_3 \, e^{j\omega t} \, e^{-k_3(\sinh n)x} \, e^{-jk_1(\sin \alpha_1)y} . \tag{3.133}$$

Da Druck und Schnellekomponente v_x offensichtlich gerade um $\pi/2$ zueinander phasenverschoben sind, ist die nach rechts übertragene mittlere Leistung gleich Null.

Den vorliegenden Fall $(c_3 c_1) \sin \alpha_1 > 1$, bei dem die gesamte Schwingungsenergie reflektiert wird, bezeichnet man als *totale Reflexion*.

Berechnet man noch die Schnellekomponente

$$v_y(x,y,z,t) = jk_1 \sin \alpha_1 \, \hat{\psi}_3 \, e^{j\omega t} \, e^{-k_3(\sinh n)x} \, e^{-jk_1(\sin \alpha_1)y} , \qquad (3.134)$$

so erkennt man, daß auch zwischen v_x und v_y eine Phasenverschiebung von $\pi/2$ vorhanden ist. Die Teilchen bewegen sich daher auf Ellipsen, so daß bei totaler Reflexion in $x > 0$ die Bewegung der Teilchen im Nahfeld auch in dieser Hinsicht anders als bei den ebenen Wellen ist.

3.2.3 Kugelwellen

In Kugelkoordinaten schreibt sich der Operator ∇^2 als

$$\nabla^2 = \frac{\partial^2}{\partial r^2} + \frac{2}{r} \frac{\partial}{\partial r} + \frac{1}{r^2 \sin^2\theta} \frac{\partial^2}{\partial \varphi^2} + \frac{1}{r^2} \frac{\partial^2}{\partial \theta^2} + \frac{1}{r^2} \cotan \theta \frac{\partial}{\partial \theta} . \qquad (3.135)$$

Bei kugelsymmetrischer Schallausbreitung hängt das Schnellepotential nicht von den Koordinaten Φ und θ ab, so daß die Wellengleichung

$$\frac{\partial^2 \psi}{\partial t^2} = c^2 \nabla^2 \psi \qquad (3.136)$$

die einfache Form

$$\frac{\partial^2 \psi}{\partial t^2} = c^2 \left[\frac{\partial^2 \psi}{\partial r^2} + \frac{2}{r} \frac{\partial \psi}{\partial r} \right] \qquad (3.137)$$

annimmt. Es gilt jedoch

$$\frac{\partial^2 (r\psi)}{\partial r^2} = \frac{\partial}{\partial r} \left[\psi + r \frac{\partial \psi}{\partial r} \right] = \frac{\partial \psi}{\partial r} + \frac{\partial \psi}{\partial r} + r \frac{\partial^2 \psi}{\partial r^2} = r \left[\frac{\partial^2 \psi}{\partial r^2} + \frac{2}{r} \frac{\partial \psi}{\partial r} \right] \qquad (3.138)$$

und (3.137) ist deswegen äquivalent zu

$$\frac{\partial^2 (r\psi)}{\partial t^2} = c^2 \frac{\partial^2 (r\psi)}{\partial r^2} . \qquad (3.139)$$

Lösungen von (3.139) haben die Form

220

$$r\psi = f(r \pm ct),\tag{3.140}$$

mit einer beliebigen Funktion $f(\cdot)$, wobei wir im folgenden nur das untere Vorzeichen betrachten. Damit gilt dann für das Schnellepotential

$$\psi(r,t) = \frac{1}{r}\, f(r-ct);\tag{3.141}$$

die Form des Potentials bleibt also bei der Ausbreitung erhalten, die Größe nimmt jedoch mit dem Faktor $\frac{1}{r}$ ab. Für Schnelle und Druck folgt aus (3.141)

$$\vec{v} = -\,\mathrm{grad}\ \psi = -\,\frac{\partial\psi}{\partial r}\,\vec{e}_r = \left[\frac{1}{r^2}\, f(r-ct) - \frac{1}{r}\, f'(r-ct)\right]\vec{e}_r,\tag{3.142}$$

$$p = \rho_0\,\frac{\partial\psi}{\partial t} = -\,\frac{\rho_0 c}{r}\, f'(r-ct).\tag{3.143}$$

Druck und Schnelle stehen hier also nicht mehr in dem einfachen Zusammenhang, wie bei den ebenen Wellen. Lediglich im Fernfeld, d.h. für $r \to \infty$ gilt auch hier $p = Z\,|\vec{v}|$, mit $Z = \rho_0 c$.

Als Beispiel betrachten wir im folgenden das von einer "atmenden" Kugel abgestrahlte Schallfeld. Dabei sei R der Radius der Kugel und die Schnelle auf der Kugeloberfläche sei

$$\underline{v}_R\,\vec{e}_r = \hat{v}\, e^{j\omega t}\,\vec{e}_r.\tag{3.144}$$

Für das Schnellepotential machen wir den Ansatz

$$\underline{\psi}(r,t) = \frac{\hat{\psi}}{r}\, e^{j(\omega t - kr)},\tag{3.145}$$

woraus sich für die Schnelle

$$\underline{v}(r,t)\,\vec{e}_r = \left[\frac{\hat{\psi}}{r^2}\, e^{-jkr} + \frac{jk\hat{\psi}}{r}\, e^{-jkr}\right] e^{j\omega t}\tag{3.146}$$

ergibt. Aus der Randbedingung

$$\underline{v}_R \, \vec{e}_r = \underline{v}(R,t) \, \vec{e}_r \tag{3.147}$$

folgt

$$\hat{\underline{\psi}} \left[\frac{1}{R^2} + \frac{jk}{R} \right] e^{-jkR} = \hat{v} \tag{3.148}$$

und schließlich

$$\hat{\underline{\psi}} = \frac{\hat{v}R^2}{1 + jkR} \, e^{jkR}. \tag{3.149}$$

Damit sind also jetzt Schnelle und Druck überall bekannt und können als

$$\vec{\underline{v}}(r,t) = \hat{v} \, \frac{R^2}{r^2} \frac{1 + jkr}{1 + jkR} \, e^{jkR} \, e^{-jkr} \, e^{j\omega t} \, \vec{e}_r \tag{3.150}$$

$$\underline{p}(r,t) = j\omega\rho_0\hat{v} \, \frac{R^2}{r(1 + jkR)} \, e^{jkR} \, e^{-jkr} \, e^{j\omega t}. \tag{3.151}$$

geschrieben werden. Aus (3.151) ergibt sich der Effektivwert des Druckes zu

$$p_{eff} = \frac{\omega}{\sqrt{2}} \, \rho_0 \, \frac{R^2}{\sqrt{1 + k^2R^2}} \, \frac{\hat{v}}{r} \, . \tag{3.152}$$

Es ist interessant, den Einfluß der Größe R des Strahlers in Abhängigkeit von der Wellenlänge ($\lambda = 2\,\pi/k$) zu betrachten. Für *große Strahler*, d.h. kR $\gg$ 1, bzw. R $\gg$ $\lambda/2\pi$, gilt

$$p_{eff} \approx \frac{\hat{v}}{\sqrt{2}} \, \frac{\omega\rho_0}{k} \, \frac{R}{r} = Z_0 \, R \, \frac{\hat{v}}{\sqrt{2}} \, \frac{1}{r} \, , \tag{3.153}$$

d.h. bei gleicher Schnelleamplitude $\hat{v}$ auf der Kugeloberfläche ist der Druck unabhängig von der Frequenz. Bei *kleinen Strahlern*, d.h. für kR $\ll$ 1, gilt dagegen

$$p_{eff} \approx \omega\rho_0 \, R^2 \, \frac{\hat{v}}{\sqrt{2}} \, \frac{1}{r} \, . \tag{3.154}$$

d.h. bei konstanter Schnelleamplitude $\hat{v}$ auf der Kugel ist der Druck proportional zur Frequenz. Will man den Druck unabhängig von der Frequenz konstant halten, so muß $\hat{v}$ umgekehrt proportional zu ω sein. Solche Überlegungen sind z.B. beim Entwurf von Lautsprechern wichtig.

Als nächstes berechnen wir noch die abgestrahlte *Schalleistung*. Der Effektivwert der Intensität, d.h. die pro Flächeneinheit abfließende Leistung, kann als

$$\bar{I}(r) = \frac{1}{2} \, \text{Re} \left[\hat{\underline{p}} \, \hat{\underline{v}}^* \right] = \omega k \rho_0 \, \frac{\hat{v}^2}{2} \, \frac{R^4}{r^2} \, \frac{1}{1 + k^2 R^2} \tag{3.155}$$

geschrieben werden. Damit ergibt sich die durch eine Kugelfläche vom Radius r austretende Leistung zu

$$\bar{P} = 4\pi \, r^2 \, \bar{I}(r) = \omega k \rho_0 \, \frac{\hat{v}^2}{2} \, 4\pi \, R^4 \, \frac{1}{1 + k^2 R^2} \, . \tag{3.156}$$

Für einen großen Strahler ergibt sich daraus mit $kR \gg 1$

$$\bar{P} \approx Z_0 \, \frac{\hat{v}^2}{2} \, 4\pi \, R^2; \tag{3.157}$$

die abgestrahlte Leistung ist also das Produkt aus Wellenwiderstand, dem Quadrat des Effektivwertes der Schnelle und der Strahlerfläche. Für kleine Strahler mit $R \ll \lambda/2\pi$ gilt dagegen

$$\bar{P} \approx \omega k \, \rho_0 \, \frac{\hat{v}^2}{2} \, 4\pi \, R^4. \tag{3.158}$$

Führen wir die Amplitude des *Volumenstroms*

$$\hat{Q} := 4\pi \, R^2 \, \hat{v} \tag{3.159}$$

ein, so ist

$$\bar{P} \approx \omega^2 \, \frac{\rho_0}{4\pi c} \, \frac{\hat{Q}^2}{2} \, . \tag{3.160}$$

Diese für Kugelstrahler hergeleiteten Beziehungen gelten näherungsweise auch für Strahler anderer Form, wobei im wesentlichen die charakteristischen Abmessungen der in Phase schwingenden Flächen im Verhältnis zur Wellenlänge maßgeblich sind.

3.2.4 Zylinderwellen

Es gibt viele technische Probleme, bei denen die Schallausbreitung in erster Näherung als von einem Kugelstrahler ausgehend betrachtet werden kann. Dagegen ist der Fall zylindrischer Wellen, die von einer linienförmigen Quelle ausgehen, nicht so häufig. Die Schallausbreitung des Lärms einer stark befahrenen Autobahn z.B. kann aber näherungsweise durch Zylinderwellen beschrieben werden.

In Zylinderkoordinaten schreibt sich der Operator ∇^2 als

$$\nabla^2 = \frac{1}{\rho} \frac{\partial}{\partial \rho} \left[\rho \frac{\partial}{\partial \rho} \right] + \frac{1}{\rho^2} \frac{\partial^2}{\partial \varphi^2} + \frac{\partial^2}{\partial z^2} \; . \tag{3.161}$$

Sucht man Lösungen der Wellengleichung für das Schnellepotential ψ, die nicht von den Variablen z und φ abhängen, so führt die Wellengleichung auf

$$\frac{\partial^2 \psi}{\partial t^2} = c^2 \frac{1}{\rho} \frac{\partial}{\partial \rho} \left[\rho \frac{\partial \psi}{\partial \rho} \right] = c^2 \left[\frac{1}{\rho} \frac{\partial \psi}{\partial \rho} + \frac{\partial^2 \psi}{\partial \rho^2} \right] \; . \tag{3.162}$$

Wie bei Zylinderkoordinaten üblich, bezeichnen wir dabei den Abstand eines Punktes zur z-Achse mit ρ (nicht mit der Dichte verwechseln!)

Der Ansatz

$$\psi(\rho, t) = F(\rho) \, e^{j\omega t} \tag{3.163}$$

für harmonische Wellen ergibt

$$F''(\rho) + \frac{1}{\rho} F'(\rho) + \frac{\omega^2}{c^2} F(\rho) = 0, \tag{3.164}$$

woraus mit $k = \omega/c$, $s := k\rho$ die BESSELsche Differentialgleichung

$$s^2 F''(s) + s F'(s) + s^2 F(s) = 0 \tag{3.165}$$

224

folgt. Die allgemeine Lösung von (3.165) ist

$$F(s) = D\ J_0(s) + E\ Y_0(s) \qquad (3.166)$$

mit der BESSEL-Funktion $J_0(s)$ zweiter Art und nullter Ordnung und der NEUMANN-Funktion $Y_0(s)$ nullter Ordnung (s.Abb.1.13).

Die allgemeine Lösung von (3.165) kann auch in der Form

$$F(s) = A\ H_0^{(1)}(s) + B\ H_0^{(2)}(s) \qquad (3.167)$$

geschrieben werden mit den BESSEL-Funktionen dritter Art, auch HANKEL-Funktionen genannt:

$$H_0^{(1)}(s) := J_0(s) + j\ Y_0(s), \qquad (3.168a)$$

$$H_0^{(2)}(s) := J_0(s) - j\ Y_0(s). \qquad (3.168b)$$

Diese Funktionen sind natürlich komplex, im Gegensatz zu $J_0(\cdot)$, $Y_0(\cdot)$.

Man kann zeigen, daß die Funktion $H_0^1(\cdot)$ hier einem Energietransport aus dem Unendlichen auf die Gerade $\rho = 0$ zu entspricht, die Funktion $H_0^2(\cdot)$ jedoch einer *Abstrahlung* von Schallenergie von der Linienquelle $\rho = 0$ ins Unendliche. Dazu genügt es, die jeweiligen Intensitäten aus Druck und Schnelle zu bilden. Die Randbedingungen, die das Zusammenströmen von Energie aus dem Unendlichen ausschließen, werden als SOMMERFELDsche *Ausstrahlungsbedingungen* bezeichnet[27]. Im vorliegenden Fall folgt aus diesen Bedingungen, daß das Schnellepotential von der Form

$$\psi(\rho,t) = C\ H_0^{(2)}(k\rho)\ e^{j\omega t} \qquad (3.169)$$

ist. Für große Werte von $k\rho$ gilt

$$H_0^{(2)}(k\rho) \approx \sqrt{\frac{2}{\pi k\rho}}\ e^{j(-k\rho+\pi/4)}, \quad k\rho \gg 1, \qquad (3.170)$$

---

[27]Nach dem Physiker Arnold SOMMERFELD, *1868 in Königsberg, +1951 in München.

so daß das Schnellepotential näherungsweise durch

$$\underline{\psi}(\rho,t) \approx C \sqrt{\frac{2}{\pi k\rho}} \; e^{j(\omega t - k\rho + \pi/4)} \qquad (3.171)$$

gegeben ist. Druck und Schnelle nehmen also mit $1/\sqrt{\rho}$ ab.

In der technischen Akustik wird der Schalldruckpegel L durch

$$L = 20 \; \log \frac{p_{eff}}{p_0} \; dB \qquad (3.172)$$

mit $p_0 = 2 \cdot 10^{-4}$ µbar definiert[28] Bei Zylinderwellen nimmt also bei Verdoppelung der Entfernung zur Quelle der Schalldruckpegel um 3dB ab, bei Kugelwellen gemäß (3.152) um 6 dB.

3.2.5 Rohrwellen

Die Ausbreitung von Wellen in Rohren ist ein wichtiges Problem in der Akustik, das ein noch wichtigeres Analogon in der Elektrotechnik hat (Hohlleiter). In beiden Fällen ist die Wellengleichung mit den entsprechenden Randbedingungen zu lösen.

Wir betrachten zunächst die Wellenausbreitung in x-Richtung in dem Rohr mit Rechteckquerschnitt, das in Abb.3.14 dargestellt ist. Für die Lösung der Wellengleichung in kartesischen Koordinaten machen wir den Ansatz

$$\underline{\psi}(x,y,z,t) = (Ae^{-jyk_y} + Be^{+jyk_y})\,(Ce^{-jzk_z} + De^{+jzk_z})\,e^{-jxk_x}\,e^{j\omega t} \; , \qquad (3.173)$$

der den Randbedingungen

$$v_y(x,0,z) = 0 \; , \qquad v_y(x,a,z) \equiv 0 \qquad (3.174a)$$

$$v_z(x,y,0) \equiv 0 \; , \qquad v_z(x,y,b) \equiv 0 \qquad (3.174b)$$

---

[28] dB = dezibel. Nach dem Physiologen und Erfinder Alexander Graham BELL, *1847 in Edinburgh, +1922 in Baddeck (Nova Scotia, Kanada).

226

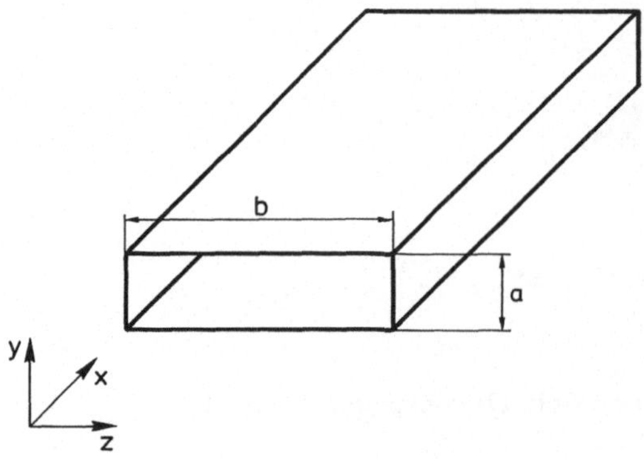

Abb.3.14   Zur Ausbreitung von Rohrwellen in einem Rechteckrohr

genügen muß. Mit

$$\underline{v}_y = - \frac{\partial \psi}{\partial y} = - jk_y\left[- A\, e^{-jyk_y} + B\, e^{+jyk_y}\right]\left[C\, e^{-jzk_z} + D\, e^{-jzk_z}\right]\left[e^{-jxk_x}\right] e^{j\omega t}$$

$$(3.175)$$

folgt aus $v_y(x,0,z) \equiv 0$

$$A = B \tag{3.176}$$

und damit aus $v_y(x,a,z) \equiv 0$

$$\sin k_y a = 0 \; . \tag{3.177}$$

Auf ähnliche Art ergibt sich aus den anderen beiden Randbedingungen

$$C = D \tag{3.178}$$

und

$$\sin k_z b = 0. \tag{3.179}$$

Es ist also

$$k_y = \frac{m\pi}{a}\; , \qquad k_z = \frac{n\pi}{b}\; , \qquad m,n = 0,1,2,\ldots \tag{3.180}$$

und außerdem gilt natürlich auch noch

$$\frac{\omega^2}{c^2} = k_x^2 + k_y^2 + k_z^2,$$ (3.181)

wie man direkt an der Wellengleichung erkennt.

Das Schnellepotential für die Rohrwellen in Rechteckrohren ist also

$$\psi_{m,n}(x,y,z,t) = \hat{\psi}_{m,n} \, \cos \frac{m\pi}{a} y \, \cos \frac{n\pi}{b} z \, e^{j(\omega t - k_x x)}$$ (3.182)

und es sind offensichtlich verschiedene Arten von Rohrwellen möglich.

Zu jeder vorgegebenen Kreisfrequenz ω gibt es außer der Grundwelle ($m = n = 0$) i.a. auch noch Wellen mit höheren Ordnungszahlen m,n. Für $m = n = 0$ ergibt sich die Grundwelle

$$\psi_{0,0}(x,y,z,t) = \hat{\psi}_{0,0} \, e^{-jk_x x} \, e^{j\omega t},$$ (3.183)

die eben ist und sich mit der Ausbreitungsgeschwindigkeit $c = \omega/k_x$ ausbreitet.

Für Wellentypen höherer Ordnung gilt

$$k_x = \sqrt{\frac{\omega^2}{c^2} - \frac{m^2\pi^2}{a^2} - \frac{n^2\pi^2}{b^2}}$$ (3.184)

und solche Wellen breiten sich in x-Richtung mit der Phasengeschwindigkeit

$$c_P = \frac{\omega}{k_x} = \frac{\omega}{\sqrt{\dfrac{\omega^2}{c^2} - \dfrac{m^2\pi^2}{a^2} - \dfrac{n^2\pi^2}{b^2}}}$$ (3.185)

aus, die offensichtlich außer von ω auch von den Indizes m und n abhängt. Man kann deswegen sagen, daß diese Rohrwellen dispersiv sind. Ihre Gruppengeschwindigkeit ist

$$c_G = \frac{d\omega}{dk_x} = \frac{c^2}{\omega} \sqrt{\frac{\omega^2}{c^2} - \frac{m^2\pi^2}{a^2} - \frac{n^2\pi^2}{b^2}},$$ (3.186)

so daß hier

$$c_P \, c_G = c^2 \qquad\qquad (3.187)$$

gilt.

Will man Schall durch ein Rohr übertragen, so ist natürlich Dispersion unerwünscht. Man wird deswegen die Rohrabmessungen so klein wählen, daß in dem interessierenden Frequenzbereich immer

$$\frac{\omega}{c} < \min \left[\frac{\pi}{a} \, , \, \frac{\pi}{b}\right] \qquad\qquad (3.188)$$

gilt, d.h. die Querschnittsabmessungen des Rohres sind so klein zu wählen, daß lediglich ebene Rohrwellen möglich sind. Aus dieser Ungleichung folgt, daß k_x für $m^2 + n^2 \neq 0$ imaginär wird. Eine einfache Umformung von (3.188) liefert

$$\max \, (a,b) < \lambda/2 \qquad\qquad (3.189)$$

mit λ als der Wellenlänge der ebenen Wellen mit Kreisfrequenz ω.

Wichtiger als die Schallübertragung in Rechteckrohren ist die Übertragung in Kreisrohren (Abb.3.15). Für das Rohr mit dem Radius a machen wir den Ansatz

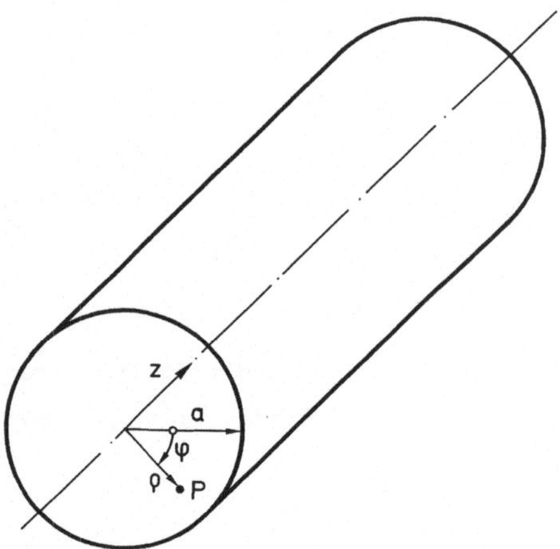

Abb.3.15   Zur Ausbreitung von Rohrwellen in einem Kreisrohr

$$\underline{\psi}(\rho,\varphi,z,t) = f(\rho)g(\varphi)\, e^{-jzk_z}\, e^{j\omega t} \qquad (3.190)$$

für die Wellengleichung. Aus der Wellengleichung in Zylinderkoordinaten

$$\frac{\partial^2 \psi}{\partial t^2} = c^2 \left[\frac{1}{\rho}\frac{\partial}{\partial \rho}\left(\rho\,\frac{\partial \psi}{\partial \rho}\right) + \frac{1}{\rho^2}\frac{\partial^2 \psi}{\partial \varphi^2} + \frac{\partial^2 \psi}{\partial z^2} \right] \qquad (3.191)$$

folgt mit (3.190) und mit der Abkürzung

$$\bar{k}^2 := \frac{\omega^2}{c^2} - k_z^2 \qquad (3.192)$$

die Beziehung

$$\rho^2\bar{k}^2 + \frac{\rho}{f(\rho)}\frac{\partial}{\partial \rho}\left[\rho\,\frac{\partial f}{\partial \rho}\right] = -\frac{1}{g(\varphi)}\frac{\partial^2 g}{\partial \varphi^2}\,. \qquad (3.193)$$

Da die eine Seite nur von ρ, die andere nur von φ abhängt, sind beide Ausdrücke konstant. Bezeichnen wir diese Konstante mit m^2, so ergeben sich die beiden Differentialgleichungen

$$g''(\varphi) + m^2 g(\varphi) = 0, \qquad (3.194)$$

$$\rho^2 f''(\rho) + \rho f'(\rho) + (\rho^2\bar{k}^2 - m^2)f(\rho) = 0, \qquad (3.195)$$

wobei Striche die Bedeutung von Ableitungen nach den jeweiligen unabhängigen Koordinaten haben.

Gleichung (3.194) hat die allgemeine Lösung

$$g(\varphi) = D \cos m\varphi + E \sin m\varphi \qquad (3.195)$$

und wegen der Periodizität kommen für m nur die Werte $m = 0,1,2,3,\ldots$ in Frage. Mit der Abkürzung $r := \rho\bar{k}$ schreibt sich (3.195) als

$$r^2 f''(r) + r f'(r) + (r^2 - m^2)f(r) = 0, \qquad (3.196)$$

also als BESSELsche Differentialgleichung mit der allgemeinen Lösung

$$f(r) = A\, J_m(r) + B\, Y_m(r). \tag{3.197}$$

Da $f(r)$ für $r = 0$ endlich sein muß, ist $B = 0$. Für ein *schallhartes* Rohr gilt die Randbedingung

$$v_\rho(a) = 0, \tag{3.198}$$

und

$$v_\rho(a) = -\frac{\partial\psi}{\partial\rho}(a) = 0 \tag{3.199}$$

führt auf

$$f'(a\bar{k}) = A\, J_m'(a\bar{k}) = 0. \tag{3.200}$$

Die Gleichung (3.200) hat zu jedem m abzählbar unendlich viele Wurzeln $(a\bar{k})_{m,n}$, und es gilt z.B. $(a\bar{k})_{0,1} = 0$, $(a\bar{k})_{1,1} = 1{,}84$, usw. Dabei ist $(a\bar{k})_{1,1}$ die nach $(a\bar{k})_{0,1}$ nächstgrößere Wurzel.

Zu einer beliebigen gegebenen Frequenz ω ist also immer mit $\bar{k} = 0$ und demnach gemäß (3.192) auch $k_z = \omega/c$ die Lösung

$$\psi_{0,1}(\rho,\varphi,z,t) = \hat{\psi}\, e^{-j\frac{\omega}{c}z}\, e^{j\omega t} \tag{3.201}$$

möglich, die einer ebenen Welle entspricht. Außerdem kann es noch Lösungen der Art

$$\psi_{m,n}(\rho,\varphi,z,t) = \bar{\psi}\, J_m(k_{m,n}\rho)\,(\cos m\varphi)\, e^{-jzk_z}\, e^{-j\omega t} \tag{3.202}$$

geben mit

$$k_z^2 = \frac{\omega^2}{c^2} - k_{m,n}^2, \tag{3.203}$$

wobei $k_{m,n} := (\bar{k}a)_{m,n}/a$ ist. Mit $m = 0$ und $J_0(0) = 1$ folgt für $n = 1$ wieder (3.201) aus (3.202). Allerdings existieren nur solche Lösungen, für die der Ausdruck (3.203) positiv ist.

Außer der Grundwelle sind also auch hier sicherlich alle Rohrwellen höherer Ordnung wieder dispersiv. Will man bei der Schallübertragung die Dispersion vermeiden, so muß man die Existenz dieser Wellen ausschließen, es muß also gelten

$$\frac{\omega^2}{c^2} - \frac{1{,}84^2}{a^2} < 0,$$

was auf

$$a < \frac{1{,}84}{2\pi f}\, c$$

führt. Mit $f = 20$ kHz und $c = 340$ ms^{-1} ergibt sich daraus z.B. $a < 5$ mm.

3.3   Aufgaben zu Kapitel 3

Aufgabe 3.1
Man bestimme die Eigenfrequenzen und Eigenschwingungsformen einer Rechteckmembran, die an den Kanten $x = 0$, a fest und an den Kanten $y = 0$, b frei ist.

Aufgabe 3.2
Man bestimme die Eigenfrequenzen und Eigenschwingungsformen einer Rechteckmembran, die an den Kanten $x = 0$, a und $y = 0$ fest und an der Kante $y = b$ frei ist.

Aufgabe 3.3
Man bestimme Eigenfrequenzen und Eigenschwingungsformen einer Kreisringmembran mit den Radien a und a/2, die an beiden Rändern festgehalten wird.

Aufgabe 3.4
Man bestimme näherungsweise die ersten Eigenfrequenzen und Eigenschwingungsformen einer Kreismembran mit Radius a, die auf dem halben Rand frei, auf der anderen Hälfte des Randes fest ist.

Aufgabe 3.5

Auf einer Rechteckmembran mit festem Rand ist in der Mitte in Massenpunkt mit Masse m angebracht. Man bestimme näherungsweise die Eigenfrequenzen des Systems für den Fall, daß die Zusatzmasse sehr klein ist gegenüber der Masse der Membran.

Aufgabe 3.6

Eine Rechteckmembran befindet sich unter einer im Punkt x_p, y_p wirkenden Einzellast P im Gleichgewicht. Berechne die freien ungedämpften Schwingungen, die sich einstellen, wenn die Kraft P plötzlich entfernt wird.

Aufgabe 3.7

Bestimme die Änderung der Eigenfrequenzen einer am ganzen Rande festen Kreismembran infolge einer kleinen, in der Mitte angebrachten Zusatzmasse.

Aufgabe 3.8

Bestimme die Eigenfrequenzen eines quaderförmigen Raumes der Breite a, Länge b und Höhe c.

Aufgabe 3.9

Bestimme die Eigenfrequenzen eines kreiszylindrischen Raumes mit Radius a und Höhe h.

Literatur zu Kapitel 3

CREMER, L.;

    Vorlesungen über Technische Akustik, Springer, Berlin 1971

CREMER, L. & HECKL, M.;

    Körperschall, Springer, Berlin 1967

HAGEDORN, P. & OTTERBEIN, S.;

    Technische Schwingungslehre, Springer, Berlin 1987

MEIROVITCH, L.;
    Analytical Methods in Vibrations, Macmillan, New York 1967

MORSE, P. M.;
    Vibration and Sound, McGraw-Hill, New York 1948

MORSE, P. M. & INGARD, K. U.;
    Theoretical acoustics, McGraw-Hill, New York 1968

4. Die Platte

4.1 Differentialgleichung und Randbedingungen

Ebenso wie die Membran das zweidimensionale Analogon der Saite ist, kann auch die Platte als zweidimensionales Analogon des Balkens betrachtet werden. Allerdings wird beim EULER-BERNOULLI-Balken die Querdehnung vernachlässigt, da die Balkenlänge viel größer als die Breite ist. Bei der Platte sind die Abmessungen in zwei Richtungen groß, so daß die Querdehnung nicht mehr vernachlässigbar ist. Außer dem E-Modul tritt daher in den Plattengleichungen als zusätzliche Materialkonstante noch die POISSONsche Querkontraktionszahl auf.

Auf eine Herleitung der Differentialgleichung der Platte wird hier verzichtet; wir beschränken uns darauf, die Gleichung anzugeben und zu erklären. Bei der Herleitung der Plattengleichung werden im wesentlichen folgende Annahmen gemacht: 1. Die Durchbiegung w ist überall klein gegenüber der als konstant angenommen Plattendicke h (Platten nichtkonstanter Dicke werden in 4.5 kurz betrachtet); 2. Normalspannungen senkrecht zur Mittelebene der Platte sind vernachlässigbar; 3. die Mittelebene der Platte erfährt keine Dehnung infolge Biegung (an die Stelle der neutralen Faser oder "Nullinie" der Balkenbiegung tritt die "neutrale Fläche"); 4. Punkte der Platte, die im unverformten Zustand auf einer Normalen zur Mittelebene liegen, bleiben auch bei der Verformung der Platte auf einer Normalen zur Mittelebene (diese Annahme entspricht dem Ebenbleiben der Querschnitte und deren Senkrechtstehen auf der neutralen Faser beim EULER-BERNOULLI-Balken).

Die an einem Rechteckelement mit zur x- und y-Achse parallelen Seiten wirkenden Schnittgrößen und Spannungen und die statische Belastung einer Platte sind in Abb.4.1 und Abb.4.2 dargestellt. Im folgenden setzen wir hier immer voraus, daß $N_x = N_y = N_{xy} = 0$ ist. Abb.4.3 zeigt die Verformung der Mittelfläche und die Neigung der Tangenten. Während die Normalspannungen linear über die Plattendicke variieren, gilt für die Schubspannungen τ_{xz}, τ_{yz} infolge Querkraft ein parabolisches Verteilungsgesetz mit

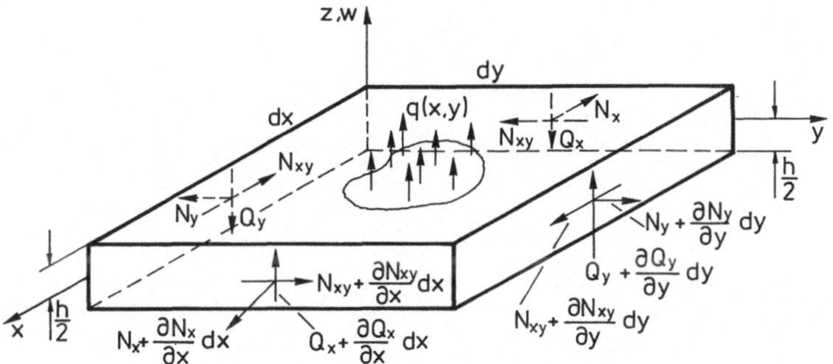

Abb.4.1   Schnittkräfte an einem Plattenelement

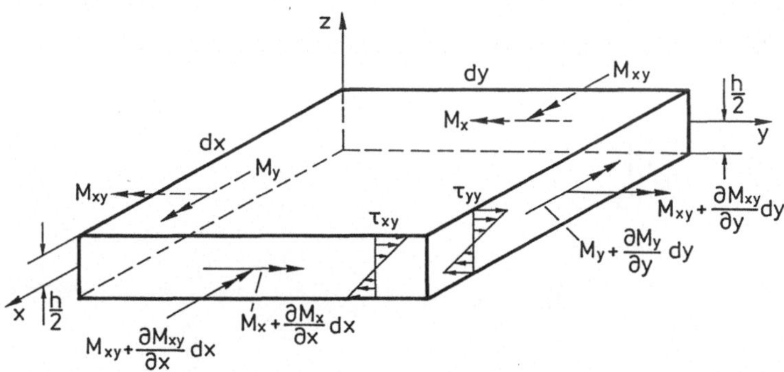

Abb.4.2   Schnittmomente und Spannungen an einem Plattenelement

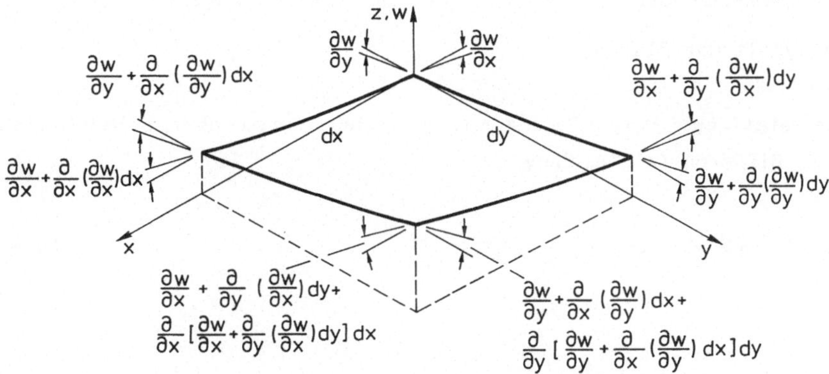

Abb.4.3   Verformung eines Plattenelementes

$$(\tau_{xz})_{max} = \frac{3}{2} \frac{Q_x}{h} \, , \qquad (\tau_{yz})_{max} = \frac{3}{2} \frac{Q_y}{h} \, . \tag{4.1}$$

Die Schubspannungen τ_{xy}, die dem Torsionsmoment M_{xy} entsprechen, sind dagegen linear über die Plattendicke verteilt, wie in Abb.4.2 angegeben, und es ist

$$(\tau_{xy})_{max} = \frac{6M_{xy}}{h^2} \, . \tag{4.2}$$

Zwischen der Durchbiegung $w(x,y)$ und den Schnittgrößen (Biegemomente, Torsionsmoment und Querkräfte pro Längeneinheit) bestehen folgende Beziehungen:

$$M_x = -D \left[\frac{\partial^2 w}{\partial x^2} + v \, \frac{\partial^2 w}{\partial y^2} \right] , \tag{4.3a}$$

$$M_y = -D \left[\frac{\partial^2 w}{\partial y^2} + v \, \frac{\partial^2 w}{\partial x^2} \right] , \tag{4.3b}$$

$$M_{xy} = M_{yx} = -D \, (1 - v) \, \frac{\partial^2 w}{\partial x \partial y} \, , \tag{4.3c}$$

$$Q_x = -D \frac{\partial}{\partial x} \, \nabla^2 w, \tag{4.3d}$$

$$Q_y = -D \frac{\partial}{\partial y} \, \nabla^2 w, \tag{4.3e}$$

wobei v die POISSONsche Querkontraktionszahl und der Parameter $D := \dfrac{Eh^3}{12(1-v^2)}$ die Biegesteifigkeit der Platte ist.

Für die statische Durchbiegung $w(x,y)$ einer durch $q(x,y)$ belasteten Platte gilt die Differentialgleichung

$$D \, \nabla^2 \nabla^2 w(x,y) = q(x,y), \tag{4.4}$$

oft auch als

$$D \, \nabla^4 w(x,y) = q(x,y) \tag{4.5}$$

geschrieben (s. TIMOSHENKO & WOINOWSKY-KRIEGER). Die Randbedingungen sind für den eingespannten Plattenrand

$$w = 0, \qquad \frac{\partial w}{\partial n} = 0, \tag{4.6}$$

wobei $\frac{\partial}{\partial n}$ die Ableitung in Richtung der Normalen zum Rande (in der x-y-Ebene) bedeutet; für den einfach gelagerten Rand gilt

$$w = 0, \qquad M_n = 0, \tag{4.7}$$

mit M_n als dem Biegemoment um die Tangente t zum Rande (wenn α der Winkel zwischen t und der x-Achse ist, gilt $M_n = M_x \cos^2 \alpha + M_y \sin^2 \alpha - 2M_{xy} \sin \alpha \cos \alpha$). Etwas komplizierter sind die Randbedingungen an einem freien Rand. Wenn z.B. bei einer Rechteckplatte der Rand x = a frei ist, so scheint es zunächst sinnvoll

$$(M_x)_{x=a} = 0 \tag{4.8a}$$

und

$$(M_{xy})_{x=a} = 0, \qquad (Q_x)_{x=a} = 0 \tag{4.8b}$$

zu fordern. So hatte POISSON die Randbedingungen ursprünglich angegeben. KIRCHHOFF[29] zeigte aber später, daß die Plattengleichung mit den Randbedingungen (4.8) im allgemeinen keine Lösung besitzt; die Differentialgleichung ist nämlich vierter Ordnung und man kann nur zwei Randbedingungen vorgeben. Die beiden Bedingungen (4.8b) für das Torsionsmoment und die Querkraft müssen vielmehr durch eine einzige ersetzt werden, und die "richtigen" Randbedingungen, die an die Stelle von (4.8) treten, lauten

$$(M_x)_{x=a} = 0, \tag{4.9a}$$

$$V_x = \left[Q_x - \frac{\partial M_{xy}}{\partial y} \right]_{x=a} = 0. \tag{4.9b}$$

---

[29]Gustav Robert KIRCHHOFF, deutscher Physiker, *1824 in Königsberg, +1887 in Berlin.

Die zweite Randbedingung (4.9b) für die *Ersatzquerkraft* V_x kann man sich veranschaulichen, indem man sich überlegt, daß das Torsionsmoment (pro Längeneinheit!) M_{xy} durch ein Kräftepaar von horizontal oder lotrecht wirkenden Kräften $+M_{xy}$, $-M_{xy}$ ersetzt werden kann, mit dem Moment M_{xy}dy auf der Länge dy. Addiert man die resultierenden lotrechten Kräfte zu Q_x, so ergibt sich (4.9b).

Rechnerisch erhält man diese Randbedingung aus dem HAMILTONschen Prinzip, wenn man die Bewegungsgleichungen über die Energieausdrücke mit der Variationsrechnung herleitet. Die natürliche Randbedingungen (4.9b) ist dann genau diejenige Randbedingung, die gemeinsam mit der geometrischen Bedingung (4.9a) das Randwertproblem selbstadjungiert macht. Auf diesem Wege hat auch KIRCHHOFF die "richtigen" Randbedingungen gefunden.

Auf einem beliebigen, nicht notwendigerweise geraden freien Rand gilt

$$M_n = 0, \tag{4.10a}$$

$$V_n = Q_n - \frac{\partial M_{nt}}{\partial s} = 0. \tag{4.10b}$$

wobei s die längs des Randes gemessene Bogenlänge und das Torsionsmoment M_{nt} durch

$$M_{nt} = M_{xy} (\cos^2\alpha - \sin^2\alpha) + (M_x - M_y) \sin \alpha \cos \alpha \tag{4.11}$$

gegeben ist (s. TIMOSHENKO & WOINOWSKY-KRIEGER).

Aus der Gleichung (4.5) der Plattenstatik erhält man die Gleichung für die Plattenschwingungen, wenn man die Abhängigkeit der Funktionen $w(\cdot)$, $q(\cdot)$ von der Zeit t berücksichtigt und zu $q(x,y,t)$ noch die "Trägheitskräfte" $- \rho h \frac{\partial^2 w}{\partial t^2}$ addiert. Damit ergibt sich für *erzwungene Plattenschwingungen* die Differentialgleichung

$$D \nabla^4 w(x,y,t) + \rho h \frac{\partial^2 w}{\partial t^2} = q(x,y,t). \tag{4.12}$$

Will man *freie* Plattenschwingungen untersuchen, so ist in (4.12) $q(x,y,t) \equiv 0$ zu setzen. Der Ansatz

$$w(x,y,t) = W(x,y) \sin \omega t \qquad (4.13)$$

für die Hauptschwingungen führt dann auf

$$(\nabla^4 - \beta^4)\, W(x,y) = 0 \qquad (4.14)$$

mit $\beta^4 := \dfrac{\omega^2 \rho h}{D}$. Diese Differentialgleichung kann auch als

$$(\nabla^2 + \beta^2)\,(\nabla^2 - \beta^2)\, W(x,y) = 0 \qquad (4.15)$$

geschrieben werden. Lösungen von (4.15) können z.B. gemäß

$$W(x,y) \doteq W_1(x,y) + W_2(x,y) \qquad (4.16)$$

gebildet werden, wobei W_1 und W_2 jeweils die Differentialgleichungen

$$\nabla^2 W_1 + \beta^2 W_1 = 0, \qquad (4.17a)$$

$$\nabla^2 W_2 - \beta^2 W_2 = 0. \qquad (4.17b)$$

erfüllen (die Operatoren $(\nabla^2 + \beta^2)$ und $(\nabla^2 - \beta^2)$ kommutieren!). Inwieweit allerdings die *allgemeine Lösung* des vorliegenden Randwertproblems eine Darstellung der Art (4.16) besitzt, ist von Fall zu Fall zu überprüfen.

Auch die freien Schwingungen *elastisch gebetteter Platten* werden durch Differentialgleichungen des Typs (4.14) beschrieben. Für sie gilt

$$D\,\nabla^4 w + bw + \rho\frac{\partial^2 w}{\partial t^2} = 0, \qquad (4.18a)$$

und somit ist in (4.14)

$$\beta^4 := \frac{\omega^2 \rho h - b}{D} \qquad (4.18b)$$

mit b als *Bettungsziffer* (elastische Bettungssteifigkeit).

4.2   Schwingungen von Rechteckplatten

4.2.1 Freie Schwingungen

Die Differentialgleichung für die Eigenschwingungsformen ist

$$\nabla^2\nabla^2 W - \beta^4 W = 0,$$ (4.19)

bzw. in kartesischen Koordinaten

$$\left[\frac{\partial^4}{\partial x^4} + 2\,\frac{\partial^4}{\partial x^2 \partial y^2} + \frac{\partial^4}{\partial y^4}\right] W - \beta^4 W = 0.$$ (4.20)

Sie wird oft mit $W = W_1 + W_2$ als

$$\left[\frac{\partial^2}{\partial x^2} + \frac{\partial^2}{\partial y^2}\right] W_1 + \beta^2 W_1 = 0,$$ (4.21)

$$\left[\frac{\partial^2}{\partial x^2} + \frac{\partial^2}{\partial y^2}\right] W_2 - \beta^2 W_2 = 0$$ (4.22)

geschrieben. Die erste dieser beiden Gleichungen ist uns von den Membran-schwingungen her bekannt, wo wir durch Trennung der Veränderlichen die Lösung

$$W_1(x,y) = A_1 \sin \alpha x \sin \gamma y + A_2 \sin \alpha x \cos \gamma y$$
$$+ A_3 \cos \alpha x \sin \gamma y + A_4 \cos \alpha x \cos \gamma y,$$ (4.23a)

$$\alpha^2 + \gamma^2 = \beta^2,$$ (4.23b)

bestimmt hatten. Die Funktion $W_2(x,y)$ bestimmen wir ebenfalls durch Trennung der Veränderlichen gemäß

$$W_2(x,y) = X(x)\,Y(y).$$ (4.24)

Dies führt auf

$$Y\,\frac{d^2 X}{dx^2} + X\,\frac{d^2 Y}{dy^2} - \beta^2 XY = 0$$ (4.25)

oder auch

$$\frac{1}{X} \frac{d^2X}{dx^2} + \frac{1}{Y} \frac{d^2Y}{dy^2} - \beta^2 = 0, \tag{4.26}$$

woraus man die beiden Differentialgleichungen

$$\frac{d^2X}{dx^2} - \bar{\alpha}^2 X = 0, \tag{4.27a}$$

$$\frac{d^2Y}{dy^2} - \bar{\gamma}^2 Y = 0, \tag{4.27b}$$

$$\bar{\alpha}^2 + \bar{\gamma}^2 = \beta^2, \tag{4.27c}$$

erhält. Die Lösungen sind

$$X(x) = C_1 \sinh \bar{\alpha}x + C_2 \cosh \bar{\alpha}x, \tag{4.28a}$$

$$Y(y) = C_3 \sinh \bar{\gamma}y + C_4 \cosh \bar{\gamma}y. \tag{4.28b}$$

Damit ergibt sich nun für $W(x,y)$ eine Lösung der Form

$$\begin{aligned} W(x,y) = &\ A_1 \sin \alpha x \sin \gamma y + A_2 \sin \alpha x \cos \gamma y \\ &+ A_3 \sin \alpha x \sin \gamma y + A_4 \sin \alpha x \cos \gamma y \\ &+ A_5 \sinh \bar{\alpha}x \sinh \bar{\gamma}y + A_6 \sinh \bar{\alpha}x \cosh \bar{\gamma}y \\ &+ A_7 \cosh \bar{\alpha}x \sinh \bar{\gamma}y + A_8 \cosh \bar{\alpha}x \cosh \bar{\gamma}y, \end{aligned} \tag{4.29a}$$

$$\alpha^2 + \gamma^2 = \bar{\alpha}^2 + \bar{\gamma}^2 = \beta^2. \tag{4.29b}$$

Man beachte, daß dies keineswegs die allgemeine Lösung von (4.19) in kartesischen Koordinaten ist. Auch ob die gesuchten Eigenschwingungsformen der Rechteckplatte eine solche Darstellung besitzen oder nicht, hängt noch von den Randbedingungen ab. Die Werte von α, γ, $\bar{\alpha}$, $\bar{\gamma}$ und somit auch von β und ω folgen dann aus den Randbedingungen.

Wir untersuchen zuerst die längs $x = 0$, $x = a$, $y = 0$ und $y = b$ *einfach gelagerte Platte*. An den Rändern gilt $w \equiv 0$ und $M_n = 0$; längs $x = 0$ z.B. ist

$$M_n = M_y = -D\left[\frac{\partial^2 w}{\partial y^2} + v\,\frac{\partial^2 w}{\partial x^2}\right].\tag{4.30}$$

Wegen $w \equiv 0$ gilt aber hier auch $\dfrac{\partial w}{\partial y} = 0$ und $\dfrac{\partial^2 w}{\partial y^2} = 0$. Aus $M_n = 0$ folgt somit $\dfrac{\partial^2 w}{\partial x^2} = 0$. Auf den anderen Rändern gehen wir ganz entsprechend vor. Die Randbedingungen in $W(x,y)$ sind demnach für die einfach gelagerte Rechteckplatte

$$W = 0, \quad \frac{\partial^2 W}{\partial x^2} = 0, \quad \text{auf } x = 0,\ a,\tag{4.31}$$

$$W = 0, \quad \frac{\partial^2 W}{\partial y^2} = 0, \quad \text{auf } y = 0,\ b.\tag{4.32}$$

Daraus folgt, daß in (4.29a) alle Integrationskonstanten mit Ausnahme von A_1 verschwinden, so daß

$$W(x,y) = A_1 \sin \alpha x \sin \gamma y\tag{4.33}$$

und $\sin \alpha a = 0$, $\sin \gamma b = 0$ gilt. Damit ergibt sich

$$\alpha_m a = m\pi, \quad m = 1,2,\ldots\tag{4.34a}$$

$$\gamma_n b = n\pi, \quad n = 1,2,\ldots\tag{4.34b}$$

und

$$\beta_{m,n} = \sqrt{\alpha_m^2 + \gamma_n^2}\,.\tag{4.35}$$

Die Eigenschwingungsformen sind daher durch

$$\omega_{m,n} = \beta_{m,n}^2 \sqrt{\frac{D}{\rho h}} = \pi^2 \sqrt{\frac{D}{\rho h}}\left[\left(\frac{m}{a}\right)^2 + \left(\frac{n}{b}\right)^2\right] \quad m,n = 1,2,\ldots\tag{4.36}$$

gegeben. Während die Eigenschwingungsformen (4.33) der einfach gelagerten Rechteckplatte die gleichen wie die der Membran mit festem Rand sind, wachsen die Frequenzen gemäß (4.36) bei der Platte schneller mit der Ordnung m,n, als dies bei der Membran der Fall ist. Die Überlagerung der Hauptschwingungen liefert die allgemeine Lösung für das Problem der freien Schwingungen

$$w(x,y,t) = \sum_{m,n=1}^{\infty} A_{m,n} \sin \frac{m\pi}{a} x \sin \frac{n\pi}{b} y \sin \left\{ \pi^2 \sqrt{\frac{D}{\rho h}} \left[\left(\frac{m}{a}\right)^2 + \left(\frac{n}{a}\right)^2 \right] t + \delta_{m,n} \right\}. \qquad (4.37)$$

mit $A_{m,n}$ und $\delta_{m,n}$ als Integrationskonstanten. Natürlich können auch hier – wie schon von der Membran her bekannt – vielfache Eigenwerte auftreten, die an dieser Stelle aber nicht nochmals untersucht werden.

Wir betrachten nun noch die freien Schwingungen einer Rechteckplatte, deren Kanten in $x = 0$, $x = a$ *einfach gelagert* und in $y = 0$, $y = b$ *eingespannt* sind. Der Lösungsansatz (4.29a) führt dabei nicht zum Ziel, wie man leicht überprüfen kann. Es bietet sich hier jedoch an, Lösungen von (4.19) in der Form

$$W(x,y) = \sin \frac{m\pi x}{a} Y(y) \qquad (4.38)$$

zu suchen, wodurch automatisch für jedes beliebige $m = 1,2,\ldots$ die Randbedingungen auf $x = 0$, a erfüllt werden. Für $Y(y)$ erhält man dann

$$Y'''' - 2 \frac{m^2 \pi^2}{a^2} Y'' + \left[\frac{m^4 \pi^4}{a^4} - \beta^4 \right] Y = 0, \qquad (4.39)$$

mit der allgemeinen Lösung

$$Y(y) = C_1 \cosh \bar{\bar{\alpha}} y + C_2 \sinh \bar{\bar{\alpha}} y + C_3 \cos \bar{\bar{\gamma}} y + C_4 \sin \bar{\bar{\gamma}} y \qquad (4.40)$$

mit

$$\bar{\bar{\alpha}} = \sqrt{\beta^2 + \frac{m^2 \pi^2}{a^2}} \quad , \quad \bar{\bar{\gamma}} = \sqrt{\beta^2 - \frac{m^2 \pi^2}{a^2}} \quad . \qquad (4.41)$$

Die Funktion (4.40) muß den Randbedingungen

$$(Y)_{y=0} = C_1 + C_3 = 0, \qquad (4.42a)$$

$$(Y')_{y=0} = \bar{\bar{\alpha}} \, C_2 + \bar{\bar{\gamma}} \, C_4 = 0, \qquad\qquad (4.42b)$$

$$(Y)_{y=b} = C_1 \cosh \bar{\alpha}b + C_2 \sinh \bar{\alpha}b + C_3 \cos \bar{\gamma}b + C_4 \sin \bar{\gamma}b = 0, \qquad (4.42c)$$

$$(Y')_{y=b} = \bar{\bar{\alpha}}C_1 \sinh \bar{\alpha}b + \bar{\bar{\alpha}}C_2 \cos \bar{\alpha}b - \bar{\bar{\gamma}}C_3 \sin \bar{\gamma}b + \bar{\bar{\gamma}}C_4 \cos \bar{\gamma}b = 0 \qquad (4.42d)$$

genügen, und damit ergibt sich die charakteristische Gleichung

$$\begin{vmatrix} 1 & 0 & 1 & 0 \\ 0 & \bar{\bar{\alpha}} & 0 & \bar{\bar{\gamma}} \\ \cosh \bar{\alpha}b & \sinh \bar{\alpha}b & \cos \bar{\gamma}b & \sin \bar{\gamma}b \\ \bar{\bar{\alpha}} \sinh \bar{\alpha}b & \bar{\bar{\alpha}} \cosh \bar{\alpha}b & -\bar{\bar{\gamma}} \sin \bar{\gamma}b & \bar{\bar{\gamma}} \cos \bar{\gamma}b \end{vmatrix} = 0 \qquad (4.43)$$

bzw.

$$2 \, \bar{\bar{\alpha}}\bar{\bar{\gamma}} \, (\cos \bar{\gamma}b \cosh \bar{\alpha}b - 1) + (\bar{\bar{\gamma}}^2 - \bar{\bar{\alpha}}^2) \sin \bar{\gamma}b \sinh \bar{\alpha}b = 0. \qquad (4.44)$$

Aus (4.44) errechnet man mit den Beziehungen (4.41) die Wurzeln $(\beta a)_{m,n}$, aus denen sich gemäß $\omega \, a^2 \sqrt{\rho h/D} = \beta^2 a^2$ die Eigenkreisfrequenzen der Platte ergeben. Für eine quadratische Platte ist z.B. $(\beta a)^2_{1,1} = 28{,}946$; $(\beta a)^2_{2,1} = 54{,}743$ und $(\beta a)^2_{1,2} = 69{,}320$; usw. Die entsprechenden Eigenschwingungsformen sind in Abb.4.4 dargestellt. Eine ausführliche Aufstellung der Eigenkreisfrequenzen von Platten unter verschiedenen Randbedingungen ist bei LEISSA zu finden, wobei z.B. auch die hier behandelte Rechteckplatte mit einem Seitenverhältnis ungleich Eins aufgeführt ist (s. auch GORMAN).

Die Lösung des Eigenwertproblems wird offensichtlich selbst in den einfachsten Fällen relativ aufwendig, so daß üblicherweise Näherungsverfahren eingesetzt werden, die wir noch in Kapitel 5 besprechen.

4.2.2 Erzwungene Schwingungen

Erzwungene ungedämpfte Schwingungen von Platten werden, wie in 4.1 dargestellt, durch die Differentialgleichung

$$D \, \nabla^4 w(x,y,t) + \rho h \, \frac{\partial^2 w}{\partial t^2} = q(x,y,t) \qquad (4.45)$$

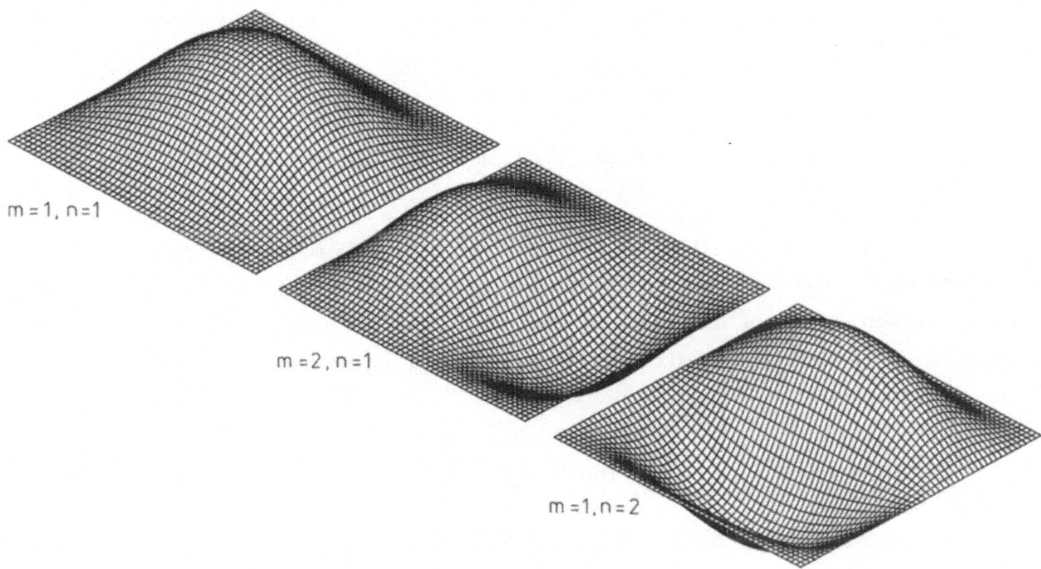

Abb.4.4   Eigenschwingungsformen einer in x = 0,a einfach gelagerten und in y = 0,a eingespannten quadratischen Platte

beschrieben. Hat man das Problem der freien Schwingungen gelöst und die Eigenfunktionen $W_{m,n}(x,y)$ bestimmt, so kann man eine partikuläre Lösung von (4.45) in der Form

$$w(x,y,t) = \sum_{m,n} W_{m,n}(x,y) \, q_{m,n}(t) \qquad (4.46)$$

suchen, mit noch zu bestimmenden Zeitfunktionen $q_{m,n}(t)$. Die unendliche Summe in (4.46) wird natürlich in der Praxis bei endlichen Werten von m und n abgebrochen. Die Vorgehensweise zur Bestimmung der $q_{m,n}(t)$ ist vollkommen analog zu den in den vorherigen Kapiteln schon beschriebenen Beispielen. Insbesondere werden dabei die Orthogonalitätsrelationen zwischen den Eigenfunktionen ausgenutzt. Falls die Eigenfunktionen nicht bekannt sind, wird man im RITZ-GALERKINschen Verfahren eine Entwicklung nach anderen, geeignet zu wählenden Ortsfunktionen vornehmen. Diese Vorgehensweise wird in 5.3 zusammen mit anderen Verfahren nochmals in allgemeinerem Zusammenhang erklärt.

Eine andere Möglichkeit, erzwungene Schwingungen weitgehend beliebiger Art zu behandeln, besteht darin, zunächst die stationäre Lösung (eingeschwungener Zustand) für die am Punkt (ξ,η) mit der harmonischen Kraft $\hat{f}\cos\Omega t$ erregte Platte zu bestimmen. D.h. man löst zunächst das Problem

$$D\,\nabla^4 w(x,y,t) + \rho h\,\frac{\partial^2 w}{\partial t^2} = \hat{f}\,\delta(x-\xi,\ y-\eta)\cos\Omega t. \tag{4.47}$$

Aus der Lösung von (4.47) kann man dann mittels FOURIERreihen oder FOURIER-transformation das Problem für beliebige, an dem Punkt (ξ,η) wirkende Erregerkräfte lösen. Mittels Integration über die gesamte Platte läßt sich damit sogar das Problem (4.45) mit beliebigen Erregerfunktionen $q(x,y,t)$ behandeln (s. auch Abschnitt 5.2.2).

Zur Lösung von (4.47) nimmt man zunächst eine Trennung der Veränderlichen gemäß

$$w(x,y,t) = W(x,y)\cos\Omega t \tag{4.48}$$

vor, die auf

$$D\,\nabla^4 W(x,y) - \rho h\,\Omega^2 W(x,y) = \hat{f}\,\delta(x-\xi,\ y-\eta). \tag{4.49}$$

führt. Die Lösung von (4.49) mit $\hat{f} = 1$ ist die GREENsche Resolvente; sie wird mit $g(x,y,\xi,\eta,\Omega)$ bezeichnet. Diese Funktion kann natürlich gegebenenfalls auch wieder durch die Entwicklung nach Eigenfunktionen oder nach geeigneten anderen Ortsfunktionen bestimmt werden. Eine ganz andere Lösungsmöglichkeit besteht jedoch darin, daß man sich die Einzelkraft $\hat{f}$ an dem Punkt (ξ,η) als durch eine Überlagerung von Linienlasten gemäß Abb.4.5 vorstellt. Damit schreibt man z.B. die rechte Seite von (4.49) als

$$\hat{f}\,\delta(x-\xi,\ y-\eta) = \sum_{k=1}^{\infty} \hat{f}\,\delta(y-\eta)\,\frac{2}{a}\,\sin\frac{k\pi\xi}{a}\,\sin\frac{k\pi x}{a}\ . \tag{4.50}$$

Anstatt das Problem (4.49) direkt zu lösen, kann man dann eine Folge von Problemen erzwungener Schwingungen behandeln, bei denen die Erregung jeweils durch eine längs der Geraden $y = \eta$ verteilte, sinusförmige Streckenlast erfolgt. In jedem der beiden Gebiete $y < \eta$ und $y > \eta$ erfüllt die Funktion $W_k(x,y)$ dann die homogene Gleichung

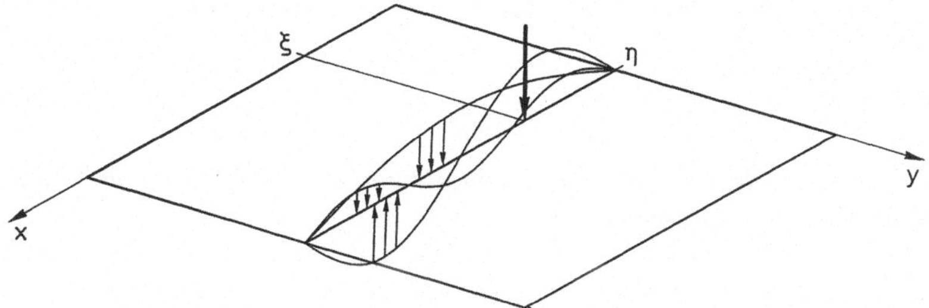

Abb.4.5   Einzellast als Summe von Linienlasten an der Rechteckplatte

$$D \; \nabla^4 W_k(x,y) - \rho h \; \Omega^2 W_k(x,y) = 0. \tag{4.51}$$

Für jedes der beiden Teilgebiete werden die Lösungen $W_k(x,y)$ durch geeignete Reihen dargestellt, die eine Anzahl freier Konstanten enthalten. Diese bestimmt man dann aus den Übergangsbedingungen auf der Geraden $y = \eta$ (Stetigkeit von W_k und deren ersten Ableitungen, Stetigkeit der Momente, Sprungbedingung für die Ersatzquerkraft). Die Überlagerung der $W_k(x,y)$ liefert dann mit $\hat{f} = 1$ schließlich die GREENsche Resolvente.

Diese Vorgehensweise wurde von verschiedenen Autoren verwendet und ist oft numerisch recht vorteilhaft. Dies gilt besonders dann, wenn man nicht nur das Problem (4.49) für einen festen Wert von ξ und η lösen will, sondern die gesamte GREENsche Resolvente benötigt (s. z.B. HAGEDORN et al.)

4.3   Schwingungen von Kreisplatten

4.3.1 Freie Schwingungen

Bei Kreisplatten empfiehlt es sich i.a., in Polarkoordinaten zu arbeiten und die Eigenschwingungsformen als Lösung von

$$\nabla^4 W(r,\varphi) - \beta^4 W(r,\varphi) = 0, \tag{4.52a}$$

$$\nabla^2 = \frac{\partial^2}{\partial r^2} + \frac{1}{r}\frac{\partial}{\partial r} + \frac{1}{r^2}\frac{\partial^2}{\partial \varphi^2} \tag{4.52b}$$

zu suchen.

Da $W(r,\varphi)$ periodisch in φ sein soll, führt der Lösungsansatz

$$W_m = R_m(r)\,\sin(m\varphi + \varkappa_m) \qquad (4.53)$$

zumindest bei hinreichend symmetrischen Randbedingungen zum Ziel. Die Funktion $R_m(r)$ muß dann die Differentialgleichung

$$\left[\frac{d^2}{dr^2} + \frac{1}{r}\frac{d}{dr} - (\frac{m^2}{r^2} - \beta^2)\right]\left[\frac{d^2}{dr^2} + \frac{1}{r}\frac{d}{dr} - (\frac{m^2}{r^2} + \beta^2)\right] R_m = 0 \qquad (4.54)$$

erfüllen. Lösungen von (4.54) erhält man gemäß

$$R_m = \bar{R}_m + \tilde{R}_m \qquad (4.55)$$

mit

$$\frac{d^2\bar{R}_m}{dr^2} + \frac{1}{r}\frac{d\bar{R}_m}{dr} - (\frac{m^2}{r^2} - \beta^2)\,\bar{R}_m = 0, \qquad (4.56a)$$

$$\frac{d^2\tilde{R}_m}{dr^2} + \frac{1}{r}\frac{d\tilde{R}_m}{dr} - (\frac{m^2}{r^2} + \beta^2)\,\tilde{R}_m = 0. \qquad (4.56b)$$

Die erste Differentialgleichung (4.56a) ist vom BESSELschen Typ, ihre allgemeine Lösung ist

$$\bar{R}_m(r) = C_1\,J_m(\beta r) + C_2\,Y_m(\beta r), \qquad (4.57)$$

wo J_m und Y_m die BESSELschen Funktionen erster und zweiter Gattung sind. Die zweite Differentialgleichung ist die *modifizierte BESSELsche Differentialgleichung* mit

$$\tilde{R}_m(r) = C_3\,I_m(\beta r) + C_4\,K_m(\beta r) \qquad (4.58)$$

als allgemeiner Lösung (I_m und K_m sind die *modifizierten BESSELschen Funktionen* erster und zweiter Art). Da $R_m = \bar{R}_m + \tilde{R}_m$ aber für $r = 0$ endlich bleiben soll, müssen wir $C_2 = C_4 = 0$ setzen, denn Y_m und K_m besitzen Unendlichkeitsstellen im Koordinatenursprung.

Zur Bestimmung von β und damit auch von ω benötigt man die Randbedingungen. Als Beispiel betrachten wir die am Rande $r = a$ fest *eingespannte Kreisplatte* mit den Randbedingungen

$$W(a,\varphi) = 0, \quad \left.\frac{\partial W}{\partial r}\right|_{r=a} = 0. \tag{4.59}$$

Aus der ersten Randbedingung folgt

$$R_m(a) = C_1 \, J_m(\beta a) + C_3 \, I_m(\beta a) = 0 \tag{4.60}$$

und daraus

$$C_3 = - \frac{J_m(\beta a)}{I_m(\beta a)} \, C_1, \tag{4.61}$$

so daß

$$R_m(r) = C_1 \left[J_m(\beta r) - \frac{J_m(\beta a)}{I_m(\beta a)} \, I_m(\beta r) \right] \tag{4.62}$$

ist. Die zweite Randbedingung führt dann auf die charakteristische Gleichung

$$\left[\frac{d}{dr} \, J_m(\beta r) - \frac{J_m(\beta a)}{I_m(\beta a)} \, \frac{d}{dr} \, I_m(\beta r) \right]_{r=a} = 0, \tag{4.63}$$

die sich mit den Beziehungen

$$\frac{d}{dr} \, J_m(\beta r) = \beta \left[J_{m-1}(\beta r) - \frac{m}{\beta r} \, J_m(\beta r) \right], \tag{4.64}$$

$$\frac{d}{dr} \, I_m(\beta r) = \beta \left[I_{m-1}(\beta r) - \frac{m}{\beta r} \, I_m(\beta r) \right], \tag{4.65}$$

auch etwas einfacher als

$$I_m(\beta a) \, J_{m-1}(\beta a) - J_m(\beta a) \, I_{m-1}(\beta a) = 0 \tag{4.66}$$

schreiben läßt. Für jedes m hat diese Gleichung wieder unendlich viele Wurzeln $(\beta a)_{m,n}$, $n = 1,2,\ldots$, woraus dann mit

$$\omega_{m,n} = \beta^2_{m,n} \sqrt{\frac{D}{\rho h}} \qquad (4.67)$$

die Eigenfrequenzen folgen. Die Eigenschwingungsformen sind von der Art

$$W_{m,n}(r,\varphi) = A_{m,n}\left[I_m(\beta_{m,n}a)\, J_m(\beta_{m,n}r) - J_m(\beta_{m,n}a)\, I_m(\beta_{m,n}r)\right]\, \cos(m\varphi+\zeta_{m,n}).$$
$$(4.68)$$

In Abb.4.6 sind einige der ersten Eigenschwingungsformen mit den zugehörigen Frequenzen angegeben.

Man kann zeigen, daß für große Werte von n

$$a\beta_{m,n} \to \left(\frac{m}{2} + n\right)\, \pi \qquad (4.69)$$

und somit auch

$$\omega_{m,n} \to \left(\frac{m}{2} + n\right)^2 \frac{\pi^2}{a^2} \sqrt{\frac{D}{\rho h}} \qquad (4.70)$$

gilt.

Wir beschränken uns hier auf diesen einfachen Fall von Randbedingungen. Viele andere Randbedingungen werden in dem Buch von LEISSA behandelt. Man beachte, daß man z.B. für einen Kreissektor die Bedingung der Periodizität von $W(r,\varphi)$ in φ nicht mehr stellen kann, so daß diese Probleme komplizierter werden. Andererseits sind z.B. bei der Kreisringplatte auch die Funktionen $Y(\beta r)$, $K(\beta r)$ zu berücksichtigen, man kann also nicht einfach $C_2 = C_4 = 0$ setzen, hat aber dafür zwei zusätzliche Randbedingungen für den inneren Rand. Im nächsten Abschnitt werden wir dies für die erzwungenen Schwingungen einer Kreisringplatte noch genauer untersuchen.

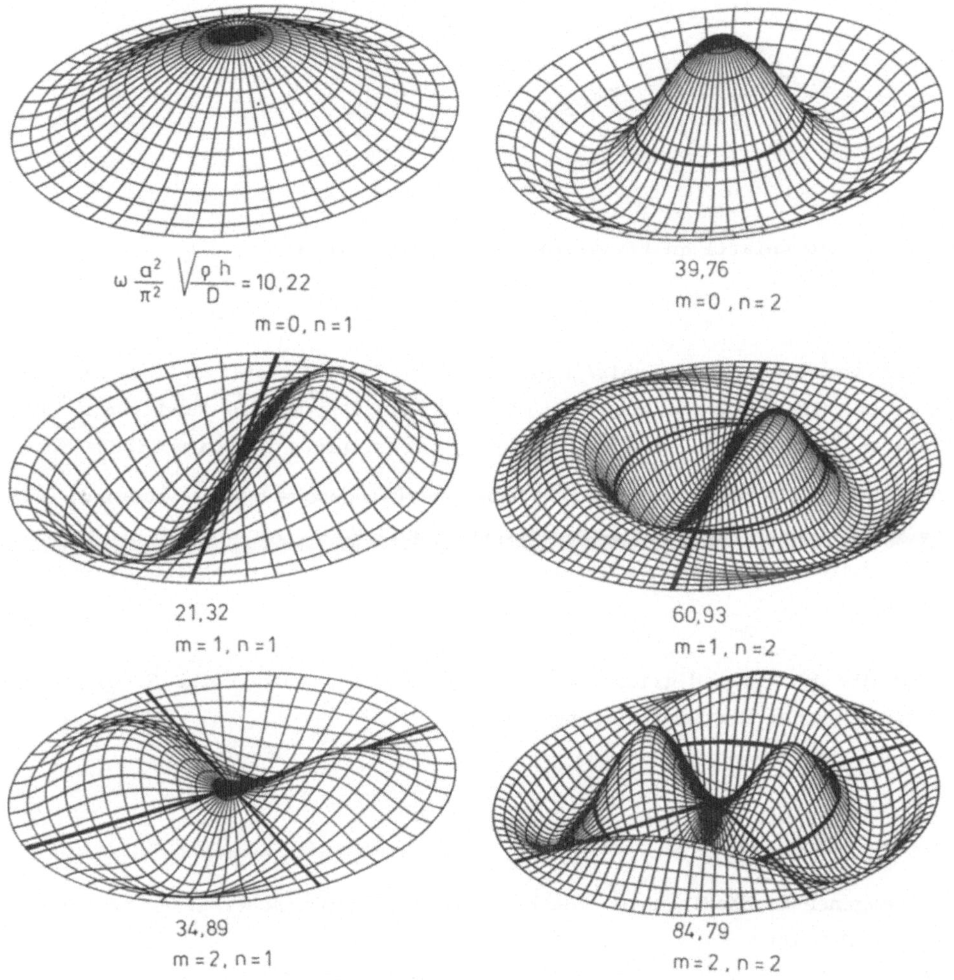

Abb.4.6   Einige Eigenschwingungsformen der außen eingespannten Kreisplatte

4.3.2 Erzwungene Schwingungen

Die in 4.2.2 skizzierten Lösungsverfahren für die erzwungenen Schwingungen von Rechteckplatten gelten sinngemäß genauso für Kreisplatten. Diese Verfahren werden in Kapitel 5.3 für eine größere Problemklasse nochmals besprochen. Im folgenden behandeln wir daher nur den Sonderfall einer am inneren Rand erregten Kreisplatte, der etwas aus dem Rahmen dieser Betrachtungen fällt.

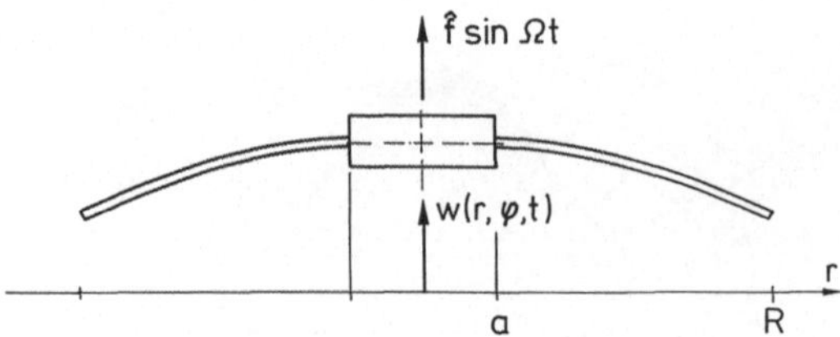

Abb.4.7   Kreisplatte an translatorisch bewegter Nabe

Wir betrachten die Kreisringplatte der Abb.4.7, die am inneren Rand $(r = a_1)$ an einer starren Nabe eingespannt ist. Der äußere Rand $r = a_2$ der Kreisplatte ist frei. Auf die Nabe wirkt in Querrichtung die harmonische Kraft $\hat{f}\,\sin\Omega t$, und die erzwungenen Schwingungen (eingeschwungener Zustand) der Platte sind zu berechnen. Die Masse der Nabe soll dabei vernachlässigt werden; ihre Berücksichtigung verursacht aber keine wesentlichen zusätzlichen Schwierigkeiten.

Da die Platte lediglich am Rand erregt wird, werden die Schwingungen durch die homogene Plattengleichung

$$D\,\nabla^4 w(r,\varphi,t) + \rho h\,\frac{\partial^2 w}{\partial t^2} = 0 \qquad\qquad (4.71)$$

mit inhomogenen Randbedingungen beschrieben. Bei harmonischer Erregung ist die Lösung von der Art

$$w(r,\varphi,t) = W(r,\varphi)\,\sin\Omega t, \qquad\qquad (4.72)$$

wobei die Erregerfrequenz Ω hier vorgegeben ist. Dieser Ansatz führt wieder – wie schon bei den freien Schwingungen – auf (4.52), dabei ist allerdings jetzt der Parameter $\beta^4 := \dfrac{\rho h \Omega^2}{D}$ bekannt. Die allgemeine Lösung dieser homogenen Differentialgleichung ist

$$W(r,\varphi) = \sum_{m=0}^{\infty}\left[A_m J_m(\beta r) + B_m Y_m(\beta r) + C_m I_m(\beta r) + D_m K_m(\beta r)\right]\cos(m\varphi + \gamma_m) \qquad (4.73)$$

mit A_m, B_m, C_m, D_m, γ_m als Integrationskonstanten. Die Funktionen $J_m(\cdot)$ bis

$K_m(\cdot)$ wurden schon in 4.3.1 erklärt. Da jetzt die Lösung in dem Gebiet $0 < a_1 \leq r \leq a_2$ gesucht wird, stören die Singularitäten der Funktionen $Y_m(\cdot)$ und $K_m(\cdot)$ an der Stelle $r = 0$ nicht, und diese Funktionen müssen in der allgemeinen Lösung berücksichtigt werden (zusätzlich zu den Randbedingungen am äußeren Rand stehen ja jetzt auch noch diejenigen am inneren Rand zur Bestimmung der Integrationskonstanten zur Verfügung).

Bei der Erregung gemäß Abb.4.7 verschwinden in (4.73) fast alle Integrationskonstanten, und (4.73) reduziert sich auf

$$W(r,\varphi) = A\ J_0(\beta r) + B\ Y_0(\beta r) + C\ I_0(\beta r) + D\ K_0(\beta r). \qquad (4.74)$$

Man erkennt dies unmittelbar aus der Symmetrie der Erregung, bzw. aus den Randbedingungen, aus denen auch die noch verbleibenden vier Konstanten berechnet werden. Die Randbedingungen am inneren Rand sind

$$\left. \frac{\partial W}{\partial r} \right|_{r=a_1} \equiv 0, \qquad (4.75a)$$

$$V_r(a_1,\varphi) \equiv - \hat{f}/(2\pi a_1); \qquad (4.75b)$$

der äußere Rand ist frei, so daß dort

$$M_r(a_2,\varphi) \equiv 0, \qquad (4.76a)$$

$$V_r(a_2,\varphi) \equiv 0 \qquad (4.76b)$$

gilt. Aus diesen vier Gleichungen ergeben sich ohne Schwierigkeiten die Konstanten A, B, C, D (s. HAGEDORN & KELKEL), und damit sind dann die erzwungenen Schwingungen bestimmt.

Auf ähnlich einfache Art und Weise können die erzwungenen Schwingungen einer Kreisplatte berechnet werden, die durch eine schwingende Drehbewegung der Nabe gemäß Abb.4.8 erregt werden. Anstatt das eingeprägte Moment $\hat{m}$ vorzugeben, kann man natürlich auch die Winkelamplitude $\hat{\theta}$ fixieren (und daraus später $\hat{m}$ berechnen). Auch im Problem der Abb.4.7 hätte man entsprechend $\hat{f}$ durch eine Wegamplitude ersetzen können und wäre so anstelle von (4.75b) zu

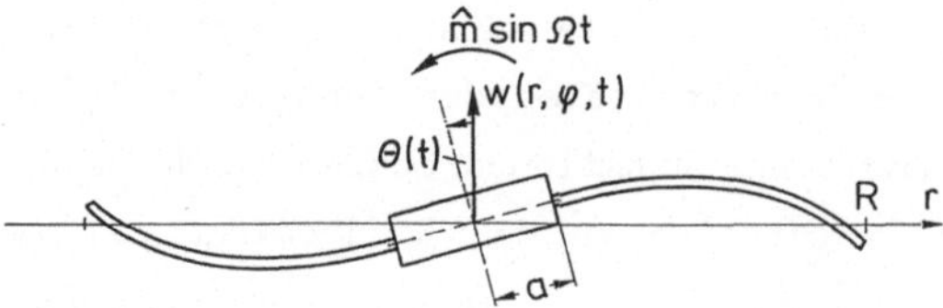

Abb.4.8   Kreisplatte: erzwungene Schwingungen infolge Verdrehung der Nabe

einer inhomogenen Randbedingung im Weg gelangt. Hier sind die Randbedingungen am inneren Rand

$$\left.\frac{\partial W}{\partial r}\right|_{r=a_1} \equiv \hat{\theta}\,\cos\varphi \tag{4.77a}$$

$$\left[W - a_1\,\frac{\partial W}{\partial r}\right]_{r=a_1} \equiv 0, \tag{4.77b}$$

während am äußeren Rand wieder (4.76) gilt. Von der Lösung (4.73) bleibt infolge der Randbedingungen lediglich

$$W(r,\varphi) = \left[A_1 J_1(\beta r) + B_1 Y_1(\beta r) + C_1 I_1(\beta r) + D_1 K_1(\beta r)\right]\cos\varphi \tag{4.78}$$

übrig, und auch hier können die verbleibenden Konstanten leicht aus den Randbedingungen berechnet werden. Der Zusammenhang zwischen der Momenten- und der Winkelamplitude am inneren Rand ist

$$\hat{m} = \int_0^{2\pi}\left[M_r(a_1\varphi) - a_1 V_r(a_1\varphi)\right] a_1\,\cos\varphi\,d\varphi. \tag{4.79}$$

Einzelheiten zur Berechnung solcher âm Rande erregten Kreisplatten sind bei HAGEDORN & KELKEL zu finden.

4.4   Wellenausbreitung in Platten

In 2.5 hatten wir die Wellenausbreitung im EULER-BERNOULLI-Balken untersucht und erkannt, daß die Berücksichtigung von Schubverformungen (und/oder Drehträgheit) notwendig ist, wenn man kurzwellige Biegeschwingungen behandelt. Wir beleuchten jetzt das analoge Problem bei elastischen Platten. Dabei beschränken wir uns auf "ebene harmonische Wellen", d.h. auf Lösungen der Art

$$w(x,y,t) = A \cos k(x - c_p t), \tag{4.80}$$

also auf Wellen, die sich mit Phasengeschwindigkeit c_p in x-Richtung in der unendlichen Platte ausbreiten.

Geht man mit (4.80) in die homogene Wellengleichung

$$D \nabla^4 w(x,y,t) - \rho h \, \ddot{w}(x,y,t) = 0 \tag{4.81}$$

ein, so ergibt sich die Beziehung

$$c_p = \sqrt{\frac{D}{\rho h}}\, k \tag{4.82}$$

zwischen Phasengeschwindigkeit und Wellenzahl. Wie auch schon beim EULER-BERNOULLI-Balken (s.(2.131)) ist also auch bei der KIRCHHOFF-Platte die Phasengeschwindigkeit proportional zur Wellenzahl. Führen wir die Geschwindigkeit

$$c_S = \sqrt{G/\rho} \tag{4.83}$$

der Scherwellen im dreidimensionalen elastischen Kontinuum ein, so können wir (4.82) auch als

$$c_p = \sqrt{\frac{2}{3(1-v)}}\, \pi \, c_S \left[\frac{h}{\lambda}\right] \tag{4.84}$$

schreiben, wobei λ die Wellenlänge der Biegewellen ist. Für kurze Wellenlängen geht nach (4.84) – wie auch schon beim Balken – die Phasengeschwindigkeit (und die Gruppengeschwindigkeit) gegen Unendlich.

Die Phasengeschwindigkeiten bleiben endlich, wenn man zumindest einen der beiden Effekte "Schubverformungen" oder "Rotationsträgheit" berücksichtigt. Eine Plattentheorie für schubelastische Platten wurde von E. REISSNER entwickelt und die Wellenausbreitung in schubweichen Platten unter Berücksichtigung der Rotationsträgheit später von MINDLIN behandelt. Bei

Berücksichtigung dieser zusätzlichen Terme ergeben sich – anstelle der Gleichung (4.71) der KIRCHHOFF-Platte – Differentialgleichungen höherer Ordnung, die wir hier nicht angeben. Geht man mit dem Ansatz (4.80) in die Bewegungsgleichungen von MINDLIN ein, so folgt anstelle von (4.84) die Beziehung

$$\frac{\pi^2}{3} \left[\frac{h}{\lambda}\right]^2 \left[1 - \frac{c_P^2}{\bar{\varkappa}^2 c_S^2}\right] \left[\frac{\bar{c}^2}{c_P^2} - 1\right] = 1. \tag{4.85}$$

Dabei ist $\bar{\varkappa}^2$ ein Schubkorrekturfaktor, dessen Bedeutung änlich der des Schubfaktors beim TIMOSHENKO-Balken ist. Sein Zahlenwert hängt von unterschiedlichen Annahmen ab, ist aber von der Größenordnung $\bar{\varkappa}^2 = 5/6$. Die Größe $\bar{c}$ ist durch

$$\bar{c} = \sqrt{\frac{E}{\rho(1-v^2)}} \tag{4.86}$$

definiert.

Die Dispersionsrelation (4.85) liefert zu jeder Wellenlänge λ zwei Phasengeschwindigkeiten c_P. Wir beschränken uns auf den kleineren dieser beiden Werte und erkennen leicht, daß für diesen Wert der Grenzfall $\lambda \rightarrow 0$ gerade wieder (4.84) liefert. Der größere dieser beiden Werte entspricht – wie schon beim Balken – einem Schwingungstyp, bei dem zumindest bei kleinen Wellenlängen die Schubverformungen überwiegen. In Abb.4.9 ist c_P/c in Abhängigkeit von kh gemäß der KIRCHHOFFschen Theorie und gemäß (4.85) aufgetragen (lediglich für die kleinere der beiden Wurzeln von (4.85)). Die dargestellte Kurve der MINDLINschen Theorie gilt dabei für $\bar{\varkappa}^2 = 0,95$ und $v = 0,3$; sie geht asymptotisch gegen c_S/c. Trägt man c_P/c_S anstelle von c_P/c über kh auf, so hängen die Kurven kaum noch von v ab und sind im Rahmen der Zeichengenauigkeit von der ebenfalls bekannten "exakten" Lösung aus der dreidimensionalen Elastizitätstheorie nicht zu unterscheiden (s. MINDLIN).

Die Ergebnisse dieser verbesserten Plattentheorie wurden auch experimentell bestätigt. So sind z.B. die Abweichungen der Phasengeschwindigkeiten von den Werten der KIRCHHOFF-Theorie schon bei $h/\lambda \approx 0,1$ durchaus meßbar und entsprechen recht gut (4.85) (s. EVENSEN & APRAHAMIAN).

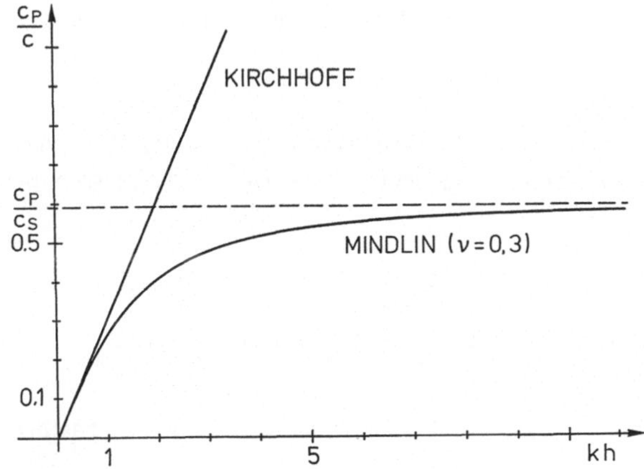

Abb.4.9   Phasengeschwindigkeit c_p für ebene harmonische Biegewellen in Abhängigkeit von der Wellenzahl k

4.5   Platten nichtkonstanter Dicke

Wenn man von den Schwingungen elastischer Platten spricht, setzt man meistens stillschweigend voraus, daß die Plattendicke h konstant ist. Auch im Fall veränderlicher Dicke h(x,y) kann man aber ohne weiteres eine Differentialgleichung für die Plattenschwingungen angeben. Da jetzt h nicht mehr konstant ist, wird auch die Steifigkeit D eine Funktion von x,y sein. Die entsprechende Plattengleichung kann auf unterscheidliche Weise – z.B. über das HAMILTONsche Prinzip – abgeleitet werden. Die recht mühsame Rechnung (s. TIMOSHENKO & WOINOWSKY-KRIEGER) ergibt schließlich

$$\nabla^2\left[D\ \nabla^2 w\right] - (1-v)\left[D_{xx}\ w_{yy} - 2\ D_{xy}\ w_{xy} + D_{yy}\ w_{xx}\right] + \rho h\ \ddot{w} = q(x,y,t) \qquad (4.87)$$

für die Verschiebung w(x,y,t) der Mittelebene der Platte. In (4.87) bedeuten die Indizes x und y partielle Ableitungen der Funktionen D(x,y), w(x,y,t) nach diesen Variablen.

Anders als beim EULER-BERNOULLI-Balken, wo beim Übergang vom Balken konstanter Biegesteifigkeit zu dem variablen Querschnitts lediglich der Term EIw'''' durch $\left[EIw''\right]''$ zu ersetzen ist, genügt es hier nicht, $D\ \nabla^4 w$ durch $\nabla^2\left[\nabla^2 Dw\right]$ zu ersetzen. Man erkennt in (4.87), daß hier vielmehr zusätzlich noch

258

andere Terme auftreten; diese verschwinden nur dann, wenn $D(x,y)$ höchstens
linear in x und y ist.

Ein wichtiger Sonderfall ist der von Kreisplatten mit lediglich vom
Radius abhängender Plattendicke $h(r)$. In diesem Fall schreibt sich (4.87) in
Polarkoordinaten als

$$\nabla^2 \left[\nabla^2 \, Dw\right] - (1-\nu) \left[D''(r) \, (\tfrac{1}{r} \, w_r + \tfrac{1}{r^2} \, w_{\varphi\varphi}) + \tfrac{1}{r} \, D'(r) \, w_{rr}\right]$$

$$+ \, \rho h(r) \, \ddot{w} = q(r,\varphi,t), \tag{4.88}$$

wobei der Strich Ableitung nach dem Argument r bedeutet. Für freie
Schwingungen (bei kreissymmetrischen Randbedingungen) führt der Ansatz

$$w(r,\varphi,t) = R(r) \, \cos n\varphi \, \cos \omega t \tag{4.89}$$

auf eine gewöhnliche Differentialgleichung der Art

$$R''''(r) + f_3(r) \, R'''(r) + f_2(r) \, R''(r) + f_1(r) \, R'(r) + f_0(r) \, R(r) = 0, \tag{4.90}$$

wobei die Funktionen $f_i(r)$, $i = 0,1,2,3$ leicht zu berechnen sind. Außer $f_3(r)$
enthalten alle diese Funktionen den Koeffizienten n (Anzahl der Knotengraden);
die Funktion $f_0(r)$ enthält außerdem natürlich auch noch die Kreisfrequenz ω.

Geschlossene Lösungen für das Problem freier Schwingungen von Platten
nichtkonstanter Dicke sind nur für einige Sonderfälle bekannt, in denen die
Dicke eine lineare Funktion der Koordinaten ist.

4.6 Schallabstrahlung von schwingenden Platten

Der von Getriebegehäusen und von Motoren abgestrahlte Luftschall stellt ein
aktuelles technisches Probelm dar. Da die Getriebegehäuse meist plattenförmig
sind, kann ein Teil des Problems auf die Schallabstrahlung von schwingenden
Platten reduziert werden. Wir betrachten zunächst eine sich in der x–y–Ebene
unendlich ausdehnende Platte, die Biegeschwingungen gemäß

$$w(x,y,t) = - \, \hat{W} \, \sin(k_x x) \, \sin(k_y y) \, \cos \Omega t \tag{4.90}$$

ausführt. Die Schallabstrahlung in den oberen Halbraum ($z > 0$) soll berechnet werden. Dazu ist es zweckmäßig, anstelle von (4.90) von der Schnelle auf der Platte

$$v_z(x,y,t) = \hat{v} \sin(k_x x) \sin(k_y y) \sin \Omega t \qquad (4.91)$$

auszugehen ($\hat{v} = \hat{W}\Omega$). Als zusätzliche Abkürzung führen wir die Kreiswellenzahl der Biegeschwingungen

$$k_B^2 := k_x^2 + k_y^2 \qquad (4.92)$$

ein. Gesucht sind nun Lösungen der Wellengleichung der Akustik, die der Randbedingung (4.91) in der x-y-Ebene genügen. Die Ansätze

$$\psi(x,y,z,t) = \psi_a \sin(k_x x) \sin(k_y y) \, e^{-k_z z} \sin \Omega t \qquad (4.93a)$$

und

$$\psi(x,y,z,t) = \psi_b \sin(k_x x) \sin(k_y y) \cos(k_z z - \Omega t) \qquad (4.93b)$$

führen dabei zum Ziel. Da wir später Stromlinien ausrechnen wollen, wählen wir hier gleich die reelle Schreibweise anstelle der komplexen, die sonst in der Akustik oft zweckmäßig ist. Natürlich wären auch z-Abhängigkeiten der Art $e^{+k_z z}$ und $\cos(k_z z + \Omega t)$ möglich, sie sind jedoch hier physikalisch nicht sinnvoll. Im ersten Fall ergäbe sich nämlich eine unendlich große Energiedichte im Unendlichen, und der zweite Fall entspricht einer in negativer z-Richtung laufenden Welle.

Setzt man (4.93) in die Wellengleichung ein, so ergibt sich jeweils

$$k_z^2 = k_x^2 + k_y^2 - \Omega^2/c^2, \qquad (4.94a)$$

bzw.

$$k_z^2 = (\Omega^2/c^2) - k_x^2 - k_y^2. \qquad (4.94b)$$

Mit

$$k := \Omega/c \qquad (4.95)$$

und der Abkürzung (4.92) schreibt sich das auch als jeweils

$$k_z^2 = k_B^2 - k^2, \qquad (4.96a)$$

bzw.

$$k_z^2 = k^2 - k_B^2. \qquad (4.96b)$$

Aus (4.96) kann man also bei gegebener Kreiswellenzahl k_B der Biege-wellen die durch (4.95) definierte Größe k im Schallfeld berechnen. Sie hat im Fall b die Bedeutung einer Kreiswellenzahl, im Fall a dagegen nicht. Da k_z aber immer reell sein soll (vergl. (4.96b)), wählen wir den Ansatz a für $k_B > k$ und die Lösung b für $k_B < k$.

Mit

$$\vec{v}(x,y,z,t) = - \operatorname{grad} \psi(x,y,z,t), \qquad (4.97)$$

$$p(x,y,z,t) = \rho_0 \frac{\partial \psi}{\partial t} \qquad (4.98)$$

ergibt sich mit dem Ansatz (4.93a)

$$v_x(x,y,z,t) = - k_x \psi_a \cos(k_x x) \sin(k_y y) \, e^{-k_z z} \sin \Omega t, \qquad (4.99a)$$

$$v_y(x,y,z,t) = - k_y \psi_a \sin(k_x x) \cos(k_y y) \, e^{-k_z z} \sin \Omega t, \qquad (4.100a)$$

$$v_z(x,y,z,t) = k_z \psi_a \sin(k_x x) \sin(k_y y) \, e^{-k_z z} \sin \Omega t, \qquad (4.101a)$$

$$p(x,y,z,t) = \rho_0 \Omega \psi_a \sin(k_x x) \sin(k_y y) \, e^{-k_z z} \cos \Omega t \qquad (4.102a)$$

und entsprechend mit (4.93b)

$$v_x(x,y,z,t) = - k_x \psi_b \cos(k_x x) \sin(k_y y) \cos(k_z z - \Omega t), \qquad (4.99b)$$

$$v_y(x,y,z,t) = - k_y \psi_b \, \sin(k_x x) \, \cos(k_y y) \, \cos(k_z z - \Omega t), \qquad (4.100b)$$

$$v_z(x,y,z,t) = k_z \psi_b \, \sin(k_x x) \, \sin(k_y y) \, \sin(k_z z - \Omega t), \qquad (4.101b)$$

$$p(x,y,z,t) = \rho_0 \Omega \psi_b \, \sin(k_x x) \, \sin(k_y y) \, \sin(k_z z - \Omega t). \qquad (4.102b)$$

Für $z = 0$ muß die durch (4.101b) gegebene Schnelle v_z mit (4.91) übereinstimmen. Daraus ergibt sich der Zusammenhang

$$\psi_a = \hat{v}/k_z, \qquad (4.103a)$$

$$\psi_b = - \hat{v}/k_z. \qquad (4.103b)$$

Wir berechnen nun für beide Fälle die mittlere zeitliche Schallintensität (Leistung pro Flächeneinheit), die durch eine zur xy-Ebene parallele Fläche hindurchtritt. Wir hatten diesen Begriff schon in Kapitel 3.2 eingeführt. Mit reellen Funktionen $p(\cdot)$ und $v_z(\cdot)$ ist sie durch

$$I(x,y) = \frac{1}{T} \int_0^T p \, v_z \, dt \qquad (4.104)$$

definiert. Setzt man (4.101), (4.102) in (4.104) ein, so folgt sofort jeweils

$$I(x,y) = 0 \qquad (4.105a)$$

im Fall a und

$$I(x,y) = \frac{\rho_0 \Omega}{2k_z} \hat{v}^2 \, \sin^2(k_x x) \, \sin^2(k_y y) \qquad (4.105b)$$

im anderen Fall. Für $k_B > k$, d.h. wenn für die entsprechenden Wellenlängen $\lambda_B < \lambda$ gilt, wird gar kein Schall abgestrahlt. Im Fall $k_B < k$, bzw. $\lambda_B > \lambda$ ist die Intensität des abgestrahlten Schalls gemäß (4.105b)

$$I(x,y) = \rho_0 c \, \frac{k}{k_z} \frac{\hat{v}^2}{2} \, \sin^2(k_x x) \, \sin^2(k_y y). \qquad (4.106)$$

Bezeichnet man den über x und y gemittelten Effektivwert der Plattenschnelle hier einfach mit v_{eff} und die gemittelte Intensität mit I, so gilt

262

$$\bar{I} = \rho_0 c \, \frac{k}{k_z} \, v_{eff}^2 \, .$$ (4.107)

Vergleicht man diesen Ausdruck mit dem Fall einer starren (conphas schwingenden) Wand, bei dem die Intensität $\bar{I}_w$ des abgestrahlten Schalls

$$\bar{I}_w = p_{eff} \, v_{eff} = \rho_0 c \, v_{eff}^2$$ (4.108)

ist, so erkennt man, daß die Intensität bei der elastischen Platte um den
Faktor

$$\sigma := \frac{\bar{I}}{\bar{I}_w} = \frac{k}{k_z}$$ (4.109)

größer ist. Die Größe σ wird in der Akustik als *Abstrahlgrad* bezeichnet. Gemäß
(4.96b) gilt offensichtlich für $k > k_B$

$$\sigma = \frac{k}{\sqrt{k^2 - k_B^2}} \, .$$ (4.110)

In Abb.4.10 ist σ in Abhängigkeit von k aufgetragen. Für Platten endlicher
Ausdehnung ändert sich dieses Bild etwas, besonders für $k < k_B$ (s. FÖLLER).

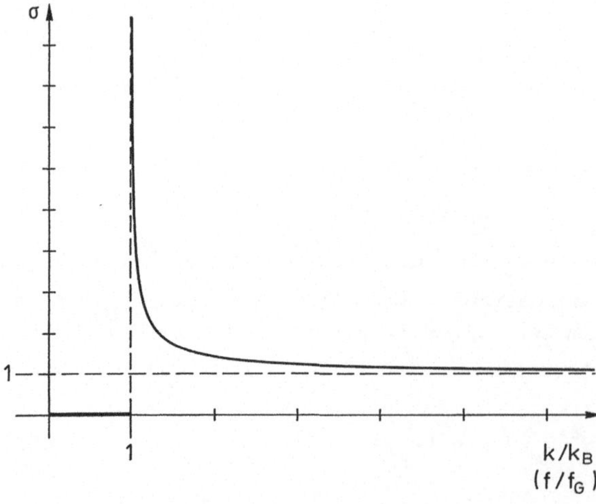

Abb.4.10   Abstrahlgrad σ einer unendlichen Platte in Abhängigkeit von der
Wellenzahl k

Wir untersuchen nun noch genauer den Fall $k_B > k$, in dem der Lösungsansatz (4.93a) zum Ziel führt und die gemittelte Schallabstrahlung verschwindet. Zur Veranschaulichung dieses Falls betrachten wir die Stromlinien der ·Luftteilchen, wobei es genügt, wenn wir uns auf die Ebene $k_y y = \pi/2$ beschränken. Die Schnelle der Luftteilchen ist dann gemäß (4.99a) bis (4.101a).

$$v_x(x,\pi/(2k_y),z,t) = - k_x \psi_a \cos(k_x x)\, e^{-k_z z} \sin \Omega t, \qquad \cdot \ (4.111)$$

$$v_y(x,\pi/(2k_y),z,t) = 0, \qquad (4.112)$$

$$v_z(x,\pi/(2k_y),z,t) = k_z \psi_a \sin(k_x x)\, e^{-k_z z} \sin \Omega t. \qquad (4.113)$$

Die Stromlinien sind definiert als diejenigen Linien, die überall tangential zum momentanen Geschwindigkeitsvektor sind, d.h. in einer zur y-Achse senkrechten Ebene gilt auf den Stromlinien

$$\frac{dz}{dx} = \frac{v_z}{v_x} . \qquad (4.114)$$

Im vorliegenden Fall sind die Stromlinien stationär, obwohl die Geschwindigkeiten von der Zeit abhängen, und es gilt gemäß (4.114)

$$\frac{dz}{dx} = - \frac{k_z}{k_x} \tan(k_x x) \qquad (4.115)$$

mit der Lösung

$$z = \frac{k_z}{k_x^2} \ln\left[\cos(k_x x)\right] + \mathrm{const}. \qquad (4.116)$$

In Abb.4.11 sind die Stromlinien gemäß (4.116) über der elastischen Platte dargestellt, wobei die eingetragenen Pfeile die Geschwindigkeiten kennzeichnen (auch die für die Platte in Abb.4.11 gezeichnete Sinuslinie gibt nicht die Verschiebung w, sondern die Schnelle wieder). Der Betrag der Geschwindigkeit nimmt im Schallfeld expontiell mit z ab, wie man auch schon direkt an (4.111), (4.113) erkennen konnte. Da die Stromlinien hier stationär sind, fallen sie mit den Bahnlinien der Teilchen zusammen. Diese bewegen sich schwingend auf diesen Linien, wobei natürlich jedes Teilchen nur eine sehr kleine Strecke auf einer solchen Linie zurücklegt.

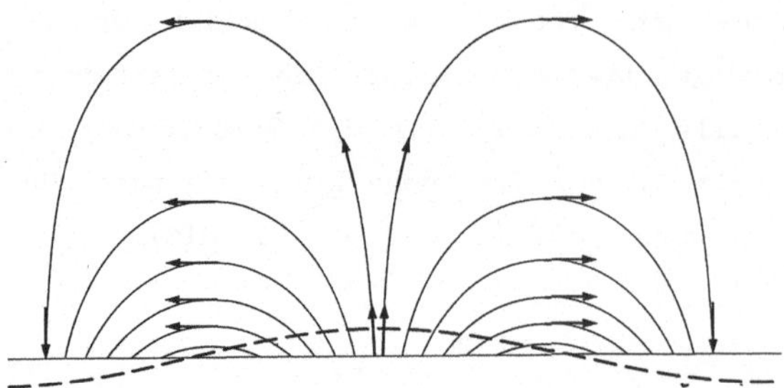

Abb.4.11   Stromlinien der Luftteilchen über einer schwingenden, elastischen Platte im Falle des akustischen Kurzschlusses

Das Strömungsbild im Schallfeld besteht also im Fall $\lambda > \lambda_B$ aus einer pulsierenden Strömung von Wellenberg zu Wellental der Platte, die im wesentlichen auf die nähere Umgebung der Platte beschränkt ist. Man bezeichnet dies als *akustischen* oder auch als *hydrodynamischen Kurzschluß*. Für $\lambda < \lambda_B$ dagegen sind die Stromlinien Geraden.

Bei den bisherigen Betrachtungen war lediglich das Verhältnis der Wellenzahlen von Biege- und Schallwelle wesentlich, und λ_B und Ω waren unabhängig voneinander vorgegeben; wir haben uns bisher keine Gedanken darüber gemacht, wie die geforderte Schnelleverteilung auf der Platte erzeugt wurde. Wir nehmen nun an, daß die Schnelleverteilung (4.91) der homogenen Plattengleichung

$$D\,\nabla^4 w(x,y,t) - \rho_P h\,\ddot{w}(x,y,t) = 0 \tag{4.117}$$

genügt (ρ_P sei hier die Dichte des Plattenmaterials). Daraus folgt dann unmittelbar, daß zwischen der Kreiswellenzahl k_B und der Kreisfrequenz Ω der Zusammenhang

$$k_B^4 = \frac{\rho_P h}{D}\,\Omega^2 \tag{4.118}$$

besteht. Die Kurzschlußbedingung $k_B < k$ schreibt sich demnach jetzt als

$$\sqrt[4]{\frac{\rho_P h}{D}}\,\sqrt{\Omega} < \frac{\Omega}{c}\,, \tag{4.119}$$

oder auch

$$\Omega > c^2 \sqrt{\frac{\rho_P h}{D}} \ . \tag{4.120}$$

Das bedeutet, daß in einer unendlichen Platte Schallabstrahlung nur oberhalb einer gewissen *Grenzfrequenz* (auch: *Koinzidenzfrequenz*) erfolgt, die wegen

$D = \dfrac{Eh^3}{12(1-v^2)}$ nur von Materialkonstanten, von der Plattendicke h und von der Schallgeschwindigkeit im umgebenden Medium abhängt, nämlich für

$$f > f_G := \frac{c^2}{2\pi \bar{c} h} \sqrt{12(1-v^2)} \ . \tag{4.121}$$

Dabei ist $\bar{c} := \sqrt{E/\rho_P}$. Für c = 340 m/s; $\bar{c}$ = 5000 m/s; v = 0,3 und h = 2 mm ergibt sich z.B. $f_G \approx$ 5800 Hz.

Mit der Grenzfrequenz f_G schreibt sich der Abstrahlgrad σ als

$$\sigma = \begin{cases} 0 & \text{für } f < f_G, \\ \dfrac{1}{\sqrt{1 - \dfrac{f_G}{f}}} & \text{für } f > f_G. \end{cases} \tag{4.122}$$

Dabei kann in (4.122) der Quotient f_G/f auch durch k_B/k ersetzt werden. Alle diese Betrachtungen gelten streng nur für Platten unendlicher Ausdehnung. Bei Platten endlicher Ausdehnung erfolgt auch unterhalb der Grenzfrequenz eine geringe Abstrahlung, da der hydrodynamische Kurzschluß in den Randbereichen nicht in vollem Umfang auftritt.

Durch die Schallabstrahlung wird einer schwingenden Platte Energie entzogen; bisher hatten wir diesen Energieverlust vernachlässigt und angenommen, daß die Platte stationäre, freie Schwingungen ausführt. In der Praxis erfolgt die Schallabstrahlung von der Platte allerdings i.a. infolge erzwungener Schwingungen. Bei Abstrahlung von Luftschall durch Metallplatten spielt aber die Schalleistung nur über extrem lange Zeiten im Energiehaushalt der Platte eine merkliche Rolle, so daß die Rückwirkung des Schalls auf die Platte meist vernachlässigt werden kann. Ganz anders kann dies z.B. bei der Abstrahlung von Unterwasserschall sein: infolge der hohen Dichte des Mediums (Wasser) kann es dabei u.U. zu so starken Abstrahlungsverlusten kommen, daß das Problem der Plattenschwingungen nicht mehr als getrennt vom Abstrahlproblem behandelt werden kann (die Plattenschwingungen wurden im vorliegenden Abschnitt als Lösung der *homogenen* Plattengleichung angesehen!).

4.7 Aufgaben zu Kapitel 4

Aufgabe 4.1

Eine Rechteckplatte ist am ganzen Rand einfach gelagert und trägt in der Mitte eine Punktmasse m. Sie ist außerdem in der Mitte über eine Feder der Steifigkeit c abgestützt. Man schätze die ersten Eigenfrequenzen und die Eigenschwingungsformen ab.

Aufgabe 4.2

Man berechne die Eigenfrequenzen und Eigenschwingungsformen einer im Inneren elastisch gebetteten, am Rande einfach gelagerten Rechteckplatte (konstante Bettungsziffer b).

Aufgabe 4.3

Für eine einfach gelagerte Rechteckplatte, die freie Schwingungen in der Grundschwingung ausführt, berechne man die verteilten Auflagerkräfte. Durch Integration über den Rand bestimme man die resultierende Auflagerkraft und überprüfe, ob der erste Schwerpunktsatz ($F = ma$) erfüllt ist. Was passiert bei Hauptschwingungen höherer Ordnung? Berechne die Eckenkräfte!

Aufgabe 4.4

Eine Rechteckplatte ist an ihrem Rand überall in Querrichtung elastisch abgestützt (Bettungsziffer b). Für $b = 0$ ist die Platte frei, für $b \rightarrow \infty$ ergibt sich die einfach gelagerte Platte. Man bestimme näherungsweise die freien Schwingungen für endliche Werte von b.

Aufgabe 4.5

Auf eine einfach gelagerte waagrechte Rechteckplatte fällt aus einer gegebenen Höhe h eine schwere Punktmasse der Masse m. Die Punktmasse trifft die Platte genau in der Mitte. Man berechne den Kontaktkraftverlauf als Funktion der Zeit. Man mache das Problem dimensionslos und diskutiere das Ergebnis in Abhängigkeit von den wesentlichen Kennzahlen.

Aufgabe 4.6

Eine einfach gelagerte Rechteckplatte erstreckt sich in der x-y-Ebene über das Gebiet $0 \leq x \leq a$, $0 \leq y \leq b$. Für $t \leq 0$ ist die Platte in Ruhe. Eine Belastung (Kraft F) fährt mit konstanter Geschwindigkeit v in positiver x-Richtung auf der Geraden $y = b/2$ über die Platte, so daß für $t = 0$ die Belastung am Punkt $x = 0$, $y = b/2$ ist. Berechne die Schwingungen der Platte.

Aufgabe 4.7

Zwei waagrechte, einfach gelagerte Rechteckplatten sind genau übereinander angebracht und in der Mitte durch eine lotrechte Feder der Steifigkeit c verbunden. Man gebe die ersten Eigenfrequenzen und die zugehörigen Eigenschwingungsformen des Systems an.

Aufgabe 4.8

Eine Rechteckplatte ist auf einem starren Rahmen gelenkig gelagert. Der Rahmen führt in Querrichtung (orthogonal zur Plattenebene) eine harmonische Bewegung aus. Berechne die erzwungenen Schwingungen (eingeschwungener Zustand) der Platte.

Aufgabe 4.9

Löse das Problem der Aufgabe 4.8 für den Fall in dem der Rahmen eine harmonische Drehbewegung um eine Symmetrieachse der Platte ausführt.

Aufgabe 4.10

Eine Kreisplatte ist in einem starren Rahmen gelenkig gelagert. Der Rahmen führt in Querrichtung (orthogonal zur Plattenebene) eine harmonische Bewegung aus. Berechne die erzwungenen Schwingungen der Platte.

Literatur zu Kapitel 4

EVENSEN, D. A. & APRAHAMIAN, R.;

    Applications of Holography to Vibrations, Transient Response, and Wave Propagation, TRW Report AM-70-11, Prepared for NASA, Langley Research Center under Contract NAS 1-8361, 1970

FÖLLER, D.;

    Die Geräuschabstrahlung von Platten und kastenförmigen Maschinengehäusen, Forschungshefte Forschungskuratorium Maschinenbau E.V., Heft 79, 31-74

GORMAN, D.J.;

    Free Vibration Analysis of Rectangular Plates, Elsevier, New York 1982.

HAGEDORN, P. & KELKEL, K.;

    Study of Plate Impedances, ESTEC Report 5683/83/NL/PP(SC), Noordwijk, 1985

HAGEDORN, P.; KELKEL, K. & WALLASCHEK, J.;
Vibrations and Impedances of Rectangular Plates with Free Boundaries,
Lecture Notes in Engineering, Vol. 23, Springer, Berlin 1986

LEISSA, A.W.;
Vibration of Plates, NASA Report, Sp-160, 1969

MINDLIN, R. D.;
Influence of Rotatory Inertia and Shear on Flexural Motions
of Isotropic Elastic Plates, J. Appl. Mech., Trans. ASME,
73 (1951), 31-38

REISSNER, E.;
The Effect of Transverse Shear Deformation on the Bending of Elastic
Plates, J. Appl. Mech., Trans. ASME,
67 (1945), A-69 bis A-77

SZABO, I.,
Geschichte der mechanischen Prinzipien, Birkhäuser, Basel 1979

TIMOSHENKO, S.P. & WOINOWSKY-KRIEGER, S.;
Theory of Plates and Shells, McGraw-Hill, New York 1959

5 Rand- und Eigenwertprobleme bei Schwingungen

5.1 Selbstadjungierte Operatoren und Eigenwertprobleme (bei freien ungedämpften Schwingungen)

5.1.1 Allgemeine Zusammenhänge, der Entwicklungssatz

Wie aus der elementären Technischen Schwingungslehre bekannt ist, werden die freien ungedämpften Schwingungen mechanischer Systeme mit n Freiheitsgraden meist durch Systeme *gewöhnlicher Differentialgleichungen* der Art

$$\mathbf{M}\ddot{\mathbf{q}} + \mathbf{C}\,\mathbf{q} = 0 \tag{5.1}$$

beschrieben, wobei $q(t) = (q_1, q_2, \ldots, q_n)^T$ der Vektor der verallgemeinerten Koordinaten ist und die Matrizen $\mathbf{M}$ und $\mathbf{C}$ symmetrisch und positiv definit sind. In den vorhergegangenen Kapiteln haben wir *elastomechanische Kontinua* betrachtet, die entweder eindimensional (längs einer Linie verteilt) oder eben waren. Im allgemeinen Fall der Schwingungen elastomechanischer Kontinua hat man es aber mit Systemen zu tun, die räumlich sind, so daß zur Kennzeichnung eines materiellen Punktes drei Koordinaten benötigt werden. In der linearen Elastomechanik sind dies üblicherweise die Koordinaten des materiellen Punktes in der Gleichgewichtslage des Systems; dabei werden oft kartesische Koordinaten x,y,z verwendet, wobei die Verschiebungen in den Richtungen der drei Koordinatenachsen mit u,v,w bezeichnet werden.

Um eine einfache Darstellung zu ermöglichen, nehmen wir hier zunächst an, daß Verschiebungen nur in einer Richtung, z.B. in z-Richtung zu betrachten sind, die wir mit w(x,y,z,t) bezeichnen. Die Schwingungsgleichungen eines solchen Kontinuums können dann in der Form

$$\mathcal{M}\left[\ddot{w}(x,y,z,t)\right] + \mathcal{C}\left[w(x,y,z,t)\right] = 0 \quad \text{für } (x,y,z) \in \mathcal{G} \tag{5.2}$$

geschrieben werden, wobei $\mathcal{M}$ und $\mathcal{C}$ lineare Differentialoperatoren sind, die Ableitungen lediglich bzgl. der Ortskoordinaten x,y,z enthalten. Die Koeffizienten dieser Ableitungen dürfen von x,y und z, nicht jedoch von der Zeit t abhängen. Zusätzlich zur Differentialgleichung (5.2), die in dem Gebiet $\mathcal{G}$ gilt, sind noch homogene lineare Randbedingungen

$$\mathcal{L}_i \left[w(x,y,z,t) \right] = 0 \quad \text{für } (x,y,z) \in \partial\mathcal{G}, \quad i = 1,2,\ldots,2m \qquad (5.3)$$

gegeben. Dabei sei 2q die Ordnung des Operators $\mathcal{M}$ und 2p die Ordnung von $\mathcal{C}$. Die Ordnung der Differentialoperatoren in (5.3) ist dann höchstens gleich 2p-1. Diejenigen Randbedingungen, die Ableitungen bis höchstens zur Ordnung p-1 enthalten, werden als *geometrische* oder *wesentliche Randbedingungen* bezeichnet, die anderen als *natürliche* oder *dynamische Randbedingungen*.

Das durch (5.2), (5.3) definierte Randwertproblem tritt im kontinuierlichen Fall an die Stelle des Systems (5.1), und die in den vorhergehenden Kapiteln behandelten Randwertprobleme sind von diesem Typ. Im vorliegenden Kapitel werden die wesentlichen Eigenschaften dieser Art von Randwertproblemen nochmals zusammenfassend behandelt und auch die wichtigsten Verfahren zu ihrer numerischen Behandlung beschrieben.

Der Lösungsansatz

$$w(x,y,z,t) = W(x,y,z) \sin \omega t \qquad (5.4)$$

in (5.2), (5.3) führt auf das *Eigenwertproblem*

$$\mathcal{C}\left[W(x,y,z) \right] = \omega^2 \, \mathcal{M}\left[W(x,y,z) \right], \quad (x,y,z) \in \mathcal{G}, \qquad (5.5)$$

$$\mathcal{L}_i \left[W(x,y,z) \right] = 0, \quad (x,y,z) \in \partial\mathcal{G}, \quad i = 1,2,\ldots,2m. \qquad (5.6)$$

Jede nicht identisch verschwindende Funktion $W(x,y,z)$, die (5.5), (5.6) erfüllt, ist eine *Eigenfunktion* dieses Problems und der zugehörige Wert von ω^2 ist ein *Eigenwert*.

Als *Vergleichsfunktionen* bezeichnet man in $\mathcal{G}$ definierte Funktionen, die genügend oft differenzierbar sind, so daß sie zum Definitionsbereich der Operatoren $\mathcal{M}$ und $\mathcal{C}$ gehören, und die außerdem allen Randbedingungen (5.6) genügen. Gilt für beliebige Vergleichsfunktionen W_1 und W_2

$$\int_{\mathcal{G}} \mathcal{M}[W_1] \ W_2 \ d\mathcal{G} = \int_{\mathcal{G}} \mathcal{M}[W_2] \ W_1 \ d\mathcal{G}. \tag{5.7}$$

so nennt man den Operator $\mathcal{M}$ *symmetrisch* oder *selbstadjungiert*. Sind sowohl der Operator $\mathcal{M}$ als auch der Operator $\mathcal{C}$ selbstadjungiert, so bezeichnet man (5.5), (5.6) als *selbstadjungiertes Eigenwertproblem*.

Es ist leicht zu überprüfen, daß die in den vorhergegangenen Kapiteln betrachteten Bewegungsgleichungen für freie ungedämpfte Schwingungen stets auf selbstadjungierte Eigenwertprobleme geführt haben. So ist etwa bei den Querschwingungen der Saite

$$\mathcal{C}[\cdot] := - \frac{d}{dx} \left[T(x) \frac{d}{dx} \right] \tag{5.8}$$

und

$$\mathcal{M}[\cdot] := \rho A(x). \tag{5.9}$$

Sind $W_1(x)$ und $W_2(x)$ zwei Vergleichsfunktionen, so gilt mit $\mathcal{G} = [0,1]$

$$\int_0^1 \mathcal{C}[W_1] \ W_2 \ dx = -\int_0^1 W_2 \frac{d}{dx} \left[T \frac{dW_1}{dx} \right] \ dx =$$

$$= -W_2 \left[T(x) \frac{dW_1}{dx} \right] \Big|_0^1 + \int_0^1 T(x) \frac{dW_1}{dx} \frac{dW_2}{dx} \ dx. \tag{5.10}$$

Für die Saite mit einem festen und einem querverschiebbaren Randpunkt sind die Randbedingungen

$$W(0) = 0, \quad T(1) \frac{dW(1)}{dx} = 0, \tag{5.11}$$

und damit verschwinden die Randterme auf der rechten Seite von (5.10), so daß lediglich der symmetrische Ausdruck verbleibt. Daraus folgt, daß der Operator $\mathcal{C}$ symmetrisch ist. Ebenso ist natürlich hier auch der Operator $\mathcal{M}$ symmetrisch:

$$\int_0^1 \mathcal{M}[W_1] \ W_2 \ d\mathcal{G} = \int_0^1 A\rho(x) \ W_1 W_2 \ dx = \int_0^1 \mathcal{M}[W_2] \ W_1 \ d\mathcal{G} \tag{5.12}$$

(unabhängig von den Randbedingungen), so daß das Problem der freien
Schwingungen einer Saite bei den vorliegenden Randbedingungen auf ein selbstadjungiertes Eigenwertproblem führt. Ähnlich kann die Selbstadjungiertheit für
die Probleme der Balken- und Plattenschwingungen überprüft werden. Anschaulich
läßt sich die Selbstadjungiertheit dadurch kennzeichen, daß Energieerhaltung
gilt (und keine gyroskopischen Kräfte vorhanden sind).

In dem Fall *eindimensionaler Kontinua* sind die Differentialoperatoren $\mathcal{M}$
und $\mathcal{C}$ von der Art

$$\mathcal{M}[W(x)] = \sum_{s=0}^{2q} a_s(x)\, W^{(s)}(x), \tag{5.13}$$

$$\mathcal{C}[W(x)] = \sum_{s=0}^{2p} c_s(x)\, W^{(s)}(x), \quad p > q. \tag{5.14}$$

Sie sind genau dann selbstadjungiert, wenn sie in der Form

$$\mathcal{M}[W(x)] = \sum_{s=0}^{q} (-1)^s \left[f_s(x)\, W^{(s)}(x) \right]^{(s)}, \tag{5.15}$$

$$\mathcal{C}[W(x)] = \sum_{s=0}^{p} (-1)^s \left[g_s(x)\, W^{(s)}(x) \right]^{(s)} \tag{5.16}$$

geschrieben werden können und zusätzlich noch die Randbedingungen geeignet
gewählt werden.

Ein selbstadjungierter Differentialoperator $\mathcal{M}$ heißt *positiv-definit* oder
volldefinit, wenn für alle Vergleichsfunktionen $W(x,y,z)$ die Ungleichung

$$\int_{\mathcal{G}} \mathcal{M}[W]\, W\, d\mathcal{G} \geq \gamma\, \|W\|^2 \tag{5.17a}$$

gilt, wobei γ eine geeignete positive Konstante und $\|W\|$ eine geeignete Norm
ist, z.B.

$$\|W\|^2 := \int_{\mathcal{G}} W^2\, d\mathcal{G}. \tag{5.17b}$$

Die Norm (5.17b) wird durch das Skalarprodukt

$$(W_1, W_2) := \int_{\mathcal{G}} W_1 \, W_2 \, d\mathcal{G} \tag{5.18}$$

der Vergleichsfunktionen W_1, W_2 induziert, und mit diesem Skalarprodukt ist der unendlichdimensionale lineare Vektorraum der Vergleichsfunktionen ein HILBERTraum[30]. Sind sowohl $\mathcal{M}$ als auch $\mathcal{C}$ volldefinit, dann spricht man von einem *volldefiniten* oder *positiv-definiten Eigenwertproblem*. Bei positiv-definiten Operatoren $\mathcal{M}$ und $\mathcal{C}$ verwendet man auch die durch (5.7) definierten Skalarprodukte, wodurch sich andere HILBERTräume ergeben.

Für positiv-definite Eigenwertprobleme der Art (5.5), (5.6) gilt der *Entwicklungssatz*:

- alle Eigenwerte des Problems (5.5), (5.6) sind positiv; sie bilden eine unendliche Folge $0 < \omega_1^2 \leq \omega_2^2 \leq \omega_3^2 \leq \dots$

- die Eigenfunktionen $W_i(x,y,z)$, $W_j(x,y,z)$, die zu verschiedenen Eigenwerten gehören, sind *orthogonal bezüglich* $\mathcal{M}$ und auch *bezüglich* $\mathcal{C}$, d.h. es ist

$$\int_{\mathcal{G}} \mathcal{M}[W_i] \, W_j \, d\mathcal{G} = 0 \quad \text{für } \omega_i^2 \neq \omega_j^2 \tag{5.19a}$$

und auch

$$\int_{\mathcal{G}} \mathcal{C}[W_i] \, W_j \, d\mathcal{G} = 0 \quad \text{für } \omega_i^2 \neq \omega_j^2, \tag{5.19b}$$

- die Eigenfunktionen $W_1(x,y,z)$, $W_2(x,y,z)$, $W_3(x,y,z) \dots$ bilden eine Basis des Funktionsraumes (des HILBERTraumes) der Vergleichsfunktionen, d.h. jede Vergleichsfunktion $W(x,y,z)$ besitzt eine Darstellung der Art

---

[30]Nach dem Mathematiker David HILBERT, *1862 in Königsberg, +1943 in Göttingen.

$$W(x,y,z) = \sum_{i=1,2,\ldots}^{\infty} e_i W_i(x,y,z) \qquad (5.20)$$

(verallgemeinerte FOURIER-Reihe).

Die in diesem Satz geschilderten Verhältnisse sind denen, die von den Matrizeneigenwertproblemen bekannt sind, vollständig analog. So ermöglicht der Entwicklungssatz die Darstellung der zu beliebigen Anfangsbedingungen gehörenden freien Schwingung als Überlagerung von Eigenschwingungen. Man beachte, daß nichts über die Art der Konvergenz in (5.20) gesagt wurde. Sie gilt auf jeden Fall immer bezüglich der *Energienormen*

$$\|W\|_{\mathcal{M}}^2 = \int_{\mathcal{G}} \mathcal{M}[W] \; W \; d\mathcal{G} \qquad (5.21)$$

und

$$\|W\|_{\mathcal{C}}^2 = \int_{\mathcal{G}} \mathcal{C}[W] \; W \; d\mathcal{G}, \qquad (5.22)$$

die den Skalarprodukten (5.19) entsprechen, oft liegt aber auch gleichmäßige Konvergenz vor. Welche Art von Konvergenz in einem konkreten Fall gegeben ist, hängt von der Art der Operatoren $\mathcal{M}$ und $\mathcal{C}$ und auch von der Dimension des Gebietes $\mathcal{G}$ ab. So kann man z.B. bei eindimensionalen Kontinua oft relativ starke Konvergenzaussagen machen. Einzelheiten hierzu sowie den Beweis des Entwicklungssatzes findet man in der mathematischen Literatur (s. COLLATZ, MICHLIN, REKTORYS).

Bisher haben wir nur Verschiebungen in einer einzigen Richtung zugelassen, bzw. alle Verschiebungen durch die Verschiebungskomponente w ausgedrückt. Im allgemeinen Fall erfahren die Punkte eines Systems Verschiebungen in einer beliebigen Richtung, und die Schwingungen des Systems werden durch die drei Funktionen $u(x,y,z,t)$, $v(x,y,z,t)$, $w(x,y,z,t)$, $(x,y,z) \in \mathcal{G}$ beschrieben. In diesem Fall treten vektorwertige Ausdrücke des Arguments (u, v, w), bzw. $(\ddot{u}, \ddot{v}, \ddot{w})$ an die Stelle der skalaren Differentialausdrücke $\mathcal{M}[\ddot{w}]$, $\mathcal{C}[w]$ und $\mathcal{L}_i[w]$ in (5.2) und (5.3). Gelegentlich werden die Verschiebungskomponenten u, v, w auch durch andere Größen ausgedrückt, so .B. beim TIMOSHENKO-Balken durch w und ψ. In allen diesen Fällen können Aussagen gemacht werden, die dem angegebenen Entwicklungssatz entsprechen. Die Orthogonalität der Eigenfunktionen ist dabei jeweils entsprechend zu definieren.

Auch bei Problemen, in denen die Eigenwerte in den Randbedingungen auftreten, erfüllen die Eigenfunktionen Orthogonalitätsbedingungen, die allerdings außer dem Integral auch noch Randterme enthalten. In den vorhergehenden Kapiteln sind solche Fälle schon mehrfach behandelt worden (vergl. Abb.1.43 für d = 0 und die dazugehörigen Orthogonalitätsrelationen (1.372)).

Wir erläutern die Begriffe nochmals anhand des Beispiels von Balken- und Stabschwingungen. Bei den Biegeschwingungen eines Balkens hatten wir nur Querverschiebungen $w(x,t)$ der Balkenachse zugelassen und bei den Längsschwingungen des Stabes lediglich die Verschiebungen $u(x,t)$, und die Differentialgleichungen für Längs- und Querschwingungen waren in der linearisierten Form bisher stets entkoppelt. Daß für Längs- und Querschwingungen diese Entkoppelung aber eigentlich auch von den Randbedingungen abhängt, kann man anhand des Beispiels der Abb.5.1 erkennen (ein ähnlicher Fall tritt auch bei den Schwingungen eines Rahmens auf). Hier sind Biege- und Längsschwingungen offensichtlich gekoppelt für $\alpha \neq k\frac{\pi}{2}$, $k = 0,1,2, \ldots$. Wir werden im folgenden für dieses Beispiel den vorher erklärten Begriff der Selbstadjungiertheit sinngemäß übertragen und verallgemeinern. Die Bewegungsgleichungen sind

$$\rho A\, \ddot{w}(x,t) + EI\, w''''(x,t) = 0, \qquad (5.23a)$$

$$\rho A\, \ddot{u}(x,t) - EA\, u''(x,t) = 0 \qquad (5.23b)$$

mit den geometrischen Randbedingungen

$$w(0,t) = 0, \quad w'(0,t) = 0, \quad u(0,t) = 0 \qquad (5.24)$$

am linken Ende. Am rechten Ende gilt offensichtlich

$$w''(1,t) = 0. \qquad (5.25)$$

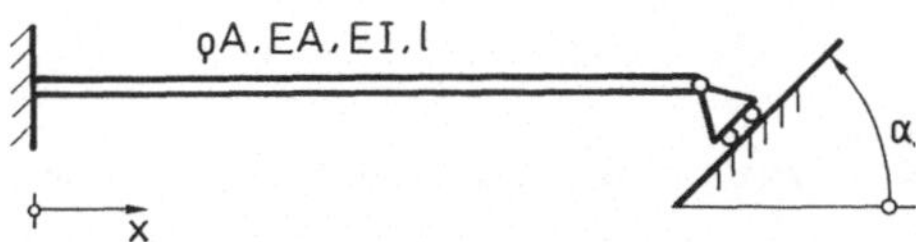

Abb.5.1   Kopplung von Biege- und Längsschwingungen eines Balkens über die Randbedingungen

Über die anderen Randbedingungen am rechten Ende werden wir uns gleich noch Gedanken machen.

Der Ansatz der Trennung der Veränderlichen

$$w(x,t) = W(x) \sin \omega t, \quad u(x,t) = U(x) \sin \omega t \tag{5.26}$$

führt auf das Eigenwertproblem

$$EI\ W''''(x) - \omega^2 \rho A\ W(x) = 0, \tag{5.27a}$$

$$-EA\ U''(x) - \omega^2 \rho A\ U(x) = 0, \tag{5.27b}$$

mit den bisher festgelegten Randbedingungen

$$W(0) = 0, \quad W'(0) = 0, \quad W''(1) = 0, \quad U(0) = 0. \tag{5.28}$$

Mit

$$e(x) := \begin{bmatrix} W(x) \\ U(x) \end{bmatrix} \tag{5.29}$$

schreiben wir (5.27) auch als

$$\mathscr{C}[e] - \omega^2 \mathscr{M}[e] = 0, \tag{5.30}$$

wobei die Operatoren $\mathscr{C}$ und $\mathscr{M}$ gemäß

$$\mathscr{C} := \begin{bmatrix} EI\dfrac{d^4}{dx^4} & 0 \\ 0 & -EA\dfrac{d^2}{dx^2} \end{bmatrix}, \quad \mathscr{M} := \begin{bmatrix} \rho A & 0 \\ 0 & \rho A \end{bmatrix} \tag{5.31}$$

definiert werden. Der Operator $\mathscr{C}$ ist selbstadjungiert, wenn $\int_{\mathscr{G}} e_1^T\, \mathscr{C}[e_2]\, d\mathscr{G} = \int_{\mathscr{G}} e_2^T\, \mathscr{C}[e_1]\, d\mathscr{G}$ gilt, für beliebige $e_1(x)$, $e_2(x)$, die alle Randbedingungen erfüllen. Hier ist aber

$$\int_{\mathscr{G}} e_2^T \, \mathscr{C}[e_1] \, d\mathscr{G} = \int_0^1 EI \, W_1^{''''} \, W_2 \, dx - \int_0^1 EA \, U_1^{''} \, U_2 \, dx =$$

$$= EI \, W_1^{'''} \, W_2 \, \Big|_0^1 - \int_0^1 EI \, W_1^{'''} \, W_2^{'} \, dx - EA \, U_1^{'} \, U_2 \, \Big|_0^1 + \int_0^1 EA \, U_1^{'} \, U_2^{'} \, dx =$$

$$= EI \, W_1^{'''} \, W_2 \, \Big|_0^1 - EI \, W_1^{''} \, W_2^{'} \, \Big|_0^1 - EA \, U_1^{'} \, U_2 \, \Big|_0^1$$

$$+ \int_0^1 EI \, W_1^{''} \, W_2^{''} \, dx + \int_0^1 EA \, U_1^{'} \, U_2^{'} \, dx. \qquad (5.32)$$

Die in (5.32) auf der letzten Zeile stehenden Integrale sind aber offensichtlich symmetrisch in e_1, bzw. e_2, so daß die Selbstadjungiertheit des Operators $\mathscr{C}$ gewährleistet ist, *wenn die Summe aller Randterme in (5.32) verschwindet*. Mit den schon formulierten Randbedingungen (5.28) ergibt sich daraus die Forderung

$$EI \, W_1^{'''}(1) \, W_2(1) - EA \, U_1^{'}(1) \, U_2(1) = 0, \qquad (5.33)$$

die man auch als

$$\frac{EA \, U_1^{'}(1)}{EI \, W_1^{'''}(1)} = \frac{W_2(1)}{U_2(1)} \qquad (5.34)$$

schreiben kann. Da die linke Seite von (5.34) nur von e_1, die rechte nur von e_2 abhängt, das Gleichheitszeichen jedoch bei beliebigen Vergleichsfunktionen gelten soll, müssen beide Quotienten konstant, d.h. unabhängig von den speziellen Funktionen $e_1(x)$, $e_2(x)$ sein. Führt man den konstanten Winkel α so ein, daß

$$\tan \alpha = - \frac{W_2(1)}{U_2(1)} \qquad (5.35)$$

und

$$\tan \alpha = - \frac{EA \, U_1^{'}(1)}{EI \, W_1^{'''}(1)} \qquad (5.36)$$

gilt, so folgt, daß die Randbedingungen

$$W(1) + U(1) \tan \alpha = 0, \qquad (5.37)$$

$$EA\, U'(1) + EI\, W'''(1) \tan \alpha = 0, \qquad (5.38)$$

den Operator $\mathcal{C}$ selbstadjungiert machen. Davon ist die erste Randbedingung (5.37) offensichtlich eine geometrische, deren Bedeutung klar ist. Die zweite Randbedingung (5.38) ist eine natürliche, die besagt, daß die Auflagerkraft am rechten Ende orthogonal zu der um α gegen die Horizontale geneigten Geraden ist (die Komponenten dieser Auflagerkraft entsprechen der Querkraft $Q = -EI\, W'''$ und der Normalkraft $N = EA\, U'$ in Richtung quer, bzw. längs der Balkenachse).

Wir betrachten noch kurz den Fall, in dem der Balken der Abb.5.1 links nicht eingespannt, sondern einfach gelagert ist. Dann schreiben sich die unmittelbar erkennbaren Randbedingungen als

$$W(0) = 0, \quad W''(0) = 0, \quad U(0) = 0, \quad W''(1) = 0. \qquad (5.39)$$

Auch mit den Randbedingungen (5.39) folgt (5.34) aus (5.32) und damit die beiden Randbedingungen (5.37), (5.38).

Bisher haben wir nur die Selbstadjungiertheit des Operators $\mathcal{C}$ besprochen, die Selbstadjungiertheit von $\mathcal{M}$ ist aber offensichtlich, so daß das Eigenwertproblem selbstadjungiert ist. Für den zweiten betrachteten Fall (einfache Lagerung links) geben wir noch die charakteristische Gleichung an. Die Lösung von (5.27) ist

$$W(x) = C_1 \sin \beta x + C_2 \cos \beta x + C_3 \sinh \beta x + C_4 \cosh \beta x, \qquad (5.40a)$$

$$U(x) = D_1 \sin \gamma x + D_2 \cos \gamma x, \qquad (5.40b)$$

mit $\beta^4 = \omega^2 \frac{\rho A}{EI}$, $\gamma^2 = \omega^2 \frac{\rho}{E}$. Die Randbedingungen $W(0) = 0$, $W''(0) = 0$ und $W''(1) = 0$ liefern $C_2 = 0$, $C_4 = 0$ und $C_3 = \frac{\sin \beta 1}{\sinh \beta 1}$ (für $\sinh \beta 1 \neq 0$), so daß

$$W(x) = C_1 \left[\sin \beta x + \frac{\sin \beta 1}{\sinh \beta 1} \sinh \beta x \right] \qquad (5.41)$$

ist, und aus $U(0) = 0$ folgt $D_2 = 0$, bzw.

$$U(x) = D_1 \sin \gamma x. \tag{5.42}$$

Damit folgt aus den restlichen Randbedingungen (5.37), (5.38)

$$(2 \sin \beta l) \, C_1 + (\tan \alpha \sin \gamma l) \, D_1 = 0, \tag{5.43}$$

$$-EI \, \beta^3 \tan \alpha \left[-\cos \beta l + \frac{\sin \beta l}{\sinh \beta l} \cosh \beta l \right] C_1 - (\gamma EA \cos \gamma l) \, D_1 = 0, \tag{5.44}$$

woraus sich die charakteristische Gleichung

$$- 2\gamma \, EA \cos \gamma l + EI \, \beta^3 \tan^2\alpha \sin \gamma l(- \cot \beta l + \coth \beta l) = 0 \tag{5.45}$$

ergibt. Mit $i^2 := I/A$ folgt aber $\gamma = \beta^2 i$ und (5.45) kann für $\beta \neq 0$ und mit $r := l/i$ auch als

$$2 + (\beta l/r) \, \tan^2\alpha \, \tan(\beta^2 l^2/r) \left[\cot \beta l - \coth \beta l\right] = 0 \tag{5.46}$$

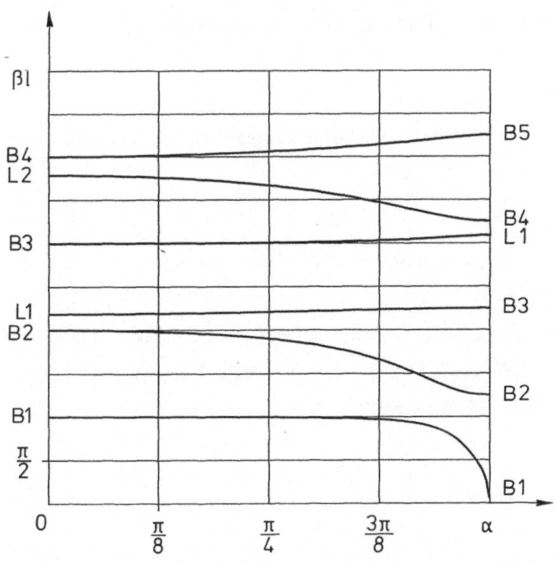

Abb.5.2   Eigenwerte zu dem System der Abb.5.1

geschrieben werden. Für $\alpha = 0$ und $\alpha = \pi/2$ sind natürlich die Biegeschwingungen vollständig von den Längsschwingungen entkoppelt, und die Eigenwerte und Eigenfunktionen können in diesen Fällen relativ leicht angegeben werden. Für Werte von α zwischen diesen Grenzen führt der Balken in den Eigenschwingungsformen gleichzeitig Biege- und Normalschwingungen aus, und die Eigenwerte müssen numerisch aus (5.46) bestimmt werden. In Abb.5.2 sind die ersten Eigenwerte βl für $r = 30$ in Abhängigkeit von α aufgetragen. Man erkennt, daß die erste Eigenfrequenz der Biegung B1 bei $\alpha = 0$ in die erste Biegefrequenz bei $\alpha = \pi/2$ übergeht, die Null ist (Starrkörperbewegung!). Die erste Eigenfrequenz der Längsschwingungen (L1) bei $\alpha = 0$ geht dagegen in die dritte Eigenfrequenz der Biegung (B3) bei $\alpha = \pi/2$ über (wenn die Starrkörperdrehung mitgezählt wird), usw.

Mit den Wurzeln von (5.46) sind natürlich auch die Eigenfunktionen leicht zu bestimmen, die jetzt Orthogonalitätsbeziehungen der Art

$$\int_0^l EI \; W_i'' \, W_j'' \, dx + \int_0^l EA \; U_i' \, U_j' \, dx = 0, \qquad \omega_i^2 \neq \omega_j^2 \tag{5.47}$$

genügen.

5.1.2 GREENsche Funktionen und das mittels einer Integralgleichung formulierte Eigenwertproblem

Bei erzwungenen Schwingungen sind die Bewegungsgleichungen (5.2) durch die Inhomogenität $q(x,y,z,t)$ zu ergänzen, so daß sich

$$\mathcal{M}\left[\ddot{w}(x,y,z,t)\right] + \mathcal{C}\left[w(x,y,z,t)\right] = q(x,y,z,t) \qquad \text{für } (x,y,z) \in \mathcal{G} \tag{5.48}$$

mit den zugehörigen Randbedingungen ergibt, wobei $q(x,y,z,t)$ die räumlich verteilten Erregerkräfte darstellt. Im Sonderfall der Statik hängen $w(\cdot)$ und $q(\cdot)$ nicht von der Zeit ab, so daß sich (5.48) auf

$$\mathcal{C}\left[w(x,y,z)\right] = q(x,y,z), \qquad (x,y,z) \in \mathcal{G} \tag{5.49}$$

reduziert. Die *Einflußfunktion* oder *GREENsche Funktion des statischen Problems* ist die Lösung des Randwertproblems (5.49) mit

$$q(x,y,z) := \delta(x-\xi,\ y-\eta,\ z-\xi); \tag{5.50}$$

wir bezeichnen sie mit $g(x,y,z;\xi,\eta,\zeta)$. Sie gibt die Verschiebung an der Stelle (x,y,z) infolge einer konzentrierten Einzellast am Ort (ξ,η,ζ) wieder und besitzt die bekannten Symmetrieeigenschaften.

Mit Hilfe der GREENschen Funktion $g(\cdot;\cdot)$ kann nun das statische Problem (5.49) durch einfache Integration gelöst werden; infolge der Linearität gilt nämlich

$$w(x,y,z) = \int_{\mathcal{G}} g(x,y,z;\xi,\eta,\zeta)\ q(\xi,\eta,\zeta)\ d\xi\ d\eta\ d\zeta \tag{5.51}$$

für die Verschiebungen $w(x,y,z)$ bei beliebig vorgegebener äußerer Belastung $q(x,y,z)$.

Die Kenntnis der GREENschen Funktion gestattet jedoch nicht nur die Lösung des Statikproblems bei beliebig vorgegebener Belastung, sondern legt auch eine interessante Umformung des Eigenwertproblems der freien Schwingungen nahe. Betrachtet man nach D'ALEMBERT die verteilten "Trägheitskräfte" $-\mathcal{M}[\ddot{w}(x,y,z,t)]$ als Belastungen, so ergibt sich für die freien Schwingungen

$$q(x,y,z,t) := -\mathcal{M}[\ddot{w}(x,y,z,t)] \tag{5.52}$$

und damit gemäß (5.51) auch

$$w(x,y,z,t) = -\int_{\mathcal{G}} g(x,y,z;\xi,\eta,\zeta)\ \mathcal{M}[\ddot{w}(\xi,\eta,\zeta,t)]\ d\xi\ d\eta\ d\zeta. \tag{5.53}$$

Insbesondere erfüllen natürlich auch die Hauptschwingungen die Beziehung (5.53) und der Ansatz der Trennung der Veränderlichen gemäß

$$w(x,y,z,t) = W(x,y,z)\ \sin \omega t \tag{5.54}$$

führt auf die Integralgleichung

$$W(x,y,z) = \omega^2 \int_{\mathcal{G}} g(x,y,z;\xi,\eta,\zeta)\ \mathcal{M}[W(\xi,\eta,\zeta)]\ d\xi\ d\eta\ d\zeta \tag{5.55}$$

für die Eigenschwingungsformen $W(x,y,z)$, die als Parameter das zugehörige Eigenfrequenzquadrat ω^2 enthält.

282

Oft besteht der Operator $\mathcal{M}[\cdot]$ aus der mit einer Funktion $\mu(\cdot)$ multiplizierten Identität, so daß sich (5.55) zu

$$W(x,y,z) = \omega^2 \int_{\mathcal{G}} \mu(\xi,\eta,\zeta)\ g(x,y,z;\xi,\eta,\zeta)\ W(\xi,\eta,\zeta)\ d\xi\ d\eta\ d\zeta \qquad (5.56)$$

vereinfacht. Die Formulierung des Eigenwertproblems der freien ungedämpften Schwingungen durch die Integralgleichung (5.56) ist vollkommen äquivalent zu der vorher gegebenen Formulierung mittels der partiellen Differentialgleichung (5.5) und der zugehörigen Randbedingungen (5.6). Die im Entwicklungssatz in Abschnitt 5.1.1 angegebenen Zusammenhänge sind z.T. sogar einfacher anhand der Integralgleichung als über die Differentialgleichung zu beweisen. Eine Darstellung der Eigenwerttheorie für symmetrische Integralgleichungen findet man z.B. bei MICHLIN.

Die Integralgleichung (5.56) ist jedoch nicht nur von Interesse für die Entwicklung der Theorie der Eigen-Randwertprobleme, sondern auch von unmittelbarem Nutzen bei der Bestimmung oder Abschätzung der Eigenwerte. Ähnlich der Matrizeniteration beim Matrizeneigenwertproblem im diskreten Fall (s. HAGEDORN & OTTERBEIN), kann man hier über die Iterationsvorschrift

$$W^{(n+1)}(P) := \int_{\mathcal{G}} \mu\ g(P;P')\ W^{(n)}(P')\ dP' \qquad (5.57)$$

Eigenfunktionen und Eigenwerte approximieren mit $P := (x,y,z)$, $P' := (\xi,\eta,\zeta)$. Dabei empfiehlt es sich auch hier, wie im diskreten Fall, zusätzlich noch zu normieren, d.h. etwa (5.57) durch

$$W^{(n+1)}(P) := \frac{\int_{\mathcal{G}} \mu\ g(P;P')\ W^{(n)}(P')dP'}{\left\| \int_{\mathcal{G}} \mu\ g(P;P')\ W^{(n)}(P')dP' \right\|} \qquad (5.58)$$

zu ersetzen. Es ist aber nicht notwendig, die Normierung in jedem Iterationsschritt durchzuführen, oft reicht es, nach vielleicht jedem dritten oder vierten Schritt die Funktion zu skalieren.

Mit $n \to \infty$ konvergiert $W^{(n)}$ unter sehr schwachen zusätzlichen Voraussetzungen gegen die erste Eigenfunktion W_1, und ω_1^2 ist dann z.B. bei Verwendung der Iterationsvorschrift (5.57) durch

$$\omega_1^2 = \lim_{n\to\infty} \frac{\|W^{(n)}\|}{\|W^{(n+1)}\|} = \lim_{n\to\infty} \frac{W^{(n)}}{W^{(n+1)}} \tag{5.59}$$

gegeben, wobei für $n \to \infty$ der Quotient $W^{(n)}/W^{(n+1)}$ nicht mehr von (x,y,z) abhängt. Unter Ausnützung der Orthogonalitätseigenschaften können mittels einer Iteration dieser Art nicht nur das erste Eigenpaar sondern auch Eigenpaare höherer Ordnung bestimmt werden, in vollständiger Analogie zum diskreten Eigenwertproblem (s. HAGEDORN & OTTERBEIN).

Als Beispiel betrachten wir das Eigenwertproblem der freien Schwingungen einer beiseitig festen Saite, das in 1.2 über die Differentialgleichung gelöst wurde. Die GREENsche Funktion wurde dort schon als Lösung von

$$Tw''(x) = - \delta(x-\xi), \quad w(0) = w(1) = 0 \tag{5.60}$$

für den Sonderfall $\xi=1/2$ berechnet (vergl. (1.48), (1.49) und Abb.1.9). Allgemeiner gilt

$$g(x,\xi) = \frac{x(1-\xi)}{Tl} , \quad 1 \geq \xi > x \geq 0, \tag{5.61a}$$

$$g(x,\xi) = \frac{\xi(1-x)}{Tl} , \quad 1 \geq x > \xi \geq 0, \tag{5.61b}$$

wie man leicht nachrechnen kann. Wählt man nun

$$W^{(1)}(x) = x/l \tag{5.62}$$

für die Iteration, wobei $W^{(1)}(x)$ nur eine der beiden Randbedingungen erfüllt, so folgt aus (5.57)

$$W^{(2)}(x) = \frac{\mu}{Tl^2} \left[\int_0^x \xi(1-x)\,\xi d\xi + \int_x^1 x(1-\xi)\,\xi d\xi \right] =$$

$$= \frac{\mu l^2}{6T} \left[\frac{x}{l} - \frac{x^3}{l^3} \right], \tag{5.63a}$$

$$W^{(3)}(x) = \mu \int_0^1 g(x;\xi)\, W^{(2)}(\xi)\, d\xi =$$

$$= \frac{\mu l^2}{6T} \frac{7\mu l^2}{60\,T} \left[\frac{x}{l} - \frac{10}{7}\frac{x^3}{l^3} + \frac{3}{7}\frac{x^5}{l^5} \right], \tag{5.63b}$$

usw. Man beachte, daß $W^{(2)}(x)$ beide Randbedingungen erfüllt, obwohl $W^{(1)}(x)$ nur einer der beiden genügt: Die Integration in (5.57) glättet nicht nur, sondern der *Kern* $g(x;\xi)$ sorgt auch dafür, daß die Funktionen $W^{(n)}(x)$ für $n > 1$ alle Randbedingungen erfüllen. Auf die Normierung, die noch in (5.58) angegeben ist, haben wir hier verzichtet.

Der mit (5.63b) und (5.63a) gebildete Quotient $\|W^{(2)}\|/\|W^{(3)}\|$ ist leicht zu berechnen, da sich die Integrationen in

$$\|W^{(j)}\| = \sqrt{\int_0^1 \left[W^{(j)}(x)\right]^2 dx} , \qquad j = 2,3 \tag{5.64}$$

hier leicht ausführen lassen. Man erhält so die Abschätzung

$$\omega_1^2 \approx \frac{\|W^{(2)}\|}{\|W^{(3)}\|} = (3,1543)^2 \frac{T}{\mu l^2} . \tag{5.65}$$

was mit dem exakten Wert $\omega_1^2 = \pi^2 T/(\mu l^2)$ sehr gut übereinstimmt.

Während man für die Wellengleichung mit verschiedenen Randbedingungen und auch bei Balken konstanten Querschnitts eine geschlossene Formel für die GREENsche Funktion angeben kann, gelingt dies für kompliziertere Probleme im allgemeinen nicht mehr. Man ist dann auf eine numerische Berechnung der Integrale oder auf eine Darstellung durch Funktionsreihen angewiesen, wodurch der praktische Nutzen der Bestimmung der Eigenfunktionen über die hier angegebene Iteration etwas relativiert wird.

5.1.3 Schranken für die Eigenwerte: der RAYLEIGHsche Quotient und andere Verfahren

Die wohl wichtigsten Verfahren zur Einschließung von Eigenwerten bei selbstadjungierten Problemen hängen mit dem RAYLEIGHschen Quotienten und dem RITZ-Verfahren zusammen, die in den vorhergegagenen Kapiteln schon anhand verschiedener Beispiele behandelt wurden. Die wesentlichen Beziehungen werden hier nochmals zusammengefaßt wiedergegeben. Die Bewegungsgleichungen (5.2) mit den positiv-definiten Operatoren $\mathcal{M}[\cdot]$ und $\mathcal{C}[\cdot]$ und den zugehörigen Randbedingungen können stets über das HAMILTONsche Prinzip

$$\delta \int_{t_0}^{t_1} \left[T[\dot{w}] - U[w] \right] \, dt = 0 \qquad (5.66)$$

aus den Energieausdrücken $T[\dot{w}]$ und $U[w]$ bestimmt werden. Dabei ist die kinetische Energie $T[\dot{w}]$ ein quadratisches Funktional der Funktion $\dot{w}(x,y,z,t)$ und die potentielle Energie $U[w]$ ein quadratisches Funktional von $w(x,y,z,t)$; beide Funktionale enthalten nur Ableitungen bezüglich der Ortskoordinaten, nicht jedoch bezüglich der Zeit. Für Vergleichsfunktionen (d.h. Funktionen, die hinreichend oft differenzierbar sind und *alle* Randbedingungen erfüllen) gilt der Zusammenhang

$$T[\dot{w}] = \frac{1}{2} \int_{\mathcal{G}} \mathcal{M}[\dot{w}]\dot{w} \, d\mathcal{G}, \qquad (5.67a)$$

$$U[w] = \frac{1}{2} \int_{\mathcal{G}} \mathcal{C}[w]w \, d\mathcal{G} \qquad (5.67b)$$

zwischen den Energiefunktionalen und den Differentialoperatoren $\mathcal{M}[\cdot]$ und $\mathcal{C}[\cdot]$. Während jedoch die Operatoren $\mathcal{M}[\cdot]$, $\mathcal{C}[\cdot]$ jeweils Ortsableitungen der Ordnungen 2q, bzw. 2p enthalten, sind die Energiefunktionale $T[\cdot]$ und $U[\cdot]$ für Funktionen definiert, die q-, bzw. p-mal differenzierbar (bzgl. der Ortskoordinaten) sind. Die Energieausdrücke können also ohne weiteres für gewisse Funktionen berechnet werden, für die die Operatoren $\mathcal{M}[\cdot]$ und $\mathcal{C}[\cdot]$ nicht definiert sind. Dies wird anhand der in den vorhergehenden Kapiteln besprochenen Beispiele ganz klar. So sind etwa bei den in 1.3.1 besprochenen Längsschwingungen eines Stabes die Energieausdrücke

$$T[\dot{u}] = \frac{1}{2} \int_0^l \rho A \, \dot{u}^2 \, dx, \qquad (5.68a)$$

$$U[u] = \frac{1}{2} \int_0^l EA \, u'^2 \, dx, \qquad (5.68b)$$

während die Differentialoperatoren der Bewegungsgleichungen durch

$$\mathcal{M}[\ddot{u}] = \rho A \, \ddot{u}, \qquad (5.69a)$$

$$\mathcal{C}[u] = [EA \, u']' \qquad (5.69b)$$

gegeben sind.

Der RAYLEIGHsche Quotient wird nun für das Eigenwertproblem

$$- \omega^2 \mathcal{M}[W] + \mathcal{C}[W] = 0, \quad (x,y,z) \in \mathcal{G} \tag{5.70}$$

$$\mathcal{L}_i[W] = 0, \quad i=1,2,\ldots,2m \quad (x,y,z) \in \partial\mathcal{G} \tag{5.71}$$

über die Energieausdrücke gemäß

$$R[W] := \frac{U[W]}{T[W]} \tag{5.72}$$

für alle *zulässigen Funktionen* definiert, d.h. für Funktionen, die p-mal differenzierbar sind und die wesentlichen Randbedingungen erfüllen. Beschränkt man sich auf Vergleichsfunktionen, so kann man in (5.72) die Energieausdrücke gemäß (5.67) auch über die Skalarprodukte berechnen, anderenfalls nicht.

Analog zum diskreten Fall gilt auch hier das *RAYLEIGHsche Prinzip*

$$\omega_1^2 = \min_{W,\,\|W\|=1} R[W] \tag{5.73}$$

für positiv-definite Eigenwertprobleme. Wegen der Orthogonalitätsbeziehungen gilt für den k-ten Eigenwert auch die rekursive Charakterisierung

$$\omega_k^2 = \min_{W} R[W], \tag{5.74}$$

$$(\mathcal{M}[W], W_1) = 0,$$

$$(\mathcal{M}[W], W_2) = 0,$$

$$\vdots$$

$$(\mathcal{M}[W], W_{k-1}) = 0,$$

d.h. es wird über alle zulässigen Funktionen minimiert, die bezüglich $\mathcal{M}$ zu $W_1, W_2, \ldots W_{k-1}$ orthogonal sind. Ebenso gilt die nicht rekursive *Maximum-Minimum-Charakterisierung* der Eigenwerte, etwa für den zweiten Eigenwert gemäß

$$\omega_2^2 = \max_{F} \left[\min_{W} R[W]\right],$$
$$(\mathcal{M}[W], F) = 0 \tag{5.75}$$

wobei F und W zulässige Funktionen sind. Entsprechend gilt für den k-ten Eigenwert

$$\omega_k^2 = \max_{F_1,F_2,\ldots F_{k-1}} \left\{\min_{W} R[W]\right\}. \tag{5.76}$$
$$(\mathcal{M}[W], F_1) = 0,$$
$$(\mathcal{M}[W], F_2) = 0,$$
$$\vdots$$
$$(\mathcal{M}[W], F_{k-1}) = 0.$$

Die Beweise sind hier analog zu denen bei Matrizeneigenwertproblemen (s. HAGEDORN & OTTERBEIN, Kap.4).

Besonders einfach gestaltet sich das Auffinden einer oberen Schranke für den ersten Eigenwert gemäß (5.72): Es genügt hierzu eine beliebige zulässige Funktion in den RAYLEIGHschen Quotienten einzusetzen, der dann immer eine obere Schranke liefert. Mit einer groben Näherung für die erste Eigenfunktion gelangt man so oft schon zu einer sehr engen Schranke für ω_1^2. Beispiele hierzu wurden in den vorhergehenden Kapiteln mehrfach behandelt, so z.B. in 1.3.3.

Das Auffinden unterer Schranken für den ersten Eigenwert ist i.a. viel schwieriger, auch dabei kann aber das RAYLEIGHsche Prinzip von Nutzen sein. Dazu kann man folgendermaßen vorgehen. Ein Eigenwertproblem sei durch die Energiefunktionale $T[W]$, $U[W]$ und die geometrischen Randbedingungen $\mathcal{L}_i[W] = 0$, $i = 1,2,\ldots,s$ definiert. Ein anderes (verwandtes) Randwertproblem sei durch $\overline{T}[\overline{W}]$, $\overline{U}[\overline{W}]$ und $\mathcal{L}_i[\overline{W}] = 0$, $i = 1,2,\ldots,\overline{s}$, mit $\overline{s} \leq s$ gegeben. Die Klasse Z der zulässigen Funktionen des ursprünglichen Problems ist dabei in $\overline{Z}$, der Klasse der zulässigen Funktionen des verwandten Problems enthalten (die Ordnung der in den Funktionalen T, $\overline{T}$ und U, $\overline{U}$ auftretenden Ableitungen mögen jeweils gleich sein). Gilt dann noch

$$\overline{T}[\,\overline{W}\,] \geq T[\,\overline{W}\,], \quad \overline{U}[\,\overline{W}\,] \leq U[\,\overline{W}\,] \tag{5.77}$$

für $\overline{W} \subset \overline{Z}$, so ist

$$\overline{\omega}_1^2 = \min_{\overline{W} \subset \overline{Z}} \overline{R}[\,\overline{W}\,] \leq \min_{W \subset Z} \overline{R}[W] \leq \min_{W \subset Z} R[W] = \omega_1^2. \tag{5.78}$$

Wenn es zu einem gegebenen Eigenwertproblem gelingt, ein verwandtes Problem mit den angegebenen Eigenschaften zu finden, dessen Lösung bekannt ist, dann hat man nach (5.78) mit dem bekannten $\overline{\omega}_1^2$ eine untere Schranke für ω_1^2. Darüber hinaus ist es dann auch möglich, auf ähnlichem Wege mittels (5.78) Schranken für die Eigenwerte höherer Ordnung zu gewinnen. Auf diese Vorgehensweise wird hier nicht weiter eingegangen, und es wird auf die Spezialliteratur verwiesen (s. WEINSTEIN & STENGER sowie GOULD). Es sei noch angemerkt, daß WEINSTEIN auf diesem Wege das Eigenwertproblem der schwingenden, allseitig eingespannten Rechteckplatte gelöst hat, wobei er nicht nur ein einziges verwandtes Problem, sondern eine ganze Folge von *Zwischenproblemen* verwendete. Dadurch konnte er eine unendliche Folge von oberen und unteren Schranken für die einzelen Eigenwerte des ursprünglichen Problems angeben und dieses Verfahren wurde als

Verfahren der Zwischenprobleme (*WEINSTEIN*'s *method of intermediate problems*) bekannt.

Eine andere Möglichkeit, Schranken für die Eigenwerte zu erhalten, bietet eine Erweiterung des *Einschließungssatzes*, der von den Matrizeneigenwertproblemen der Technischen Schwingungslehre bekannt ist (s. HAGEDORN & OTTERBEIN). Für Schwingungsprobleme bei Kontinua, deren Bewegungsgleichungen mittels selbstadjungierter Operatoren des Typs (5.15), (5.16) beschrieben werden können, läßt sich ein einfacher Einschließungssatz formulieren, wenn man in (5.15) $q = 0$ fordert, so daß der Operator $\mathcal{M}[W(\cdot)]$ von der Art

$$\mathcal{M}[W(\cdot)] = \mu(\cdot)\, W(\cdot), \quad \mu(\cdot) > 0 \tag{5.79}$$

ist. Dies ist natürlich auch der für die praktischen Anwendungen wichtige Fall, wobei $\mu(\cdot)$ die Bedeutung einer Massendichte hat. Die Forderung (5.79) an den Operator $\mathcal{M}[\cdot]$ entspricht im Einschließungssatz des Matrizeneigenwertproblems der Voraussetzung einer diagonalen Massenmatrix. Für Eigenwertprobleme der hier vorliegenden Art besagt der *Einschließungssatz*:

Ist $W(x,y,z)$ eine beliebige Vergleichsfunktion, mit der Eigenschaft, daß in dem Gebiet $\mathscr{G}$ die Funktion

$$f(x,y,z) := \frac{\mathscr{E}[W]}{\mathscr{M}[W]} \tag{5.80}$$

in endlichen Grenzen bleibt und das Vorzeichen nicht wechselt, so liegt in dem Intervall $\left[\min_{\mathscr{G}} f(x,y,z), \ \max_{\mathscr{G}} f(x,y,z)\right]$ mindestens ein Eigenwert:

$$\min_{\mathscr{G}} f(x,y,z) \leq \omega_s^2 \leq \max_{\mathscr{G}} f(x,y,z). \tag{5.81}$$

Die durch (5.81) gegebenen Schranken für ω_s^2 werden in der Regel besonders eng, wenn man die Vergleichsfunktion so wählt, daß auch die Funktion

$$\tilde{W}(\cdot) := \frac{\mathscr{E}[W]}{\mu(\cdot)} \tag{5.82}$$

möglichst viele der vorliegenden Randbedingungen erfüllt. Dieser bei COLLATZ bewiesene Einschließungssatz kann noch auf verschiedene Arten verallgemeinert werden.

Besonders zweckmäßig ist die Verwendung des Einschließungssatzes im Zusammenhang mit der durch (5.57) gegebenen Iterationsvorschrift. Die GREEN-sche Funktion unter dem Integral in dieser Gleichung gewährleistet nämlich, daß $W^{(n+1)}$ automatisch alle Randbedingungen erfüllt, sofern nur $W^{(n)}$ hinreichend glatt ist. Mit einer beliebig gewählten Vergleichsfunktion $W^{(n)}$ kann man daher $W^{(n+1)}$ gemäß (5.57) berechnen und die Funktion (5.80) dann einfach durch

$$f(x,y,z) := \frac{W^{(n)}}{W^{(n+1)}} \tag{5.83}$$

anstelle von (5.80) definieren. Man beachte, daß hier bei der Iteration nicht die in (5.58) enthaltene Normierung durchgeführt werden darf, da dann die Extremwerte von $f(\cdot)$ nicht mehr die richtigen Eigenwertschranken liefern! Wie man es von der Matrizeniteration gewohnt ist, wird man ja auch hier sowieso meistens gemäß (5.57) iterieren und zwischendurch eine gelegentliche Normierung nur dann durchführen, wenn die Genauigkeit der numerischen Rechnung es erfordert.

Formal kann man den Zusammenhang zwischen (5.80) und (5.83) leicht folgendermaßen erkennen. Die Integration einer Vergleichsfunktion $W(\cdot)$ mit der GREENschen Funktion $g(\cdot,\cdot)$ als Kern kann man als Umkehrung der durch $\mathscr{C}[W]$ bedingten Differentiationen verstehen, so daß man den zu $\mathscr{C}[\cdot]$ inversen Operator

$$\mathscr{C}^{-1}[W(P)] := \int_{\mathscr{C}} g(P,P')\, W(P')\, dP' \tag{5.84}$$

einführen kann. Aus der Definition (5.80) der Funktion $f(\cdot)$ folgt dann mit $W = W^{(n)}$ formal

$$f(\cdot) = \frac{\mathscr{C}[W^{(n)}]}{\mu\, W^{(n)}} = \frac{\mathscr{C}^{-1}[\mathscr{C}[W^{(n)}]]}{\mathscr{C}^{-1}[\mu\, W^{(n)}]} = \frac{W^{(n)}}{W^{(n+1)}} \; , \tag{5.85}$$

was mit (5.83) übereinstimmt!

Auch die z.B. bei HAGEDORN & OTTERBEIN angegebenen Verfahren von SOUTHWELL und von DUNKERLEY können auf naheliegende Weise für den Fall elastischer Kontinua verallgemeinert werden.

5.2 Erzwungene Schwingungen

5.2.1 Die Bewegungsgleichungen

Die linearen, erzwungenen, gedämpften Schwingungen eines *diskreten* mechanischen Systems mit n Freiheitsgraden, werden im allgemeinen durch ein System gewöhnlicher Differentialgleichungen der Art

$$\mathbf{M}\,\ddot{q} + \mathbf{D}\,\dot{q} + \mathbf{G}\,\dot{q} + \mathbf{C}\,q + \mathbf{N}\,q = f(t) \tag{5.86}$$

(s. HAGEDORN & OTTERBEIN) beschrieben. Dabei ist – wie in (5.1) – $q(t) = (q_1,\, q_2,\dots,q_n)^T$ der Vektor der verallgemeinerten Koordinaten und $\mathbf{M} = \mathbf{M}^T > 0$. Auch die Matrix $\mathbf{C}$ der linearen, von einem Potential kommenden Rückstellkräfte sei hier als positiv definit angenommen: $\mathbf{C}^T = \mathbf{C} > 0$. Zusätzlich treten in (5.86) zunächst noch geschwindigkeitsproportionale Kräfte auf, die in zwei unterschiedliche Typen aufgespalten werden. So entspricht die Matrix $D = D^T$ der Dämpfung (sofern $D \geq 0$ ist) und $G = - G^T$ den gyroskopischen Kräften. Auch "negative Dämpfung" tritt in einigen technischen Problemen auf, man spricht dann von Selbsterregung; die Matrix D ist dann nicht mehr positiv und die quadratische Form $\dot{q}^T D \, \dot{q}$ nimmt zumindest für gewisse $\dot{q}$ negative Werte an. Ein Beispiel hierzu findet man in der Rotordynamik, wo in den Gleitlagern die auf die Wellenzapfen wirkenden Kräfte entsprechende Anteile besitzen. Die gyroskopischen Terme in (5.86) treten ebenfalls in Problemen der Rotordynamik auf und auch dort, wo die Schwingungen bezüglich rotierender Koordinatensysteme beschrieben werden.

Außer den Rückstellkräften $C\,q$, die der potentiellen Energie $\frac{1}{2}\,q^T C\,q$ entsprechen, kommen gelegentlich auch Kräfte vor, die in erster Näherung linear in den Verschiebungen, jedoch nicht energieerhaltend sind. Auch diesen Fall kann man wieder bei Gleitlagern beobachten. Man spaltet dann in q lineare Kräfte in einen Anteil mit symmetrischer Matrix $C = C^T$ und mit schiefsymmetrischer Matrix $N = - N^T$ auf. Die der Matrix N entsprechenden, nichtkonservativen Kräfte werden als *zirkulatorisch* bezeichnet. Die Inhomogenität $f(t)$ auf der rechten Seite von (5.86) schließlich entspricht den vorgegebenen Erregerkräften.

Bei *kontinuierlichen* Systemen treten kontinuierliche Ortsfunktionen $w(\cdot)$ an die Stelle der endlichdimensionalen Vektoren q. An die Stelle der Multiplikation von Matrizen mit q, $\dot{q}$, $\ddot{q}$ treten lineare Differentialoperatoren, die auf w, $\dot{w}$ und $\ddot{w}$ angewendet werden:

$$\mathcal{M}\big[\,\ddot{w}\,\big] + \mathcal{D}\big[\,\dot{w}\,\big] + \mathcal{G}\big[\,\dot{w}\,\big] + \mathcal{C}\big[\,w\,\big] + \mathcal{N}\big[\,w\,\big] = f(x,y,z,t), \quad (x,y,z) \in \mathcal{B}. \tag{5.87}$$

Dabei enthalten alle Differentialoperatoren lediglich Ableitungen der Funktion $w(x,y,z,t)$ (bzw. von $\dot{w}$, $\ddot{w}$) nach den Ortskoordinaten x, y und z, wie es auch schon in (5.2) der Fall war. Die Differentialoperatoren können allerdings ortsabhängige Koeffizienten enthalten. Wir setzen weiterhin voraus, daß die auf dem Rande $\partial\mathcal{B}$ zu (5.87) gehörenden Randbedingungen derart sind, daß das verkürzte homogene Problem (5.2), das lediglich noch die Operatoren $\mathcal{M}[\cdot]$ und $\mathcal{C}[\cdot]$ beinhaltet, positiv definit ist. Die Operatoren $\mathcal{G}[w]$ und $\mathcal{N}[w]$ haben bei den vorliegenden Randbedingungen die Eigenschaften

$$\int_{\mathscr{G}} \mathscr{G}[\dot{w}_1] \, w_2 \, d\mathscr{G} = - \int_{\mathscr{G}} \mathscr{G}[\dot{w}_2] \, w_1 \, d\mathscr{G}, \qquad (5.88)$$

$$\int_{\mathscr{G}} \mathscr{N}[w_1] \, w_2 \, d\mathscr{G} = - \int_{\mathscr{G}} \mathscr{N}[w_2] \, w_1 \, d\mathscr{G}, \qquad (5.89)$$

wobei $w_1(x,y,z,t)$, $w_2(x,y,z,t)$ beliebige, hinreichend oft differenzierbare Funktionen sind, die alle Randbedingungen erfüllen.

Zur Lösung der durch (5.87) gegebenen Differentialgleichungen stehen unterschiedliche Verfahren zur Verfügung. Sie beruhen meistens auf einer Diskretisierung des Kontinuums, und die wichtigsten dieser Verfahren werden in 5.3 kurz beschrieben. Im folgenden Abschnitt wird jedoch zunächst die Formulierung mittels der GREENschen Resolventen dargestellt.

5.2.2 Die GREENsche Resolvente

Man betrachte das Randwertproblem, das durch (5.87) mit den zugehörigen Randbedingungen gegeben ist. Falls die Erregerkräfte (in der komplexen Erweiterung) von der Art

$$\underline{f}(P,t) = \delta(P - P') \, e^{j\Omega t} \qquad (5.90)$$

sind, d.h. falls eine an dem Punkt P' des Kontinuums wirkende harmonische Kraft vorliegt, so ist auch die Lösung von der Art

$$\underline{w}(P,t) = g(P,P',\Omega) \, e^{j\Omega t}. \qquad (5.91)$$

außer eventuell im Resonanzfall. Die *Greensche Resolvente* $g(P,P',\Omega)$ erfüllt dabei das Randwertproblem

$$-\Omega^2 \mathscr{M}[g] + j\Omega \, \mathscr{D}[g] + j\Omega \, \mathscr{G}[g] + \mathscr{C}[g] + \mathscr{N}[g] = \delta(P - P') \qquad (5.92)$$

(zuzüglich der Randbedingungen). In den Differentiationen in (5.92) wird $g(P,P',\Omega)$ dabei nach den Koordinaten des Punktes P abgeleitet.

Ist die GREENsche Resolvente bekannt, so kann man sich damit natürlich durch einfache Integration die Lösung des Problems der erzwungenen Schwingungen für beliebige Erregerfunktionen $f(P,t)$ in (5.87) beschaffen. Ist nämlich $F(P,\Omega)$ in (5.87) die FOURIERtransformierte von $f(t)$, d.h.

$$f(P,t) \; \circ\!\!-\!\!-\; \underline{F}(P,\Omega),$$ (5.93)

so gilt offensichtlich für die FOURIERtransformierte der Lösung von (5.87)

$$\underline{W}(P,\Omega) = \int_G \underline{g}(P,P',\Omega) \; \underline{F}(P',\Omega) \; dP'$$ (5.94)

und schließlich

$$w(P,t) = \int_{-\infty}^{\infty} \underline{W}(P,\Omega) \; e^{j\Omega t} \; d\Omega.$$ (5.95)

Natürlich gelingt es nur in den seltensten Fällen, die Funktion $\underline{g}(P,P',\Omega)$ geschlossen zu berechnen. Man wird sie vielmehr meistens durch Reihenentwicklungen oder durch Diskretisierungen approximieren. Andererseits entspricht die komplexe Funktion $\underline{g}(P,P',\Omega)$ einer dynamischen Nachgiebigkeit und ist als solche einer direkten Messung an realen Strukturen zugänglich.

5.3 Einige Diskretisierungsverfahren für freie und erzwungene Schwingungen

5.3.1 Einführung: Entwicklung in Funktionsreihen

Im folgenden besprechen wir Verfahren, bei denen die Lösung in Form einer Funktionenreihe

$$w(x,y,z,t) = \sum_{i=1}^{\infty} F_i(x,y,z) \; q_i(t)$$ (5.96)

dargestellt wird. Die Funktionen $F_i(x,y,z)$ sind dabei vorgegebene Ortsfunktionen, die alle oder zumindest einen Teil der Randbedingungen erfüllen; die Funktionen $q_i(t)$ sind zu bestimmen. Wird die unendliche Reihe in (5.96) durch eine endliche Summe ersetzt, so reduzieren diese Verfahren das unendlichdimensionale Problem (5.87) auf ein endlichdimensionales der Art (5.86). Das System mit unendlich vielen Freiheitsgraden wird also auf eines mit endlich vielen abgebildet. Sowohl das in den vorherigen Kapiteln schon verwendete RITZ–GALERKINsche Verfahren als auch die Methode der Finiten Elemente gehören zu der hier behandelten Klasse von Verfahren, die von einer solchen Reihendarstellung Gebrauch machen.

Mit der Näherungslösung

$$\tilde{w}(x,y,z,t) = \sum_{i=1}^{n} F_i(x,y,z)\, q_i(t) \tag{5.97}$$

wird gemäß

$$\tilde{e}(x,y,z,t) := \mathcal{M}\left[\ddot{\tilde{w}}\right] + \mathcal{D}\left[\dot{\tilde{w}}\right] + \mathcal{G}\left[\dot{\tilde{w}}\right] + \mathcal{C}\left[\tilde{w}\right] + \mathcal{N}\left[\tilde{w}\right] - f(x,y,z,t) \tag{5.98}$$

der lokale augenblickliche Fehler $\tilde{e}(x,y,z,t)$ definiert, der eine Funktion des Ortes und der Zeit ist. Die Funktionen $q_i(t)$, $i = 1,2,\ldots,n$ werden so bestimmt, daß der Fehler $\tilde{e}$ (oder ein Mittelwert davon) in irgendeinem Sinne minimiert wird. Die einzelnen Verfahren unterscheiden sich darin, daß diese Fehlerminimierungen auf unterschiedliche Arten festgelegt werden.

Wir betrachten nun Gleichungen der Art

$$\int_{\mathcal{G}} \tilde{e}(P,t)\, H_j(P)\, dP = 0, \tag{5.99}$$

wobei $H_j(P)$ zunächst eine beliebige Funktion ist. Man kann (5.99) so deuten, daß die "Projektion" des Fehlers $\tilde{e}(P,t)$ auf die Funktion $H_j(P)$ gleich Null ist. Fordert man (5.99) für gegebene $H_j(P)$, $j = 1,2,\ldots,m$, so verschwinden die entsprechenden m Projektionen. Läßt man m gegen Unendlich gehen und ist dabei die Folge der Funktionen $H_j(P)$ in einem geeigneten Sinne vollständig, so bedeutet das, daß der Fehler $\tilde{e}(P,t)$ verschwindet! Alle hier des weiteren besprochenen Verfahren können so erklärt werden, sie unterscheiden sich durch die Wahl der Funktionen $F_i(P)$ und $H_j(P)$, $i = 1,2,\ldots,n$, $j = 1,2,\ldots,m$.

Der Fehler $\tilde{e}(P,t)$ hängt gemäß (5.97), (5.98) linear von den $q_i(t)$ $i = 1,2,\ldots,n$ und deren Zeitableitungen ab. Gemäß (5.97) gilt nämlich wegen der Linearität

$$\mathcal{M}\left[\ddot{\tilde{w}}\right] = \mathcal{M}\left[\sum_{j=1}^{n} F_j(P)\,\ddot{q}_j(t)\right] = \sum_{j=1}^{n} \mathcal{M}\left[F_j(P)\right]\ddot{q}_j(t), \qquad (5.100)$$

$$\mathcal{D}\left[\dot{\tilde{w}}\right] = \sum_{j=1}^{n} \mathcal{D}\left[F_j(P)\right]\,\dot{q}_j(t), \text{ usw.} \qquad (5.101)$$

Für jede Funktion $H_j(P)$ liefert daher die Bedingung (5.99) eine *lineare Differentialgleichung* in $q_i(t)$, $\dot{q}_i(t)$, $\ddot{q}_i(t)$, $i = 1,2,\ldots,n$. Mit $m = n$ erhält man ein diskretes System der Art (5.86) und damit i.a. eine hinreichende (und notwendige) Anzahl von Differentialgleichungen zur Bestimmung der Zeitfunktionen $q_i(t)$, $i = 1,2,\ldots,n$. Dabei sind die Elemente der Matrix **M** durch

$$m_{ij} = \int_{\mathcal{G}} \mathcal{M}\left[F_j(P)\right] H_i(P)\, dP, \qquad (5.102)$$

die der Matrix **D** durch

$$d_{ij} = \int_{\mathcal{G}} \mathcal{D}\left[F_j(P)\right] H_i(P)\, dP, \qquad (5.103)$$

gegeben, usw. Die Funktionen $H_j(P)$ können weitgehend beliebig sein und brauchen weder Differenzierbarkeits- noch Randbedingungen zu erfüllen, es sind ja lediglich die Integrationen in (5.99) auszuführen.

Im folgenden werden unterschiedliche Möglichkeiten zur Wahl der Funktionen $H_j(P)$ besprochen. Dabei ist den Verfahren gemeinsam, daß bei Hinzufügen einer weiteren Ansatzfunktion in (5.97) (und einer zusätzlichen Funktion $H_j(P)$) die Anzahl der Freiheitsgrade des diskreten Systems (5.86) sich so von n auf n+1 erhöht, daß die Matrizen **M**, **D**, **G**, **C**, **N** lediglich um eine weitere Spalte und Zeile erweitert werden. Die vorher schon berechneten Elemente dieser Matrizen verändern sich nicht.

5.3.2 Das Kollokationsverfahren

Das einfachste Diskretisierungsverfahren, mit dem man aus dem kontinuierlichen Problem (5.87) über den Reihenansatz (5.97) und die Bedingungen (5.99) ein diskretes Problem erhält, ist das Kollokationsverfahren. Hierbei werden n Punkte P_1, P_2,...,P_n in $\mathscr{G}$ gewählt und die Funktionen $H_j(P)$ in (5.99) gemäß

$$H_j(P) = \delta(P-P_j), \quad j = 1,2,\ldots,n \tag{5.104}$$

definiert. Damit ergeben sich die Elemente der Matrix **M** nach (5.102) als

$$m_{ij} = \mathscr{M}\left[F_j(P_i)\right], \tag{5.105}$$

die der Matrix D aus (5.103) als

$$d_{ij} = \mathscr{D}\left[F_j(P_i)\right], \tag{5.106}$$

usw.

Mit der Wahl der Funktionen $H_j(P)$ gemäß (5.104) erreicht man also, daß die Näherungslösung (5.97) gerade an den Punkten P_s, $s = 1,2,\ldots,n$ die partielle Differentialgleichung streng erfüllt. Damit ist natürlich über die Abweichungen der Näherungslösung von der exakten Lösung an den anderen Punkten überhaupt nichts gesagt, dort können die Fehler unter Umständen sehr groß sein.

Ein erheblicher Nachteil dieses Verfahrens ist daher auch die Tatsache, daß Konvergenzaussagen kaum gemacht und Fehlerschranken nicht angegeben werden können. Inwieweit man damit brauchbare Näherungen an die exakte Lösung erhält, hängt sehr stark von der Wahl der Ansatzfunktionen $F_s(P)$, $s = 1,2,\ldots,n$ ab. Hat man aber z.B. bei dem Eigenwertproblem der freien ungedämpften Schwingungen eines konservativen Systems eine gute anschauliche Vorstellung von den Eigenschwingungsformen, so kann man oft die Ansatzfunktionen so wählen, daß sich brauchbare Näherungen zumindest für die ersten Eigenwerte und die zugehörigen Eigenfunktionen ergeben. Man beachte aber, daß die mit dem Kollokationsverfahren erhaltene Matrix **M** nicht notwendigerweise symmetrisch ist; entsprechendes gilt für die anderen Matrizen.

Es ist auch möglich, die Anzahl der Punkte P_1, P_2,...,P_m, an denen der Fehler minimiert wird, größer als die Anzahl der Ansatzfunktionen F_1,F_2,...,F_n

zu wählen, d.h. m > n. Setzt man den Fehler an der Stelle P_i gleich Null, so folgt

$$\sum_{j=1}^{n} \left[m_{ij}\ddot{q}_j + d_{ij}\dot{q}_j + g_{ij}\dot{q}_j + c_{ij}q_j + n_{ij}q_j \right] = f_i(t), \qquad (5.107)$$

für $i = 1,2,\ldots, m > n$. Natürlich gelingt es nicht, die Funktionen $q_i(t)$ so zu wählen, daß diese m Gleichungen gleichzeitig streng erfüllt werden. In Matrizenform schreibt sich (5.107) wieder als

$$M\ddot{q} + D\dot{q} + G\dot{q} + Cq + Nq = f(t), \qquad (5.108)$$

wobei allerdings M, D, G, C und N hier m x n Matrizen sind, während q vom Typ n x 1 und f vom Typ m x 1 sind. Es gelingt aber, das Gleichungssystem im Mittel zu befriedigen, indem man z.B. (5.108) von links mit M^T durchmultipliziert. Damit erhält man wieder ein System der Bauart (5.86) mit quadratischen Matrizen. Während die neue Matrix M symmetrisch ist, ist z.B. die neue Matrix D zunächst im allgemeinen nicht symmetrisch. Sie kann aber natürlich immer in einen symmetrischen und einen schiefsymmetrischen Anteil aufgespalten werden. Diese Zurückführung eines Gleichungssystems von m Gleichungen in n < m Unbekannten auf ein System von n Gleichungen (in den n Unbekannten) entspricht der GAUSSschen *Fehlerquadratminimierung*.

Den genannten Nachteilen des Kollokationsverfahrens steht die Tatsache gegenüber, daß man die Koeffizienten der Systemmatrizen des diskretisierten Systems durch einfache Differentiationen gemäß (5.105), (5.106) erhält, ohne zusätzlich Integrationen oder andere Operationen ausführen zu müssen.

Einige der in diesem Kapitel beschriebenen Diskretisierungsverfahren werden im folgenden anhand ein und desselben mechanischen Systems erläutert und miteinander verglichen. Wir verwenden dazu das Problem der Längsschwingungen eines Stabes veränderlichen Querschnitts, der links fest eingespannt und am rechten Ende frei ist (vergleiche auch Abb.1.17). Allerdings sei die Querschnittsfläche jetzt durch

$$A(x) = A_0 \left[1 - \left[\frac{x}{2l} \right]^k \right]^m \qquad (5.109)$$

gegeben (damit ist natürlich auch der Endquerschnitt anders als in Abb.1.17).

298

Der Elastizitätsmodul E und die Dichte ρ seien konstant, so daß die freien Längsschwingungen durch

$$\rho A(x)\; \ddot{u}(x,t) = \left[EA(x)\; u'(x,t)\right]' \tag{5.110}$$

mit den Randbedingungen

$$u\;(0,t) \equiv 0, \tag{5.111a}$$

$$u'(1,t) \equiv 0. \tag{5.111b}$$

beschrieben werden.

Zu Vergleichszwecken bestimmen wir zunächst die "exakte" Lösung. Der Separationsansatz

$$u(x,t) = U(x)\; p(t) \tag{5.112}$$

führt auf die gewöhnlichen Differentialgleichungen

$$\ddot{p}(t) + \omega^2 p(t) = 0, \tag{5.113}$$

$$U''(x) - \frac{mk}{2l}\; \frac{1}{1 - \left[\frac{x}{2l}\right]^k}\; \left[\frac{x}{2l}\right]^{k-1}\; U'(x) + \frac{\omega^2}{c^2}\; U(x) = 0 \tag{5.114}$$

mit $c^2 = E/\rho$.

Im folgenden beschränken wir uns auf den Sonderfall $m = k = 1$, in dem die Substitution

$$s := (-x + 2l)\; \omega/c, \quad \bar{U}(s) := U(x(s)) \tag{5.115}$$

das Randwertproblem

$$s^2\; \bar{U}''(s) + s\; \bar{U}'(s) + s^2\; \bar{U}(s) = 0, \tag{5.116}$$

$$\bar{U}(0) = 0, \tag{5.117}$$

$$\bar{U}'(l\omega/c) = 0 \tag{5.118}$$

ergibt. Die allgemeine Lösung der BESSELschen Differentialgleichung (5.116) ist

$$\bar{U}(s) = A\,J_0(s) + B\,Y_0(s), \tag{5.119}$$

und die Randbedingungen führen auf die charakteristische Gleichung

$$J_0(2l\omega/c)\,Y_1(l\omega/c) - J_1(l\omega/c)\,Y_0(2l\omega/c) = 0. \tag{5.120}$$

Die numerisch "exakten" Lösungen für die ersten drei Eigenfrequenzen sind

$$\omega_1 = (c/l)\ 1{,}794011, \tag{5.121a}$$

$$\omega_2 = (c/l)\ 4{,}802061, \tag{5.121b}$$

$$\omega_3 = (c/l)\ 7{,}908962. \tag{5.121c}$$

Die entsprechenden Eigenfunktionen können damit leicht bestimmt werden, so ergeben sich z.B. für die erste Eigenfunktion die Werte A = 0,640457, B = 1,638424 für die Konstanten in (5.119).

Wir vergleichen nun die exakten Werte mit den Ergebnissen, die man über das Kollokationsverfahren erhält. Als Ansatzfunktionen wählen wir hier die Polynome

$$F_j(x) = \left[1 - \frac{x}{l}\right]^{j+1} - 1, \qquad j = 1,2,\ldots,n, \tag{5.122}$$

die beide Randbedingungen erfüllen und als "Kollokationspunkte" die Punkte mit den Koordinaten

$$x_j = jl/n, \qquad j = 1,2,\ldots,n. \tag{5.123}$$

Damit ergeben sich die Koeffizienten der Matrizen $\mathbf{M}$ und $\mathbf{C}$ des diskreten Ersatzsystems zu

$$m_{ij} = \rho A(x_i)\,F_j(x_i) = \rho A_0 \left[1 - \frac{i}{2n}\right] \left[\left[1 - \frac{i}{n}\right]^{j+1} - 1\right], \tag{5.124}$$

$$c_{ij} = -\frac{\partial}{\partial x}\left\{EA_0\left[1 - \frac{x}{2l}\right]\frac{-j-1}{l}\left[1 - \frac{x}{l}\right]^j\right\}\Bigg|_{x_i} =$$

$$= -\frac{EA_0}{2l^2}(j + 1)\left\{\left[1 - \frac{i}{n}\right]^j + 2j\left[1 - \frac{i}{2n}\right]\left[1 - \frac{i}{n}\right]^{j-1}\right\} . \quad (5.125)$$

Bei Berücksichtigung von drei Ansatzfunktionen (n = 3) erhält man mit den (nicht symmetrischen!) Matrizen **M** und **C** die Eigenwerte

$$\bar{\omega}_1 = (c/l)\ 1{,}796683, \qquad\qquad\qquad (5.126a)$$

$$\bar{\omega}_2 = (c/l)\ 4{,}448599, \qquad\qquad\qquad (5.126b)$$

$$\bar{\omega}_3 = (c/l)\ 7{,}553602. \qquad\qquad\qquad (5.126c)$$

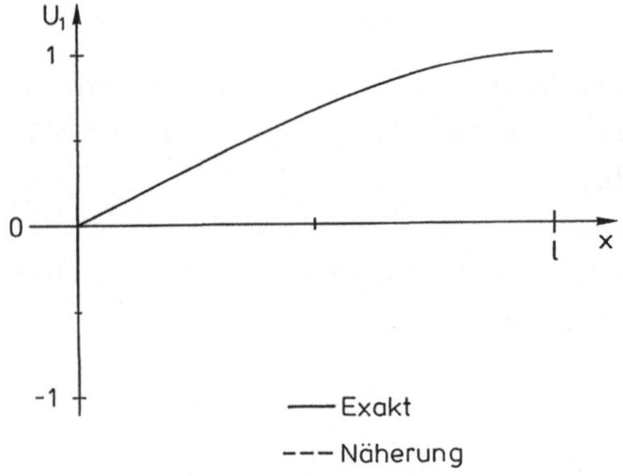

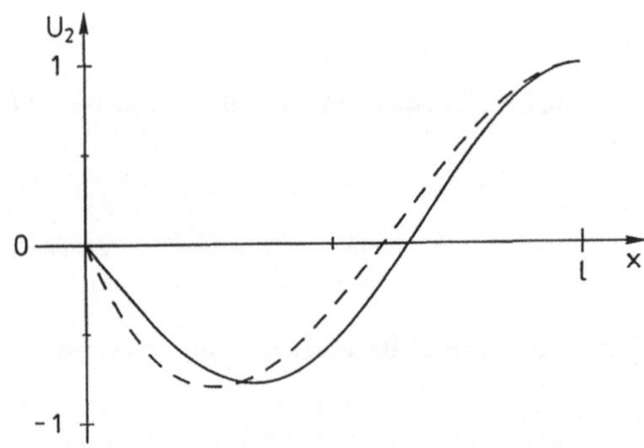

Abb.5.3   Vergleich der exakten und der mit dem Kollokationsverfahren angenäherten Eigenfunktionen (n = 3)

Ein Vergleich mit den exakten Werten (5.121) zeigt, daß der Fehler bei der ersten Eigenfrequenz sehr klein ist, aber selbst bei der dritten Eigenfrequenz die Größenordnung noch sehr gut stimmt. Will man die ersten drei Eigenfrequenzen mit guter Genauigkeit bestimmen, so wird man natürlich in der Regel $n > 3$ wählen, z.B. $n = 6$. Auch die angenäherten Eigenfunktionen können ohne weiteres angegeben werden. Die ersten beiden so angenäherten Eigenfunktionen sind in Abb.5.3 gemeinsam mit den exakten Lösungen dargestellt (die angenäherte erste Eigenfunktion ist im Rahmen der Zeichengenauigkeit nicht von der exakten Lösung zu unterscheiden).

5.3.3 Das Verfahren der Teilgebiete

Ein Nachteil des Kollokationsverfahrens besteht darin, daß die Forderung nach dem vollständigen Verschwinden des Fehlers $\tilde{e}(P,t)$ an einzelnen Punkten u.U. zu großen Fehlern an anderen Punkten führen kann. Die Minimierung eines mittleren Fehlers, wie sie ja in dem Nullsetzen der Projektionen (5.99) mit "klassischen" Funktionen $H_j(P)$ zum Ausdruck kommt, ist oft vorteilhaft. Während im allgemeinen in (5.99) über das ganze Gebiet $\mathcal{G}$ gemittelt wird, erfolgt eine solche Mittelung im Kollokationsverfahren nicht. Zu einer Zwischenlösung, die eine mittlere Stellung zwischen diesen beiden extremen Fällen einnimmt, gelangt man, wenn man das Gebiet $\mathcal{G}$ in Teilgebiete $\mathcal{G}_j$, $j = 1,2,\ldots,n$ einteilt, so daß

$$\mathcal{G} = \bigcup \mathcal{G}_j \tag{5.127}$$

ist. Die Funktionen $H_j(P)$ definiert man dann so, daß sie an allen Punkten außerhalb von $\mathcal{G}_j$ gleich Null sind. In $\mathcal{G}_j$ können sie z.B. konstant gleich Eins sein. Die Ansatzfunktionen $F_j(P)$ bleiben davon unberührt und können im gesamten Gebiet $\mathcal{G}$ ungleich Null sein.

Damit ergeben sich jetzt die Koeffizienten der Matrix **M** zu

$$m_{ij} = \int_{\mathcal{G}_i} \mathcal{M}[F_j(P)] \, dP, \tag{5.128}$$

die der Matrix **D** zu

$$d_{ij} = \int_{\mathcal{G}_i} \mathcal{D}[F_j(P)] \, dP, \tag{5.129}$$

302

anstelle von (5.102), (5.103), usw. Je feiner die Einteilung ist, d.h. je kleiner die Teilgebiete $\mathcal{G}_i$ und je größer deren Anzahl, umso mehr sind natür·lich die Diskretisierungsformeln (5.128), (5.129) zu (5.105), (5.106) äquivalent, wenn man im Kollokationsverfahren die Punkte P_j, $j = 1,2,\ldots,n$ jeweils aus dem Inneren der Gebiete $\mathcal{G}_j$ wählt.

Erhöht man in dem hier geschilderten Verfahren der Teilgebiete die Anzahl der Ansatzfunktionen und damit auch die der Teilgebiete in (5.127), so ändert man damit i.a. *alle* Funktionen $H_j(P)$. Damit gilt dann auch nicht das am Schluß von 5.3.1 Gesagte, daß nämlich den Matrizen **M**, **D**, **G**, **C** und **N** nur neue Spalten und Zeilen hinzuzufügen sind, die alten Zeilen und Spalten aber erhalten bleiben. Eine Ausnahme bildet lediglich der Fall, in dem nur einzelne der Teilgebiete $\mathcal{G}_j$ jeweils durch mehrere Untergebiete ersetzt werden, die anderen jedoch erhalten bleiben.

5.3.4 Das GALERKIN-Verfahren

Eine häufig verwendete Wahl für die Funktionen $H_j(P)$, $j = 1,2,\ldots,n$, auf die der Fehler $\tilde{e}(P,t)$ gemäß (5.99) projeziert wird, besteht darin, sie gleich den Ansatzfunktionen zu wählen:

$$H_j(P) = F_j(P), \qquad j = 1,2,\ldots,n. \tag{5.130}$$

Damit erfüllen die $H_j(P)$, $j = 1,2,\ldots,n$ natürlich automatisch viel stärkere Differenzierbarkeitsbedingungen, als es im allgemeinen Fall von (5.99) notwendig ist, denn die $F_j(P)$ müssen ja hinreichend oft differenzierbar sein, so daß die durch die Differentialoperatoren $\mathcal{M}[\cdot]$, $\mathcal{D}[\cdot]$, $\mathcal{G}[\cdot]$, $\mathcal{C}[\cdot]$, $\mathcal{N}[\cdot]$ bedingten Differentiationen ausgeführt werden können.

Die Koeffizienten der Matrizen des diskreten Ersatzsystems (5.86) sind hier

$$m_{ij} = \int_{\mathcal{G}} \mathcal{M}\big[F_j(P)\big]\, F_i(P)\, dP, \tag{5.131}$$

$$d_{ij} = \int_{\mathcal{G}} \mathcal{D}\big[F_j(P)\big]\, F_i(P)\, dP, \tag{5.132}$$

usw.,

$$f_i(t) = \int_{\mathscr{G}} f(P,t)\, F_i(P)\, dP. \qquad (5.133)$$

Während sich bei den bisher in 5.3 geschilderten Verfahren die Matrizen **M** und **C** im allgemeinen nicht symmetrisch ergaben, wird das hier oft der Fall sein. Ist nämlich das durch $\mathscr{M}[\cdot]$, $\mathscr{C}[\cdot]$ und die entsprechenden Randbedingungen formulierte homogene Randwertproblem selbstadjungiert und wählt man die Ansatzfunktionen $F_j(P)$, $j = 1,2,\ldots,n$ als Vergleichsfunktionen dieses verkürzten Problems (also 2p-mal differenzierbar und alle Randbedingungen erfüllend), so folgt damit natürlich $\mathbf{M}^T = \mathbf{M}$, $\mathbf{C}^T = \mathbf{C}$. Mit der *Bequemlichkeitshypothese* (s. HAGEDORN & OTTERBEIN)

$$\mathscr{D}[\cdot] = \alpha\,\mathscr{M}[\cdot] + \beta\,\mathscr{C}[\cdot] \qquad (5.134)$$

ist damit auch **D** symmetrisch. Allerdings folgt daraus nicht, daß **G** und **N** schiefsymmetrisch sind. In vielen technischen Problemen tritt jedoch der Operator $\mathscr{N}[\cdot]$ und damit in der diskretisierten Form auch die Matrix **N** nicht auf. Die sich mit dem GALERKIN-Verfahren ergebende Matrix **G** kann andererseits immer in die Summe einer symmetrischen und einer schiefsymmetrischen Matrix zerlegt werden, so daß das diskrete Problem dann doch wieder die Standard-Form besitzt. Für Vergleichsfunktionen als Ansatzfunktionen kann die Konvergenz des GALERKIN-Verfahrens bei selbstadjungierten Randwertproblemen bewiesen werden (s. MICHLIN und REKTORYS). Das Verfahren konvergiert in diesem Fall im Sinne der $\mathscr{L}^2$-Norm.

Das GALERKIN-Verfahren ist bei der Lösung von Schwingungsproblemen bei kontinuierlichen Systemen häufig sehr nützlich. In manchen Problemen sind die Koeffizienten nur wenig veränderlich und die Eigenfunktionen eines ähnlichen Problems, z.B. mit konstanten Koeffizienten, sind bekannt. Man wird dann diese Eigenfunktionen des verwandten Problems als Ansatzfunktionen verwenden. Es gelingt dann oft mit einer sehr geringen Anzahl von Ansatzfunktionen zu ausgezeichneten Ergebnissen zu kommen. Die Ergebnisse sind dann manchmal so einfach und gut überschaubar, daß man die Abhängigkeit der ersten Eigenfrequenzen und anderer Systemeigenschaften von den Systemparametern unmittelbar formelmäßig erkennen kann.

Wir vergleichen nun die exakten Lösungen des Beispiels (5.110), (5.111) mit den Ergebnissen einer Näherungsrechnung nach dem GALERKINschen Verfahren.

304

Als Ansatzfunktionen verwenden wir wieder die Funktionen (5.122), die ja Vergleichsfunktionen zu dem vorliegenden Problem sind. Damit ergeben sich die Elemente der Matrizen **M** und **C** zu

$$m_{ij} = \int_0^l \rho A_0 \left[1 - \frac{x}{2l}\right] \left\{\left[1 - \frac{x}{l}\right]^{i+1} - 1\right\} \left\{\left[1 - \frac{x}{l}\right]^{j+1} - 1\right\} dx =$$

$$= \rho A_0 l \left[\frac{1}{i+j+3} - \frac{1}{i+2} - \frac{1}{j+2} + 1\right.$$

$$\left. - \frac{1}{2(i+j+3)\,(i+j+4)} + \frac{1}{2(i+3)\,(i+2)} + \frac{1}{2(j+3)\,(j+2)} - \frac{1}{4}\right]. \qquad (5.135)$$

$$c_{ij} = - \int_0^l EA_0 \left[1 - \frac{x}{2l}\right] \left\{\left[1 - \frac{x}{l}\right]^{j+1} - 1\right\}'' \left\{\left[1 - \frac{x}{l}\right]^{i+1} - 1\right\} dx =$$

$$= \frac{EA_0}{l} \frac{(j+1)\,(i+1)\,(2i+2j+3)}{2(i+j+1)\,(i+j+2)} .$$

(5.136)

Man beachte, daß **M** und **C** jetzt symmetrisch sind. Mit n = 3 Ansatzfunktionen folgen aus der Lösung des entsprechenden Eigenwertproblems die Näherungslösungen

$$\bar\omega_1 = (c/l)\ 1,794013, \qquad (5.137a)$$

$$\bar\omega_2 = (c/l)\ 4,813378, \qquad (5.137b)$$

$$\bar\omega_3 = (c/l)\ 8,569588. \qquad (5.137c)$$

Während die ersten beiden so bestimmten Eigenwerte sehr gut mit den exakten Werten (5.121) übereinstimmen, ist die Abweichung in $\bar\omega_3$ erheblich. Der Fehler ist hier sogar größer als bei dem rechentechnisch viel einfacheren Kollokationsverfahren (vergl. (5.126))! Dies ist allerdings rein zufällig und hängt von der Wahl der Ansatzfunktionen und der Kollokationspunkte ab. Generell gilt aber, daß in diesen und in den anderen in diesem Kapitel besprochenen Verfahren nur etwa die ersten n/2 Eigenwerte des diskretisierten Problems gute Näherungen liefern (dabei ist n die Anzahl der Ansatzfunktionen). Die an-

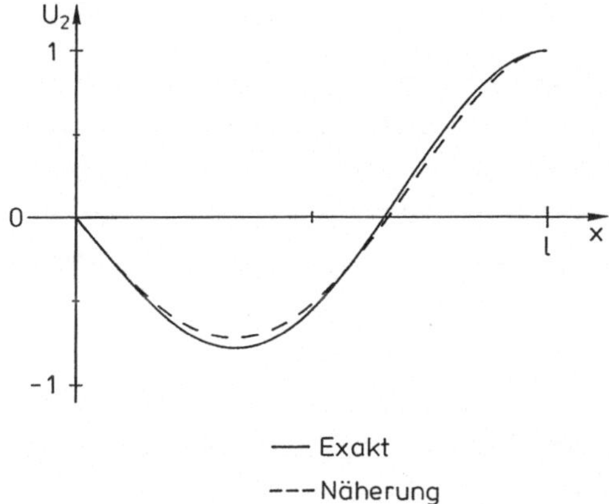

Abb.5.4   Vergleich der exakten und der mit dem GALERKIN-Verfahren angenäherten zweiten Eigenfunktion (n = 3)

genäherten Eigenfunktionen sind mit den Eigenwerten leicht zu bestimmen. Da die auch hier angenäherte erste Eigenfunktion im Rahmen der Zeichengenauigkeit mit der exakten Lösung übereinstimmt, ist in Abb.5.4 nur die zweite Eigenfunktion dargestellt.

5.3.5 Das RAYLEIGH–RITZ–Verfahren

In den bisher in 5.3 geschilderten Verfahren wurde der Näherungsansatz

$$\tilde{w}(x,y,z,t) = \sum_{i=1}^{n} F_i(x,y,z)\, q_i(t) \tag{5.138}$$

direkt in die partielle Differentialgleichung eingesetzt, der Fehler

$$\tilde{e}(x,y,z,t) = \mathscr{M}\left[\ddot{\tilde{w}}\right] + \mathscr{D}\left[\dot{\tilde{w}}\right] + \mathscr{G}\left[\dot{\tilde{w}}\right] + \mathscr{C}\left[\tilde{w}\right] + \mathscr{N}\left[\tilde{w}\right] - f(x,y,z,t) \tag{5.139}$$

auf Funktionen $H_j(x,y,z)$, $j = 1,2,\ldots,n$ projeziert, und anschließend wurden diese Projektionen gleich Null gesetzt. Daher mußten die Ansatzfunktionen $F_i(x,y,z)$ hinreichend oft, d.h. 2p-mal, differenzierbar sein. Die Größe 2p ist dabei gerade die maximale Ordnung der in $\mathscr{C}[\cdot]$ auftretenden Ableitungen. Die

Ordnung von $\mathcal{M}[\cdot]$ wurde in 5.1 als 2q bezeichnet, und es wurde p > q vorausgesetzt. Über die Ordnungen der übrigen Operatoren $\mathcal{D}[\cdot]$, $\mathcal{G}[\cdot]$ und $\mathcal{N}[\cdot]$ wurde bisher nichts gesagt, sie sind jedoch in der Regel nicht größer als 2p. Außerdem ist es günstig, wenn die Ansatzfunktionen möglichst viele der Randbedingungen erfüllen. (Für die Konvergenz des GALERKIN-Verfahrens müssen die Ansatzfunktionen *alle* Randbedingungen erfüllen, d.h. es sind Vergleichsfunktionen zu verwenden.)

In den vorherigen Kapiteln hatten wir schon gesehen, daß die Bewegungsgleichungen mechanischer Systeme aus dem HAMILTONschen Prinzip gewonnen werden können. Dieses kann man in der Form

$$\delta \int_{t_1}^{t_2} L \ dt + \delta A = 0 \qquad (5.140)$$

schreiben, wobei L gemäß

$$L[w, \dot{w}] := T[\dot{w}] - U[w] \qquad (5.141)$$

durch die kinetische und potentielle Energie gegeben ist. Bei den hier behandelten linearen Schwingungsproblemen sind $T[\dot{w}]$ und $U[w]$ positiv definite quadratische Formen in $\dot{w}$ und w, die sich aus Integralen über das gesamte Gebiet $\mathcal{G}$ ergeben (s. z.B. (5.68)). Der Ausdruck δA beinhaltet die Arbeit aller Kräfte, die nicht durch die potentielle Energie $U[w]$ erfaßt werden bei einer virtuellen Verrückung. Im allgemeinen wird δA eine Funktion von w, $\dot{w}$ und t sein.

Im Unterschied zu den bisher in 5.3 behandelten Verfahren wird im RAYLEIGH-RITZ-Verfahren der Näherungsansatz (5.97) direkt in den Variationsgleichungen (5.140) gemacht. In (5.141) wird daher die kinetische Energie $T[\dot{w}]$ durch $T\left[\dot{\tilde{w}}\right]$ ersetzt, und diese Funktion kann immer als

$$T\left[\dot{\tilde{w}}\right] = \frac{1}{2} \sum_{i,j=1}^{n} m_{ij} \dot{q}_i \dot{q}_j \qquad (5.142)$$

geschrieben werden. Die Koeffizienten m_{ij} sind dabei Funktionale der Ansatzfunktionen $F_s(x,y,z)$, $s = 1,2,\ldots,n$. Ebenso wird $U[w]$ ersetzt durch $U[\tilde{w}]$ und
es ist

$$U[\tilde{w}] = \frac{1}{2} \sum_{i,j=1}^{n} c_{ij}\, q_i q_j \qquad (5.143)$$

mit den c_{ij} als Funktionalen von $F_s(x,y,z)$, $s = 1,2,\ldots,n$. Auch in δA ersetzt
man w und $\dot{w}$ durch $\tilde{w}$, $\dot{\tilde{w}}$ gemäß (5.97), womit dann

$$\delta A = \sum_{j=1}^{n} Q_j \delta q_j \qquad (5.144)$$

folgt. Die Q_j hängen natürlich ebenfalls von den Ansatzfunktionen ab und
setzen sich zusammen aus Anteilen, die in q_s und $\dot{q}_s$ ($s = 1,2,\ldots,n$) vom Grade
Eins, bzw. Null sind.

Damit hat man also das ursprünglich kontinuierliche System diskretisiert, ohne die Bewegungsgleichungen bisher explizit angegeben zu haben.
Sie ergeben sich dann aus dem HAMILTONschen Prinzip z.B. über die LAGRANGE-
schen Gleichungen

$$\frac{d}{dt}\frac{\partial L}{\partial \dot{q}_i} - \frac{\partial L}{\partial q_i} = Q_i, \qquad i = 1,2,\ldots,n, \qquad (5.145)$$

und führen auf die gesuchte Matrizen-Differentialgleichung. Die Koeffizienten
m_{ij} der Matrix $\mathbf{M}$ und c_{ij} der Matrix $\mathbf{C}$ folgen hier direkt aus dem Einsetzen von
(5.97) in die Energieausdrücke und es gilt hier immer $\mathbf{M}^T = \mathbf{M}$, $\mathbf{C}^T = \mathbf{C}$.

Die durch $\mathbf{D}$, $\mathbf{G}$, $\mathbf{N}$ und $f(t)$ dargestellten Kräfte sind in der Gleichung
(5.145) alle in Q_i, $i = 1,2,\ldots,n$ enthalten. Allerdings sind die gyroskopischen Terme, die der schiefsymmetrischen Matrix $\mathbf{G}$ entsprechen, konserva-
tiv und können somit immer auch aus einer geeigneten LAGRANGE-Funktion gewonnen werden. Die kinetische Energie besteht in diesem Fall aus der Summe einer
quadratischen Form in $\dot{w}$ und einer Bilinearform in w und $\dot{w}$ (vergl.
HAGEDORN & OTTERBEIN). Für die linearen Dämpfungsterme läßt sich eine Dissi-

pationsfunktion angeben, deren Ableitung dann direkt die Dämpfungskräfte ergibt, wie es von den diskreten Problemen her bekannt ist.

Die Differenzierbarkeitsvoraussetzungen für die Ansatzfunktionen sind offensichtlich beim RAYLEIGH-RITZ-Verfahren schwächer als beim GALERKIN-Verfahren: Während dort die Funktionen $F_j(P)$, $j = 1,2,\ldots,n$, 2p-mal differenzierbar sein mußten, da ja $\tilde{w}$ in den Differentialoperator $\mathscr{C}[\cdot]$ eingesetzt wurde, genügt jetzt die p-malige Differenzierbarkeit. In dem Energieausdruck $U[w]$, der eine quadratische Form ist, treten nämlich nur Ableitungen mit höchster Ordnung p auf! Man vergleiche hierzu auch 5.1.1 und 5.1.3.

Auch bezüglich der Erfüllung der Randbedingungen sind die Anforderungen an die Ansatzfunktionen geringer. Wie schon vom RAYLEIGHschen Verfahren bekannt (vergl. 5.1.3), ist es hier ausreichend, die wesentlichen (d.h. die geometrischen) Randbedingungen zu erfüllen. Die Konvergenz des RITZ-Verfahrens mit n → ∞ ist zumindest für den konservativen Fall ($\delta A \equiv 0$ in (5.140)) gewährleistet, wenn die Ansatzfunktionen eine vollständige Basis des Raumes der zulässigen Funktionen bilden. Im Gegensatz dazu müssen die Ansatzfunktionen im GALERKIN-Verfahren Vergleichsfunktionen sein. Falls man im RAYLEIGH-RITZ-Verfahren ebenfalls Vergleichsfunktionen statt zulässiger Funktionen verwendet, so ergeben sich auf beiden Wegen genau dieselben diskretisierten Gleichungen.

Ein Vorteil des RAYLEIGH-RITZ-Verfahrens besteht also darin, daß man bei der Wahl der Ansatzfunktionen eine viel größere Freiheit hat als beim GALERKINschen Verfahren, was besonders bei ebenen Problemen (Platte) und räumlichen Problemen wichtig sein kann. Dies kommt auch im folgenden Abschnitt 5.3.6 zum Ausdruck.

Wir behandeln nun noch das Beispiel (5.110), (5.111) mit dem RAYLEIGH-RITZ-Verfahren. Dazu verwenden wir jetzt bewußt Ansatzfunktionen, die nur die geometrischen Randbedingungen erfüllen. Wir wählen die Monome

$$F_i(x) = \left[\frac{x}{l}\right]^i; \qquad\qquad (5.146)$$

und damit schreiben sich kinetische und potentielle Energie als

$$T = \frac{1}{2} \sum_{i,j=1}^{n} \int_0^l \rho A_0 \left[1 - \frac{x}{2l}\right] \left[\frac{x}{l}\right]^i \left[\frac{x}{l}\right]^j \dot{p}_i(t)\dot{p}_j(t)\, dx, \qquad (5.147)$$

$$U = \frac{1}{2} \sum_{i,j=1}^{n} \int_0^l EA_0 \left[1 - \frac{x}{2l}\right] \frac{i}{l} \left[\frac{x}{l}\right]^{i-1} \frac{j}{l} \left[\frac{x}{l}\right]^{j-1} p_i(t)p_j(t)\, dx. \qquad (5.148)$$

Die Elemente der Matrizen **M** und **C** können darin unmittelbar erkannt werden, sie ergeben sich nach kurzer Zwischenrechnung zu

$$m_{ij} = \rho A_0 l\, \frac{i+j+3}{2(i+j+1)\,(i+j+2)}\,, \qquad (5.149)$$

$$c_{ij} = \frac{EA_0}{l}\, ij\, \frac{i+j+1}{(i+j-1)\,2(i+j)}\,. \qquad (5.150)$$

Die Eigenwerte des auf diesem Wege mit n = 3 Ansatzfunktionen diskretisierten Problems sind

$$\bar{\omega}_1 = (c/l)\ \ 1{,}79402, \qquad (5.151a)$$

$$\bar{\omega}_2 = (c/l)\ \ 4{,}981290, \qquad (5.151b)$$

$$\bar{\omega}_3 = (c/l)\ \ 10{,}041803. \qquad (5.151c)$$

Die erste Eigenfrequenz stimmt praktisch genau mit der exakten Lösung überein, die zweite stellt eine grobe Näherung dar und die dritte gibt lediglich die Größenordnung richtig wieder. Für die zweite Eigenfunktion sind die exakte und die mit n = 3 ermittelte Näherungslösung in Abb.5.5 dargestellt. Auch hier ist die Güte der Näherung durch Berücksichtigung einer größeren Anzahl von Ansatzfunktionen ohne weiteres zu verbessern. Auch die Verwendung von Ansatzfunktionen, die zusätzliche Randbedingungen erfüllen, verbessert das Ergebnis wesentlich.

5.3.6 Das Finite-Elemente-Verfahren

Für Systeme mit komplizierter Geometrie ist es oft hoffnungslos, zulässige Funktionen für das RAYLEIGH-RITZsche Verfahren zu finden, die in dem gesamten

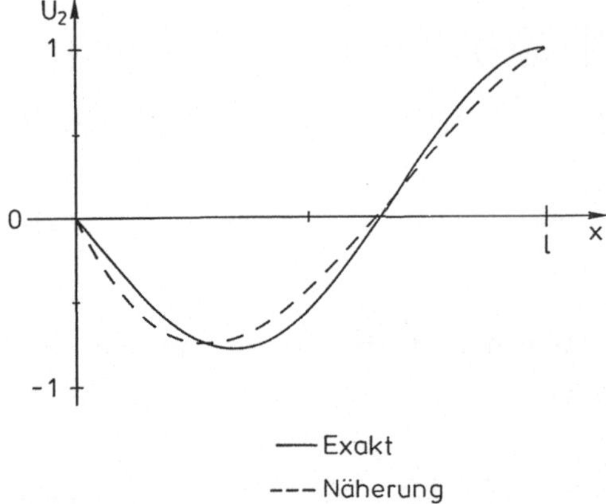

Abb.5.5   Vergleich der exakten und der mit dem RAYLEIGH-RITZ-Verfahren angenäherten zweiten Eigenfunktion (n = 3)

Gebiet $\mathscr{G}$ definiert sind. Selbst wenn es gelingt solche Funktionen anzugeben, können sie wegen ihrer Komplexität die weitere Rechnung unter Umständen sehr schwierig machen. Das im folgenden skizzierte Finite-Element-Verfahren ermöglicht die Behandlung von Problemen sehr komplizierter Geometrie und gestattet dabei eine sehr einfache, systematische Vorgehensweise.

Die Grundidee des Verfahrens lehnt sich an das Verfahren der Teilgebiete an. Wie in diesem Verfahren zerlegt man das Gebiet $\mathscr{G}$ in Teilgebiete $\mathscr{G}_i$, $i = 1,2,\ldots,n$, derart, daß

$$\mathscr{G} = U\, \mathscr{G}_i \tag{5.152}$$

ist. Man wählt dann die in dem Reihenansatz (5.97) die Ansatzfunktionen $F_i(P)$ derart, daß $F_i(P)$ nur an den Punkten $P \in$ aus dem Gebiet $\mathscr{G}_i$ ungleich Null ist und ansonsten den Wert Null annimmt. Diese auf den Teilgebieten $\mathscr{G}_i$ definierten Funktionen $F_i(P)$, $i = 1,2,\ldots,n$ bezeichnet man als *Finite Elemente*. Auf diese Weise gelingt es, selbst sehr komplizierte Geometrien und auch komplexe Ränder mit sehr einfachen Ansatzfunktionen zu erfassen. In der Regel werden Polynome niedriger Ordnung für die Finiten Elemente verwendet, die eine einfache, analytische Berechnung der Energieausdrücke gestatten und so eine numerische Integration bezüglich P überflüssig machen.

Die bequeme Form der Finite-Element-Verfahren hat bewirkt, daß das klassische RAYLEIGH-RITZ-Verfahren darüber bei vielen Ingenieuren in Vergessenheit geraten ist. Deswegen wird in der Praxis heute das Finite–Element–Verfahren auch häufig bei solchen Problemen angewendet, die eine sehr einfache Lösung mit Hilfe des klassischen RAYLEIGH–RITZ–Verfahrens zulassen. Gelegentlich kommt man nämlich bei einfachen Geometrien schon unter Verwendung von nur ganz wenigen Ansatzfunktionen zu ausgezeichneten Ergebnissen, die darüberhinaus auch die wesentlichen Parameterabhängigkeiten in geschlossener Form erkennen lassen. Bei denselben Problemen benötigt man u.U. bei gleicher Genauigkeit der Ergebnisse eine sehr große Anzahl von Finiten Elementen und läuft dabei Gefahr, einfache Zusammenhänge aus den Augen zu verlieren. Im folgenden wird in dieser kurzen Einführung versucht, die wesentlichen Grundideen des Verfahrens zu erläutern; wir beschränken uns dabei zunächst auf eindimensionale Kontinua.

Wir behandeln zunächst Randwertprobleme bei Differentialgleichungen zweiter Ordnung, wie wir sie von den Querschwingungen einer Saite und den Längsschwingungen eines Stabes kennen. Bei der Saite waren kinetische und potentielle Energie durch

$$T = \frac{1}{2} \int_0^l \rho A(x) \; \dot{w}^2(x,t) \; dx, \qquad (5.153a)$$

$$U = \frac{1}{2} \int_0^l T(x) \; w'^2(x,t) \; dx, \qquad (5.153b)$$

bei einem Dehnstab durch

$$T = \frac{1}{2} \int_0^l \rho A(x) \; \dot{u}^2(x,t) \; dx, \qquad (5.154a)$$

$$U = \frac{1}{2} \int_0^l EA(x) \; u'^2(x,t) \; dx \qquad (5.154b)$$

gegeben. Im folgenden betrachten wir zunächst eine Saite der Länge l mit den Randbedingungen $w(0,t) = 0$, $w'(l,t) = 0$.

Das Intervall $[0,l]$ teilen wir ein in n Elemente gleicher Länge $h = l/n$, die Randpunkte dieser Elemente bezeichnen wir als *Knoten*. Oft kann es natürlich zweckmäßig sein, die Elemente nicht gleich lang zu wählen: dort, wo sich Systemparameter abrupt ändern, wird man eine feinere Einteilung als an anderen Stellen wählen.

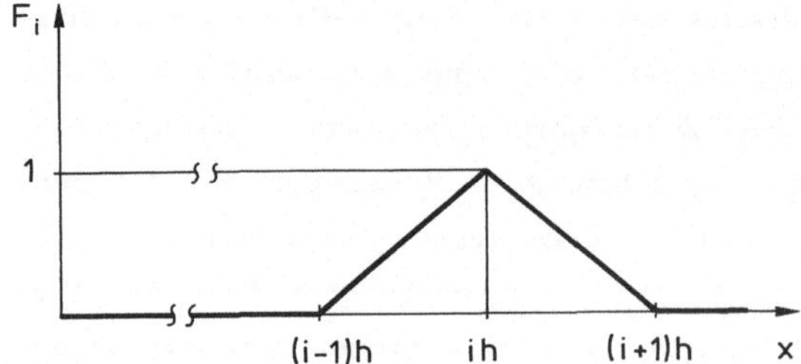

Abb.5.6   Zum Verfahren der Finiten Elemente (lineare Elemente)

Jede Ansatzfunktion $F_i(x)$, $i = 1,2,\ldots,n-1$ wird nun so definiert, daß sie außerhalb des Intervalls $[(i-1)h, (i+1)h]$ gleich Null ist. Die Ansatzfunktionen müssen so gewählt werden, daß ihre ersten Ableitungen stückweise stetig sind. Damit sind die einfachsten $F_i(x)$ stückweise linear und wir definieren die Ansatzfunktionen gemäß Abb.5.6 als

$$F_i(x) = 1 + \frac{x - ih}{h} \quad , \quad (i-1)h \leq x \leq ih, \qquad (5.155a)$$

$$F_i(x) = 1 - \frac{x - (i+1)h}{h} \quad , \quad ih \leq x \leq (i+1)h \qquad (5.155b)$$

für $i = 1,2,\ldots,n-1$. Die letzte Funktion $F_n(x)$ definieren wir anders, nämlich gemäß

$$F_n(x) = 1 + \frac{x - nh}{h} \quad , \quad (n-1)h \leq x \leq 1, \qquad (5.156)$$

um von Null verschiedene Endverschiebungen zu ermöglichen. Darüberhinaus vereinbaren wir, daß die Funktionen $F_i(x)$, $i = 1,2,\ldots,n$ außerhalb der in (5.155), (5.156) angegebene Intervalle verschwinden.

Die so definierten Ansatzfunktionen haben eine Reihe interessanter Eigenschaften. So nimmt z.B. die Näherungslösung

$$\tilde{w}(x,t) = \sum_{i=1}^{n} F_i(x)q_i(t) \qquad (5.157)$$

an den Knotenpunkten $x = sh$, $s = 1,2,\ldots,n-1$ die Werte

$$\tilde{w}(sh,t) = q_s(t) \tag{5.158}$$

an. Die "verallgemeinerte Koordinate" $q_s(t)$ gibt also gerade die Verschiebung des s-ten Knotens an. Darüberhinaus sind die Funktionen zwar nicht orthogonal, es gilt jedoch die Eigenschaft

$$\int_0^1 F_i(x)\, F_j(x)\, dx = 0, \text{ für } |i-j| > 1 \tag{5.159}$$

und sogar

$$\int_0^1 f_0(x)\, F_i(x)\, F_j(x)\, dx = 0, \text{ für } |i-j| > 1 \tag{5.160}$$

mit $f_0(x)$ beliebig! Die Bedingung (5.160) ist offensichtlich einer Orthogonalitätsbeziehung sehr ähnlich. Würde (5.160) für alle $i \neq j$ gelten, so wären die $F_i(x)$, $i = 1,2,\ldots,n$ alle zueinander orthogonal bezüglich $f_0(x)$. Gleichung (5.160) gilt zwar nicht für alle Funktionen, jedoch für *fast alle*, nämlich für alle mit $|i-j| > 1$, und zwar unabhängig von der besonderen Funktion $f_0(x)$! Diese Eigenschaft schlägt sich in der Struktur der Systemmatrizen nieder: es ergeben sich Matrizen mit *Bandstruktur*.

Da die Ansatzfunktionen (5.156) linear sind, folgt aus (5.156) und (5.158), daß $\tilde{w}(x,t)$ zu jedem Zeitpunkt t ein Polygonzug ist, an dessen Ecken jeweils die Werte $q_s(t)$, $s = 1,2,\ldots,n$ angenommen werden (Abb.5.7). Innerhalb des Intervalls $(j-1)h \leq x \leq jh$ ist daher $\tilde{w}(x,t)$ durch

$$\tilde{w}(x,t) = \frac{jh - x}{h}\, q_{j-1} + \frac{x - (j-1)h}{h}\, q_j \tag{5.161}$$

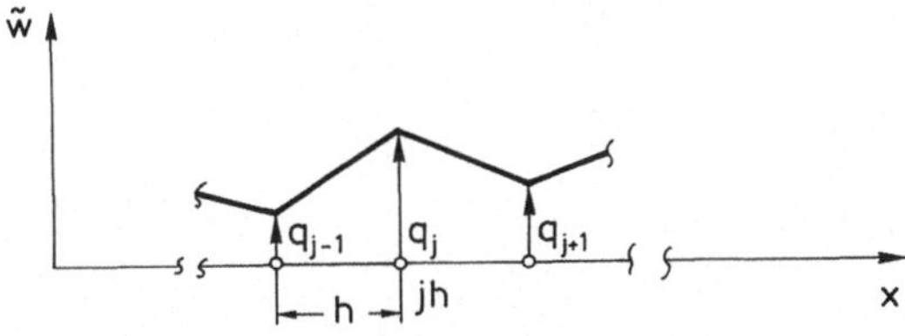

Abb.5.7   Lineare Elemente und Knotenpunktkoordinaten

314

gegeben. Es ist zweckmäßig, innerhalb eines jeden solchen Intervalls eine *lokale Koordinate*

$$\xi := \frac{jh - x}{h} \tag{5.162}$$

einzuführen, die am linken Rand den Wert Eins, am rechten Rand den Wert Null annimmt. Damit kann dann (5.161) als

$$\tilde{w}(x,t) = L_1(\xi)q_{j-1}(t) + L_2(\xi)q_j(t) \tag{5.163}$$

geschrieben werden mit den *linearen Interpolationsfunktionen*

$$L_1(\xi) := \xi, \quad L_2(\xi) := 1 - \xi. \tag{5.164}$$

In den Energieausdrücken (5.153) und (5.154) kann man nun die Gesamtenergien aus den Beiträgen der einzelnen Elemente berechnen, also z.B. für die Saite gemäß

$$T = \sum_{j=1}^{n} \frac{1}{2} \int_{(j-1)h}^{jh} \mu(x) \, \dot{\tilde{w}}^2(x,t) \, dx, \tag{5.165a}$$

$$U = \sum_{j=1}^{n} \frac{1}{2} \int_{(j-1)h}^{jh} T(x) \, \tilde{w}'^2(x,t) \, dx. \tag{5.165b}$$

Die einzelnen Summanden sind dabei offensichtlich quadratische Formen in $\dot{q}_{j-1}$ und $\dot{q}_j$, bzw. q_{j-1} und q_j, so daß anstelle von (5.165) auch

$$T = \sum_{j=1}^{n} \frac{1}{2} (\dot{q}_{j-1}, \ \dot{q}_j) \, \mathbf{M}_j \, (\dot{q}_{j-1}, \ \dot{q}_j)^T. \tag{5.166a}$$

$$U = \sum_{j=1}^{n} \frac{1}{2} (q_{j-1}, \ q_j) \, C_j \, (q_{j-1}, \ q_j)^T \tag{5.166b}$$

zu schreiben ist (dabei ist $q_0 \equiv 0$ und $\dot{q}_0 \equiv 0$ zu setzen). Die Matrizen $\mathbf{M}_j$ und

C_j sind von der Ordnung 2 x 2 und ihre Elemente können leicht in lokalen Variablen berechnet werden:

$$m_{j11} = \int_{(j-1)h}^{jh} \rho A(x)\, L_1^2(\xi(x))\, dx = -\int_1^0 \overline{\rho A}_j(\xi)\, \xi^2\, h d\xi =$$

$$= h \int_0^1 \overline{\rho A}_j(\xi)\, \xi^2\, d\xi, \tag{5.167a}$$

$$m_{j12} = m_{j21} = \int_{(j-1)h}^{jh} \rho A(x)\, L_1(\xi(x))\, L_2(\xi(x))\, dx =$$

$$= h \int_0^1 \overline{\rho A}_j(\xi)\, \xi(1-\xi)\, d\xi, \tag{5.167b}$$

$$m_{j22} = h \int_0^1 \overline{\rho A}_j(\xi)\, (1-\xi)^2\, d\xi, \tag{5.167c}$$

mit

$$\overline{\rho A}_j(\xi) := \rho A(x(\xi)), \quad (j-1)h \leq x \leq jh. \tag{5.168}$$

Entsprechend folgt für die Elemente von C_j:

$$c_{j11} = \int_{(j-1)h}^{jh} T(x) \left[\frac{dL_1(\xi(x))}{dx}\right]^2 dx = \int_0^1 \bar{T}_j(\xi)\, \frac{1}{h^2} \left[\frac{dL_1}{d\xi}\right]^2 h d\xi =$$

$$= \frac{1}{h} \int_0^1 \bar{T}_j(\xi)\, d\xi, \tag{5.169a}$$

$$c_{j12} = c_{j21} = \int_{(j-1)h}^{jh} T(x)\, \frac{dL_1(\xi(x))}{dx}\, \frac{dL_2(\xi(x))}{dx}\, dx = -\frac{1}{h} \int_0^1 \bar{T}_j(\xi)\, d\xi, \tag{5.169b}$$

$$c_{j22} = \int_{(j-1)h}^{jh} T(x) \left[\frac{dL_2(\xi(x))}{dx}\right]^2 dx = \frac{1}{h} \int_0^1 \bar{T}_j(\xi)\, d\xi \tag{5.169c}$$

mit

$$\bar{T}_j(\xi) := T(x(\xi)), \quad (j-1)h \leq x \leq jh. \tag{5.170}$$

Bei der Bildung der Summen in (5.165) treten die in $\dot{q}_j$, bzw. q_j quadratischen Terme jeweils in zwei Summanden auf, die gemischten Produkte $\dot{q}_{j-1}\dot{q}_j$, bzw. $q_{j-1}q_j$ jedoch nur in jeweils einem Summanden.

Schreibt man daher die kinetische Energie in Matrizenform als

$$T = \frac{1}{2}\,\dot{q}^T M\,\dot{q} \tag{5.171}$$

mit

$$\dot{q} = (\dot{q}_1,\dot{q}_2,\ldots,\dot{q}_n)^T, \tag{5.172}$$

so ergibt sich die *globale Massenmatrix* aus den *Element-Massenmatrizen* M_j durch Überlagerung derart, daß sich in der Hauptdiagonale von M immer zwei Elemente von aufeinanderfolgenden Matrizen M_{j-1} und M_j addieren:

$$M = \tag{5.173}$$

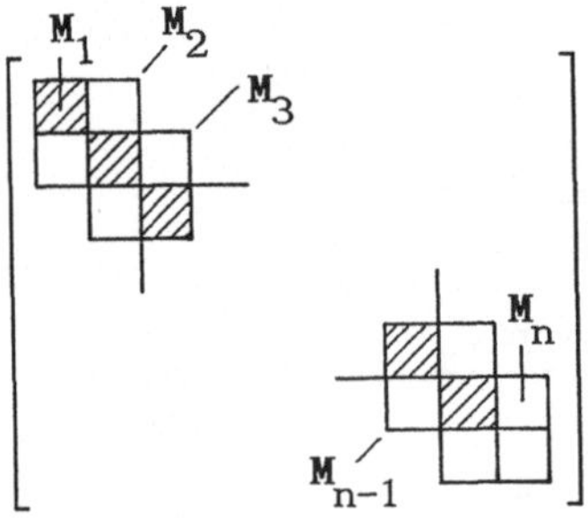

Die schraffierten Kästen in (5.173) bedeuten dabei die sich überlappenden Anteile jeweils zweier Element-Massenmatrizen. Wegen der Randbedingung $w(0,t) \equiv 0$ und $w'(1,t) \equiv 0$ ist von der Matrix M_1 allerdings nur das Element $m_{1,22}$ vorhanden, während es am letzten Element der Hauptdiagonale von M nicht mehr zu einer Überlagerung kommt. Die globale Steifigkeitsmatrix C setzt sich auf analoge Weise aus den C_j, $j = 1,2,\ldots,n$ zusammen. Die Matrizen C und M besitzen im vorliegenden Fall Bandstruktur. Nur die Hauptdiagonale und die beiden zu dieser "benachbarten Diagonalen" sind besetzt: die "Bandbreite" ist gleich Drei.

Für den Fall $T(x) = \text{const}$, $\rho A(x) = \text{const}$ kann man die Integrale (5.167) und (5.169) leicht berechnen, man erhält damit die Element-Matrizen

$$C_j = \frac{T}{h} \begin{bmatrix} 1 & -1 \\ -1 & 1 \end{bmatrix} \ , \quad M_j = \frac{1}{6} \, h\rho A \begin{bmatrix} 2 & 1 \\ 1 & 2 \end{bmatrix} \ . \tag{5.174}$$

Daraus folgen dann die globalen Matrizen

$$M = \frac{h\rho A}{6} \begin{bmatrix} 4 & 1 & 0 & \cdots & & 0 \\ 1 & 4 & 1 & & & \\ 0 & 1 & 4 & \cdots & & \\ & & & & 4 & 1 \\ 0 & & \cdots & & 1 & 2 \end{bmatrix} \ , \tag{5.175a}$$

$$C = \frac{T}{h} \begin{bmatrix} 2 & -1 & 0 & \cdots & & 0 \\ -1 & 2 & -1 & & & \\ 0 & -1 & 2 & & & \\ & & & & 2 & -1 \\ 0 & & \cdots & & -1 & 1 \end{bmatrix} \ . \tag{5.175b}$$

Selbst wenn $T(x)$ und $\rho A(x)$ nicht konstant sind, kann man oft diese Funktionen über ein jedes Intervall der Länge h als konstant voraussetzen. In den Element–Matrizen (5.174) hängen dann die Größen T und ρA noch von einem Index ab, so daß sich die einzelnen Matrizen voneinander unterscheiden. In (5.175) sind dann z.B. auch die Elemente der Hauptdiagonale nicht mehr alle gleich, die Struktur mit der Bandbreite Drei bleibt aber erhalten. Andererseits ist es bei der Integration in (5.167), (5.168) auch oft nicht schwierig, die Abhängigkeit von der Normalkraft und der Massenbelegung von der x-Koordinate zu berücksichtigen.

Wir behandeln nun das Beispiel (5.110), (5.111) mit dem Finite-Elemente-Verfahren. In lokalen Koordinaten gilt hier für die kinetische Energie eines einzelnen Elements

$$T_i = \frac{h}{2} \int_0^1 \rho A(\xi_i) \left[(1 - \xi_i)\, \dot{q}_{i-1} + \xi_i\, \dot{q}_i \right]^2 d\xi_i , \tag{5.176}$$

woraus sich mit

$$\rho A(\xi_i) = \rho A_0 \left[1 - h\, \frac{\xi_i + i - 1)}{21} \right] = \rho A_0 \left[1 - \frac{\xi_i + i - 1}{2n} \right] \tag{5.177}$$

die Elementmassenmatrix

318

$$M_i = \frac{\rho A_0 l}{24n^2} \begin{bmatrix} (3 + 8n - 4i) & (1 + 4n - 2i) \\ (1 + 4n - 2i) & (1 + 8n - 4i) \end{bmatrix} \qquad (5.178)$$

ergibt. Die potentielle Energie eines einzelnen Elements ist

$$U_i = \frac{1}{2} \int_{h(i-1)}^{hi} EA \, u_i'^2 \, dx = \frac{h}{2} \int_0^1 EA \left[-\frac{1}{h} q_{i-1} + \frac{1}{h} q_i \right]^2 d\xi. \qquad (5.179)$$

woraus hier die Elementsteifigkeitsmatrix

$$C_i = \frac{EA_0}{l} \left[n + \frac{1}{4} - \frac{i}{2} \right] \begin{bmatrix} 1 & -1 \\ -1 & 1 \end{bmatrix} \qquad (5.180)$$

folgt. Für $n = 6$ Elemente erhält man damit z.B. die globalen Matrizen

$$M = \frac{\rho A_0 l}{864} \begin{bmatrix} 45+43 & 21 & 0 & 0 & 0 & 0 \\ 21 & 41+39 & 19 & 0 & 0 & 0 \\ 0 & 19 & 37+35 & 17 & 0 & 0 \\ 0 & 0 & 17 & 33+31 & 15 & 0 \\ 0 & 0 & 0 & 15 & 29+27 & 13 \\ 0 & 0 & 0 & 0 & 13 & 25 \end{bmatrix} =$$

$$= \frac{\rho A_0 l}{864} \begin{bmatrix} 88 & 21 & 0 & 0 & 0 & 0 \\ 21 & 80 & 19 & 0 & 0 & 0 \\ 0 & 19 & 72 & 17 & 0 & 0 \\ 0 & 0 & 17 & 64 & 15 & 0 \\ 0 & 0 & 0 & 15 & 56 & 13 \\ 0 & 0 & 0 & 0 & 13 & 25 \end{bmatrix}. \qquad (5.181a)$$

$$C = \frac{EA_0}{864 \, l} \begin{bmatrix} 23+21 & -21 & 0 & 0 & 0 & 0 \\ -21 & 21+19 & -19 & 0 & 0 & 0 \\ 0 & -19 & 19+17 & -17 & 0 & 0 \\ 0 & 0 & -17 & 17+15 & -15 & 0 \\ 0 & 0 & 0 & -15 & 15+13 & -13 \\ 0 & 0 & 0 & 0 & -13 & 13 \end{bmatrix} =$$

$$= \frac{EA_0}{864 \, l} \begin{bmatrix} 9504 & -4536 & 0 & 0 & 0 & 0 \\ -4536 & 8640 & -4104 & 0 & 0 & 0 \\ 0 & -4104 & 7776 & -3672 & 0 & 0 \\ 0 & 0 & -3672 & 6912 & -3240 & 0 \\ 0 & 0 & 0 & -3240 & 6048 & -2808 \\ 0 & 0 & 0 & 0 & -2808 & 2808 \end{bmatrix}. \qquad (5.181b)$$

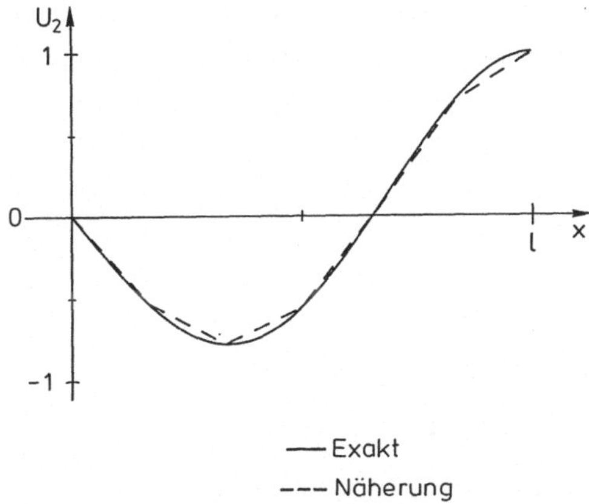

Abb.5.8   Exakte und mit dem Finite-Elemente-Verfahren
(n = 6) angenäherte zweite Eigenfunktion

Die Lösung des durch die Matrizen (5.181) gegebenen Eigenwertproblems führt auf die folgenden Näherungen für die ersten drei Eigenkreisfrequenzen:

$\bar{\omega}_1$ = 1,79800 c/l; $\bar{\omega}_2$ = 4,92199 c/l; $\bar{\omega}_3$ = 8,46764 c/l. Ein Vergleich mit den exakten Werten, die in (5.121) angegeben sind, zeigt, daß der erste Eigenwert praktisch exakt ist, der zweite weist einen Fehler von ca. 2 % und der dritte einen von ca. 7 % auf. Die so angenäherte Eigenfunktion ist in Abb.5.8 angegeben. Geht man von n = 6 Elementen auf n = 10 Elemente über, so ergibt sich immer noch $\bar{\omega}_3$ = 8,11092 c/l. Dieser Wert ist kaum besser als der, der sich mit dem sehr viel einfacheren Kollokationsverfahren mit nur drei Ansatzfunktionen ergab. Allerdings weiß man beim Kollokationsverfahren kaum etwas über die Konvergenz, während beim Verfahren der Finiten Elemente in der hier besprochenen Form alle Konvergenzeigenschaften des RITZ-Verfahrens gelten. So weiß man z.B., daß ganz allgemein alle auf diesem Wege bestimmten Näherungswerte für die Eigenfrequenzen größer sind als die exakten Werte.

Wie schon bemerkt, bietet es sich beim Verfahren der Finiten Elemente natürlich an, die Massenbelegung $\rho A(x)$ und die Steifigkeit $EA(x)$ innerhalb jedes Elementes jeweils als konstant anzunehmen. Bei hinreichend großer Anzahl von Elementen ist anzunehmen, daß der dadurch verursachte Fehler vernachlässigbar klein wird. Allerdings ist damit das Verfahren der Finiten Elemente streng genommen nicht mehr ein Sonderfall des RITZ-Verfahrens für das ursprüngliche Problem, so daß die genannten Konvergenzaussagen nicht mehr gesichert sind.

Setzt man in dem vorliegenden Beispiel die Querschnittsfläche in einem jeden Element als konstant an und wählt für die Konstante den Querschnittswert in der Elementmitte, so ergibt sich

$$A_i = A_0 \left[1 - \frac{i - 1/2}{2n} \right] \qquad (5.182)$$

und daraus folgt die Elementmassenmatrix

$$M_i = \frac{\rho A_0 l}{24n^2} \begin{bmatrix} (2 + 8n - 4i) & (1 + 4n - 2i) \\ (1 + 4n - 2i) & (2 + 8n - 4i) \end{bmatrix} \qquad (5.183)$$

anstelle von (5.178). Da bei der potentiellen Energie des einzelnen Elementes in (5.178) nur eine in ξ lineare Funktion integriert wird (die Querschnittsfläche A ist linear in ξ), ändert sich die Steifigkeitsmatrix bei Annahme eines elementweise konstanten Querschnitts hier nicht (das Integral einer linearen Funktion ist genau gleich dem linearen Mittelwert der Funktion multipliziert mit der Länge des Integrationsintervalls). Lediglich die globale Massenmatrix

$$M = \frac{\rho A_0 l}{864} \begin{bmatrix} 46+42 & 21 & 0 & 0 & 0 & 0 \\ 21 & 42+38 & 19 & 0 & 0 & 0 \\ 0 & 19 & 38+34 & 17 & 0 & 0 \\ 0 & 0 & 17 & 34+30 & 15 & 0 \\ 0 & 0 & 0 & 15 & 30+26 & 13 \\ 0 & 0 & 0 & 0 & 13 & 26 \end{bmatrix} =$$

$$= \frac{\rho A_0 l}{864} \begin{bmatrix} 88 & 21 & 0 & 0 & 0 & 0 \\ 21 & 80 & 19 & 0 & 0 & 0 \\ 0 & 19 & 72 & 17 & 0 & 0 \\ 0 & 0 & 17 & 64 & 15 & 0 \\ 0 & 0 & 0 & 15 & 56 & 13 \\ 0 & 0 & 0 & 0 & 13 & 26 \end{bmatrix} \qquad (5.184)$$

tritt also an die Stelle von (5.181a). Aus (5.184) und (5.181b) ergeben sich mit n = 6 Elementen für die ersten drei Eigenfrequenzen die Näherungswerte $\bar{\omega}_1 = 1{,}79455$ c/l; $\bar{\omega}_2 = 4{,}90979$ c/l; $\bar{\omega}_3 = 8{,}44198$ c/l. Diese Werte unterscheiden sich kaum von denen, die sich bei der exakten Integration über die Elemente ergaben.

Bisher wurden ausschließlich die linearen Interpolationspolynome (5.164) verwendet. Sie wurden so gewählt, daß sich $L_1(0) = 0$, $L_1(1) = 1$ und $L_2(0) = 1$,

$L_2(1) = 0$ ergab. Oft ist es zweckmäßig, statt der linearen Funktionen Polynome höherer Ordnung zu verwenden, etwa quadratische Polynome

$$L(\xi) = k_1 + k_2\xi + k_3\xi^2 \tag{5.185}$$

oder kubische

$$L(\xi) = k_1 + k_2\xi + k_3\xi^2 + k_4\xi^3. \tag{5.186}$$

Da das quadratische Polynom (5.185) drei noch festzulegende Koeffizienten enthält, bietet es sich an, zusätzlich zu den beiden *äußeren Knoten* $\xi = 0$, $\xi = 1$ noch einen dritten, *inneren Knoten* an der Stelle $\xi = 1/2$ festzulegen.

Die Verschiebung wird dann gemäß

$$\begin{aligned}
\tilde{w}(x,t) &= L_1(\xi)\bar{q}_{j-1}(t) + L_2(\xi)\,\bar{q}_{j-1/2}(t) + L_3(\xi)\bar{q}_j(t) = \\
&= 1^T(\xi)\,\bar{q}_j(t), \quad (j-1)h \leq x \leq jh,
\end{aligned} \tag{5.187}$$

dargestellt, mit

$$1(\xi) := (L_1(\xi), L_2(\xi), L_3(\xi))^T, \tag{5.188}$$

$$\bar{q}_j(t) := (\bar{q}_{j-1}(t), \bar{q}_{j-1/2}(t), \bar{q}_j(t)). \tag{5.189}$$

Bestimmt man die Koeffizienten in den quadratischen Polynomen (5.185) so, daß

$$L_1(0) = 0, \quad L_1(1/2) = 0, \quad L_1(1) = 1, \tag{5.190a}$$

$$L_2(0) = 0, \quad L_2(1/2) = 1, \quad L_2(1) = 0, \tag{5.190b}$$

$$L_3(0) = 1, \quad L_3(1/2) = 0, \quad L_3(1) = 0 \tag{5.190c}$$

gilt, d.h.

$$(1(0), 1(1/2), 1(1)) = E^T, \tag{5.191}$$

so entsprechen die Komponenten von $\bar{q}(t)$ in (5.187) offensichtlich gerade den

322

Verschiebungen an den drei Knoten. Die Bedingungen (5.190) führen auf die drei Polynome

$$L_1(\xi) = \xi(2\xi - 1), \quad L_2(\xi) = 4\xi(1 - \xi), \quad L_3(\xi) = 1 - 3\xi + 2\xi^2. \quad (5.192)$$

Die Berechnung der Integrale

$$\int_{(j-1)h}^{jh} \rho A(x)\, \dot{\tilde{w}}^2(x,t)\, dx, \qquad (5.193)$$

$$\int_{(j-1)h}^{jh} T(x)\, \tilde{w}'^2(x,t)\, dx \qquad (5.194)$$

in den Summen in (5.165) führt jetzt auf quadratische Formen in $\dot{\bar{q}}_j(t)$, bzw. $\bar{q}_j(t)$:

$$\dot{\bar{q}}_j^T M_j \dot{\bar{q}}_j, \qquad \bar{q}_j^T C_j \bar{q}_j, \qquad (5.195)$$

wobei die Element-Matrizen vom Typ 3x3 sind. Man erhält

$$M_j = h \int_0^1 \overline{\rho A}_j(\xi)\, 1(\xi)\, 1^T(\xi)\, d\xi, \qquad (5.196)$$

$$C_j = \frac{1}{h} \int_0^1 \bar{T}_j(\xi)\, 1'(\xi) 1'^T(\xi)\, d\xi; \qquad (5.197)$$

der Strich in $1'(\xi)$ bedeutet dabei die Ableitung nach der lokalen Variablen ξ. Analog zu (5.173) ergibt sich aus (5.196) die globale Massenmatrix

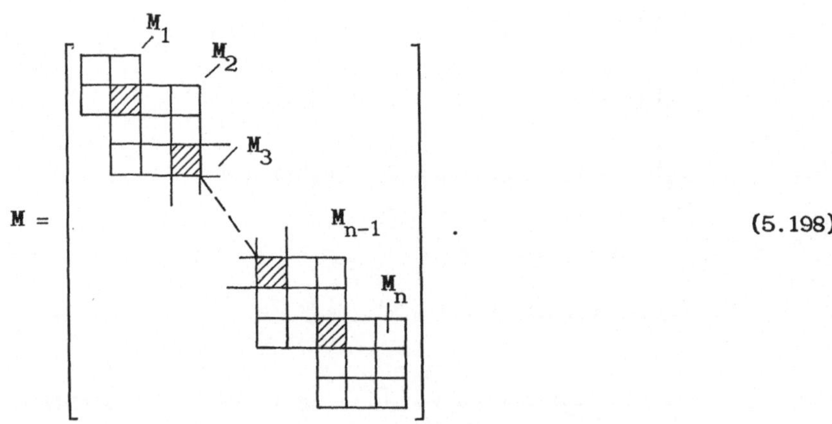

$$(5.198)$$

Wegen der Randbedingung $w(0,t) \equiv 0$ wurde aus der sich durch Überlagerung ergebenden Matrix wieder die erste Zeile und die erste Spalte weggelassen. Die Überlappung der Elementmatrizen erfolgt jetzt nur für die äußeren Knoten, der innere Knoten ist davon offensichtlich nicht betroffen, da er jeweils nur zu einem Element gehört. Man erkennt, daß die Massenmatrix (5.198) Bandbreite Fünf hat. Die globale Steifigkeitsmatrix ist analog zu (5.198) aufgebaut. Im Fall $T(x) = \text{const}$, $\rho A(x) = \text{const}$ ergibt eine einfache Zwischenrechnung

$$\mathbf{M}_j = \frac{h\rho A}{30} \begin{bmatrix} 4 & 2 & -1 \\ 2 & 16 & 2 \\ -1 & 2 & 4 \end{bmatrix}, \qquad (5.199)$$

$$\mathbf{C}_j = \frac{T}{3h} \begin{bmatrix} 7 & -8 & 1 \\ -8 & 16 & -8 \\ 1 & -8 & 7 \end{bmatrix}. \qquad (5.200)$$

Mit kubischen Polynomen ist die Vorgehensweise vollständig analog. Hier führt man nicht nur einen, sondern zwei innere Knoten ein und bestimmt die freien Koeffizienten in den Ansatzfunktionen (5.186) aus

$$(1(1),\ 1(2/3),\ 1(1/3),\ 1(0)) = E_{4x4}^T. \qquad (5.201)$$

Dabei ist natürlich

$$1(\xi) := (L_1(\xi),\ L_2(\xi),\ L_3(\xi),\ L_4(\xi))^T \qquad (5.202)$$

und die $L_k(\xi)$ sind alle von der Bauart (5.186). Auch der Vektor $\bar{q}_j(t)$ ist jetzt vierdimensional, und $\tilde{w}(x,t)$ schreibt sich wieder als

$$\tilde{w}(x,t) = 1^T(\xi)\ \bar{q}_j(t). \qquad (5.203)$$

Aus der Matrizengleichung (5.201) ergeben sich die vier kubischen Polynome zu

$$L_1(\xi) = \tfrac{1}{2}\xi(2 - 9\xi + 9\xi^2), \qquad L_2(\xi) = -\tfrac{9}{2}\xi(1 - 4\xi + 3\xi^2),$$
$$L_3(\xi) = \tfrac{9}{2}\xi(2 - 5\xi + 3\xi^2), \qquad L_4(\xi) = 1 - \tfrac{11}{2}\xi + 9\xi^2 - \tfrac{9}{2}\xi^3. \qquad (5.204)$$

Bei gleicher Anzahl von Elementen liefern natürlich die Polynome höherer Ordnung in der Regel eine besserer Genauigkeit als die niedrigerer Ordnung. Allerdings erhöht sich trotz gleichbleibender Anzahl der Elemente die Anzahl der Freiheitsgrade, da ja auch den inneren Knoten im diskretisierten Problem eigene verallgemeinerte Koordinaten zukommen. Bei einer konstanten Anzahl von Freiheitsgraden im diskretisierten Problem hängt andererseits die Anzahl der Elemente vom Elementtyp ab. Welche Diskretisierung hier die günstigste ist, läßt sich nicht allgemein sagen. Offensichtlich sind Unstetigkeiten in $w'(x,t)$, wie sie ja in der Wellengleichung möglich sind, besser mit einer großen Anzahl linearer Elemente zu erfassen, als mit einer kleinen Zahl quadratischer oder kubischer Elemente.

Nach dieser Einführung in das Verfahren der Finiten Elemente anhand der Schwingungen einer Saite (oder eines Dehnstabs), befassen wir uns noch kurz mit den Biegeschwingungen eines Balkens. Während die kinetische Energie beim EULER-BERNOULLI-Balken wie bei der Saite definiert ist, gibt es Unterschiede bei der potentiellen Energie. Für den Balken unter Normalkraft ist sie

$$U = \frac{1}{2} \int_0^l \left[EI(x)\ w''^2(x,t) - N(x)w'^2 \right] dx, \qquad (5.205)$$

d.h. es treten jetzt zweite Ableitungen bzgl. x auf (bei der Saite kamen nur Ableitungen erster Ordnung vor). Bei der Anwendung des RITZ-Verfahrens, das ja den Rahmen für das Finite-Element-Verfahren liefert, sind demnach Funktionen zu verwenden, die zumindest stückweise zweimal stetig differenzierbar sind. Damit scheiden lineare Elemente aus, die ja schon in der ersten Ableitung Unstetigkeiten an den Knoten erzeugen würden. Auch die vorher beschriebenen quadratischen Elemente sind hier nicht zu verwenden, da sie zu Unstetigkeiten in der ersten Ableitung an den äußeren Knoten führen. Um die Stetigkeit der Funktionen w und w' an den Knoten zu gewährleisten, benötigt man vier anzupassende Konstanten, die quadratischen Polynome enthalten jedoch nur drei Konstanten. Daher müssen die verwendeten Polynome zumindest von dritter Ordnung sein.

Es ist hier zweckmäßig als Komponente der zum j-ten Element gehörenden verallgemeinerten Koordinaten die Verschiebungen w_{j-1}, w_j und die Querschnittsverdrehungen θ_{j-1}, θ_j an den beiden Knoten einzuführen, wobei die Verdrehungen aus Dimensionsgründen noch mit h multipliziert werden:

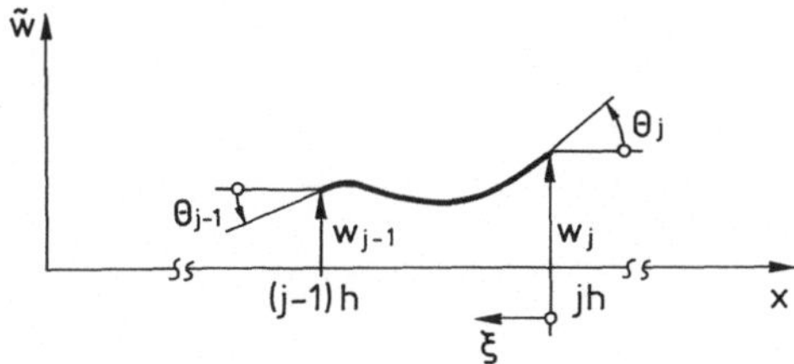

Abb.5.9   Zu den Finiten Elementen beim Balken

$$\bar{q}_j(t) := (w_{j-1}(t),\ h\theta_{j-1}(t),\ w_j(t),\ h\theta_j(t))^T \qquad (5.206)$$

(s. Abb.5.9). Mit

$$\mathbf{1}(\xi) := (L_1(\xi),\ L_2(\xi),\ L_3(\xi),\ L_4(\xi))^T \qquad (5.207)$$

gilt dann

$$\tilde{w}(x,t) = \mathbf{1}^T(\xi)\ \bar{q}_j(t), \qquad (j-1)h \leq x \leq jh. \qquad (5.208)$$

Die Polynome $L_k(\xi)$ in (5.207) sind dabei wieder von der Bauart (5.186), wobei jetzt allerdings die Konstanten aus

$$(\mathbf{1}(1),\ -\mathbf{1}'(1),\ \mathbf{1}(0),\ -\mathbf{1}'(0)) = E_{4x4} \qquad (5.209)$$

zu bestimmen sind. Die Minuszeichen in der zweiten und dritten Spalte auf der linken Seite in (5.209) sind dadurch bedingt, daß die lokale Koordinate ξ von rechts nach links positiv gezählt wird, die globale Koordinate x aber von links nach rechts. Aus (5.209) folgen die HERMITEschen Polynome

$$L_1(\xi) = 3\xi^2 - 2\xi^3, \qquad L_2(\xi) = \xi^2 - \xi^3, \qquad (5.210a)$$

$$L_3(\xi) = 1 - 3\xi^2 + 2\xi^2, \qquad L_4(\xi) = -\xi + 2\xi^2 - \xi^3. \qquad (5.210b)$$

Aus dem Ausdruck für die potentielle Energie eines EULER-BERNOULLI-Balkens unter Normalkraft folgt

$$U = \frac{1}{2}\int_0^1 \left[EI\ w''^2(x,t) - N\ w'^2(x,t) \right] dx$$

$$= \frac{1}{2} \sum_{j=1}^{n} \bar{q}_j^T \, C_j \, \bar{q}_j \qquad\qquad (5.211)$$

mit den lokalen Steifigkeitsmatrizen

$$C_j = h \int_0^1 \left[\frac{EI}{h^4} \, l''l''^T - \frac{N}{h^2} \, l'l'^T \right] d\xi, \qquad (5.212)$$

wobei in (5.211) und (5.212) die Striche Ableitung nach den jeweils vorliegenden unabhängingen Variablen x, bzw. ξ bedeuten. Analog kann die
kinetische Energie als

$$T = \frac{1}{2} \int_0^1 \rho A(x) \, \dot{w}(x,t) \, dx = \frac{1}{2} \sum_{j=1}^{n} \dot{\bar{q}}_j^T M_j \dot{\bar{q}}_j \qquad (5.213)$$

geschrieben werden. Für den Sonderfall, in dem die Parameter EI, N und ρA
konstant über das jeweilige Element sind, ergeben sich die elementaren
Steifigkeits- und Massenmatrizen zu

$$C_j = \frac{EI_j}{h^3} \begin{bmatrix} 12 & 6 & -12 & 6 \\ 6 & 4 & -6 & 2 \\ -12 & -6 & 12 & -6 \\ 6 & 2 & -6 & 4 \end{bmatrix}, \qquad (5.214)$$

$$M_j = \frac{\rho A_j}{420} h \begin{bmatrix} 156 & 22 & 54 & -13 \\ 22 & 4 & 13 & -3 \\ 54 & 13 & 156 & -22 \\ -13 & -3 & -22 & 4 \end{bmatrix}. \qquad (5.215)$$

Falls die Parameter ρA und EI von x abhängen, erhält man andere Ausdrücke.

Die globalen Steifigkeits- und Massenmatrizen ergeben sich wieder durch
Überlagerung der lokalen Matrizen entsprechend dem Schema (5.173), wobei
allerdings jetzt die schraffierten Bereiche Untermatrizen vom Typ 2 x 2 darstellen. Die Bandbreite der Matrizen ist jetzt vier. Falls z.B. am linken Ende
des Balkens die Randbedingungen $w(0,t) = 0$, $w'(0,t) \equiv 0$ vorliegen und das
rechte Balkenende kräfte- und momentenfrei ist, sind aus den globalen Matrizen
die ersten beiden Zeilen und Spalten zu streichen.

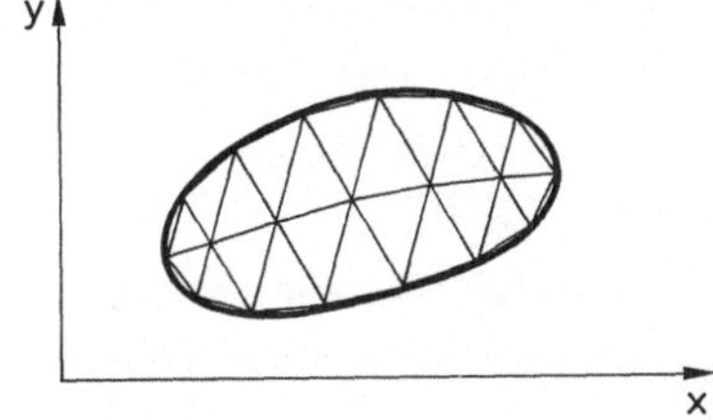

Abb.5.10   Zu der Aufteilung eines ebenen Gebietes in Finite Elemente

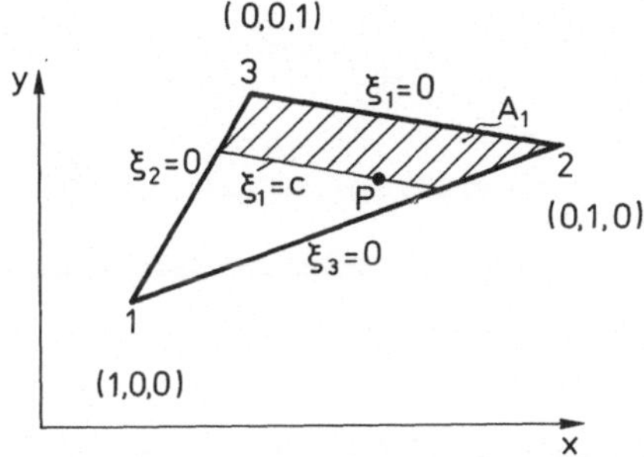

Abb.5.11   Finite Elemente mit dreieckiger Grundfläche: zur Definition der
lokalen Koordinaten

Zusätzliche Gesichtspunkte sind bei Schwingungsproblemen von räumlich mehrdimensionalen Kontinua zu berücksichtigen. Während bei den eindimensionalen Problemen (Saite, Balken) der Rand des Kontinuums aus *zwei Punkten* bestand, ist z.B. bei Schwingungen einer Membran der Rand durch eine *Kurve* gegeben, die häufig nicht exakt durch die Elemente realisiert werden kann. Im Beispiel der Abb.5.10 wurde das Gebiet $\mathcal{G}$ in Teilgebiete $\mathcal{G}_i$ zerlegt, die dreiecksförmigen Elementen entsprechen. Die Funktionen $F_i(x,y)$ werden so definiert, daß sie jeweils nur an den Punkten aus dem Inneren eines Dreiecks Werte ungleich Null annehmen.

Als lokale Variable kann man z.B. die Größen ξ_1, ξ_2, ξ_3 wählen (s. Abb.5.11). In dem Dreieck mit den Knoten 1, 2, 3 werden die lokalen Koordinaten eines Punktes $P = (\xi_1, \xi_2, \xi_3)$ dabei auf folgende Weise definiert: Sei A_i die in Abb.5.11 schraffierte Fläche, die durch eine durch P gehende und der i-ten Seite parallele Gerade "abgeschnitten" wird, und sei A die Fläche des gesamten Dreiecks: dann ist die i-te lokale Koordinate des Punktes P durch $\xi_i = A_i/A$ definiert. Die drei Seiten des Dreiecks entsprechen damit offen-

328

sichtlich gerade den Werten $\xi_1 = 0$, $\xi_2 = 0$, bzw. $\xi_3 = 0$, während an den Ecken jeweils genau eine der drei Koordinaten den Wert Eins annimmt und die anderen verschwinden.

Bei der Membran genügt es wieder, wenn die Stetigkeit von $w(x,y,t)$ gewahrt ist. Dies gelingt dadurch, daß man lineare Interpolationspolynome erster Ordnung der Art

$$L_i(\xi_1, \xi_2, \xi_3) = \xi_i \quad , \quad i = 1,2,3 \qquad (5.216)$$

wählt und in jedem einzelnen Element

$$w(x,y,t) = \sum_{i=1}^{3} L_i\bar{q}_i(t) \qquad (5.217)$$

schreibt. Dabei ist natürlich noch die Umrechnung von den globalen in lokale Koordinaten auszuführen (s. MEIROVITCH) und die verallgemeinerten Koordinaten $\bar{q}_i(t)$ entsprechen gerade den Knotenpunktverschiebungen (s. Abb.5.12). Die Durchnumerierung der Elemente, die bei linearen Kontinua trivial war, hat natürlich jetzt einen Einfluß auf die Bandbreite der globalen Matrizen.

Selbstverständlich können bei den Dreieckselementen auch Interpolationspolynome höherer Ordnung verwendet werden, wobei es sich dann wieder anbietet, innere Knoten einzuführen. Außerdem werden natürlich für ebene Kontinua auch Rechteckelemente und andere verwendet. Wir verweisen hierzu auf die Spezialliteratur.

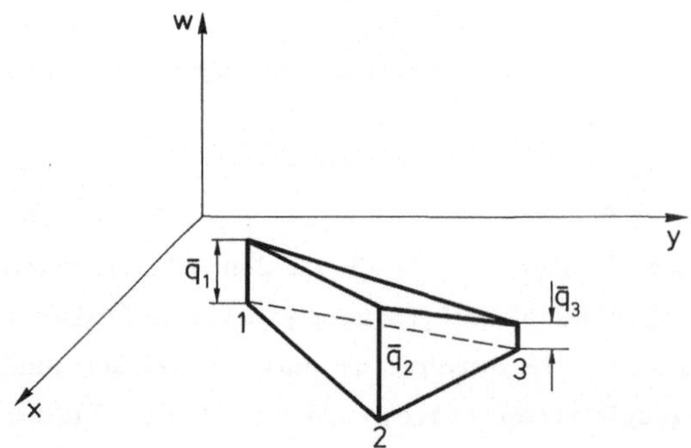

Abb.5.12   Lineares Element mit dreieckiger Grundfläche (Membran)

Literatur zu Kapitel 5

COLLATZ, L.,

Eigenwertaufgaben mit technischen Anwendungen, Geert & Portig,
Leipzig 1963

GOULD, S. H.;

Variational Methods for Eigenvalue Problems, Oxford University Press,
London 1955

HAGEDORN, P. & OTTERBEIN, S.;

Technische Schwingungslehre, Springer-Verlag, Berlin 1987

HAMEL, G.;

Theoretische Mechanik, Springer-Verlag, Berlin 1978

KELKEL, K.;

Stabilität rotierender Wellen, VDI-Fortschrittsberichte,
Reihe 11: Schwingungstechnik/Lärmbekämpfung, Nr. 12, VDI-Verlag,
Düsseldorf 1985

LUR'E, L.;

Mecanique Analytique, 2 Bände, Librairie Universitaire, Louvain 1968

MEIROVITCH, L.;

Computational Methods in Structural Dynamics, Sijthoff & Noordhoff,
Rockville, Md. 1980

MICHLIN, S. G.;

Variationsmethoden der mathematischen Physik, Akademie-Verlag,
Berlin 1962

MICHLIN, S. G.;

Vorlesungen über Lineare Integralgleichungen
VEB Deutscher Verlag der Wissenschaften, Berlin 1962

REKTORYS, K.;

Variational Methods in Mathematics, Science and Engineering,
Reidel, Dordrecht 1975

330

STAKGOLD, I.;

Boundary Value Problems of Mathematical Physics, Vol. 1,
MacMillan, London 1970

STRANG, G. & FIX, G.;

An Analysis of the Finite Element Method, Prentice-Hall,
Englewood Cliffs, N.Y., 1973

SZABO', I.;

Höhere Technische Mechanik, Springer-Verlag, Berlin 1977

WEINSTEIN, A. & STENGER, W.;

Methods of Intermediate Problems for Eigenvalues,
Theory and Ramifications, Academic Press, New York 1972

P. Hagedorn, S. Otterbein

Technische Schwingungslehre

Lineare Schwingungen diskreter mechanischer Systeme

1987. 184 Abbildungen. XI, 468 Seiten. Broschiert
DM 58,–. ISBN 3-540-18096-6

Inhaltsübersicht: Grundbegriffe. – Systeme mit
einem Freiheitsgrad. – Systeme mit zwei Freiheitsgraden. – Systeme mit endlich vielen Freiheitsgraden.
– Die FOURIERtransformation und ihre Anwendungen in der Schwingungslehre. – Namen- und Sach-
verzeichnis.

Der Stoffumfang dieser modernen Darstellung orien-
tiert sich an den Erfordernissen der Vorlesungen, die
an Technischen Hochschulen und Universitäten für
Studenten technischer Fachrichtungen angeboten
werden; auch Hörer benachbarter Fächer wie der
Physik, der angewandten Mathematik und Informa-
tik werden angesprochen.
Das Buch erläutert die grundlegenden Begriffe an
einfachen Systemen und führt hin bis zu den
Themen mit aktueller Bedeutung wie Modalanalyse,
Fouriertransformation und Zufallsschwingungen.
Jedes Kapitel wird durch Übungsaufgaben mit
Lösungshinweisen abgeschlossen.
Das Werk eignet sich aufgrund seines systematischen
Aufbaus und seiner klaren Darstellung nicht nur
zum Gebrauch neben Vorlesungen, sondern auch
zum Selbststudium für den Ingenieur in der Praxis.

Springer-Verlag
Berlin Heidelberg New York
London Paris Tokyo Hong Kong

Springer